Lorenz/Hankammer/Lassl: **Sanierung von Feuchte- und Schimmelpilzschäden**

Sanierung von Feuchte- und Schimmelpilzschäden

Diagnose, Planung und Ausführung

mit 357 Abbildungen und 56 Tabellen

Dr.-Ing. Wolfgang Lorenz

Dr.-Ing.; Inhaber des Institutes für Innenraumdiagnostik; öffentlich bestellter und vereidigter Sachverständiger für Schadstoffe in Innenräumen und an Gebäuden, insbesondere Schimmelpilze und Bakterien (Baukammer Berlin); Stellvertretender Vorstandsvorsitzender im Bundesverband Schimmelpilzsanierung e.V. (BSS)

Gunter Hankammer

Dipl.-Ing.; öffentlich bestellter und vereidigter Sachverständiger für Schäden an Gebäuden, Honorare für Architektenleistungen sowie Schimmelpilze und andere Innenraumschadstoffe (Industrie- und Handelskammer zu Schwerin); Vorstandsvorsitzender im Bundesverband Schimmelpilzsanierung e.V. (BSS)

Karl Lassl

Bau-Ing.; Leiter Ing.-Büro BBI; Sachverständiger für Schäden an Gebäuden, speziell Feuchte- und Schimmelpilzschäden; Fachausschussleiter „Sanierungsverfahren" im Bundesverband Schimmelpilzsanierung e.V. (BSS)

Rudolf Müller

Bibliografische Information Der Deutschen Bibliothek
Die Deutsche Bibliothek verzeichnet diese Publikation in der Deutschen Nationalbibliografie; detaillierte bibliografische Daten sind im Internet über http://dnb.ddb.de abrufbar.

Maßgebend für das Anwenden von Normen ist deren Fassung mit dem neuesten Ausgabedatum, die bei der Beuth Verlag GmbH, Burggrafenstraße 6, 10787 Berlin, erhältlich ist. Maßgebend für das Anwenden von Regelwerken, Richtlinien, Merkblättern, Hinweisen, Verordnungen usw. ist deren Fassung mit dem neusten Ausgabedatum, die bei der jeweiligen herausgebenden Institution erhältlich ist. Zitate aus Normen, Merkblättern usw. wurden, unabhängig von ihrem Ausgabedatum, in neuer deutscher Rechtschreibung abgedruckt.

Das vorliegende Werk wurde mit größter Sorgfalt erstellt. Verlag, Herausgeber und Autoren können dennoch für die inhaltliche und technische Fehlerfreiheit, Aktualität und Vollständigkeit des Werkes und seiner elektronischen Bestandteile (CD-ROM, DVD, Internetseiten) keine Haftung übernehmen.

Wir freuen uns, Ihre Meinung über dieses Fachbuch zu erfahren. Bitte teilen Sie uns Ihre Anregungen, Hinweise oder Fragen per E-Mail: fachmedien.bau@rudolf-mueller.de oder Telefax: (02 21) 5 49 71 40 mit.

Lektorat: Petra Sander, Köln
Umschlaggestaltung: Pizzicato Design-Agentur, Köln
Satz: Hackethal Publishing, Asbach
Druck und Bindearbeiten: Media-Print Informationstechnologie GmbH, Paderborn

Printed in Germany

ISBN 3-481-02159-3

Vorwort

Obwohl zum Thema „Schimmelpilze in Gebäuden“ zahlreiche Fachbücher existieren, gibt es nach unserem Kenntnisstand kein Werk im Buchhandel, das sich speziell mit der Sanierung von Schäden und mit all den mit der Sanierung in Zusammenhang stehenden Aspekten detailliert beschäftigt, wie Schutz der Umgebung, Arbeitsschutz, Bewertung von Schäden im Hinblick auf erforderliche Sofortmaßnahmen und Notwendigkeit der Begleitung, Kontrolle und Abnahme durch einen Sachverständigen.

Um in diesem Buch alle Aspekte aus der Sicht erfahrener Praktiker darstellen zu können, wurde es von 3 Autoren verfasst:

Dr.-Ing. Wolfgang Lorenz erarbeitete die Kapitel zur Schadensuntersuchung, Schadenserfassung und Schadensbewertung und gemeinsam mit Herrn Lassl den Schadenskatalog.

Dipl.-Ing. Gunter Hankammer widmete sich schwerpunktmäßig den baurechtlichen Grundlagen, den Fragen des Arbeitsschutzes sowie den technischen Regeln und verfasste die Kapitel zur Sanierungskonzeption, zu den Fassadenschäden sowie zur Abnahme und Gewährleistung.

Bau-Ing. Karl Lassl, im Bereich der Schimmelpilzsanierung sehr erfahren, verfasste die Kapitel zu den Sanierungstechniken mit den Themen Trocknung, Materialentfernung/Dekontamination, Desinfektion, Schutz der Gebäude-/Raumnutzer (Umgebungsschutz) und Kleinschadensanierung. Der Schadenskatalog wurde gemeinsam mit Dr. Lorenz erstellt.

Für Hinweise unter der E-Mail-Adresse *lorenz@mail.isis.de* sind wir dankbar.

Düsseldorf, im August 2005 Wolfgang Lorenz

Geleitwort

„Sanierung von Feuchte- und Schimmelpilzschäden". Mit diesem Titel greifen die Autoren des Buches ein heikles Thema auf – aus mehreren Gründen.

Im Umweltbundesamt häufen sich seit langem Anfragen und Mitteilungen über mikrobiellen Befall in Gebäuden. Unklar ist bis heute, ob die Zahl der mit Schimmelpilzen und anderen Mikroorganismen kontaminierten Wohnungen in Deutschland in den letzten Jahren tatsächlich zugenommen hat. Auch die prozentualen Angaben, die man verschiedentlich in der Literatur findet, wonach z. B. jeder dritte Wohnhaushalt von Schimmelpilzwachstum betroffen sei, sind mit Vorsicht zu betrachten, zumindest nicht zu verallgemeinern, da sie zumeist auf Einzelfallstudien beruhen. Unbenommen davon bleibt aber die Tatsache, dass wie gesagt die Beschwerden über Schimmelpilzwachstum in Innenräumen zugenommen haben.

Mit der Zunahme der Beschwerden einher geht auch eine Zunahme der gerichtlichen Auseinandersetzungen und der Streit darüber, wer bei Vorliegen eines Schimmelpilzschadens für die Kosten der Beseitigung und Sanierung aufkommt. Die Kosten wiederum werden maßgeblich davon beeinflusst, welche Stellungnahme der vom Gericht bestellte Sachverständige abgibt. Hier gibt es bisher keine einheitliche Linie. In manchen Fällen wird „der halbe Abriss" der Wohnung gefordert, ein anderer Gutachter fordert im gleichen Fall oder in Fällen mit identischem Schadensbild lediglich ein „Abschotten" der befallenen Bereiche gegenüber der übrigen Wohnung, um das Schimmelpilzproblem in den Griff zu bekommen. Eine Vereinheitlichung der Vorgehensweisen bei der Sanierung von Schimmelpilzschäden ist daher sowohl fachlich als auch wirtschaftlich dringend geboten.

Die Autoren – allesamt namhafte Experten, die in ihrem Berufsalltag mit der Sanierung mikrobieller Schäden befasst sind – haben mit dem vorliegenden Werk versucht, genau diese Vereinheitlichung zu erzielen und dies, wie ich meine, ist ihnen gelungen.

Anhand verschiedener Schadensbilder wird die sachgerechte Vorgehensweise bei der Sanierung mikrobieller Schäden, die sich an hygienisch notwendigen, aber auch ökonomisch sinnvollen Lösungen orientiert, dargestellt. Zuvor werden die bestehenden Empfehlungen, die es von staatlicher Seite im Zusammenhang mit Schimmelpilzwachstum in Gebäuden gibt, nämlich die Leitfäden des Umweltbundesamtes aus den Jahren 2002 und 2005 sowie des Landesgesundheitsamtes Baden-Württemberg aus dem Jahr 2001 einer kritischen Würdigung unterzogen und die Umsetzung der darin gemachten Empfehlungen in die Praxis beschrieben. Es wurde dabei Wert darauf gelegt, dass die Empfehlungen des UBA und des LGA-BW möglichst wortgetreu beachtet und in die Praxis umgesetzt werden. Sofern die Autoren der Meinung sind, dass dies bei bestimmten Situationen vor Ort nicht immer möglich ist, wird dies zur Diskussion gestellt und werden Alternativvorschläge aufgezeigt. Dies ist durchaus im Sinne der Herausgeber der UBA-Leitfäden, da uns bei der Erstellung der Leitfäden bewusst war, dass damit nicht alle Einzelfälle abgedeckt werden können. Vielmehr kommt es darauf an, den Rahmen des Vorgehens abzustecken und dem Sachverständigen weiterhin einen gewissen Entscheidungsspielraum zu lassen, auf der Basis dessen er vor Ort und aufgrund seiner Erfahrung entscheiden kann, welche Bewertungs- und Sanierungsstrategie sinnvoll ist.

In diesem Sinne ist es den Autoren des vorliegenden Buches gelungen, eine Lücke bei der praktischen Umsetzung der UBA- und LGA-Empfehlungen zu schließen.

Ich wünsche den Autoren viel Erfolg bei der Verbreitung ihres Werkes.

Berlin, im August 2005

Dr.-Ing. Heinz-Jörn Moriske
Wissenschaftlicher Direktor
im Umweltbundesamt Berlin

Inhaltsverzeichnis

1 Einleitung

Schimmelpilze in Gebäuden und deren Auswirkungen sind ein aus verschiedenen Gründen aktuelles, aber durchaus kein neues Thema. Dies ist auch gar nicht möglich, da die erforderlichen Bedingungen für das Wachstum von Mikroorganismen in und auf Baumaterialien oder in und auf Materialien zur Innenraumausstattung schon, seit Menschen in umschlossenen Behausungen leben, in bestimmten Fällen gegeben waren. Mikroorganismen waren die ersten Lebewesen auf unserem Erdball und sind damit um Äonen älter als die Menschheit. Nährstoffe sind und waren in allen organischen Materialien vorhanden, aber auch auf anorganischen Baumaterialien können dünne Staubablagerungen zu einem mikrobiellen Befall führen. Darüber hinaus ist Feuchte keine Begleiterscheinung der Zivilisation.

Bereits im Alten Testament (Drittes Buch Mose, Kap. 14, Vers 33–57 – Gesetz über Aussatz an Häusern) gibt es eine Handlungsanleitung zur Sanierung von „Schimmelhäusern“. Da diese Stelle inzwischen mehrfach in Fachbüchern und Fachvorträgen zitiert wurde (u. a. in Hankammer/Lorenz, 2003, Seite 59), wird hier darauf verzichtet.

Warum Mikroorganismen ein Problem darstellen, wie man die Ursachen anhand der Schadenssymptome eingrenzen kann, wie Schadensfälle aus juristischer Sicht beurteilt wurden oder auch wie bautechnische und mikrobiologische Messungen zur Begutachtung von Feuchteschäden und mikrobiellen Schäden durchzuführen und zu bewerten sind, wird in „Schimmelpilze und Bakterien in Gebäuden“ (Hankammer/Lorenz, 2003) verständlich und ausführlich behandelt und es sollte bei entsprechenden Fragen zu einem dieser Bereiche dort nachgeschlagen werden.

Zum besseren Verständnis muss erwähnt werden, dass es sich bei „Schimmelschäden“ in der deutlichen Mehrzahl der Fälle um Schäden handelt, bei denen neben Schimmelpilzen und anderen Pilzen auch Bakterien wachsen, wobei diese oft in größerer Menge vorkommen als die Pilze. Die Bakterien können ebenso zu Geruchsbelastung wie zu einer Materialschädigung führen und bedeuten auch eine gesundheitliche Gefährdung. Es wird im Folgenden deshalb meist nicht von Schimmelpilzen oder Schimmelpilzschäden, sondern von mikrobiellen Schäden und von Mikroorganismen gesprochen, wobei hiermit das Auftreten von Pilzen und/oder Bakterien gemeint ist (siehe auch Hankammer/Lorenz, 2003).

Frau Aino Nevalainen vom National Public Health Institute in Kuopio, Finnland, eine erfahrene und international renommierte Wissenschaftlerin, die sich schon seit vielen Jahren mit dem Thema der gesundheitlichen Auswirkungen von Mikroorganismen bei Schäden in Gebäuden beschäftigt, berichtete im Rahmen eines Übersichtsvortrages anlässlich der 8. WaBoLu-Innenraumtage in Berlin 2001 über folgende gesundheitliche Probleme im Zusammenhang mit mikrobiellen Schäden in Gebäuden:

- Symptome der Atemwege, der Haut und der Augen, wie Husten, verstopfte oder laufende Nase, Niesen, Brustschmerzen, Atemnot, Haut- und Augenreizungen,
- allergische Reaktionen, allergische Rhinitis, gehäuft Asthmasymptome,

Ein besonderer Anlaß zum Rheumatismus sind feuchte Wohnungen. Es ist eine allbekannte Tatsache, daß in neugebauten, noch nicht ausgetrockneten Häusern wahre Rheumatismusepidemien vorkommen. Weil solche Häuser oftmals von armen Leuten bewohnt sind, hat man das Rheuma die „Gicht der Armen" genannt, im Gegensatz zu der echten „Gicht der Wohlhabenden und Schlemmer". Ein Sprichwort sagt: „Wenn du ein Haus gebaut hast, so vermiete es im ersten Jahr an deinen Feind, im zweiten an deinen Freund, und erst im dritten Jahr (wenn es gründlich trocken geworden ist) bewohne es selbst." Von den städtischen Krankenhäusern in München (1892) wurden umfangreiche statistische Erhebungen gemacht, aus denen sich ergibt, daß in Parterrewohnungen die meisten Erkrankungen vorkommen und daß sich deren Zahl desto mehr vermindert, je höher die Stockwerke liegen.

Abb. 1.1 Die in der Rheumatikerfibel von 1925 beschriebenen rheumatischen Symptome werden nicht von der Feuchte direkt verursacht, sondern von den Mikroorganismen, die aufgrund der Feuchte in Gebäuden wachsen. (Quelle: Mohr/Singer, 1925)

- Kopfschmerzen, Müdigkeit, Reizbarkeit, Übelkeit, neurologische Probleme, Konzentrationsprobleme, Erschöpfung,
- blutiger Auswurf bei Kindern,
- rheumatische Beschwerden.

Bereits in sehr alter Fachliteratur ist beschrieben, dass Feuchteschäden zu gesundheitlichen Beschwerden führen (siehe Abb. 1.1). Dass es heute noch kein klares Bild gibt, bei welcher mikrobiellen Belastung es zu welchen Beschwerden kommt oder kommen kann, liegt an der Komplexität des Themas, aber auch daran, dass erst am Ende des letzten Jahrhunderts begonnen wurde, die Zusammenhänge zwischen bestimmten gesundheitlichen Beschwerden und dem Auftreten von mikrobiellen Schäden als Folge eines Feuchteschadens wissenschaftlich zu untersuchen.

Trotz der noch vorhandenen Unsicherheiten bei der Beurteilung der tatsächlichen Gefährdung durch Mikroorganismen ist nach Feststellung von Schäden und deren Ursachen wegen der möglichen gesundheitlichen Gefährdung eine Sanierung erforderlich.

Wie die Autoren aus praktischer Erfahrung lernen konnten, gibt es bei der Sanierung die meisten Unklarheiten. Oft werden vom Eigentümer oder von der Verwaltung Handwerksfirmen beauftragt, die mikrobielle Schäden bisher nicht oder nur „nebenbei" saniert haben und die in der Regel unbedarft mit derartigen Schäden umgehen. Leider sind viele dieser Fachleute nur schwer davon zu überzeugen, dass das, was sie jahrelang – in manchen Fällen auch mit Erfolg – angewendet haben, nicht generell richtig ist, nur weil sie es schon immer so gemacht haben.

Insbesondere aus Sicht des Gesundheitsschutzes ist ein Umdenken zwingend erforderlich. Die Praxis zeigte es wiederholt und bei wissenschaftlichen Untersuchungen konnte nachgewiesen werden, dass die Beseitigung der Feuchte nicht ausreicht, um die gesundheitliche Gefährdung zu verhindern, sondern dass auch von den nach Behebung der Ursache und Trocknung der Bauteile übrig gebliebenen, evtl. sogar abgestorbenen Mikroorganismen eine gesundheitliche Gefährdung ausgeht. So entwickelten sich z. B. in einer Büroetage erst, nachdem ein Feuchteschaden getrocknet war, bei fast allen Mitarbeitern massive gesundheitliche Beschwerden, die kontinuierlich zunahmen. Es wurden in Wänden und Fußböden Pilze und Bakterien nachgewiesen, aber vor allem auch eine Substanz, die mit Aflatoxin strukturverwandt ist und eine deutliche Giftwirkung bei Zelltests im Labor zeigte (Lorenz/Trautmann/Dill/Gareis, 2003).

Die Erkenntnis, dass seit einigen Jahrzehnten die Probleme mit Schimmelpilzen in Gebäuden zunehmen, in Verbindung mit dem wachsenden Wissen über deren gesundheitliche Gefährdung sind wesentliche Gründe, weshalb zunächst das Landesgesundheitsamt (LGA) Baden-Württemberg und anschließend auch das Umweltbundesamt (UBA) durch Expertenrunden, denen Innenraumdiagnostiker, Mikrobiologen und Mediziner angehörten, Leitfäden zum Thema „Schimmelpilze in Gebäuden“ erstellen ließen und kostenlos der Öffentlichkeit zugänglich machten (LGA Baden-Württemberg, 2001, und UBA, 2002; im Folgenden mit „LGA 1“ und „UBA 1“ bezeichnet). In diesen Leitfäden wird auf die gesundheitliche Problematik hingewiesen und in verständlichen Worten dargestellt, dass es nicht fachgerecht ist, mikrobielle Schäden lediglich zu trocknen und/oder zu kaschieren, z. B. durch Überstreichen, sondern dass mikrobiell besiedeltes Material entfernt werden muss (siehe Abb. 1.2 und 1.3).

LGA
LandesGesundheitsAmt
Baden-Württemberg

Schimmelpilze in Innenräumen – Nachweis, Bewertung, Qualitätsmanagement

Stachybotrys chartarum

Abgestimmtes Arbeitsergebnis des Arbeitskreises „Qualitätssicherung – Schimmelpilze in Innenräumen“ am Landesgesundheitsamt Baden-Württemberg

14.12.2001

BERICHTE

Kap. 3.3.6, Seite 27:
„Generell ist aus Vorsorgegründen die Exposition im häuslichen Bereich niedrig zu halten, (…).“

Kap. 3.3.7, Seite 27:
„Dauerhafte Mehrbelastungen wie zum Beispiel eine kontinuierliche Innenraumquelle als Folge eines Feuchtigkeitsschadens sollte vermieden werden.
(…) Sanierungsmaßnahmen sollten professionellen Firmen überlassen werden, die geeignete Arbeitsschutzmaßnahmen einhalten müssen.“

Kap. 7, Seite 68:
„Da Schimmelpilze ubiquitär vorkommen, ist es entscheidend, für eine Interpretation der Ergebnisse insbesondere solche Pilze zu berücksichtigen, die häufig mit Feuchteschäden oder anderen spezifischen Innenraumquellen assoziiert sind.“

Abb. 1.2 Auszüge aus dem Leitfaden LGA 1

Kap. A-1, Seite 5:
„Schimmelpilze sind ein natürlicher Teil unserer Umwelt und daher auch in Innenräumen vorhanden. Ein Schimmelpilzwachstum im Innenraum sollte jedoch vermieden werden."

Kap. C-1.2, Seite 30:
„Es gibt kein Verfahren zur Probenahme, Aufarbeitung und Bestimmung von Schimmelpilzen, das für alle Fragen anwendbar ist."

Kap. C-1.5.2, Seite 42:
„Die Untersuchung von Schimmelpilzen im Innenraum ist eine interdisziplinäre Aufgabe und sollte nur von qualifizierten Untersuchungsstellen durchgeführt werden."

Kap. C-2, Seite 43:
„Die Feststellung einer Schimmelpilzquelle im Innenraum ist nicht gleichzusetzen mit einer akuten Gesundheitsgefährdung der Raumnutzer. Das Ausmaß der Gesundheitsgefährdung ist abhängig von der Art des Schadens und der Empfindlichkeit der Raumnutzer (...).
Da aus epidemiologischen Studien aber eindeutig hervorgeht, dass mit Feuchteschäden und Schimmelpilzwachstum im Innenraum gesundheitliche Beeinträchtigungen einhergehen können, sollte Schimmelpilzwachstum im Innenraum als hygienisches Problem angesehen und nicht hingenommen werden. Es sollte das Vorsorgeprinzip (Minimierungsgebot) Anwendung finden."

Abb. 1.3 Auszüge aus dem Leitfaden UBA 1

Insbesondere durch die Veröffentlichung dieser beiden Leitfäden haben sich die Umstände erheblich geändert. Es ist nun nicht mehr möglich, wenn es nach einer nicht fachgerechten Sanierung zu Folgeschäden bei den Bewohnern oder Raumnutzern gekommen ist, sich damit herauszureden, man habe die Gefahr, die von Pilzen und Bakterien ausgeht, nicht wissen können, denn die Leitfäden geben den Stand der Technik wieder und müssen aus diesem Grund berücksichtigt werden. Wer sich als Fachmann für die Sanierung von mikrobiellen Schäden bezeichnet und entsprechende Dienstleistungen verkauft, muss in diesem Bereich auch fachkundig sein.

Das LGA Baden-Württemberg hat gemeinsam mit Vertretern von Verbänden vermutlich auch aus diesem Grund einen Leitfaden zum Thema Sanierung erstellt, der 2004 veröffentlicht wurde (LGA Baden-Württemberg, 2004; im Folgenden mit „LGA 2" bezeichnet). Der Leitfaden LGA 2 gibt nützliche Informationen und ist eine gute Grundlage zu diesem Thema, aber er kann nicht so ausführlich sein, dass der Praktiker auf alle Fragen, die im Zusammenhang mit der Sanierung von Schimmelpilzschäden auftreten, entsprechende Antworten darin findet.

2005 hat auch die Innenraumlufthygienekommission des UBA einen Leitfaden zur Sanierung veröffentlicht, der ebenfalls hilfreich und informativ ist (UBA, 2005; im Folgenden mit „UBA 2“ bezeichnet). Der Leitfaden UBA 2 kann aber ebenso nicht alle Aspekte der Sanierung so detailliert beschreiben, dass der Handwerker, Sachverständige oder Auftraggeber in Bezug auf die konkrete Sanierung alles findet, was er wissen muss.

Diese Lücke soll das vorliegende Buch schließen.

Wie erwähnt nimmt mit Zunahme der Kenntnisse auch die Verantwortung zu. Die Beteiligten können sich im Falle von Folgeschäden durch unfachmännische Sanierung nach Veröffentlichung der Leitfäden LGA 1 und 2 und UBA 1 und 2 nicht mehr auf einen allgemein unzureichenden Kenntnisstand berufen. Deshalb werden in Kap. 2 alle 4 Leitfäden auszugsweise wiedergegeben und es wird die praktische Bedeutung der wichtigsten Empfehlungen besprochen.

Häufige Probleme im Zusammenhang mit der Sanierung von Schimmelpilzschäden sind die **Klärung der Ursache,** die **Ermittlung der Ausdehnung** und die nachfolgende **Bewertung des Schadens** im Hinblick auf die Dringlichkeit von Maßnahmen zum Schutz der Umgebung bzw. der Raumnutzer, die Festlegung der erforderlichen Arbeitsschutzmaßnahmen und des erforderlichen Sanierungsumfangs. In Kap. 3 wird anschaulich dargelegt, wie man Schäden und deren Ausmaß mit verschiedenen Methoden feststellt. In Kap. 4 sind die bautechnischen und mikrobiologischen Mess- und Analysemethoden dargelegt. Kap. 5 katalogisiert typische Schadensfälle und stellt sie beispielhaft dar, um das systematische Vorgehen zu erleichtern.

Aufbauend auf aktuellen wissenschaftlichen Erkenntnissen im Hinblick auf präventive gesundheitliche Aspekte und unter Berücksichtigung praktischer Gesichtspunkte werden in Kap. 6 Empfehlungen zur Bewertung gegeben. Dieses Kapitel liefert das fachliche Fundament für die Sanierung und ist dennoch mit verschiedenen Unsicherheitsfaktoren behaftet. Den Autoren ist bewusst, dass derzeit sehr viele Fragen im Zusammenhang mit der Bewertung von Schäden noch nicht beantwortet werden können und die Bewertungsempfehlungen in Zukunft überarbeitet werden müssen. Anders als bei den bisher veröffentlichten Bewertungsempfehlungen werden an dieser Stelle erstmals alle relevanten Parameter, wie Konditionierung der Exponierten und Expositionsdauer, Schadensumgebung, Schadensalter, qualitativer und quantitativer Bewuchs, berücksichtigt.

In den folgenden Kap. 7 bis 16 wird die Herangehensweise bei der Sanierung beschrieben, es werden rechtliche Grundlagen gegeben und Fragen beantwortet, wie: Wann kann ein qualifizierter Handwerker die Sanierung durchführen? Wann muss die Sanierung von einem Sachverständigen begleitet werden? Wie ist die Sanierung zu planen, zu überwachen und wann ist eine Abnahme erforderlich?

Nach Erstellung des Sanierungskonzeptes bzw. der Planung müssen technische Maßnahmen ausgewählt und umgesetzt werden. Die einzelnen Techniken zur Ursachenbeseitigung, Trocknung, Materialentfernung, Dekontamination, Desinfektion, zum Umgebungs- und Arbeitsschutz werden erläutert, so dass einschätzbar wird, welche Methode die geeignete ist und wie diese fachgerecht in der Praxis eingesetzt werden kann.

Das Ziel dieses Buches ist es, pragmatische, nicht unbedingt billige, aber möglichst preiswerte Wege der Sanierung von Schimmelpilzschäden aufzuzeigen, bei denen es zu einer dauerhaften Problembeseitigung kommt, bei denen aber auch alle Belange des Gesundheitsschutzes, sowohl was die Betroffenen bzw. Exponierten angeht als auch was die Belange des Arbeitsschutzes betrifft, berücksichtigt werden. Sorglosigkeit ist der falsche Weg, aber Hysterie ebenso.

Es gibt häufig Unsicherheiten, was einige Fachbegriffe bedeuten bzw. wie sie definiert sind. Auch sind die Definitionen in der Literatur nicht absolut gleich lautend.

Die in diesem und auch in den nachfolgenden Kapiteln verwendeten Begriffe sind wie folgt zu verstehen:

Tabelle 1.1: **Begriffsdefinitionen**

Begriff	**Definition**
mikrobieller Befall	von Mikroorganismen unmittelbar besiedeltes Material
mikrobiell kontaminiertes Material bzw. mikrobielle Kontamination	Ablagerung auf Material (im Staub) von mikrobiellen Emissionen (Sporen, Zellfragmenten, Toxinen, Geruchsstoffen)
Sekundärkontamination	das Gleiche wie Kontamination – es wird lediglich betont, dass es sich nicht um direkt bewachsenes Material handelt, sondern dass die mikrobiellen Schadstoffe von einem Befall an einer anderen Stelle stammen
primäre Quelle	mikrobiell besiedeltes Material, das mikrobielle Stoffe (Keime, Partikel, Geruchsstoffe usw.) emittiert
sekundäre Quelle	mit mikrobiellen Stoffen kontaminiertes Material, das diese wieder an die Umgebung abgibt
Dekontamination	Entfernung von chemischen (biochemischen) Schadstoffen
Desinfektion	Abtöten oder Inaktivieren **pathogener** (im Sinne von infektiöser) mikrobieller Keime
Sterilisation	Abtöten oder Entfernen aller lebensfähigen Vegetativ- oder Dauerformen von **pathogenen und apathogenen** Mikroorganismen
Keime	Sporen und andere mikrobielle Partikel (Bakterienzellen, Hyphenstücke usw.), die wachstums- und vermehrungsfähig sind
Sporen	in der Regel bestimmte keimungsfähige mikrobielle Dauerformen, die allerdings auch abgestorben sein können
mikrobielle Partikel	Nicht alle Partikel, die Mikroorganismen an die Umgebung abgeben, sind Keime oder Sporen, sondern es werden auch Zellen, Teile abgestorbener Zellen und Hyphenstücke freigesetzt, die teilweise auch wachstumsfähig sein können.

In diesem Buch nicht verwendet werden die Begriffe „primärer Befall“ und „sekundärer Schimmelpilzbefall“ aus dem Leitfaden UBA 2, u. a. da diese nur wachsende Schimmelpilze und Schimmelpilzsporen als mögliche Kontamination beschreiben und den bakteriellen Befall sowie andere mikrobielle Emissionen nicht erfassen (siehe auch Kap. 2.4).

Für Fachleute, die sich regelmäßig mit der Sanierung von Schimmelpilzschäden beschäftigen, sei auf den Bundesverband Schimmelpilzsanierung (BSS) e. V. hingewiesen, der ein gutes Forum zur fachlichen Ausbildung und regelmäßigen Weiterbildung bietet. Insbesondere ist an dieser Stelle die vom BSS e. V. angebotene Schulung zu empfehlen, die zur Erlangung des Sachkundenachweises führt. Die Adresse des BSS e. V. ist im Anhang zu diesem Buch zu finden.

Als Einstieg in den fachlichen Teil des Buches wird eine poetische Beschreibung der gesundheitlichen Gefährdung wiedergegeben, wie sie von Mikroorganismen ausgehen kann. Die beschriebene extreme Form einer Exposition mikrobieller Emissionen traf allerdings nur zu, wenn man direkt im noch nicht trocken gelegten Moor wohnte, aber mit Sicherheit nicht bei einem Feuchteschaden im Wohnhaus. Nicht nur die Dosis ist bei Schäden in Gebäuden um Größenordnungen geringer, auch die Dauer der Exposition ist nicht vergleichbar und die vorkommenden Arten an Mikroorganismen dürften ebenfalls andere sein. Die folgenden Worte sollen deshalb beim Leser kein Anlass zur Sorge sein, sondern das vielleicht etwas trockene Thema auflockern.

Otto Tetjus Tügel, Worpsweder Almanach, 1930:

„Nebel und immer wieder Nebel qualmt aus den endlosen Sümpfen.
Hier und da ist ein Baum, vom Wind zu Boden gedrückt oder eine strohgedeckte Hütte.
An den Lehmwänden der Hütte wuchern Schwamm und Pilz, und der Balken des Daches fault.

Nichts entgeht dieser Fäulnis, kein Spaten auf dem Felde, kein Tier und kein Mensch.
Der Regen tropft, der Wind arbeitet und der Totenwurm sägt.
Und dann qualmt der Nebel, der ewige Nebel.

Und der Tod ist hier leise, jung und oft.“

2 Wesentliche Inhalte der Leitfäden zu Schimmelpilzen in Innenräumen des Landesgesundheitsamtes Baden-Württemberg (LGA 1, LGA 2) und des Umweltbundesamtes (UBA 1, UBA 2)

Vorschriften zur Arbeitssicherheit und zum Umgebungsschutz beim Umgang mit biologischem Material, d. h. u. a. mit Pilzen und Bakterien, existieren bereits seit vielen Jahren. Die vorhandenen Vorschriften wurden in erster Linie auf Arbeitsplätze zugeschnitten, an denen regelmäßig gewollt oder ungewollt mit oft großen Mengen von Mikroorganismen umgegangen wird, wie mikrobiologische Labore, Abfallsortieranlagen, Kompostieranlagen (siehe Kap. 11).

Aber obwohl Feuchteschäden und mikrobielle Schäden in Gebäuden kein neues Problem darstellen, hat man sich speziell mit den Untersuchungsmethoden, den Auswirkungen und den erforderlichen Maßnahmen bei Schäden in Innenräumen bis vor wenigen Jahren im Grunde genommen nicht beschäftigt.

Die Folge war und ist eine große Verunsicherung bei den Betroffenen und den hinzugezogenen Juristen, aber auch bei allen beteiligten Fachleuten von den Handwerkern bis zu den Gutachtern.

Um diesem Problem zu begegnen, wurden vom LGA Baden-Württemberg und vom UBA je 2 Leitfäden veröffentlicht (siehe auch Kap. 1).

2.1 Leitfaden LGA 1 „Schimmelpilze in Innenräumen – Nachweis, Bewertung, Qualitätsmanagement"

Auf Initiative des LGA Baden-Württemberg wurden Experten aus ganz Deutschland an einen Tisch geholt und das nach 2 Jahren abgestimmte Ergebnis dieses Arbeitskreises wurde mit dem Titel „Schimmelpilze in Innenräumen – Nachweis, Bewertung, Qualitätsmanagement" im Dezember 2001 allen Interessierten kostenlos zugänglich gemacht. Dieser Leitfaden gibt wertvolle Informationen zur Untersuchung und Beurteilung von Schimmelpilzschäden.

Wie im Vorwort dieses Leitfadens klar dargelegt, handelt es sich bei den Ausführungen nicht um Vorschriften oder technische Regeln, sondern lediglich um Empfehlungen. Allerdings hat es sich bei der praktischen Arbeit schnell gezeigt, dass man die Empfehlungen nicht ignorieren kann. Insbesondere bei gerichtlichen Auseinandersetzungen werden Gutachter in der Regel daran gemessen, ob sie den Empfehlungen des Leitfadens gefolgt sind oder nicht. Dieses gilt entsprechend für die übrigen 3 Leitfäden.

Der **Schwerpunkt** des Leitfadens LGA 1 liegt nicht im Sanierungsbereich, sondern auf den **Untersuchungsmethoden**. Allerdings liefert der Leitfaden grundsätzliche Anhaltspunkte zur Schadensbewertung, die den Ausgangspunkt für die erforderliche Sanierung darstellt. Die für die Sanierung wichtigsten Angaben aus dem Leitfaden werden deshalb hier wiedergegeben.

Eine Kernaussage im Leitfaden LGA 1 findet sich in Kap. 3.3.6, Seite 27. Dort heißt es:

„In Anbetracht der adversen Effekte von Schimmelpilzen sollte eine Minimierung der Exposition angestrebt werden. Dies ist insbesondere wichtig bei Personen mit bestehender Schimmelpilz-Erkrankung und bei Risikopersonen. Generell ist aus Vorsorgegründen die Exposition im häuslichen Bereich niedrig zu halten, so dass sie im Rahmen der üblichen Hintergrundwerte in Wohnungen bleibt.“

Diese Forderung beinhaltet fundamental wichtige Aussagen, wirft aber sofort die schwer zu beantwortende Frage nach den üblichen Hintergrundwerten auf.

Minimierung der Exposition heißt zunächst, dass vermeidbare Quellen beseitigt werden sollen. Es wird an dieser Stelle nicht ausgeführt, um welche Art von Quellen es sich handelt. Da nun aber Mikroorganismen, speziell Schimmelpilze und deren Sporen, überall auftreten, d. h. je nach Witterung und Umgebung mehr oder weniger stark in jeder normalen Außenluft vorhanden sind, und die Gegenwart von Schimmelpilzsporen allein in der Regel nicht zu gesundheitlichen Beschwerden führt, wird darauf hingewiesen, dass die Exposition im Rahmen der üblichen Hintergrundwerte liegen sollte, also nicht null sein kann. Damit nicht jeder kleinste Schimmelfleck zu blindem Aktionismus führt, wird betont, dass das Minimierungsgebot insbesondere für Personen mit einer bestehenden Schimmelpilz-Erkrankung und für Risikopersonen gilt.

Die entscheidende Frage wäre demnach: Wie sieht eine normale Hintergrundbelastung aus? Leider gibt es bisher keine hinreichend abgesicherten Angaben zu Hintergrundwerten. Die im gleichen Leitfaden angegebenen Bewertungsempfehlungen für Luft- und Staubmessungen spiegeln dies wider. Die Messergebnisse werden nicht danach eingestuft, ab wann eine gesundheitliche Gefährdung vorliegt, sondern sie werden danach beurteilt, ob sie eine Innenraumquelle indizieren oder nicht.

Neuere Arbeiten zur Erfassung von Hintergrundwerten führten zwar dazu, dass die Bewertungsschemata der Leitfäden LGA 1 und UBA 1 punktuell optimiert werden konnten (siehe Trautmann/Gabrio/Dill/Weidner/Baudisch, 2005, und Trautmann/Gabrio/Dill/Weidner, 2005, sowie Anhang zu UBA 2), das grundsätzliche Problem wurde jedoch nicht gelöst.

Tabelle 2.1: **Bewertungshilfe für kultivierbare Pilze in der Luft, Angaben in KBE/m³ (Trautmann/Gabrio/Dill/Weidner/Baudisch, 2005)**

	Kategorie 1 Innenraumquelle unwahrscheinlich	**Kategorie 2 Innenraumquelle nicht auszuschließen**	**Kategorie 3 Innenraumquelle wahrscheinlich**
AL-Typ Sommer	RL ≤ AL	RL ≤ (AL x 2)	RL > (AL x 2)
Σ RL-Typ	RL ≤ (AL + 150)	RL ≤ (AL + 500)	RL > (AL + 500)
Einzelgattung	RL ≤ (AL + 100)	RL ≤ (AL + 300)	RL > (AL + 300)
Einzelart	RL ≤ (AL + 50)	RL ≤ (AL + 100)	RL > (AL + 100)
Einzelart GS	RL ≤ (AL + 30)	RL ≤ (AL + 30)	RL > (AL + 30)

AL-Typ-Sommer: Pilze, deren Konzentration in der Raumluft durch die Außenluft stark beeinflusst wird; es wird die Raumluftkonzentration ins Verhältnis zur Außenluftkonzentration gesetzt Beispiele sind *Cladosporium spp.* und Hefen im Sommer. Die Bewertung dieser Pilze kann bei ungewöhnlich geringen Außenluftkonzentrationen (z. B. bei starker Hitze oder UV-Strahlung) zu Fehlinterpretationen führen. Im Winter kann diese Bewertung nicht durchgeführt werden (siehe Einzelgattung).

Σ **RL-Typ:** Summe der Pilze, die wenig von der Außenluft beeinflusst werden; die Raumluftkonzentration sollte nach Abzug der Außenluftkonzentration 150 KBE/m³ nicht überschreiten

Einzelgattung: Die Raumluftkonzentration von Vertretern einer Pilzgattung, die wenig von der Außenluft beeinflusst wird (z. B. *Penicillium spp.* oder *Aspergillus spp.*, im Winter auch *Cladosporium spp.* oder Hefen), sollte nach Abzug der Außenluftkonzentration 100 KBE/m³ nicht überschreiten.

Einzelart: einzelne Pilzart, die wenig von der Außenluft beeinflusst wird; die Raumluftkonzentration sollte nach Abzug der Außenluftkonzentration 50 KBE/m³ nicht überschreiten

Einzelart GS: einzelne Pilzart mit geringer Sporenfreisetzungsrate (z. B. *Phialophora spp.*, *Stachybotrys chartarum*), die von der Außenluft wenig beeinflusst wird; die Raumluftkonzentration sollte nach Abzug der Außenluftkonzentration 30 KBE/m³ nicht überschreiten

Ausgangspunkt ist die Tabelle aus LGA 1, die punktuell überarbeitet wurde. Die Bewertungskriterien bei Einzelgattung und Einzelart GS wurden (Trautmann et al.) verändert.

Tabelle 2.2: **Bewertungshilfe für kultivierbare Pilze im Teppichbodenstaub, Angaben in KBE/g (< 63-µm-Fraktion) (Trautmann/Gabrio/Dill/Weidner, 2005)**

Pilze	G	Beurteilungswert 1	Beurteilungswert 2
Acremonium spp.	1[2)]	10.000	30.000
eine *Aspergillus*-Spezies außer *A. versicolor, A. fumigatus* und *A. niger*	2	10.000	30.000
Aspergillus fumigatus und *A. niger*	2	20.000	60.000
Aspergillus versicolor	1	20.000	60.000
Summe *Aspergillus*	2	100.000	300.000
Chaetomium spp.	1	10.000	30.000
Engyodontium album	1	10.000	30.000
Summe *Eurotium*	1[1)]	40.000	120.000
eine *Mucorales*-Spezies	2	10.000	30.000
Summe *Mucorales*	2	20.000	60.000
eine *Penicillium*-Spezies	2	30.000	90.000
Summe *Penicillium*	2	150.000	450.000
Phialophora spp.	1[2)]	10.000	30.000
Scopulariopsis spp.	1	10.000	30.000
Stachybotrys chartarum	1	3.000	9.000
Trichoderma spp.	1	10.000	30.000
Wallemia sebi	1	10.000	30.000
eine andere Spezies	2	20.000	60.000
Gesamt-KBE ohne *Alternaria, Aureobasidium, Cladosporium,* Hefen, sterile Myzelien	2	300.000	900.000

[1)] kann auch bei Tierhaltung mit Heu und Stroh in erhöhter Konzentration im Staub auftreten

[2)] geringer Sporenflug, ggf. Eintrag durch kontaminierte Bodenpartikel

Beurteilungswert 1: obere Grenze der Konzentration der meisten unbelasteten Staubproben

Beurteilungswert 2: untere Grenze der Konzentration, ab der ein Staub als belastet eingestuft wird

G: Gruppierung der Pilze nach häufigem Auftreten, 1 = Feuchteschaden, 2 = Feuchteschaden und andere Innenraumquellen, 3 = Außenluft

Die noch vorherrschenden Unsicherheiten werden im Leitfaden LGA 1 in Kap. 3.3.7, Seite 27, deutlich:

„Anzustreben ist eine Reduktion auf Werte, die gegenüber der Hintergrundbelastung nicht erhöht sind. Geringe Überschreitungen dieses Normalwertes kommen auch in der Natur im Lauf der Jahreszeiten vor, sind aber in der Regel nicht dauerhaft. (...)

In der medizinischen Beurteilung einer Schimmelpilzbelastung sollte sowohl die Gesamtkeimzahl als auch die Spezies-Zusammensetzung Eingang finden. Bei ausgeprägter Schimmelpilzexposition sind Minimierungsmaßnahmen angezeigt. Auch eine erhöhte Belastung mit Schimmelpilzen, bei denen eine Cancerogenität von Toxinen auf dem Luftweg diskutiert wird, sollte vermieden werden."

Diese Ausführungen sind zweifelsfrei uneingeschränkt richtig, aber in der Praxis schwer umzusetzen. Die zeitlichen Schwankungen des „Normalwertes" (gemeint sind Belastungswerte von Luft und Staub) kann man bei wissenschaftlichen Reihenuntersuchungen zwar erfassen und bewerten, aber es ist vor allem aus finanziellen Gründen nicht möglich, bei der Untersuchung von Innenräumen Serienmessungen durchzuführen, die eine abgesicherte Bewertung möglich machen.

Da es genügend Fälle gibt, bei denen die Beschwerden mit der Gegenwart von mikrobiellen Schäden korrelieren, aber keine auffällige Luftkeimbelastung feststellbar ist, muss derzeit davon ausgegangen werden, dass nicht oder nicht ausschließlich die im Labor anzüchtbaren Keime die typischerweise auftretenden Beschwerden verursachen, sondern andere mikrobielle Stoffe, vor allem feine Partikel, die beim Absterben der mikrobiellen Zellen freigesetzt werden, vermutlich die entscheidende, zumindest jedoch eine erhebliche Rolle spielen.

Tabelle 2.3: **Vergleich der Bewertung von Luftkeimmessungen auf der Basis der Empfehlungen nach LGA 1 und UBA 1 mit den in den gleichen Wohnungen vorliegenden Schadenskategorien entsprechend LGA 1 und UBA 1 (Bode et al., 2005)**

	Bewertung der Luftkeimmessungen nach den Empfehlungen LGA 1/UBA 1					
	Innenraumquelle unwahrscheinlich		**Innenraumquelle nicht auszuschließen**		**Innenraumquelle wahrscheinlich**	
Bewertung des mikrobiellen Schadens nach LGA 1 und UBA 1	**n =**	**%**	**n =**	**%**	**n =**	**%**
Kategorie I	2	4	0	0	0	0
Kategorie II	3	6	2	4	1	2
Kategorie III	13	28	5	11	21	45
n = 47						

Da in wissenschaftlichen Kreisen zum großen Teil davon ausgegangen wird, dass die krank machenden Stoffe mit mikrobiellen Partikeln im Zusammenhang stehen, wird im Leitfaden empfohlen, zusätzlich zur Luftkeimmessung auch die Gesamtkeimzahl zu messen, wodurch auch alle abgestorbenen oder aus anderen Gründen nicht anzüchtbaren Keime erfasst werden sollen.

Messserien mit Erfassung der anzüchtbaren Keime und der Gesamtkeimzahl in verschiedenen Räumen und als Referenz auch außen, evtl. an verschiedenen Tagen, sind jedoch finanziell sehr aufwändig und deshalb gewöhnlich nicht bezahlbar.

Bei einer Berücksichtigung bisher veröffentlichter Ergebnisse, die zeigten, dass es oft keine Korrelation der anzüchtbaren Keime in Luft und Staub mit den Schäden und den Beschwerden gibt (z. B. Alsen-Hinrichs/Bauer/Wassermann et al., 1998, und Bode/Mehrer/Lorenz, 2005), dass in ca. $^2/_3$ aller Schadensfälle auch Bakterien und zumindest in einigen dieser Fälle auch bakterielle Toxine nachgewiesen werden (Lorenz/Trautmann/Dill, 2003, und Lorenz et al., 2005) und dass die Ergebnisse von Toxizitätstests ebenfalls nicht mit den Mengen anzüchtbarer Keime korrelieren (Morly/Horner/Gareis/Johanning et al., 2005), ist zusammenfassend festzustellen, dass **mikrobielle Schäden in Innenräumen krank machen können, aber nicht bekannt ist, welche mikrobiellen Stoffe die Beschwerden verursachen**.

Aus diesen Gründen sollte das Minimierungsgebot dem Leitfaden entsprechend so verstanden werden, dass mikrobielle Schäden in Innenräumen grundsätzlich zu beseitigen sind.

In Kap. 2.2.7, Seite 27, des Leitfadens LGA 1 ist Folgendes festgehalten:

„Dauerhafte Mehrbelastungen wie zum Beispiel eine kontinuierliche Innenraumquelle als Folge eines Feuchtigkeitsschadens sollten vermieden werden.“

Dieses Sanierungsgebot darf sich nicht auf Risikogruppen oder bereits durch Schimmelpilze erkrankte Personen beschränken. Zwar ist es erforderlich, bei Risikogruppen (siehe Kap. 6.6.3) und bereits durch Schimmelpilze Erkrankten besondere Schutzmaßnahmen oder Sofortmaßnahmen zu ergreifen, aber auch (noch) gesunde Personen sollten nicht in Räumen mit mikrobiellen Schäden wohnen, da es im Laufe der Zeit zu einer Sensibilisierung kommen kann. Es ist nicht vorhersehbar, welche Person in Zukunft einer Risikogruppe angehören wird.

Eine für die Sanierung und die Sanierer wichtige Aussage findet sich im Leitfaden LGA 1 ebenfalls in Kap. 3.3.7, Seite 27:

„Messmaßnahmen und Sanierungsmaßnahmen sollten professionellen Firmen überlassen werden, die geeignete Arbeitsschutzmaßnahmen einhalten müssen.“

Untersuchungen und Messungen werden in der Regel von qualifizierten Fachleuten durchgeführt. Bei der Sanierung ist dies nicht in gleichem Maße der Fall. Aber selbst wenn eine Fachfirma hinzugezogen wird, ist es derzeit in den wenigsten Fällen gewährleistet, dass die ausführenden Personen im Umgang mit Mikroorganismen geschult sind, was Umgebungsschutz und Arbeitsschutz angeht.

Der Forderung im Leitfaden LGA 1 ist uneingeschränkt zuzustimmen, allerdings ist noch viel Arbeit in Qualifizierungsmaßnahmen zu investieren. Entsprechende Schulungen werden von einzelnen Handwerkskammern und Innungen bereits angeboten sowie bundesweit für alle Gewerke vom BSS e. V. (siehe Kap. 1).

Für die Schadensbewertung und die Vorgehensweise bei der Sanierung von Bedeutung ist die Klassifizierung von Schäden in Kap. 8.1 des Leitfadens LGA 1:

„Kategorie 1: Normalzustand bzw. geringfügiger Schaden
keine bzw. sehr geringe Biomasse (z. B. geringe Oberflächenschäden < 20 cm²)

Kategorie 2: geringer bis mittlerer Schaden
mittlere Biomasse, oberflächliche Ausdehnung < 0,5 m², tiefere Schichten sind nur lokal begrenzt betroffen

Kategorie 3: großer Schaden
große Biomasse, große flächige Ausdehnung > 0,5 m², auch tiefere Schichten können betroffen sein

Organismuszusammensetzung: Ein häufiges bis überwiegendes Auftreten von Schimmelpilzarten, denen eine besondere gesundheitliche Bedeutung zugeordnet wird (z. B. Aspergillus fumigatus, Aspergillus flavus, Stachybotrys chartarum), führt zu einer Verschiebung in eine höhere Kategorie."

Diese Schadensklassifizierung ist zwar überschrieben mit „Bewertung von Materialproben", allerdings handelt es sich nicht um ein Schema zur Bewertung von Labor-Materialanalysen, sondern zur Bewertung der Schäden an sich.

Offen bleibt die Frage, wann Material in relevanter Weise mikrobiell besiedelt ist, d. h. ab welchem Laborwert, wenn kein sichtbarer Befall vorliegt, die Besiedlung relevant ist und welche Arten, außer den immer wieder zitierten *Stachybotrys chartarum* und *Aspergillus fumigatus*, als kritisch einzustufen sind (*Aspergillus flavus* spielt in Deutschland aus klimatischen Gründen so gut wie keine Rolle) sowie welche Mengen dieser kritischen Arten vorliegen müssen, damit diese als relevant anzusehen sind.

Ungeachtet dieser offenen Fragen, die in Kap. 4 und 6 dieses Buches eingehender besprochen werden, werden im Leitfaden LGA 1 mit diesem Schema Bewertungsempfehlungen an die Hand gegeben, die bei intelligenter, individuell auf den Fall zugeschnittener Anwendung in der Mehrzahl der Fälle praktikabel sind.

Leider werden in diesem Leitfaden die Bakterien gar nicht behandelt. Dies liegt u. a. daran, dass das Thema Schimmelpilze bereits sehr komplex ist und die Beschränkung erforderlich war, um in einem überschaubaren Zeitraum mit der Abstimmungsarbeit fertig zu werden. Das Problem wurde aber durchaus erkannt und es wird auf Seite 8 des Leitfadens darauf hingewiesen, dass die Beurteilung einer Innenraumluftbelastung nicht auf Schimmelpilze begrenzt werden darf, sondern dass auch Bakterien, wie z. B. Actinomyceten, einzubeziehen sind.

2.2 Leitfaden UBA 1 „Leitfaden zur Vorbeugung, Untersuchung, Bewertung und Sanierung von Schimmelpilzwachstum in Innenräumen"

Kurz nach dem Leitfaden des LGA Baden-Württemberg veröffentlichte das UBA 2002 den „Leitfaden zur Vorbeugung, Untersuchung, Bewertung und Sanierung von Schimmelpilzwachstum in Innenräumen". Dieser Leitfaden wurde von der Innenraumlufthygiene-Kommission des UBA erarbeitet, wobei der Inhalt des Leitfadens LGA 1 berücksichtigt wurde.

Das Ziel des Leitfadens UBA 1 ist in der Einleitung auf Seite 3 folgendermaßen definiert:

„Dieser Leitfaden soll helfen, einheitliche Vorgehensweisen und Empfehlungen zu schaffen. Er soll darüber hinaus dazu beitragen, Schimmelpilzbelastungen in Gebäuden vorzubeugen.

Der Leitfaden wendet sich an alle diejenigen, die mit der Vorbeugung, Erfassung, Bewertung und Beseitigung von Schimmelpilzbelastungen in Gebäuden befasst sind.“

Auch dieser Leitfaden ist nicht bindend, aber er kann und sollte in der Praxis nicht unberücksichtigt bleiben, denn er ist als „Stand der Technik“ einzustufen.

Der Leitfaden UBA 1 stellt in Kap. C-1.2, Seite 30 (farbiger Kasten), Folgendes fest:

„Es gibt kein Verfahren zur Probenahme, Aufarbeitung und Bestimmung von Schimmelpilzen, das für alle Fragen anwendbar ist.“

Mit dieser Aussage wird deutlich gemacht, wie schwierig die Untersuchung von Schimmelpilzschäden sein kann. Der Sachverständige muss ein breites Spektrum von Methoden beherrschen und vor allem auch richtig entscheiden, welche Methoden er einsetzt und wie er die Ergebnisse interpretiert. Eine nicht ziel- und problemorientierte Methodenwahl führt entweder dazu, dass Schäden übersehen oder dass unnötig Kosten verursacht werden. So macht eine MVOC-Messung dann, wenn eindeutig ein Schimmelgeruch vorliegt, keinen Sinn und Luftkeimmessungen sind meist überflüssig, wenn sichtbare Schäden vorliegen. Bei älteren Schäden mit abgestorbenen Mikroorganismen bleibt manchmal zur Problembearbeitung nichts anderes übrig, als Methoden einzusetzen, bei denen man nicht auf veröffentlichte Bewertungsempfehlungen zurückgreifen kann, wie z. B. Zytotoxizitätstests, Endotoxinanalysen.

Wegen dieser Probleme und da Schimmelpilzschäden in Innenräumen 4 Fachdisziplinen tangieren, nämlich die Medizin, die Mikrobiologie, die Chemie und die Bauphysik bzw. die Bautechnik, wird im Leitfaden UBA 1 in Kap. C-1.5.2, Seite 42 (farbiger Kasten), folgende Forderung aufgestellt:

„Die Untersuchung von Schimmelpilzen im Innenraum ist eine interdisziplinäre Aufgabe und sollte nur von qualifizierten Untersuchungsstellen durchgeführt werden.“

Während manche Betroffene und/oder Beteiligte Schimmelpilze als harmlos empfinden oder – evtl. sogar wider besseres Wissen – als harmlos darstellen, kommt es bei einigen Betroffenen und/oder Beteiligten zu fast panischen Reaktionen, wenn Schimmelpilze in Wohngebäuden, Büroräumen, Schulen oder Kindergärten auftreten.

Zur gesundheitlichen Problematik heißt es im Leitfaden UBA 1, in Kap. C-2, Seite 43:

„Die Feststellung einer Schimmelpilzquelle im Innenraum ist nicht gleichzusetzen mit einer akuten Gesundheitsgefährdung der Raumnutzer. Das Ausmaß der Gesundheitsgefährdung ist abhängig von der Art des Schadens und der Empfindlichkeit der Raumnutzer und kann im Einzelfall aufgrund fehlender wissenschaftlicher Daten meist nicht genau quantifiziert werden. Da aus epidemiologischen Studien aber eindeutig hervorgeht, dass mit Feuchteschäden und Schimmelpilzwachstum im Innenraum gesundheitliche Beeinträchtigungen einhergehen können, sollte Schimmelpilzwachstum im Innenraum als hygienisches Problem angesehen und nicht hingenommen werden. Es sollte auch in diesem Bereich das Vorsorgeprinzip Anwendung finden, nach dem Belastungen zu minimieren sind (Minimierungsgebot), bevor es zu Erkrankungen kommt.“

Die Aussage, dass nicht automatisch beim Vorliegen einer Schimmelpilzquelle im Innenraum eine akute Gesundheitsgefährdung auftritt, soll klarmachen, dass es keinen Grund für Panik oder blinden Aktionismus gibt.

Im „Pschyrembel® Klinisches Wörterbuch“ (Pschyrembel®, 2004) wird „akut“ definiert als „plötzlich auftretend, schnell, heftig verlaufend“. Ein akuter Beschwerdeverlauf entsprechend dieser Definition ist bei einem Schimmelpilzbefall (und auch bei einem Bakterienbefall) nicht zu erwarten. Es ist weder eine Infektion zu befürchten noch eine akute Vergiftung und wenn nur eine vorübergehende Exposition über Stunden oder wenige Tage vorliegt, sind auch keine Symptome bei immunologisch nicht vorbelasteten Personen, d. h. Personen, die keine entsprechende Allergie mitbringen, zu erwarten.

Wie in Kap. 6.6.3 dieses Buches ausgeführt wird, ist die Gefahr einer Infektion normalerweise nicht gegeben. Auch wenn es wissenschaftliche Berichte über Einzelfälle gibt, bei denen es durch verschiedene Mikroorganismen zu Infektionen gekommen ist, wie z. B. Mucormykose durch *Mucor*-Arten, Fusariose durch *Fusarium*-Arten, Paecilomykose durch *Paecilomyces variotii*, sind derartige Infektionen als exotisch anzusehen und selbst bei Personen mit einer Immunschwäche ist die Gefahr, eine derartige Infektion zu bekommen, als eher gering einzustufen. Allgemein betrachtet ist eine entsprechende Gefährdung auszuschließen. Auch deshalb werden diese Mikroorganismen nach der Biostoffverordnung in Risikogruppe 1, d. h. die niedrigste Risikogruppe, eingestuft.

Anders ist die Situation zunächst bei Gegenwart fakultativ infektiöser Pilze und Bakterien, die wegen des Gefährdungspotentials in der Biostoffverordnung in die Risikogruppe 2 eingestuft werden. Die meisten Mikroorganismen der Risikogruppe 2 treten im Zusammenhang mit Feuchteschäden in Gebäuden nicht auf. Allerdings kann es zur Besiedlung von feuchten Baumaterialien mit den Pilzen *Aspergillus fumigatus* und *Aspergillus flavus* kommen, wobei das Auftreten von *Aspergillus flavus* bei Feuchteschäden in unseren Klimazonen sehr unwahrscheinlich ist. *Aspergillus fumigatus* ist relativ selten bei Schimmelpilzschäden in relevanter Menge nachzuweisen und wächst bevorzugt in feuchten Baumaterialien, die im Bereich einer überdurchschnittlichen Erwärmung liegen, wie z. B. bei Schäden an Heizrohren, in beheizten Fußböden oder nahe der Heizkörper.

Beide genannten *Aspergillus*-Arten sind in der Lage, die seltene Erkrankung Aspergillose zu verursachen. Es ist aufgrund des derzeitigen Kenntnisstandes davon auszugehen, dass eine Infektion mit *Aspergillus fumigatus* oder *Aspergillus flavus* nur bei Personen mit einem geschwächten Immunsystem auftritt, z. B. bei HIV-positiven Personen, Personen, die mittels Chemotherapie behandelt werden oder Organtransplantat-Patienten, die mit Medikamenten behandelt werden, welche das Immunsystem unterdrücken.

Außerdem kann eine Infektion nur dann auftreten, wenn Kontakt mit relevanten Mengen „lebender“, d. h. keimungsfähiger Keime besteht. Es werden bei Luftkeimmessungen im Falle einer Belastung mit *Aspergillus fumigatus* aber in der Regel nur geringe, meist sehr geringe Mengen von Keimen dieses Pilzes nachgewiesen, wobei dieser Pilz in der Außenluft deutlich häufiger auftritt als in der Innenraumluft und dann meist auch mit höheren Konzentrationen.

Tabelle 2.4: **Nachweis von *Aspergillus fumigatus* in der Außenluft, Innenraumluft oder im Schadensbereich (bei Materialanalysen) bei 18 von insgesamt 47 untersuchten Objekten**

Monat der Untersuchung	**Jan.**	**Feb.**	**Feb.**	**März**	**März**	**April**	**April**	**Mai**	**Juni**
Außenluft in KBE/m³	10	50	0	0	40	10	10	0	0
Innenraumluft in KBE/m³	0	0	10	10	20	0	0	0	20
Materialanalyse in KBE/g	k. N.	k. N.	k. N.	k. N.	k. N.	k. N.	k. N.	< 420	k. N.
Monat der Untersuchung	**Juli**	**Aug.**	**Nov.**	**Nov.**	**Nov.**	**Nov.**	**Dez.**	**Dez.**	**Dez.**
Außenluft in KBE/m³	0	30	10	10	0	190	10	10	0
Innenraumluft in KBE/m³	10	0	10	10	0	10	10	0	10
Materialanalyse in KBE/g	k. N.	k. N.	k. N.	< 150	k. N.	k. N.	< 25	k. N.	k. N.

Bei den Materialproben wurde *Aspergillus fumigatus* in nur 3 von 47 Fällen mit Mengen unterhalb der statistisch abgesicherten Nachweisgrenze identifiziert (Untersuchungen des Dr. Lorenz-Institutes für Innenraumdiagnostik, Analytik durch Umweltmykologie GbR, Berlin).

k. N.: kein Nachweis

Die Tabelle 2.4 zeigt, dass bei 47 Objektuntersuchungen, in denen sowohl Luftkeimmessungen als auch Analysen von Materialien aus den Schadensbereichen durchgeführt wurden, in 18 Fällen *Aspergillus fumigatus* bei mindestens einer Analyse nachweisbar war. In 6 Fällen war *Aspergillus fumigatus* nur in der Außenluft vorhanden, in 5 weiteren Fällen war *Aspergillus fumigatus* sowohl in der Außenluft als auch in der Innenraumluft nachweisbar, allerdings in keinem dieser Fälle in der Innenraumluft in höherer Konzentration als in der Außenluft. In 5 Fällen lagen geringste Mengen in der Innenraumluft vor und es erfolgte kein Nachweis in der Außenluft. In 2 Fällen waren Spuren in den Materialproben vorhanden und keine Sporen in Außen- oder Innenraumluft. Man erkennt, dass *Aspergillus fumigatus* in erster Linie in der Außenluft auftritt und offenbar sehr selten im Bereich von Feuchteschäden.

Tabelle 2.5: **Gehalte an *Aspergillus fumigatus* im Funktionsbereich des Umsetzens und der Feinaufbereitung von 6 unterschiedlichen Kompostwerken, gemessen mit Sartorius MD-8-Sammler (Philipp/Fack/Haumacher/Köhler, 1996)**

Messort	**Werte in KBE/m³ Luft**			
	n	**Minimum**	**Median**	**Maximum**
Umsetzen	48	1.400	370.000	18.000.000
Feinaufbereitung	36	920	2.200	520.000
Hintergrund	9	270	2.800	15.000

Wie Tabelle 2.5 zeigt, liegen die Keimkonzentrationen im Bereich bestimmter Arbeitsplätze um Größenordnungen höher.

Schwieriger ist die Beurteilung des Gefährdungspotentials von Actinomyceten (Bakterien der Ordnung *Actinomycetales*). Diese Bakterienordnung beinhaltet verschiedene Arten, die nach der Biostoffverordnung in Risikogruppe 2 eingestuft sind. Die entsprechenden Arten wären demnach im Hinblick auf eine mögliche Infektionsgefahr den Pilzen *Aspergillus fumigatus* oder *Aspergillus flavus* gleichzusetzen. So können z. B. die Arten *Nocardia brasiliensis* und *Nocardia asteroides* die lebensbedrohliche Nocardiose verursachen. In feuchten Baumaterialien wurden auch Vertreter von Gattungen gefunden, die infektiöse oder fakultativ infektiöse Arten umfassen, wie z. B. Arten der Gattung *Mycobacteria*, *Nocardiopsis* und *Nocardia*. Etliche der isolierten Actinomyceten waren allerdings bis vor kurzem nicht bekannt, weshalb es in der Fachliteratur keine konkreten Hinweise auf eine mögliche pathogene Wirkung geben kann (Lorenz/Trautmann/Dill, 2003).

Aufgrund der aktuellen Kenntnisse, dass Actinomyceten in feuchten Baumaterialien sehr häufig zu finden sind, es aber keine Häufung von Infektionen bei den Bewohnern derartiger Gebäude gibt, ist die Wahrscheinlichkeit einer Infektion mit Actinomyceten als gering einzustufen.

Tabelle 2.6: **Nachweis von Bakterien der Ordnung *Actinomycetales* in der Außenluft, Innenraumluft oder im Schadensbereich (Materialanalysen) bei 35 von insgesamt 47 untersuchten Objekten**

Monat der Untersuchung	**Jan.**	**Jan.**	**Jan.**	**Jan.**	**Jan.**	**Feb.**
Außenluft in KBE/m³	20	0	30	0	0	0
Innenraumluft in KBE/m³	0	0	20	10	340	0
Materialanalyse in KBE/g	64.000	3.200	110.000	120	60.000	240.000

Fortsetzung Tabelle 2.6

Monat der Untersuchung	**Feb.**	**Feb.**	**März**	**März**	**März**	**März**
Außenluft in KBE/m³	0	0	0	10	10	0
Innenraumluft in KBE/m³	50	0	0	0	0	0
Materialanalyse in KBE/g	7.000.000	7.800.000	160.000	400.000	8.500.000	2.800
Monat der Untersuchung	**April**	**April**	**April**	**April**	**April**	**Mai**
Außenluft in KBE/m³	0	0	0	0	40	0
Innenraumluft in KBE/m³	30	0	10	0	0	100
Materialanalyse in KBE/g	2.700	800.000	0	32.000	120.000	75.000
Monat der Untersuchung	**Mai**	**Mai**	**Juni**	**Juni**	**Juli**	**Juli**
Außenluft in KBE/m³	10	0	0	0	0	0
Innenraumluft in KBE/m³	0	10	0	0	0	820
Materialanalyse in KBE/g	0	54.000	660.000	50.000	800.000	16.000
Monat der Untersuchung	**Okt.**	**Nov.**	**Nov.**	**Nov.**	**Nov.**	**Nov.**
Außenluft in KBE/m³	0	0	0	0	0	0
Innenraumluft in KBE/m³	0	20	0	10	0	20
Materialanalyse in KBE/g	5.100.000	12.000	640.000	0	28.000	2.000.000
Monat der Untersuchung	**Nov.**	**Nov.**	**Dez.**	**Dez.**	**Dez.**	
Außenluft in KBE/m³	10	0	0	20	0	
Innenraumluft in KBE/m³	10	0	20	0	10	
Materialanalyse in KBE/g	0	3.900.000	700.000	1.300.000	75.000	
Bei den Materialproben wurden Actinomyceten in immerhin 31 Fällen mit meist hohen bis sehr hohen Mengen identifiziert (Untersuchungen des Dr. Lorenz-Institutes für Innenraumdiagnostik, Analytik durch Umweltmykologie GbR, Berlin).						

Wie der Tabelle 2.6 zu entnehmen ist, treten Actinomyceten in der Außenluft relativ selten auf. In der Innenraumluft sind diese Bakterien meist in nur geringen Mengen nachweisbar und stellen deshalb auch aus diesem Grund in der Regel keine reale Infektionsgefahr dar.

Allerdings ist zu beachten, dass feuchte Materialien sehr häufig erhebliche Mengen von Actinomyceten enthalten und es deshalb bei der Materialentfernung im Zuge der Sanierung zu erheblichen Konzentrationen in der Atemluft kommen könnte.

Auch in besonders kritischen Bereichen, wie Krankenhäusern, sollte man vorsorglich die Gefahr nicht ignorieren, zumal es aus dem Krankenhausbereich Hinweise gibt, dass es durch Actinomyceten bereits zu Infektionen kam. In einer Universitätsklinik kam es wiederholt zu postoperativen Infektionen mit *Nocardia farcinica*. Trotz umfangreicher Untersuchungen wurde keine Außenquelle lokalisiert und Luftuntersuchungen ergaben, dass die Quelle der Nocardien im OP-Vorraum gewesen sein muss (Schaal, 1991).

Soweit toxische Stoffe Symptome auslösen, wovon man aufgrund der Ergebnisse verschiedener wissenschaftlicher Arbeiten heutzutage ausgehen muss, führen diese nicht zu akuten Vergiftungen. Die bisher gemessenen Konzentrationen in Staub oder Luft sind hierzu viel zu gering. Es ist eher zu erwarten, dass toxische Stoffe in Verbindung mit kleinen, vermutlich teils extrem kleinen mikrobiellen Partikeln und mit anderen, nicht mikrobiellen Staubpartikeln, an denen die Toxine haften, eine Reaktion des Immunsystems auslösen. Mikrobielle Partikel sind das natürlichste antigene Material für unser Immunsystem (in internationaler Literatur auch als „Pathogen associated molecular patterns = PAMPs" bezeichnet). Wirken diese antigenen Partikel gemeinsam mit einer gleichzeitig auftretenden toxischen Komponente auf unser Immunsystem, könnte es insbesondere im Bereich der Atemwege zu lokalen Reizungen und bei chronischer Belastung zu Entzündungen kommen (immunotoxische, irritative und kumulative Effekte). Es wird sich um chronische Effekte handeln und nicht um eine akute Gefährdung.

Die einzig derzeit bekannte akute Reaktion ist bei Personen mit einer Schimmelpilzallergie zu befürchten. Leider entwickelten bereits einige Sachverständige im Laufe der Zeit derartige Allergien. Eine technische Assistentin bekam nach jahrelanger Arbeit im Schimmelpilzbereich plötzlich Probleme durch starkes Hautjucken, begleitet von der Bildung roter Flecken. Eine Gutachterin fühlte abends, wenn sie tagsüber Gebäude mit Schimmelpilzschäden begutachtet hatte, starke Kopfschmerzen und Juckreiz und sie musste sich einen anderen Arbeitsplatz suchen.

Aufgrund fehlender Kenntnisse zu den tatsächlich wirksamen Stoffen, die zu den Beschwerden führen, sollte man den Schaden nicht isoliert aufgrund der mikrobiologischen Befunde bewerten, sondern auch dessen Alter berücksichtigen (bei alten Schäden ist mit größeren Mengen abgestorbener Mikroorganismen zu rechnen), die bereits vorhandenen Symptome bei den Betroffenen und vor allem den Schadensort (Krankenhaus, Arztpraxis, Wohnung, Schule, Büro, Produktionsbereich, Lagerraum usw.).

Die oben zitierte Forderung des Leitfadens, dass Schimmelpilzwachstum im Innenraum als hygienisches Problem angesehen und nicht hingenommen werden sollte, wird vermutlich oft falsch verstanden.

Viele halten ein hygienisches Problem für deutlich weniger gewichtig als das Problem einer gesundheitlichen Gefährdung und denken dabei primär an den lästigen Hausputz.

Betrachtet man aber die Definition des Begriffes **„Hygiene“** auf der Basis der Ausführungen im „Pschyrembel® Klinisches Wörterbuch“ (Pschyrembel®, 2004) ist sie kein untergeordnetes, sondern im Gegenteil ein übergeordnetes Ziel:

„Hygiene = vorbeugende Maßnahmen für die Gesunderhaltung einzelner Menschen oder Gruppen, um körperliche Erkrankungen und geistige, seelische und soziale Störungen fernzuhalten und Menschen oder Gesellschaften so widerstandsfähig wie möglich gegen die Entstehung körperlicher, geistiger und seelischer Erkrankungen zu machen.“

Schimmelpilze als hygienisches Problem zu behandeln, bedeutet daher:

- Es besteht die Möglichkeit, krank zu werden.
- Wenn es möglich ist, krank zu werden, dann muss eine zumindest schleichende gesundheitliche Gefährdung vorliegen.

In Kap. C-3.2.2 werden im Leitfaden UBA 1 Empfehlungen zur Sanierung, zum Arbeitsschutz und zum Umgebungsschutz formuliert (die Ausführungen werden an dieser Stelle in gekürzter Form wiedergegeben):

Sanierungsempfehlungen:

- Grundvoraussetzung für den Erfolg einer Sanierung ist die Beseitigung der Ursachen.
- Die Sanierung muss zum Ziel haben, die Schimmelpilze vollständig zu entfernen.
- Ein Abtöten reicht nicht aus, da auch von abgetöteten Schimmelpilzen allergische und reizende Wirkungen ausgehen können.
- Bei glatten Oberflächen kann eine Entfernung mit Wasser und Haushaltsreiniger erfolgen.
- Befallene poröse Materialien können nicht gereinigt werden und sind zu entfernen.
- Bei Holz ist zwischen der sog. Holzbläue (entstanden bei der Bearbeitung) und dem aktiven Schimmelpilzwachstum zu unterscheiden. Bei normaler Holzbläue besteht kein Sanierungsbedarf. Aktiv befallenes Holz muss meist entsorgt werden. In Ausnahmen kann ein oberflächlicher Befall durch Abschleifen entfernt werden.
- Befallene Möbelstücke mit geschlossener Oberfläche sind oberflächlich feucht zu reinigen, zu trocknen und ggf. mit 80 %igem Alkohol zu desinfizieren (Brand- und Explosionsgefahr sowie persönlichen Atemschutz beachten).
- Stark befallene Einrichtungsgegenstände mit Polsterung sind nur selten mit vertretbarem Aufwand sinnvoll zu sanieren und sollten daher im Normalfall entsorgt werden.
- Befallene Haushaltstextilien sind meist ebenfalls nur mit großem Aufwand sachgerecht zu sanieren, so dass je nach Anschaffungskosten eine Entsorgung vorzuziehen ist.

Empfehlungen zum Arbeitsschutz und zum Umgebungsschutz:

- Schutzmaßnahmen bei Sanierungsmaßnahmen kleineren Umfangs:
  - Schutzhandschuhe tragen
  - Mundschutz tragen
  - Staub-Schutzbrille tragen
  - nach Beendigung der Sanierung duschen und Kleidung waschen

- Schutzmaßnahmen bei Sanierungsmaßnahmen durch gewerbliche Firmen:
  - Schimmelpilze dürfen bei der Sanierung nicht in andere Bereiche verteilt werden.
  - Der Schutz des Personals und der Raumnutzer vor Schimmelpilzexposition muss durch geeignete Maßnahmen (Arbeitsschutzmaßnahmen, staubdichte Abschottung) sichergestellt werden.

Bei der Sanierung können sehr hohe Konzentrationen an Sporen freigesetzt werden. Eine Sanierung sollte daher nur unter geeigneten Sicherheits- und Arbeitsschutzbedingungen von fachlich qualifizierten Personen durchgeführt werden.

Des Weiteren ist zu beachten, dass z. B. für Allergiker oder Vorgeschädigte mit chronischen Erkrankungen der Atemwege sowie für Personen mit geschwächtem Immunsystem ein gesundheitliches Risiko nicht ausgeschlossen werden kann, so dass dieser Personenkreis keine Sanierungsarbeiten durchführen sollte.

Zu berücksichtigen sind auch die Anforderungen der folgenden Regelungen:

- Biostoffverordnung,
- Technische Regeln für biologische Arbeitsstoffe (TRBA) 400 „Handlungsanleitung zur Gefährdungsbeurteilung bei Tätigkeiten mit biologischen Arbeitsstoffen",
- TRBA 460 „Einstufung von Pilzen in Risikogruppen",
- TRBA 461 „Einstufung von Bakterien in Risikogruppen",
- TRBA 500 „Allgemeine Hygienemaßnahmen: Mindestanforderungen",
- Technische Regeln für Gefahrstoffe (TRGS) 540 „Sensibilisierende Stoffe",
- TRGS 524 „Sanierung und Arbeiten in kontaminierten Bereichen",
- TRGS 907 „Verzeichnis sensibilisierender Stoffe".

Allerdings ist es zumindest nicht sicher geklärt, ob die TRGS bei der Sanierung mikrobieller Schäden tatsächlich anzuwenden sind oder nur dann, wenn chemische Desinfektionsmittel eingesetzt werden (siehe Kap. 11.2.2).

2.3 Leitfaden LGA 2 „Handlungsempfehlung für die Sanierung von mit Schimmelpilzen befallenen Innenräumen"

Im Februar 2004 erschien der zweite Leitfaden des LGA Baden-Württemberg mit dem Titel „Handlungsempfehlung für die Sanierung von mit Schimmelpilzen befallenen Innenräumen". Bei der Erstellung mitgewirkt haben neben dem LGA Baden-Württemberg der Fachverband der Stuckateure für Ausbau und Fassade Baden-Württemberg, die Technische Informationsstelle des Deutschen Maler- und Lackiererhandwerks und die Verbraucherzentrale Baden-Württemberg e. V. Als **Ziel des Leitfadens** wird benannt, **dass Fachleute, die Sanierungen durchführen** bzw. beratend begleiten, einen zusammenhängenden **Überblick über die Thematik erhalten** und die wichtigsten Sachfragen klären können.

Die Sanierung soll zur Herstellung eines hygienischen Normalzustandes führen und es wird gefordert, dass bei der Sanierung gesundheitliche Risiken für Nutzer und Arbeitnehmer zu vermeiden sind (LGA 2, Kap. 1, Seite 7).

Folgendes Ablaufschema wird zur Orientierung vorgeschlagen:

- Ermittlung der Ursache für die Feuchte als Grundlage für den Schimmelpilzbefall,
- Gefährdungsbeurteilung und Festlegung der Schutzmaßnahmen bei der Sanierung,
- ggf. Übergangsmaßnahmen zur Überbrückung unvermeidbarer zeitlicher Verzögerungen,
- Planung der Sanierung,
- praktische Durchführung der Sanierung:
  - Entfernen des mit Schimmelpilzen befallenen Materials,
  - Beseitigung der Ursache (Feuchteursache) des Befalls,
  - im Bedarfsfall desinfizierende Reinigung der Bauteile, die vom Schimmelpilz befreit wurden,
  - ggf. Trocknung feuchter Bausubstanz,
  - Wiederaufbau,
  - Feinreinigung des Objektes,
- Abnahme des Bauwerkes.

Es wird zusätzlich darauf hingewiesen, dass *„parallel zur Belastung mit Schimmelpilzen auch eine Belastung mit Bakterien, mit Milben usw. vorliegen kann. Dies ist bei der Gefährdungsbeurteilung und bei den durchzuführenden Sanierungsarbeiten zu berücksichtigen.“* (LGA 2, Kap. 1, Seite 7)

Diese Empfehlungen sind mit einer Ausnahme pragmatisch und praktikabel: Es zeigt sich in der Praxis immer wieder, dass der Sachverständige, der die Schimmelpilzsanierung abnehmen soll, vor große Probleme gestellt wird, wenn er erst nach dem Wiederaufbau hinzugezogen wird. **Die Schimmelpilzsanierung ist bereits nach erfolgtem Rückbau und anschließender Dekontamination bzw. Feinreinigung beendet.** Außerdem kann man in diesem Zustand viel besser kontrollieren, ob die Ursache wirksam beseitigt wurde und alle Bauteile ausreichend getrocknet wurden, ob das mikrobiell besiedelte Material den Vorgaben entsprechend entfernt wurde und ob die Bauteile fachgerecht dekontaminiert bzw. gereinigt wurden. Wenn dies alles zur Zufriedenheit des Abnehmenden erfolgte, ist der nachfolgende Wiederaufbau nur noch eine normale Baumaßnahme und kann völlig unabhängig von dem vorher beseitigten Schaden durchgeführt werden.

Es ist äußerst ärgerlich und unbefriedigend, wenn es nach Fertigstellung, d. h. nach dem Wiederaufbau, auffällige Luftkeimmessergebnisse gibt, es immer noch oder erneut nach Schimmel riecht oder nicht sicher dokumentiert ist, dass auch alles befallene Material entfernt wurde. Der neue Laminat- oder Marmorboden wäre dann zu öffnen, um erneut Proben zu nehmen usw. Dies ist in der Praxis dem Eigentümer des Objektes und auch dem Mieter eigentlich nicht zumutbar.

Eine Ausnahme bilden Schäden, bei denen es durch Kondensation zu Schimmelbefall kam. In diesem Fall sind Abnahmemessungen zur Kontrolle der Ursachenbeseitigung, wie z. B. Langzeit-Raumklimamessungen oder Oberflächentemperaturmessungen, erst wieder im normalen Betrieb, d. h. nach Einbau von Entlüftungsanlagen, dem Anbringen von Wärmedämmsystemen oder der Installation zusätzlicher Heizkörper, sinnvoll.

Im Leitfaden LGA 2 werden in der Hauptsache mögliche Ursachen für Feuchte- und Schimmelpilzschäden und die Gefährdungen und Schutzmaßnahmen bei der Sanierung dargestellt. Es wird auch das Problem der Gefährdung durch Abwasser oder Oberflächenwasser explizit dargestellt. Dieser Aspekt blieb in den meisten übrigen Fachbeiträgen in der Regel bisher unbeachtet.

Im Leitfaden LGA 2 heißt es in Kap. 3.1.2, Seite 12, 13:

„Wurde der Schimmelpilzschaden durch eine außergewöhnliche Ursache wie z. B. Hochwasser oder eine Leckage einer Abwasserleitung verursacht, müssen auch gesundheitliche Gefährdungen, z. B. aufgrund der mikrobiologischen Belastung des Abwassers, in Erwägung gezogen werden. Abwasser enthält 100–10.000.000 Kolonie bildende Einheiten Bakterien pro ml und bis zu 7.000 Plaque bildende Einheiten Viren pro Liter, zusätzlich Schimmel- und Sprosspilze, Wurmeier und Protozoen. Die TRBA 220 geht von einer Exposition der Arbeitnehmer in abwassertechnischen Anlagen durch folgende im Abwasser vorkommende Mikroorganismen aus, die in der folgenden Auflistung noch durch weitere häufig im Abwasser vorkommende Mikroorganismen ergänzt wurden:

Bakterien: wie Enterobacteriaceae (z. B. Escherichia coli, Yersinia enterocolitica, Klebsiella species, Salmonellen), Campylobacter species, Leptospiraceae, Clostridium species (z. B. C. tetani), Enterococcus faecalis, Listeria species,

Viren: wie Enteroviren (Poliomyelitisvirus, Coxsackie-Viren, ECHO-Viren), Adenoviren, Rotavirus, Norwalk-Virus, Hepatitis A-Virus,

Pilze: wie Candida species (Candida albicans, C. tropicalis), Aspergillus fumigatus,

Protozoen: wie Entamoeba histolytixa, Giardia lamblia,

Wurmeier: z. B. von Ascaris lumbricoides.

Bei fäkaler Verunreinigung kann auch Oberflächenwasser ähnliche Mikroorganismen enthalten.

Die Exposition gegenüber fäkal kontaminiertem Wasser kann zu folgenden gesundheitlichen Problemen führen:

3.1.2.1 Infektionen

Abwasser verursacht nachweislich bei Arbeitnehmern bei Aufnahme der Erreger über den Mund Durchfallerkrankungen, kann aber auch zu Gelbsucht, Sommergrippe bzw. durch Enteroviren verursachte Erkrankungen des zentralen Nervensystems, der Hirnhaut oder des Herzens führen. Gelegentlich kommen Infektionen durch Wurmeier, Protozoen oder Leptospiren vor. Enteroviren und Norwalk-Viren können auch über Aerosole übertragen werden.

3.1.2.2 Toxische Wirkungen

Zerfallsprodukte von gramnegativen Bakterien (Endotoxine) können (besonders in hohen Mengen) toxische Wirkungen besitzen, die sich am häufigsten als Entzündungsreaktion der Bindehäute, der Haut oder der Schleimhaut der Nase, der oberen Atemwege, seltener der tiefen Atemwege zeigen.“

2.4 Leitfaden UBA 2 „Leitfaden zur Ursachensuche und Sanierung bei Schimmelpilzwachstum in Innenräumen"

Der Leitfaden UBA 2 sollte den Leitfaden UBA 1 nicht ersetzen, sondern die dort nur sehr kurz und allgemein angesprochenen **Sanierungsempfehlungen konkretisieren**, um die **Basis für ein einheitlicheres Vorgehen** im Hinblick auf den notwendigen Sanierungsumfang zu schaffen. Der Leitfaden UBA 2 wurde im 2. Halbjahr 2005 mit dem Titel „Leitfaden zur Ursachensuche und Sanierung bei Schimmelpilzwachstum in

Innenräumen" veröffentlicht und beschreibt mögliche Ursachen für Schimmelpilzwachstum in Gebäuden (Kap. 2), Maßnahmen, die ein Laie bzw. der Raumnutzer selbst durchführen kann (Kap. 3), wie eine Sanierung vorbereitet werden sollte (Kap. 4), die Sanierung durchzuführen ist (Kap. 5) sowie der Sanierungserfolg zu kontrollieren und abzunehmen ist (Kap. 6).

Er richtet sich an alle, die mit der Sanierung von Schimmelpilzschäden beauftragt werden oder in anderer Form beteiligt sind, wie Sanierungsfirmen, Sachverständige, Wohnungsunternehmen, örtliche Behörden und Gebäudenutzer.

Die Ausführungen im Leitfaden UBA 2 werden in diesem Buch vollständig berücksichtigt. Deshalb wird auf eine ausführliche Wiedergabe an dieser Stelle verzichtet. Lediglich einige richtungsweisende Kernaussagen sollen zitiert werden.

In Kap. 3.1 des Leitfadens UBA 2 heißt es zu Maßnahmen bei kleinerem Befall:

„Maßnahmen zur Beseitigung von Schimmelpilzbefall kleineren Umfangs (z. B. < 0,5 m², nur oberflächlicher Befall) können ohne Beteiligung von Fachpersonal durchgeführt werden. Die Ursache muss aber erkannt und beseitigt werden. Wichtig ist, möglichst staubarm zu arbeiten. Grundsätzlich sollten mit Schimmelpilzen befallene Flächen nie trocken abgerieben werden, damit die Sporen nicht in der Raumluft verwirbelt werden. Von Schimmelpilzen befallene Materialien müssen gründlich gereinigt werden. Sofern dies nicht möglich ist, z. B. bei in die Polsterung von Möbeln eingedrungenem Schimmelpilzbefall, sollten sie vollständig entfernt werden. Eine bloße Abtötung von Schimmelpilzen reicht nicht aus, da auch von abgetöteten Schimmelpilzen allergische und reizende Wirkungen ausgehen können."

Zu größerem Befall wird in Kap 4.1.2 des Leitfadens UBA 2 ausgeführt:

„Bei größerem Befall sind die Dringlichkeit der Sanierung und notwendige Schutzmaßnahmen bis zur Durchführung der Sanierung vom Fachmann/Gutachter zu beurteilen. Grundlage ist die Einschätzung des gesundheitlichen Risikos für die Raumnutzer. Kriterien für diese Einschätzung sind u. a.:

- *der Gesundheitszustand der Bewohner/Nutzer;*
- *die Art und Weise der Raumnutzung;*
- *das Ausmaß und die Aktivität des Schimmelpilzschadens;*
- *die Art der im Befall vorliegenden Schimmelpilze, insbesondere im Zusammenhang mit der Disposition der Bewohner;*
- *die Wahrscheinlichkeit, dass sich der Schimmelpilzschaden kurzfristig vergrößert, diese Frage steht u. a. im Zusammenhang mit der Ursache des Befalls;*
- *die Wahrscheinlichkeit, dass es im Ruhe- bzw. aktiven Nutzungszustand zu einem vermehrten Schimmelpilzflug kommt und sich dieser gegebenenfalls im gesamten Objekt verbreitet;*
- *die Möglichkeiten, den Sporenflug bis zur Sanierung auf einem niedrigen Niveau zu halten.*

Die Einschätzung der Dringlichkeit der Sanierung setzt einen hohen Sachverstand des Gutachters voraus. In vielen Fällen wird eine sachgerechte Einschätzung der Dringlichkeit der Durchführung einer Sanierung nur interdisziplinär möglich sein, da eine abgesicherte Beurteilung sowohl medizinischen als auch hygienischen, mykologischen, bauphysikalischen, bau-, sanierungs- sowie lüftungstechnischen Sachverstand voraussetzt. In den entsprechenden Gutachten sollte die spezifische fachliche Qualifikation des Gutachters belegt sein. Außerdem sollten Messdaten – auf die im Gutachten Bezug genommen wird – nachvollziehbar dargestellt werden."

Die Forderung nach einer entsprechend hohen Qualifikation und ausreichenden Erfahrung des beteiligten bzw. der beteiligten Sachverständigen wird auch im Hinblick auf die Sanierungsfirma im Leitfaden UBA 2, Kap. 5, entsprechend formuliert:

„Die Sanierung bei größerem Schimmelpilzbefall sollte unbedingt von Fachfirmen durchgeführt werden.

Da es bisher keine allgemein anerkannte Qualifikation zur Schimmelpilzsanierung gibt, sollte sich der Auftraggeber vor Auftragsvergabe über die Qualifikation der Firma erkundigen, z. B. über Referenzen sowie Fragen nach Qualifikations-, Arbeitsschutz- und Umgebungsschutzmaßnahmen."

In Kap. 5.2 des Leitfadens UBA 2 werden die Begriffe „sekundärer Schimmelpilzbefall" und „primärer Befall" eingeführt. Diese Begriffe sind nicht ganz treffend gewählt und erklärungsbedürftig, denn nur mit dem „primären Befall" wird ein tatsächlicher mikrobieller Befall von Materialien bezeichnet. Der sog. „sekundäre Schimmelpilzbefall" bezeichnet Material, welches mit nicht im Material angewachsenen mikrobiellen Partikeln verunreinigt ist. Es ist somit kein eigentlicher Befall gemeint, sondern eine Kontamination mit Staub mikrobiellen Ursprungs, in erster Linie mit Sporen.

3 Feststellung von Feuchte- und mikrobiellen Schäden

Am Anfang der Maßnahmenkette einer Sanierung muss die Feststellung stehen, dass mindestens ein Feuchteschaden oder ein mikrobieller Schaden vorliegt. Dieser Schaden kann sichtbar vorhanden sein (Feuchtefleck bzw. Wasserfleck, Schimmelfleck, sichtbare Materialschädigung), evtl. auch an versteckter Stelle, es kann ein entsprechender Schimmelgeruch vorliegen oder ein Sachverständiger hat messtechnisch erhöhte Bauteilfeuchte oder mittels Laboruntersuchungen einen mikrobiellen Bewuchs in oder auf Materialien festgestellt.

Wenn ein Feuchteschaden oder ein mikrobieller Schaden festgestellt wurde, sind zur **fachgerechten Sanierung** bzw. zur **Erstellung des Sanierungskonzeptes** folgende Fragen zu beantworten:

- Liegt **nur Feuchte** vor oder **auch eine mikrobielle Besiedlung**?
- Ist die **mikrobielle Besiedlung geringfügig** oder **relevant**?
- Wie weit dehnt sich der **Schaden in der Fläche und in der Tiefe** aus?
- Liegen evtl. **weitere**, bisher übersehene **Schäden** vor?
- Was ist die **Ursache** (sind die Ursachen) der festgestellten Schäden?

Die Feststellung von Ausdehnung, Stärke und Zusammensetzung des mikrobiellen Befalls ist Voraussetzung für die anschließende Bewertung des Schadens, ist aber allein nicht ausreichend für die Gesamtbewertung, die Antworten auf die Fragen liefern muss, ob Material nur getrocknet, behandelt (dekontaminiert oder desinfiziert) oder entfernt werden muss, ob Sofortmaßnahmen angebracht sind und welche Arbeitsschutzmaßnahmen und Maßnahmen zum Schutz der Umgebung erforderlich sind.

Hierzu sind noch weitere Aspekte zu berücksichtigen, u. a. wie der gesundheitliche Zustand der exponierten Personen ist, welche Expositionsdauer bei den Betroffenen und den Sanierern zu veranschlagen und mit welcher Freisetzung mikrobieller Stoffe während der Sanierung zu rechnen ist (siehe Kap. 6).

In diesem Kapitel wird beschrieben, wie man erkennt, ob ein Schaden vorliegt, und wie Ursache und Ausmaß eines Schadens ermittelt werden können. Oft ist die Beantwortung der Frage nach der Ausdehnung des Schadens nur möglich, wenn die Ursache klar ist. Andererseits ist manchmal die Ursache nur dann feststellbar, wenn die Ausdehnung bekannt ist. Deshalb ist es erforderlich, dass diese beiden Aspekte nicht getrennt betrachtet werden.

Als nützliche Hilfestellung für die Praxis wurde hierzu ein Schadenskatalog erstellt (siehe Kap. 5).

3.1 Erste Symptome von Feuchte- und mikrobiellen Schäden

Bei der Feststellung von Feuchteschäden und mikrobiellen Schäden sollten immer folgende Fragen geklärt werden:

- Wird über gesundheitliche Beschwerden berichtet, die mit einem mikrobiellen Befall in Zusammenhang stehen können?
- Gibt es sichtbare Hinweise auf Schäden (innen im und/oder außen am Objekt)?
- Gibt es andere wahrnehmbare Hinweise auf Schäden, z. B. Geruch, Auftreten bestimmter Insekten?
- Ist erhöhte Feuchte in Materialien oder in der Raumluft messbar?
- Sind labortechnisch relevante Mengen von Mikroorganismen in und/oder auf Materialien nachweisbar?

Nicht jeder Schaden ist optisch, d. h. mit dem bloßen Auge erkennbar. Diese Meinung wird jedoch leider immer noch vertreten, obwohl in der Fachliteratur seit längerem beschrieben wird, dass ein nicht vernachlässigbarer Teil der Schäden sichtbar ist.

Tabelle 3.1: **Erste Anhaltspunkte für einen mikrobiellen Befall (Auswertung von 100 eigenen Fällen, bei denen die nachfolgenden Untersuchungen zur Lokalisierung mindestens einer relevanten Quelle führten)**

Ergebnis der Wohnungsinspektionen	Anzahl der Fälle in %
sichtbarer mikrobieller Befall	16
typischer Geruch ohne sichtbaren Befall	11
mit bautechnischen Feuchtemessungen lokalisierte versteckte Feuchteschäden	43
Problemkonstruktionen (Kriechkeller, Hanglage usw.)	16
Expositionsverdacht aufgrund einer ärztlichen Diagnose	14

Die statistische Auswertung von 100 Fällen, bei denen gesundheitliche Beschwerden vorlagen und im Laufe der Untersuchungen relevante mikrobielle Schäden gefunden wurden, ergab, dass in ca. 84 % aller Fälle der Schaden nicht sichtbar war, sondern nur durch Geruch auffiel, mittels Feuchtemessungen lokalisierbar war oder erst nach umfangreichen Untersuchungen, zum Teil erst durch den Einsatz eines Schimmelpilz-Spürhundes, festgestellt werden konnte.

2 Gründe können zu diesem Ergebnis geführt haben. Es ist zum einen davon auszugehen, dass dann, wenn ein sichtbarer Befall in Wohnräumen vorliegt, kein Sachverständiger zur Klärung von Geruchsproblemen und/oder gesundheitlichen Beschwerden beauftragt wird, da bereits auch ohne dessen Hilfe der Zusammenhang erkennbar ist oder vermutet wird und ein Handwerker zur preiswerten und raschen Schadensbeseitigung, höchstens noch ein Baugutachter zur Ursachenklärung hinzugezogen wird.

Abb 3.1 a und b Glaswolle unter dem Mikroskop mit 5facher (a) und mit 100facher Vergrößerung (b); im linken Bild ist kein mikrobieller Befall zu sehen, allerdings sind bei höherer Vergrößerung Luftmyzel und Sporenträger deutlich erkennbar (siehe Pfeile) (Quelle: Umweltmykologie GbR, Berlin)

Zum anderen ist zu vermuten, dass sichtbare Schäden in vielen Fällen durch Kondensation entstanden sind und sich auf oberflächennahe Schichten begrenzen. Bei Schäden, die sich auf einen Befall von Oberflächen beschränken, sog. 2-dimensionalen Schäden, ist mit einer deutlich geringeren Biomasse zu rechnen als bei einem tiefer reichenden, 3-dimensionalen mikrobiellen Befall ganzer Bauteile. 3-dimensionale Schäden sind in den meisten Fällen nicht durch Kondensation von Raumluftfeuchte entstanden.

Im Gegensatz zu mikrobiellen Schäden in durchfeuchteten Bauteilen, z. B. aufgrund eines Haarrisses in der Druckwasserleitung, handelt es sich bei Kondensationsschäden nicht um kontinuierlich aktive Schäden, sondern es liegt häufig nur über wenige Wochen, maximal einige Monate eine für mikrobielles Wachstum ausreichend hohe Feuchte vor. Das ständige Auf und Ab an Feuchte bei Kondensationsschäden wird vermutlich in höherem Maße die Ausbildung von Fruchtkörpern und Sporen fördern als das Myzelwachstum. Der Schaden wird aus diesem Grund auch stärker sichtbar auftreten und größere Sporenmengen an die Umgebung abgeben. In nassen bzw. sehr feuchten Styropor- oder KMF-Dämmmaterialien aus Fußböden werden z. B. häufig sehr große Mengen von Mikroorganismen nachgewiesen, obwohl optisch nichts zu erkennen ist (siehe Abb. 3.1 und 3.17 a, b).

Da nicht jeder mikrobielle Befall sichtbar ist, durch Geruchsbelastung wahrgenommen wird oder zu gesundheitlichen Beschwerden führt, wird es eine nicht unerhebliche Anzahl von Gebäuden bzw. Wohnungen geben, in denen Feuchte- und/oder mikrobielle Schäden vorliegen, die nicht erkannt werden und ggf. erst nach Jahren zu einer spürbaren Beeinträchtigung durch Geruch oder Beschwerden der Bewohner führen.

Man könnte meinen, wenn ein mikrobieller Befall keine spürbaren Auswirkungen hat, dann ist er auch nicht von Bedeutung. Allerdings ist die Sanierung eines Schadens bei Früherkennung erheblich kostengünstiger und beseitigt die Gefahr einer schleichenden Sensibilisierung.

Regelmäßige Vorsorgeuntersuchungen wären sinnvoll, würden aber sehr wahrscheinlich vom Markt nicht angenommen werden. Die regelmäßige technische Überwachung von Kraftfahrzeugen durch den TÜV als Vorsorge zur Erhöhung der Verkehrssicherheit würde sicherlich nicht freiwillig von jedem durchgeführt, sondern es bedarf einer gesetzlichen Vorschrift, damit dies funktioniert. Die regelmäßige Untersuchung von Gebäuden wird in großem Stil weder freiwillig vom Markt angenommen werden, noch wird es in absehbarer Zeit entsprechende Vorschriften hierzu geben.

Aber zumindest bei Kauf oder Anmietung eines Objektes wäre es für beide Seiten aus wirtschaftlicher Sicht sinnvoll, eine entsprechende Untersuchung durchführen zu lassen. Früh erkannte Schäden sind nicht nur kostengünstiger zu sanieren, da z. B. die Trocknung evtl. ausreicht und kein Material auszubauen ist, sondern die bei Schäden oft nachfolgenden juristischen Auseinandersetzungen, ob zwischen Mieter und Vermieter oder Käufer und Verkäufer, könnten vermieden werden.

3.1.1 Flecken und andere Materialveränderungen

3.1.1.1 Schimmelflecken

Es ist allgemein bekannt, wie ein Schimmelpilzbefall aussehen kann. Jeder kennt den Schimmel auf Brot, Käse oder Obst. Aber genau dieses allgemeine Wissen verleitet viele zu der Annahme, sie wüssten, wovon sie reden, wenn es um einen sog. Schimmelpilzbefall geht.

Obwohl es außer den sichtbaren Schäden sehr oft Schäden gibt, die man nicht visuell erkennt (siehe Tab. 3.1), ist die Meinung immer noch verbreitet, dass ein Schimmelpilzbefall stets zu sehen ist. Aber auch, wenn ein sichtbarer Befall vorhanden ist, gibt es teilweise völlig falsche Einschätzungen aufgrund der vermeintlichen eigenen Kenntnisse von Laien. So ist z. B. ein mikrobieller Befall, d. h. ein Befall mit Pilzen und/oder Bakterien, nicht immer schwarz. Es sind alle Farbschattierungen möglich, je nach Pilz- oder Bakterienart oder je nach Wachstumsstadium und Substrat.

Häufig wird von Handwerkern, aber auch von Sachverständigen der Begriff „Schwarzschimmel“ verwendet. Dieser Terminus ist nichts sagend. Er beschreibt nur, dass der sichtbare mikrobielle Befall schwarz ist. Es gibt keinen Zusammenhang zwischen Farbe und Ursache oder Farbe und gesundheitlicher Gefährdung. Die Farbe Schwarz deutet lediglich darauf hin, dass die jeweilige Art weniger lichtempfindlich ist. Es ist sogar möglich, dass ein und dieselbe Pilzart in unterschiedlichen Farben auftritt.

Abb 3.2 a–d Schimmelpilze wachsen sowohl im Labor auf den Nährböden als auch auf Wänden, Pappe, Tapeten usw. in fast allen Farben.

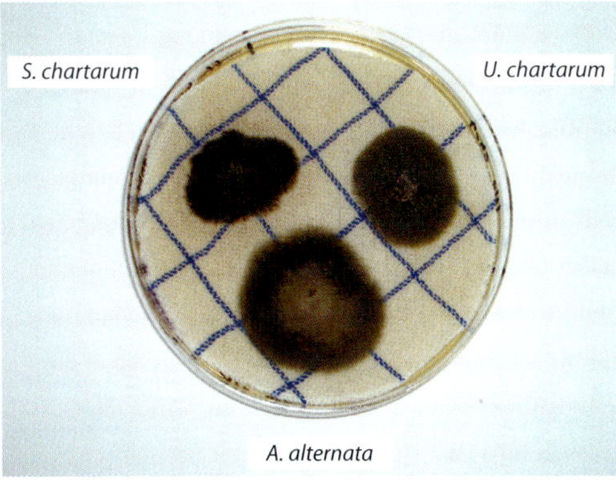

Abb. 3.3 a Die schwarzen Pilze *Stachybotrys chartarum*, *Ulocladium chartarum* und *Alternaria alternata* mit völlig unterschiedlichem Gefährdungspotential (Quelle: Umweltmykologie GbR, Berlin)

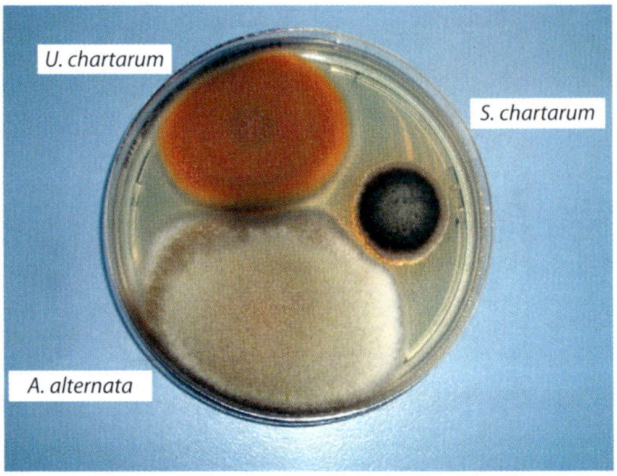

Abb. 3.3 b Die gleichen Pilze, diesmal in teils anderen Farben aufgrund veränderter Kultivierungsbedingungen (statt DG18 wie in Abb. 3.3 a hier Malzextraktagar) (Quelle: Umweltmykologie GbR, Berlin)

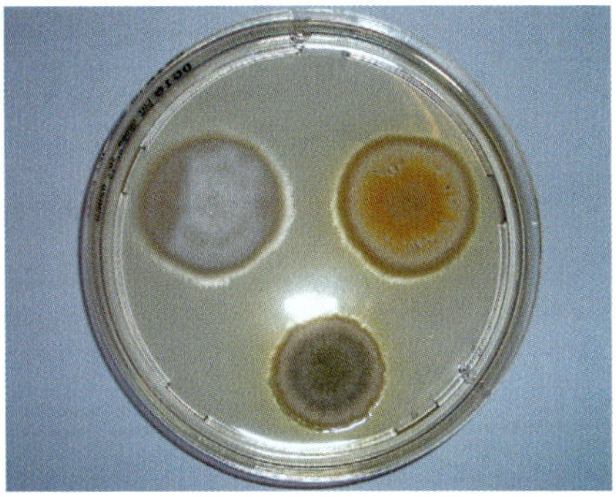

Abb. 3.4 a *Aspergillus versicolor* in 3 verschiedenen Farben (3 verschiedene Stämme) (Quelle: Umweltmykologie GbR, Berlin)

Abb. 3.4 b *Penicillium chrysogenum* auf Malzextraktagar mit untypischer Färbung (weiß) (Quelle: Umweltmykologie GbR, Berlin)

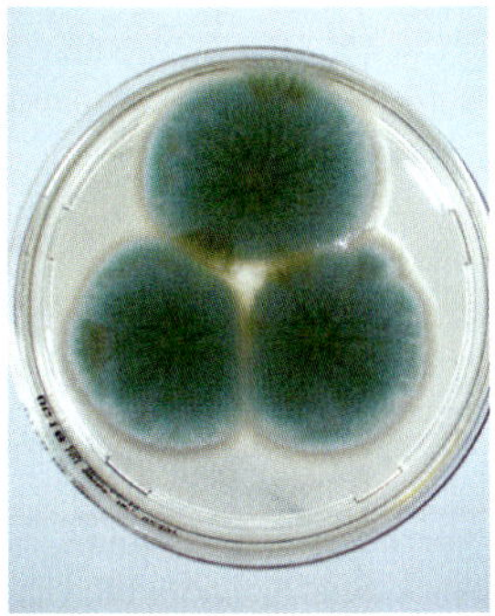

Abb. 3.4 c *Penicillium chrysogenum* auf DG18 (graugrün bis blaugrün) (Quelle: Umweltmykologie GbR, Berlin)

Auch die Erscheinungsform des Schimmelpilzwachstums ist nicht immer gleich. Der Befall kann sich in kleinen Flecken oder in Rasenbildung entwickeln. Mit Einschränkung kann gesagt werden, dass die Erscheinungsform des Schadens teilweise im Zusammenhang mit der Ursache steht, wobei der Ort des Wachstums, z. B. ob der Schimmelpilz im Bereich einer Wärmebrücke oder auf einer Oberfläche einer Innenwand wächst, meist die entscheidende Rolle spielt (ausführlicher zum Thema Ursache und Schadensbild siehe Hankammer/Lorenz, 2003).

Abb. 3.5 Gleichmäßiger Befall an Außenwand und Innenwand: kein Kondensationsschaden, sondern aufsteigende Feuchte aus dem nassen Fußboden

Ein Hinweis auf einen Kondensationsschaden ist ein sichtbarer oberflächlicher Befall auf einem an sich trockenen Bauteil, der nicht tief in die Wand eindringt, da das Wandmaterial nur an der Oberfläche feucht genug für mikrobielles Wachstum ist. Da hingegen tritt bei stark durchfeuchteten Wänden teilweise kein sichtbarer Oberflächenbefall auf, obwohl das feuchte Wandmaterial hohe Mengen von Pilzen und Bakterien enthält.

Abb. 3.6 Probe aus einer Etagenwohnung von der Innenwand im Flur in Richtung Bad vom Wandputz; ein mikrobieller Befall war hier nicht sichtbar, jedoch war die Wand durchfeuchtet (messbar feuchter Bereich ist farbig markiert)

Tabelle 3.2: **Auswertung der Probe aus einer Etagenwohung (siehe Abb. 3.6) (Analyse durch Umweltmykologie GbR, Berlin)**

Pilze/Bakterien	KBE/g	Pilze/Bakterien	KBE/g
Aspergillus ochraceus	200	Actinomyceten	400.000
Aspergillus sydowii	120.000	*Bacillus spp.*	40
Aspergillus versicolor	440.000	nicht identifizierte Bakterien	2.000.000
Penicillium spp.	2.000		
Engyodontium album	80.000		

Zusammenfassend ist festzustellen:

Mikrobielle Schäden sind nicht immer schwarz, sondern es können **nahezu alle Farben** auftreten.
Aufgrund der **Farbe** kann man **nicht ableiten**, was die **Ursache** des Befalls ist oder welche **gesundheitliche Gefährdung** vorliegt.
Der Begriff **„Schwarzschimmel"** ist eine landläufige Bezeichnung, die **keinerlei Aussage** im Hinblick auf **Gefährdung, Ausdehnung** und **Ursache** beinhaltet.
Weißer Befall auf **hellem Untergrund** ist häufig **schwer zu erkennen.**

3.1.1.2 Stockflecken

Sachverständige werden nicht selten mit der Aussage konfrontiert, dass die sichtbaren Flecken auf Wand, Decke oder Möbelstücken kein Schimmelpilzbefall seien, sondern lediglich Stockflecken. Bei der Gegenfrage, woraus Stockflecken dann wohl bestehen bzw. wie diese entstanden sind, bleibt eine Antwort gewöhnlich aus und zumindest einige „Experten" werden etwas nachdenklich.

Denn das, was allgemein als Stockflecken bezeichnet wird, ist nichts anderes als ein mikrobieller Befall, der evtl. nicht schwarz und großflächig ist, sondern ein weißlich grauer, spotartiger Befall, wie er z. B. häufig in Textilien auftritt, die feucht in unbelüfteten Behältnissen aufbewahrt werden, etwa das feuchte Sporttrikot in einer Plastiktüte.

Stockflecken sind sichtbare, meist helle bis graue, punktartige Flecken, **verursacht** durch einen **Befall mit Pilzen und/oder Bakterien.**

3.1.1.3 Feuchteflecken

Neben den Schimmel- oder Stockflecken treten häufig auch sichtbare farbliche Veränderungen auf Oberflächen auf, die durch erhöhte Feuchte verursacht wurden, meistens durch zumindest zeitweise freies Wasser.

Bei Einwirkung von Feuchte bzw. Wasser kann es dazu kommen, dass sich das Material verfärbt, da entweder eine chemische Reaktion abläuft, z. B. eine Oxidation von Metallteilen (Rostflecken), oder Farbpartikel angelöst und anders verteilt werden oder Farbpartikel aus anderen Materialien tieferer Schichten angelöst und an die Oberfläche transportiert werden.

Typisch für Verfärbungen durch Auswaschungen oder Farbeinschwemmung sind die Wasserränder. Diese zeigen, dass Wasser von außen eingedrungen sein muss. Farbveränderungen ohne Schimmelpilzbefall entstehen durch Kondensation auf Oberflächen nur selten. Es müsste sich durch Kondensation sehr viel Wasser ansammeln, das dann als „flüssiges Wasser" die Oberfläche benetzt und herunterläuft. In wenigen Fällen kann jedoch auch dieser Effekt auftreten.

Auch wenn nur Feuchteflecken erkennbar sind und kein mikrobielles Wachstum, ist ein mikrobielles Wachstum zu befürchten, vor allem in tieferen Schichten. Dies sollte dann entsprechend untersucht oder zumindest berücksichtigt werden.

Feuchteflecken deuten darauf hin, dass **größere Mengen Wasser** aufgetreten sind, die **aus tieferen Schichten** stammen (von außen, von oben, von unten, Rohrschaden usw.) und es sich nicht um einen Kondensationsschaden handelt.

Feuchteflecken sind ein **Beweis** dafür, dass ein **Feuchteschaden** vorliegt oder vorlag und gleichzeitig ein starker **Hinweis**, dass auch mit **Mikroorganismen** in oder an den durchfeuchteten Bauteilen zu rechnen ist.

Abb. 3.7 a–c Flecken durch chemische Reaktion (Rostflecken)

Abb. 3.8 a und b Farbauswaschungen/Wasserränder

3.1.1.4 Salzausblühungen

Ähnlich wie Farbe aus tieferen Schichten angelöst und an Oberflächen transportiert werden kann und dort zu Feuchteflecken führt, kann Wasser auch Salze anlösen und an Oberflächen transportieren. Die Salze sind entweder Bestandteile des Baustoffes oder mit dem Wasser in das Bauteil gelangt. Beim Verdunsten des Wassers bleiben die Salze als Kristalle auf der Oberfläche zurück und bilden die sog. Salzausblühungen (weiß bis gelb), die man häufig auch als „Salpeter" bezeichnet. Dieser Begriff beschreibt jedoch nur eine ganz bestimmte Art von Salzablagerungen, nämlich die Salze der Salpetersäure bzw. die Nitrate.

Nicht in jedem Fall ist gut erkennbar, ob es sich um Salze oder Mikroorganismen handelt, zumal einige Mikroorganismen weiße Myzelien bilden.

Abb. 3.9 a Handelt es sich bei den weißen Flecken auf der Kellerwand um Salzausblühungen oder um einen Befall mit Mikroorganismen, z. B. mit *Engyodontium album*?

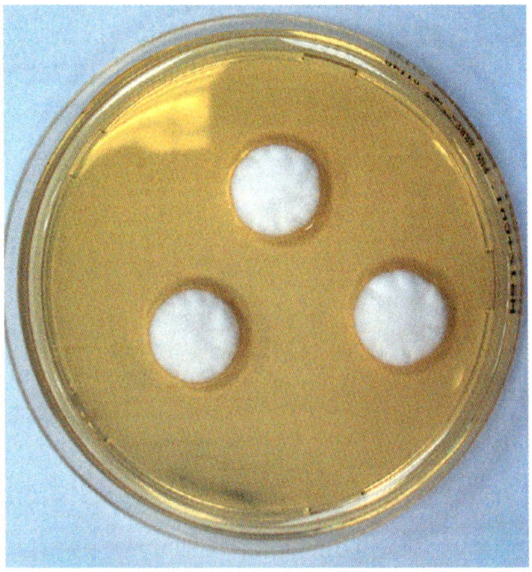

Abb. 3.9 b Weiße Kolonien von *Engyodontium album* auf dem Labornährboden, einem Pilz, der häufig bei Feuchteschäden in Kellerräumen nachgewiesen wird
(Quelle: Umweltmykologie GbR, Berlin)

In Zweifelsfällen sind Analysen erforderlich, wobei es im Zusammenhang mit Sanierungsarbeiten häufig auch sinnvoll ist, im jeweiligen Baustoff (Putz, Ziegel usw.) die Art und Konzentration von bauschädlichen Salzen festzustellen.

Durch Salze können Schäden unterschiedlicher Art an Bauwerken entstehen:

- Bildung von **Salzausblühungen** auf den Oberflächen des Bauwerks,
- Durchfeuchtung des Bauteils durch **hygroskopische Feuchteaufnahme**,
- Zerstörung von Bausteinen bzw. Mörtel durch starke **Sprengwirkung** aufgrund von Volumenvergrößerung bei der Kristallisation der Salze.

Oft wird das erste Auftreten von Salzausblühungen als oberflächlich und harmlos, in der Regel nur als ästhetische und optische Beeinträchtigung gesehen. Die Bedeutung dieser optischen Erscheinung wird vielfach unterschätzt.

Salzausblühungen sind immer ein Zeichen dafür, dass **Wasser aus tieferen Schichten an die Oberfläche** gelangt ist, meist von außen oder von unten, und können durch Kondensation nicht entstanden sein, da der Wasserdampf in der Raumluft keine Salze enthält.

Tabelle 3.3: **Salzarten, Vorkommen und Wirkungen**

Salzarten	Vorkommen	Wirkungen
Sulfate Magnesiumsulfat Natriumsulfat Kaliumsulfat	Kalk- und Zementmörtel, Beton oder kalkhaltige Natursteine auch durch Einwirkung von außen (saurer Regen, Rauchgase) Sulfatausblühungen auf Ziegel sind ein Hinweis, dass beim Brennen schwefelhaltiger Brennstoff verwendet wurde.	hohe Sprengwirkung massive Schäden an Putz (Absanden) und Ziegeln (abplatzende Schalen)
Nitrate (= Mauersalpeter) meist Calciumnitrat	bei Einwirkung von Stickstoffverbindungen, die z. B. bei der Zersetzung von Jauche, Urin oder in Ställen oder in Toilettenanlagen)	stark hygroskopisch
Chloride Natriumchlorid Calciumchlorid	Natriumchlorid: meist von außen durch Streusalze oder Meerwasser Calciumchlorid: Zusatzstoffe, wie Frostschutzmittel und Erstarrungsbeschleuniger	stark hygroskopisch Calciumchlorid bildet in Beton das sog. Friedel'sche Salz mit Sprengwirkung. Gefahr der Korrossion an Metallteilen (Stahl- oder Spannbeton)
Carbonate Calciumcarbonat	häufigste Ausblühung auf Beton	kaum problematisch, Schäden nur bei hohen Gehalten zu erwarten

Tabelle 3.4: **Wertung von Analyseergebnissen bei der Salzgehaltbestimmung (Arendt/Seele, 2000)**

SO_4 Sulfat in Masse-%	**Cl Chlorid in Masse-%**	**NO_3 Nitrat in Masse-%**	**Wertung**	
< 0,024	< 0,009	< 0,016	0	unbelastet
< 0,077	< 0,028	< 0,050	I	gering
< 0,240	< 0,090	< 0,160	II	mittel
< 0,770	< 0,280	< 0,500	III	hoch
> 0,770	> 0,280	> 0,500	IV	extrem

Es treten **verschiedene Salze** auf, die z. B. **hygroskopisch und/oder sprengend wirken** können und deshalb aus baulicher Sicht unterschiedlich problematisch sind.

Manchmal ist es schwer zu unterscheiden, ob es sich um eine Salzausblühung oder einen mikrobiellen Befall handelt. Im Zweifelsfall sind Untersuchungen zur Klärung erforderlich.

Im Vorfeld von Sanierungsarbeiten sollte gut überlegt werden, ob Salzanalysen erforderlich sind, um die notwendigen Maßnahmen festlegen zu können.

3.1.1.5 Mittelbar sichtbare Feuchte und Mikroorganismen durch Materialschädigungen

Feuchte und Mikroorganismen können sich auch mittelbar visuell bemerkbar machen. Löst sich z. B. die Tapete von der Wand, kann dies daran liegen, dass sie schlecht verklebt wurde, aber auch daran, dass die Wand dahinter feucht ist oder war bzw. die Tapete durch Kondensat feucht geworden ist. Oft ist hinter der abgelösten Tapete ein sichtbarer mikrobieller Befall vorhanden.

Auch Farbschichten können sich von der Wand lösen. Dies wird häufig in Kellern beobachtet, wo die Farbschicht teilweise durch Salzkristallbildung hinter der Farbe abgesprengt wird. Es kann aber auch eine Kombination von Nachlassen der Haftung und Volumenzunahme der Farbschicht durch Feuchteaufnahme sein.

Ohne dass man Mikroorganismen sehen muss, kann es zu sichtbaren Schäden von Materialien kommen, da Bestandteile der Materialien von den Mikroorganismen „gefressen" bzw. zersetzt werden.

Abb. 3.10 a–c Versteckte, aber sichtbare Schäden hinter Tapeten

Abb. 3.11 a und b Abblättern von Farbe durch Einwirkung von Feuchte

Ein Beispiel ist die Fäulnis von Hölzern. Fäulnis entsteht nicht unmittelbar durch die Einwirkung von Wasser oder Feuchte, sondern durch die Besiedlung mit Mikroorganismen als Folge der Feuchteeinwirkung. Holz, das nicht von Mikroorganismen befallen wird, hält sich auch unter Wasser sehr lange Zeit, z. B. Äste im Aquarium, Bootsstege, Schiffsplanken.

Auch die mit dem bloßen Auge erkennbaren Braunfäuleerreger können versteckt in Baukonstruktionen (z. B. Holzdecken) wachsen und diese stark schädigen. Typisch für Hölzer, die durch den Echten Hausschwamm (*Serpula lacrymans*) aufgelöst wurden, ist der sog. Würfelbruch. Dieser kann allerdings auch durch andere Braunfäuleerreger hervorgerufen werden, weshalb meist nur mit Laboranalysen der Verursacher eindeutig festgestellt werden kann.

Ein weiteres typisches Beispiel für eine erkennbare Materialschädigung ist die Versandung von Putzen. Insbesondere älterer Putz versandet und löst sich von der Wand, wenn durch Einwirkung von Feuchte die Bindemittel aufgelöst, ausgewaschen oder von Mikroorganismen zersetzt wurden.

Abb. 3.12 Würfelbruch durch Hausschwamm

Abb. 3.13 a–c Putz löst sich von der Wand und ist versandet.

3.1.1.6 Geometrische Materialveränderungen

Feuchte kann auch zu geometrischer Materialveränderung führen. Insbesondere Holzteile verziehen sich stark unter Einwirkung hoher Feuchte. Plötzlich klemmende Möbeltüren, schüsselnde Parkettböden usw. indizieren ein Feuchteproblem. Auch gewellte Bilder an der Wand sind ein Zeichen für erhöhte Feuchte.

3.1.1.7 Abgrenzung zu anderen Schadensarten (Staubeintrag über Randfugen, Fogging-Effekt, Shading)

Nicht jeder Schimmelpilzbefall bzw. mikrobielle Befall ist mit dem bloßen Auge sichtbar, aber auch nicht jeder ohne unmittelbare Einwirkung durch Personen entstandene Fleck ist ein Schimmelpilzbefall.

Staubeintrag über Randfugen

Insbesondere in Neubauten treten entlang der Randfugen aller Wände oft dunkle Flecken auf, die besonders auf hellen Teppichböden störend ins Auge fallen. Wenn diese relativ gleichmäßig entlang aller Wände verteilt sind, dann handelt es sich vermutlich um Staub, der mit der Luft eingetragen wurde, die aus dem Fußboden über die Randfugen in den Raum gelangt.

Fogging-Effekt

Seit einigen Jahren tritt in Neubauten und frisch renovierten Wohnungen immer wieder der sog. Fogging-Effekt auf.

Meist zur Heizperiode entstehen einerseits über Heizkörpern und andererseits im Bereich von Wärmebrücken dunkelbraune bis schwarze Ablagerungen, die ölig und schmierig sein können und dann von glatten Oberflächen, wie Fliesen, Möbeln, Fensterrahmen, nur schwer zu entfernen sind.

Die Ursache dieser Flecken hat mit mikrobiellen Schäden nichts zu tun. Gemeinsam ist den Schadensarten lediglich, dass die Fogging-Flecken im Bereich von Wärmebrücken auftreten. Ein wesentlicher Unterschied ist aber, dass die Fogging-Flecken streifig über Heizkörpern erscheinen, wo gewöhnlich sichtbare oberflächliche Schimmelflecken nicht auftreten, da es sich um sehr warme Bereiche handelt und die relative Feuchte entsprechend niedrig ist.

Ein symptomatischer Unterschied ist auch, dass bei einem Schimmelpilzbefall der stärkste Befall gewöhnlich in der Ecke auftritt (siehe Abb. 3.15 a und b), während beim Fogging-Effekt direkt in der Ecke eine weiße, wie mit einem Lineal gezogene Zone bleibt (siehe Abb. 3.15 a und b).

Der Grund für dieses unterschiedliche Erscheinungsbild ist, dass die Ecke die kälteste Zone darstellt, in der die relative Feuchte an der Oberfläche am höchsten ist, und deshalb die Mikroorganismen hier am besten wachsen können.

Die Temperatur in der Ecke ist deshalb am niedrigsten, da dort der Effekt der geometrischen Wärmebrücke am größten, aber außerdem auch die Anströmung mit der erwärmten Heizungsluft sehr schlecht ist.

Abb. 3.14 a und b Fogging-Effekt: Typisch sind die „Fahnen" oberhalb der Heizkörper.

Abb. 3.15 a und b Fogging-Effekt im Vergleich zum Schimmelschaden

Gerade wegen der schlechten Anströmung entsteht beim Fogging-Effekt direkt in der Ecke keine Verfärbung, da die mit der Raumluft transportierten klebrigen Staubpartikel nicht bis in die äußerste Ecke gelangen.

Shading

Bei Velours-Teppichböden treten manchmal Flecken auf, die von Laien fälschlicherweise mit Feuchte- oder gar Schimmelpilzschäden in Verbindung gebracht werden. Jeder Teppichbodenverleger wird den Betroffenen aber aufklären, dass es sich wahrscheinlich um das sog. Shading handelt. Hiermit wird eine partielle Änderung der ursprünglichen Florrichtung bezeichnet. Diese Änderung der Flor- oder Faserbüschelrichtung ist nicht wieder zu korrigieren, d. h. sie ist irreversibel. Weder Bürsten noch Staubsaugen oder Reinigen bringt die Fasern wieder in die ursprüngliche Ausrichtung.

Nach Angaben des Deutschen Teppich-Forschungsinstitutes (TFI) (www.tfi-online.de) ist es trotz intensiver Forschungsarbeiten auf diesem Gebiet bisher nicht gelungen, die Ursachen für die Shading-Bildung zu klären. Ein Unterschied zu Schimmelflecken ist, dass Flecken durch Shading je nach Position des Betrachters dunkel oder hell erscheinen, da es sich nicht um eine echte Verfärbung handelt, sondern um unterschiedliche Lichtreflexionen durch die lokal veränderte Florrichtung.

Abb. 3.16 Velours-Teppichboden mit Flecken durch Shading (Quelle: Klaus Rauer, Sachverständigenbüro für Fußbodenkonstruktionen, Koblenz)

3.1.2 Geruch

In vielen Fällen ist ein Feuchteschaden bzw. mikrobieller Befall nicht durch sichtbare Flecken erkennbar, sondern durch eine Geruchsbelastung.

Verschiedene Schimmelpilze und/oder Bakterien können einen deutlichen bis starken Geruch abgeben, wobei die Geruchsnoten sehr unterschiedlich ausfallen können. Es gibt aber auch Mikroorganismen, deren Geruch von uns nicht oder kaum wahrgenommen werden kann.

Der Geruch wird verursacht durch flüchtige Verbindungen, die beim mikrobiellen Stoffwechsel entstehen. Stoffe, die nicht oder kaum flüchtig sind, gelangen nicht in unsere Nase und sind aus diesem trivialen Grund nicht geruchlich wahrnehmbar. Beim Wachstum von Pilzen und Bakterien entstehen aber nicht immer relevante Mengen von Geruchsstoffen und Geruchsstoffe entstehen auch nicht immer in der gleichen Zusammensetzung. Die Zusammensetzung ist abhängig davon, welche Arten wachsen, in welchem Wachstumsstadium sie sich befinden, welche Wachstumsparameter und vor allem welche Nährstoffe vorliegen (siehe Fischer, 2000, und Keller, 2000).

Mikrobielle Geruchsstoffe werden als „MVOC" bezeichnet. MVOC leitet sich von der englischen Bezeichnung „microbial volatile organic compounds" ab, was frei übersetzt bedeutet, dass es sich um flüchtige organische Verbindungen mikrobiellen Ursprungs handelt. Einige flüchtige Verbindungen, die von Mikroorganismen produziert werden, sind nicht spezifisch für Mikroorganismen, wie Toluol, einige Terpene, Ethanol (siehe Fischer, 2000) und diese werden deshalb nicht zu den MVOC gezählt. Allgemein bekannt sein dürfte, dass bestimmte Hefepilze Zucker in Alkohol umwandeln bzw. in Ethanol. Demnach ist der für viele nicht als unangenehm empfundene Geruch von Spirituosen auch Pilzen zu verdanken.

Wenn die Mikroorganismen nicht mehr aktiv und alle Geruchsstoffe bereits ausgegast sind, tritt kein Geruch auf, was aber nicht zwangsläufig bedeutet, dass die Mikroorganismen kein gesundheitliches Problem mehr darstellen. Mikrobielle Zellwandfragmente sind nicht geruchlich wahrnehmbar, auch nicht die evtl. vorhandenen Toxine.

Mit Mikroorganismen besiedeltes Styropor riecht nicht immer typisch nach Schimmel, sondern häufig eher chemisch nach Lösemittel. Ob in diesem Fall die riechbaren Stoffe durch die Mikroorganismen erzeugt werden oder ob diese bei der Materialzersetzung unter Einwirkung von Feuchte aus dem Kunststoff freigesetzt werden, muss mangels entsprechender Untersuchungen an dieser Stelle unbeantwortet bleiben.

Abb. 3.17 a Styropor makroskopisch ohne sichtbaren Befall (Quelle: Umweltmykologie GbR, Berlin)

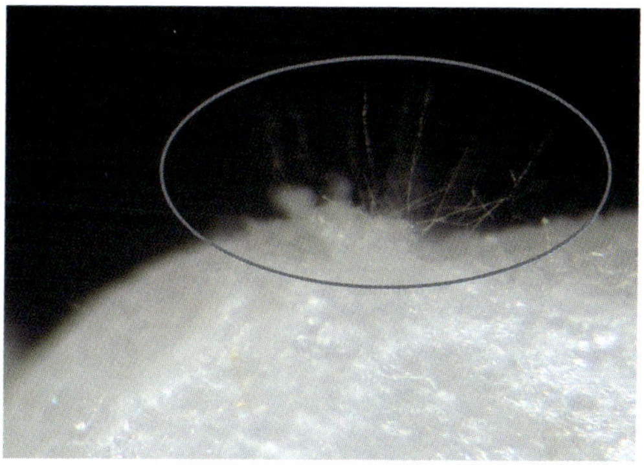

Abb. 3.17 b Mikroskopisch ist Luftmyzel erkennbar. (Quelle: Umweltmykologie GbR, Berlin)

Tabelle 3.5: **Analyseergebnis einer Probe von Dämmmaterial aus Styropor K04088502 ohne sichtbaren mikrobiellen Befall (Analyse durch Umweltmykologie GbR, Berlin)**

Pilze Art/Gattung	**Menge in KBE/g**	**Pilze Art/Gattung**	**Menge in KBE/g**
Aspergillus versicolor	4.900	*Engyodontium album*	6.100
Acremonium sp.	290.000	*Penicillium spp.*	4.900
Cladosporium sp.	490	sterile Kolonien	98.000
Bakterien	**Menge in KBE/g**	**Bakterien**	**Menge in KBE/g**
Actinomyceten	590.000	nicht identifiziert	6.400.000
Bacillus sp.	490		

Da auch bei einer massiven Besiedlung mit Mikroorganismen manche Materialproben nicht riechen, ist die Abwesenheit eines entsprechenden Geruchs kein Beweis dafür, dass kein Befall vorliegt. Allerdings sind die oben genannten MVOC in diesen Fällen messbar. Eine mikrobielle Materialbesiedlung ohne den messtechnischen Nachweis von MVOC-Emissionen aus diesem Material ist in der Literatur bisher nicht beschrieben.

Ein typischer Pilzgeruch wird durch die alkoholische Verbindung **1-Octen-3-ol** ausgelöst, nämlich der typische Champignongeruch.

Geosmin ist eine stark riechende Substanz, die an feuchte Erde erinnert. Diese Eigenschaft gab der Verbindung auch ihren Namen, denn Geosmin heißt nichts anderes als „riecht nach Erde“. Der Erdgeruch wird durch Geosmin produzierende Mikroorganismen erzeugt. Häufig wird der Geosmingeruch auch als „Kellergeruch“, „Erdkellergeruch“ oder „Kartoffelkellergeruch“ beschrieben. Diese Zuordnung ist allerdings genau genommen nicht richtig, denn die Mikroorganismen riechen nicht nach Keller, sondern die betroffenen Keller riechen so, weil dort entsprechende Mikroorganismen wachsen. Geosmin kann von Pilzen, insbesondere der Gattung *Chaetomium*, und von Bakterien, insbesondere der Gattung *Streptomyces*, produziert werden.

Die Geruchsnoten einiger ausgewählter MVOC-Verbindungen können in etwa wie folgt beschrieben werden:

Tabelle 3.6: **Geruchsnoten ausgewählter MVOC-Verbindungen**

MVOC-Verbindung	Ergebnis eines Geruchstests mit 5 Probanten
Dimethyldisulfid	starker Geruch nach Knoblauch bzw. Kräuterkäse
2-Methylfuran	schwacher Speisepilzgeruch
3-Methyl-1-butanol	Käsegeruch (Parmesankäse)
3-Octanon	Käsegeruch (Blauschimmel)
3-Octanol	Geruch nach Rindenmulch, Humus

Es treten in der Praxis nicht immer klar typisierbare Geruchsnoten auf, denn die einzelnen Mikroorganismen produzieren und emittieren nicht nur eine Substanz, sondern eine **Mischung von Geruchsstoffen** mit unterschiedlicher Zusammensetzung sowohl was die Stoffe als auch was die Mengenverhältnisse der Stoffe angeht.

Auch wenn die Mikroorganismen manchmal nicht als Geruch wahrnehmbar sind und nicht alle mikrobiell verursachten Geruchsbelastungen typisch nach Schimmel riechen, ist bei der praktischen Arbeit ein muffiger, modriger oder kellerartiger Geruch als Zeichen für einen mikrobiellen Befall zu deuten, denn dieser Geruch entsteht nicht ohne eine entsprechende Quelle.

Die oftmals geäußerte Meinung, dass ein Raum nach Schimmel riechen kann, nur weil er lange Zeit nicht benutzt, nicht beheizt und/oder nicht gelüftet wurde, ist falsch. In einem solchen Fall konzentriert sich der Geruch, der bei regelmäßiger Belüftung zwar vorhanden ist, aber nicht so auffällig wahrgenommen wird. Zwar entwickeln sich in ungelüfteten Räumen oft Geruchsbelastungen, aber es gibt für jede Geruchskomponente, die in einem geschlossenen Raum auftritt, auch immer eine entsprechende Quelle, die es zu klären gilt.

Ein Schimmelgeruch muss zwar von Mikroorganismen stammen, aber nicht unbedingt von einem baulichen Schaden. Auch Blumenerde kann muffig riechen, ebenso Abfall oder die hinter den Küchenschrank gerutschte Kartoffel.

Des Weiteren kann es zu einer Geruchsbelastung kommen, wenn Gegenstände an anderen Orten Schimmelgeruch adsorbiert haben. Besonders anfällig sind Naturstoffe, wie Holz, Pappe, Wolle, Baumwolle und insbesondere Leder.

Ein Holzschrank, der lange in einem muffigen Keller stand, muss nicht mikrobiell besiedelt sein und kann dennoch über sehr lange Zeiträume entsprechend riechen.

Auch eine neue Lederjacke kann kontinuierlich einen muffigen Geruch abgeben, ohne dass diese mit Schimmel befallen ist, wenn z. B. das Lederwarengeschäft ein Problem mit Feuchte und Mikroorganismen in seinen Geschäfts- oder Lagerräumen hat. Bemerkenswert ist, dass die Gegenstände aus belasteten Räumen oft stärker riechen, als es in den Räumen selbst wahrnehmbar ist.

Der extrem muffige Geruch in manchen älteren Fertighäusern konnte lange Zeit nicht geklärt werden. Es lagen dort zwar mikrobielle Schäden vor, aber der Geruch war erheblich stärker und penetranter als in massiv erbauten Häusern mit vergleichbaren Schäden. Auch ergaben eigene MVOC-Luftmessungen keine stärkeren, zum Teil sogar schwächere Befunde als in massiven Gebäuden. 2004 wurde auf einer Tagung die Erklärung des Problems vorgetragen (Maraun, 2004). Der Geruch in Fertighäusern wird nicht durch die als MVOC in der Literatur beschriebenen Verbindungen verursacht, sondern durch **Chloranisole**. Diese entstehen (nach bisherigem Kenntnisstand) durch mikrobielle Zersetzung von chlorhaltigen Holzschutzmitteln, wie sie zur Imprägnierung von Fertighaus-Ständerwerk früher vielfach eingesetzt wurden, insbesondere PCP.

Die Bewohner solcher Gebäude umgibt ständig eine Duftwolke, die sehr unangehm ist, da sich die Betroffenen daran gewöhnen und den Geruch selbst nicht mehr wahrnehmen. Es wurden uns Fälle berichtet, in denen die Freunde und Bekannten erst nach Sanierung, Abriss oder Auszug den Betroffenen sagten, sie röchen nun endlich nicht mehr so penetrant nach Schimmel. Der Grund ist, dass sich die sog. Chloranisole in Kleidungsstücken sehr hartnäckig festsetzen.

„Es riecht nicht nach Schimmel, sondern es riecht nur feucht", ist eine häufig geäußerte Beurteilung. Wie kann dies sein, wenn Wasser geruchsfrei ist?

Es kann durchaus zu Geruchsbelastungen kommen, die nicht typisch sind für Mikroorganismen, aber dennoch auf ein Feuchteproblem hinweisen. Feuchte Materialien emittieren in der Regel in erheblich stärkerem Maße flüchtige Verbindungen als trockene Materialien. Es kann nach frischem Zement riechen, nach neuer Spanplatte, frischem Kleber, neuem Teppichboden usw. Wenn eine entsprechende Geruchsbelastung auftritt, aber keine neuen Materialien ins Gebäude eingebracht wurden, dann ist dies ein nahezu untrügliches Zeichen für einen Feuchteschaden. Ob bereits Mikroorganismen gewachsen sind oder noch nicht, ist ohne fachmännische Untersuchung nicht zu sagen.

3.1.3 Auftreten von Insekten und anderen Kleintieren

Es gibt Insekten und andere Kleintiere, die da zu finden sind, wo Feuchte und Mikroorganismen auftreten.

Die folgenden Angaben sind dem Buch „Zecken, Milben, Fliegen, Schaben" (Mehlhorn/Mehlhorn, 1996) entnommen und wurden punktuell gekürzt oder ergänzt.

Abb. 3.18 a und b Silberfischchen (Quelle: Mehlhorn/Mehlhorn, 1996)

3.1.3.1 Silberfischchen

Silberfischchen kommen weltweit vor, in Europa ausschließlich im Haus, und zwar in feuchten Räumen des Hauses (Badezimmer, Küchen, Keller). Das schnell laufende, als Silberfischchen oder Zuckergast (*Lepisma saccharina*) bezeichnete Insekt erscheint weiß bis schwarz-braun, wird bis zu 11 mm lang, ist primär flügellos und durch lange Antennen und 3 Schwanzanhänge charakterisiert. Silberfischchen sind sehr lichtscheu. Man sieht sie deshalb oft nur direkt nach dem Einschalten der Raumbeleuchtung beim „Weghuschen“. Als Nahrung dienen vorwiegend stärkehaltige menschliche bzw. tierische Nahrungsreste.

3.1.3.2 Staubläuse

Staub- oder Bücherläuse kommen weltweit und ganzjährig in feuchten Wohnungen vor. Die graue Bücherlaus (u. a. *Liposcelus simulans*) und verschiedene andere Staubläuse (*Lepinotus*-Arten) sind mit maximal 1 bis 2 mm Länge sehr klein und haben trotz des Namens mit Läusen nichts gemein, sondern gehören einer eigenen Insektenordnung an (*Psocoptera*). Die in Wohnungen auftretenden Arten sind bis auf Rudimente flügellos und bewegen sich durch schnelles Laufen bzw. Springen fort. Larven wie die ausgewachsenen Tiere fressen Schimmelpilze.

Bei Massenbefall kann es zu Allergien kommen (evtl. auch Atemwegsbeschwerden durch den gleichzeitig auftretenden Pilzbefall).

Abb. 3.19 a und b Staubläuse (Quelle: Mehlhorn/Mehlhorn, 1996)

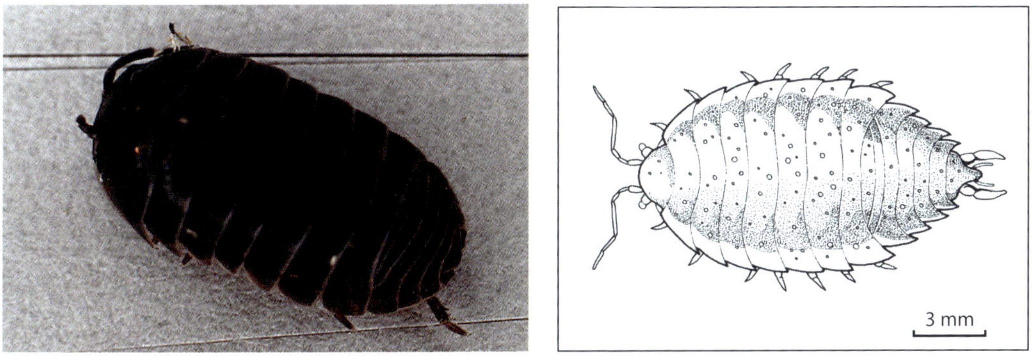

Abb. 3.20 a und b Kellerassel (Quelle: Mehlhorn/Mehlhorn, 1996)

3.1.3.3 Milben

Hausstaubmilben (*Dermatophagoides pteronyssinus*) sind sehr klein (0,1 bis 0,5 mm) und mit dem bloßen Auge nicht erkennbar. Sie können schon aus diesem Grund keine Hinweise auf versteckte mikrobielle Schäden liefern. Allerdings sollen sie an dieser Stelle nicht unerwähnt bleiben, denn sie treten vor allem in wenig belüfteten, feuchten Räumen auf, d. h. dort, wo man auch mit Pilzen und Bakterien rechnen kann. Sie ernähren sich von Pilzen, die auf Hautschuppen wachsen, oder von durch Mikroorganismen zersetzten pflanzlichen und tierischen Abfällen (Detritus). Es ist im Ergebnis kein Unterschied, ob die Hausstaubmilben erhöhte Feuchte bevorzugen oder ob sie dann auftreten, wenn auch Pilze wachsen können, was nur bei erhöhter Feuchte möglich ist.

3.1.3.4 Kellerasseln

Kellerasseln (*Porcellio scaber*) sind stark abgeflachte, landlebige, durch Kiemenanhänge atmende Krebse, die mit einem Wasserfilm bedeckt sein müssen. Sie ernähren sich von Detritus, pflanzlichen Vorräten und Pilzen, die z. B. auf feuchtem Holz oder anderen feuchten Materialien wachsen.

Abb. 3.21 a Moderkäfer frisst Schimmelpilze. (Quelle: Umweltmykologie GbR, Berlin)

Abb. 3.21 b Toter Moderkäfer wird von Schimmelpilzen gefressen. (Quelle: Umweltmykologie GbR, Berlin)

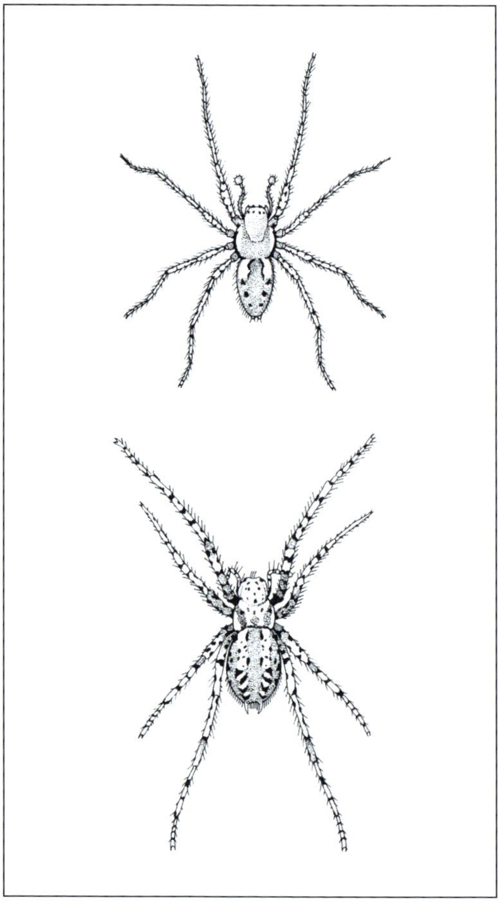

Abb. 3.22 a und b Hausspinne (Quelle: Mehlhorn/Mehlhorn, 1996)

Kellerasseln werden deshalb ausschließlich in feuchten bis sehr feuchten Bereichen angetroffen und sind sehr lichtscheu. Man findet sie – außer im Garten unter Holzstapeln usw. – in feuchten Kellern oder Schuppen und anderen dunklen, feuchten Ecken.

3.1.3.5 Schimmelkäfer, Moderkäfer

Bei Schimmelkäfern (Fam. *Cryptophagidae*) und Moderkäfern (Fam. *Lathridiidae*) handelt es sich um sehr kleine Käfer von meist nur 1 bis 3 mm Größe. Sie treten als Lästlinge auf, vermehren sich unter Umständen massenhaft in feuchten Wohnungen (> 85 % relative Luftfeuchte) und ernähren sich dabei von Pilzen und schimmelndem Detritus. Andere Arten (z. B. der Gattung *Cartodere*) befallen als sog. Hefekäfer verschiedene Hefen bzw. Hefepilze.

3.1.3.6 Spinnen

Es existiert die Behauptung, dass es dort, wo Spinnen vorkommen, trocken ist. Dies ist falsch, denn es gibt einige Spinnen, die feuchte Bereiche bevorzugen, wie z. B. die Hausspinne (*Tegenaria domestica*), die ruhige, relativ feuchte Ecken im Haus präferiert.

3.1.4 Gesundheitliche Beschwerden

In vielen Fällen gibt es keine optischen Hinweise auf einen mikrobiellen Befall, keinen Geruch und auch Feuchtemessungen liefern keine Indizien. Dennoch kann es sein, dass man aufgrund gesundheitlicher Beschwerden der Bewohner oder Raumnutzer davon ausgeht, dass ein mikrobielles Problem vorliegt.

Wenn die vorhandenen Symptome den Symptomen entsprechen, wie sie in der Literatur als typisch beschrieben sind für Bewohner von Gebäuden mit mikrobiellen Schäden, und es einen klaren örtlichen und zeitlichen Zusammenhang zwischen dem Auftreten der Symptome und dem Aufenthalt in bestimmten Räumen oder Gebäuden gibt, sollten die Betroffenen einen qualifizierten Facharzt aufsuchen und sich vergewissern, dass es keine anderen Ursachen für die Beschwerden gibt.

Typische Beschwerden bei einer **Belastung mit Mikroorganismen** sind:

- häufig verstopfte oder laufende Nase,
- Nasennebenhöhlenentzündungen,
- häufige Infektionen, insbesondere bei Kindern,
- Hautprobleme,
- chronische Bronchitis,
- Gelenkschmerzen (rheumaähnlich).

Andere Beschwerden, u. a. Augenreizungen oder nächtliches verstärktes Schwitzen, treten auch auf, jedoch nicht gehäuft.

An dieser Stelle wird auf die medizinischen Aspekte bei einem mikrobiellen Befall nicht weiter eingegangen, sondern auf die entsprechende Literatur verwiesen (z. B. Hankammer/Lorenz, 2003). Denn es ist nicht die Aufgabe der bei einer Sanierung beteiligten Fachleute zu klären, ob vorhandene Symptome auf versteckte mikrobielle Schäden zurückzuführen sind oder nicht. Es sollte grundsätzlich, wenn gesundheitliche Beschwerden auftreten, der Arzt bzw. Umweltmediziner in enger Zusammenarbeit mit einem qualifizierten Innenraumdiagnostiker klären, ob ein mikrobieller Befall ursächlich ist oder ob ein anderes Problem vorliegt.

Es kann auch sein, dass kein mikrobieller Befall für die Beschwerden verantwortlich ist, sondern chemische Schadstoffe im Haus oder in der Wohnung. Allerdings ist häufig Feuchte der Auslöser auch für chemische Belastungen.

Unter Einwirkung von Feuchte stehende Spanplatten, z. B. eines Schrankes, der vor einer feuchten Wand steht, emittieren erheblich größere Mengen von Formaldehyd als trockene Spanplatten.

Auch andere flüchtige organische Verbindungen emittieren aus feuchten Materialien erheblich stärker und es kann bei erhöhter Feuchte zusätzlich zu einer hydrolytischen Zersetzung von organischen Verbindungen kommen, wie z. B. von Phthalsäureestern (Weichmachern).

Tabelle 3.7: **VOC-Emissionen aus einem Bodenbelag – Simulation eines Feuchteschadens im Bereich einer Fußbodenheizung (Lorenz/Sigrist/Otto, 1999)**

Verbindung	**Raumluft im Wohnzimmer Angaben in µg/m³**	**Bodenbelag bei 23 °C und trocken Angaben in µg/m³**	**Bodenbelag bei 50 °C und befeuchtet Angaben in µg/m³**
α-Pinen	5	15	24
3 + 4-Ethylbenzol	20	5	28
Limonen	26	117	437
Benzol	5	2	36
Dodekan	6	46	264
Hexadekan	8	12	245
Tetrahydronaphtalin	1	3	19
Aceton	300	47	3.159
Isoprophylalkohol	59	k. N.	2.564
2-Ethyl-1-hexanol	13	k. N.	4.648
Linalylacetat	1	k. N.	44
Tridekan	5	k. N.	213
Dimethylphthalat	11	k. N.	76
Benzothiazol	1	k. N.	431
Phthalsäureanhydrid	7	k. N.	147
Heptadekan	6	k. N.	212
k. N.: kein Nachweis			

Abb. 3.23 a Feuchte zersetzte den Schaumstoffrücken eines erst vor 6 Monaten verlegten Teppichbodens.

Abb. 3.23 b Durch Feuchte verseifter, mehrere Jahre alter PVC-Kleber

3.2 Ausdehnung von Feuchteschäden

Die Feststellung der Ausdehnung erhöhter Feuchte in und auf Baumaterialien ist substantiell wichtig, um einerseits die Ursache/n zu klären und andererseits Hinweise zur Ausdehnung des Schadens zu bekommen.

Es ist bei den Feuchtemessungen zu beachten, dass es Fälle gibt, in denen die Feuchte zeitlich schwankend auftritt, weshalb die Schadensausdehnung größer sein kann als die Ausdehnung der Feuchte am Tag der Untersuchung.

So werden die Messergebnisse bei Kondensationsschäden je nach Jahreszeit bzw. je nach den Innen- und Außenklimaverhältnissen zwischen trocken und feucht schwanken. Im Bereich von Feuchteschäden durch Wärmebrückeneffekte wird man ab dem Frühjahr keine erhöhte Feuchte mehr feststellen, sondern nur zur kalten Jahreszeit. Ein derartiges Ergebnis ist ein starkes Indiz für einen Kondensationsschaden. Allerdings ist zu beachten, dass es auch dann starke Schwankungen geben kann, wenn nur zeitweise Wasser von außen eindringt, z. B. bei überlaufenden Regenrinnen bzw. defektem Regenfallrohr.

Wenn die Ursache des Schadens nicht Kondensation ist, sondern z. B. ein undichtes Flachdach, kann es sein, dass es im Bereich des sichtbaren mikrobiellen Befalls nahe der Decke in der Außenwandecke am Tag der Messung trocken ist, weil es längere Zeit nicht geregnet hat.

Außenwände, die der Sonneneinstrahlung am längsten ausgesetzt sind, können auch bei Durchfeuchtung relativ schnell trocknen, insbesondere Außenwände in Südwestlage.

Im Gegensatz zu Kondensationsschäden frei liegender Gebäudeteile sind Außenwände, die unterhalb der Frostgrenze im Erdniveau liegen, nicht im Winter, sondern im Sommer prädestinierte Kondensationsflächen (sog. Sommerkondensation, siehe Kap. 5.12).

Es treten aber auch ungewöhnliche Fälle mit starken Schwankungen der Feuchtewerte auf:

Beispiel

In einer Kindertagesstätte (1-geschossig, nicht unterkellert), die an einem felsigen Hang lag und einige Meter in den Berg hinein gebaut wurde, gab es über längere Zeit Geruchsprobleme, gesundheitliche Beschwerden bei Kindern und Angestellten und stellenweise an Außenwänden und Innenwänden nahe der Fußböden (meist hinter den Fußleisten) sichtbaren mikrobiellen Befall.
Die Ursache des Geruches und der Beschwerden waren somit weitgehend klar, es musste die Ursache des mikrobiellen Befalls geklärt werden.
Bei der ersten Untersuchung zeigte sich, dass in allen Fußböden erhöhte Feuchte vorlag und die höchsten Werte dort gemessen wurden, wo das Gebäude in den Berg gebaut war. Es war demnach von einem Abdichtungsmangel im Bereich des hangseitigen Anschlusses Fußboden/Außenwand auszugehen.
Bei einem zweiten Untersuchungstermin einige Wochen später waren zwar wieder alle Fußböden mehr oder weniger feucht, aber die höchste Feuchte trat nun in der Gebäudemitte auf, in dem Bereich, wo die Sanitäranlagen lagen. Es war nahe liegend, dass eine oder mehrere undichte Stellen im Bereich der Wasseranschlüsse ursächlich waren.
Die aufwändigen Nachuntersuchungen ergaben, dass beides eine Rolle spielte. Mit einigen Tagen Verzögerung nach starken Regenfällen drang vom Berg her Wasser in das Gebäude ein und bewegte sich in der Dämmlage langsam, vermutlich aufgrund einer leichten Neigung der Bodenplatte, durch das Gebäude zur Talseite. Zusätzlich war im Bereich einer Dusche eine undichte Stelle, die ebenfalls zur Feuchte in den Fußböden beitrug, wenn auch in erheblich geringerem Maße.

Hätten in diesem Gebäude 2 oder mehr Gutachter gewirkt, evtl. jeweils einer für den Mieter und einer für den Vermieter, wäre es vermutlich zu Widersprüchen gekommen und jeder Gutachter hätte – wie es leider oft vorkommt – zunächst die Ergebnisse der Arbeit des Kollegen in Frage gestellt, anstatt mit ihm gemeinsam die Lösung zu suchen.

Wenn in derartigen Fällen mit stark schwankenden Feuchtewerten schließlich ein Gerichtsgutachter hinzugezogen wird, der meist erst etliche Monate nach den Untersuchungen des Privatgutachters tätig wird, kann es dann, wenn er die Ergebnisse des Privatgutachtens missachtet, zu falschen Schlussfolgerungen kommen. Es muss leider festgestellt werden, dass viele Sachverständige einen großen Ehrgeiz darin entwickeln, in erster Linie zu zeigen, wie schlecht der Kollege gearbeitet hat, anstatt dessen Messergebnisse objektiv bei der eigenen Begutachtung zu berücksichtigen.

Die Feststellung, ob und wo erhöhte Feuchte vorliegt, ist eigentlich keine besonders anspruchsvolle Aufgabe. Dennoch werden in der Praxis häufig entscheidende Fehler gemacht.

Typische Fehler bei der **Feststellung von Feuchte** sind:

- Einsatz der falschen Methoden,
- falsche Interpretation der Messergebnisse (z. B. Nichtbeachtung von Salzen oder Metallteilen),
- Messen an der falschen Stelle.

Leider gibt es auch immer wieder Fachleute, die erst gar keine Feuchte messen, sondern behaupten, man könne fühlen, riechen oder sehen, ob erhöhte Feuchte vorhanden ist oder nicht.

Dies ist ein folgenschwerer Irrtum. Fühlen kann man Temperaturunterschiede. Zwar ist es teilweise zutreffend, dass kalte Oberflächen feuchter sind als warme, aber dies kann man nicht zur Basis eines Gutachtens oder Sanierungskonzeptes machen.

Zwar können Kondenswasser auf Oberflächen oder Pfützen wahrgenommen werden, das ist jedoch kein zwingender Beweis für einen mikrobiellen Schaden. Da Pilze und Bakterien kein flüssiges Wasser zum Wachstum benötigen, sondern bei einer relativen Feuchte auf Materialoberflächen von 70 bis 99 % wachsen, sind Feuchtemessungen unerlässliche Hilfsmittel zur Schadensfeststellung.

Tabelle 3.8: **Erforderliche Mindestfeuchte für Keimung und Wachstum (LGA 1)**

Art	Keimung	Wachstum
Alternaria alternata	95 %	85 %
Aspergillus flavus	80 %	78 %
Aspergillus niger	84 %	77 %
Aspergillus restrictus	75 %	75 %
Aspergillus versicolor	78 %	75 %
Cladosporium herbarum	88 %	88 %
Eurotium rubrum	k. A.	70 %
Fusarium sp.	k. A.	87 %
Penicillium expansum	82 %	82 %
Scopulariopsis brevicaulis	k. A.	85 %
Stachybotrys chartarum	k. A.	94 %
Wallemia sebi	k. A.	69 %

Angaben in relativer Feuchte abgeleitet von den in der Literatur angegebenen Werten für die Wasseraktivität

k. A.: keine Angaben

Wasser ist geruchsfrei. Auffällige Gerüche sind höchstens mittelbar durch erhöhte Feuchte entstanden (siehe Kap. 3.1.2). Nicht riechende Materialien können aber durchaus erhöhte Feuchte enthalten.

Außer der Beherrschung der Messmethoden und der Wahl der richtigen, auf die Problemstellung zugeschnittenen Methode (siehe Kap. 4) ist es erforderlich, die Ergebnisse der Messungen richtig zu interpretieren.

Es gibt Fälle, in denen die Verteilung der gemessenen Feuchte zweifelsfrei auf die Ursache hindeutet, aber es gibt auch Fälle, bei denen die Verteilung zwar auf eine bestimmte Ursache hindeutet, diese jedoch nicht typisch für den Schaden ist, und es gibt leider auch Fälle, in denen die Ergebnisse der Feuchtemessungen zunächst nicht auf eine bestimmte Ursache hindeuten, evtl. wenn sich verschiedene Ursachen überlagern.

3.2.1 Zusammenhang der Verteilung der Feuchte mit klar erkennbar/en Ursache/n

Beispiel 1

In einem Sanitärbereich lag messbar hohe Feuchte in der Innenwand zwischen dem Waschbereich und dem Umkleideraum vor. Ursache war ein Haarriss in einer Druckwasserleitung.

Abb. 3.24 a Innenwand im Sanitärbereich, in der ein undichtes Rohr den Schaden verursachte; die Ausbreitung der messbaren Feuchte ist blau markiert

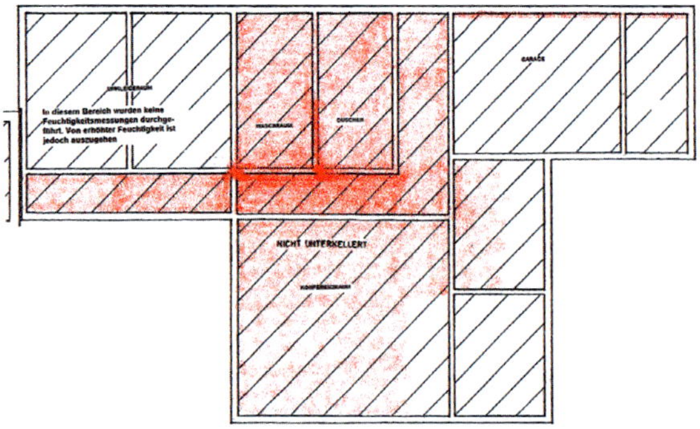

Abb. 3.24 b Grundriss mit Markierung der horizontalen Feuchteausbreitung im Fußboden in Rot; je stärker die Farbmarkierung, desto höher war die Feuchte

Beispiel 2

Die Gebäudeabdichtung, bestehend aus Bitumenschweißbahnen, endete unterhalb der Gelände-Oberkante und lag außerdem nicht an der Gebäudehülle an. Bei Regen konnte Wasser hinter die Schweißbahn gelangen, was zur Durchfeuchtung der Wand im Keller führte. Die höchsten Feuchtewerte waren in ca. 1,8 m Höhe über Oberkante Kellerfußboden messbar, wobei die Werte in der Wand nach außen hin zunahmen.

Abb. 3.25 a Außen wurde die Erde höher angefüllt, als die Gebäudeabdichtung reichte. Oberflächenwasser drang oberhalb der Abdichtung in die Wand ein.

Abb. 3.25 b Etwa auf Höhe der Gelände-Oberkante wurde mit einer Sonde die höchste Feuchte in der Wand gemessen. Die Feuchte nahm in der Wand nach außen zu.

Beispiel 3

Ein ursprünglich mit grobem Kies aufgefüllter Lichtschacht eines Kindergartens war mit Sand und Erde aufgefüllt worden, da man befürchtete, dass die Kinder sich mit den Steinen bewerfen. Im Lichtschacht staute sich Niederschlagswasser und drückte gegen die nicht entsprechend gegen drückendes Wasser abgedichtete Fuge zwischen Fenster und Gebäude. Die höchsten Feuchtewerte wurden in der Außenwand unterhalb der Fenster gemessen. Die Feuchte reichte bis in den Fußboden.

Abb. 3.26 a Unterhalb der Fenster war erhöhte Feuchte in der Außenwand messbar. Die Feuchte zog bis auf die Bodenplatte und stellenweise in bis zu 1 m Abstand von der Wand in den Estrich. Optisch war kein Schaden erkennbar, es lag jedoch ein muffiger Geruch vor und die Angestellten und Kinder klagten über gesundheitliche Beschwerden.

Abb. 3.26 b Der Lichtschacht, ursprünglich mit Kies aufgefüllt, war bis zum Fensterrahmen mit Sand und Erde gefüllt worden. Oberflächenwasser konnte zwischen Wand und Fenster ins Gebäude eindringen.

Beispiel 4

Bei Einbau neuer Fenster im Zuge einer Altbausanierung wurden diese nicht fachgerecht abgedichtet. Bei Feuchtemessungen wurde hohe Feuchte in der Außenwand unter der rechten Ecke des Fensters gemessen, die vom Fußboden bis zur unteren rechten Ecke des Fensters reichte. Die höchste Feuchte lag direkt unterhalb der Fensterecke vor, die am stärksten mit Schlagregen beaufschlagt wurde.

Abb. 3.27 a Bereich messbarer Feuchte

Abb. 3.27 b Ursache war bei Schlagregen über eine offene Fuge ins Gebäude eindringende Feuchte.

3.2.2 Zusammenhang der Verteilung der Feuchte mit zwar erkennbarer/en Ursache/n, aber ungewöhnlicher Verteilung

Wenn die Feuchte nicht ständig in gleichem Maße und mit gleicher Verteilung auftritt oder wenn sich 2 Schäden überlagern, ergeben sich häufig Feuchteverteilungen, die zwar auf bestimmte Ursachen hinweisen, aber nicht unbedingt typisch dafür sind.

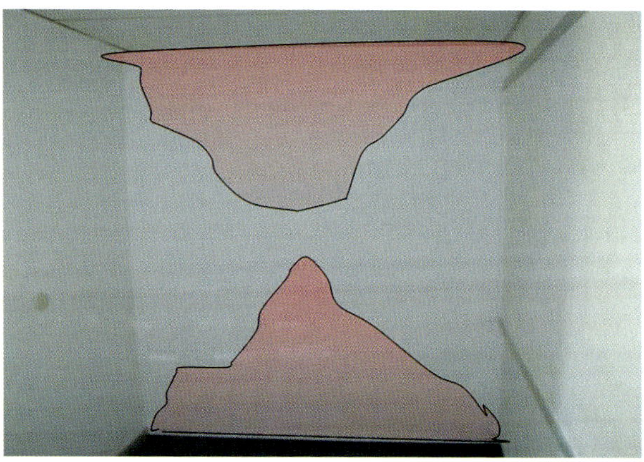

Abb. 3.28 Die Wandbereiche mit erhöhter Feuchte sind rot markiert. Es ist anhand der Verteilung der Feuchte nicht erkennbar, ob diese sowohl von oben als auch von unten kommt oder zeitweise massiv von oben kommt (starke Regenfälle) und im mittleren Bereich am Tag der Messung bereits wieder abgetrocknet war.

3.2.3 Zusammenhang der Verteilung der Feuchte mit nicht erkennbarer/en Ursache/n

Beispiel 1

In einem Schulgebäude war die Außenwand lokal in einer Ecke durchfeuchtet. Dieser Bereich war außen überdacht, es war kein Mangel in der Fassade erkennbar und aufsteigende Feuchte war auszuschließen. Auch gab es keine Wasserleitungen oder andere Wasser führende Rohre.

Nach längerem Befragen aller Beteiligten stellte sich heraus, dass Kinder in dieser Ecke beim Nachmittagssport auf dem Schulgelände urinierten. Um den Urin zu beseitigen, entleerten deshalb die Putzfrauen täglich die Wischeimer an dieser Wand.

Beispiel 2

In einem Neubautrakt einer Schule wurde in den Klassenräumen unter dem Estrich in der Dämmschicht eine komplette Durchfeuchtung festgestellt. Auf der Beton-Bodenplatte standen stellenweise Pfützen. In den Fluren waren die Fußböden nicht entsprechend geschädigt. In den Klassenräumen war PVC und in den Fluren waren Fliesen verlegt.

Als Ursache stellte sich nach längeren Recherchen heraus, dass die Putzfrauen täglich große Mengen Wasser aus dem Eimer auf den Fußboden kippten und anschließend das überschüssige Wasser mit Gummischiebern abzogen. Ein Großteil des Wassers lief regelmäßig über die Randfuge in die Fußbodenkonstruktion.

Beispiel 3

Der Fußboden in einem nicht unterkellerten, 16 Jahre alten Bürogebäude war ausgehend von einer Außenwand messbar feucht. Seit 2 bis 3 Jahren trat Schimmelgeruch auf und es gab auch gesundheitliche Beschwerden bei den Mitarbeitern.

Die Recherche ergab, dass 4 Jahre vor Durchführung der Untersuchung bzw. 1 Jahr vor dem Auftreten des Geruches und der Beschwerden außen am Gebäude ein Beet neu gestaltet worden war. Das alte Beet war aufgeschüttet und die Lüftungsöffnungen in der Außenschale waren hierbei zugeschüttet worden. Das Regenwasser floss nun mit Feststoffen vermengt über die Lüftungsöffnungen in den Raum zwischen Außenwand und Vorsatzschale. Es war nicht sofort erkennbar, dass es sich um eine Vorsatzschale handelte, da dort, wo nicht nachträglich angeschüttet worden war, die Lüftungsöffnungen mit einer Metallschiene, die als Fahrradständer diente, verschlossen worden waren.

Wie diese Beispiele zeigen, reichen Feuchtemessungen nicht immer aus, um die Ursache des Schadens festzustellen oder einzugrenzen. Oft müssen fast detektivische Befragungen durchgeführt oder Bauteile freigelegt oder geöffnet werden, um die Ursache zu klären.

3.2.4 Erfassen der Ausdehnung der Feuchte

3.2.4.1 Feuchte in Fußböden

Bei **Fliesen, Linoleum- oder PVC-Belägen** kann mit der dielektrischen bzw. kapazitiven Messmethode, die häufig auch als „Hochfrequenzmethode“ (HF-Methode) bezeichnet wird, Feuchte in Fußböden und die Verteilung der Feuchte meist gut erfasst werden. Auf Störfaktoren, die das Signal beeinflussen, ist zu achten (siehe Kap. 4.1.4.2).

Es ist nicht erforderlich, den Fußboden lückenlos zu messen, sondern eine rasterartige Messung ist oft ausreichend. Sinnvollerweise beginnt man in neuralgischen Bereichen, wie entlang der Außenwände, insbesondere in den Ecken, nahe der Türen zu Balkon und Terrasse und auch im Bereich von Sanitärinstallationen, d. h. vor Duschen, WC, Wannen, Waschbecken, Spülen.

Zeigt das Messgerät erhöhte Feuchte an, sollten auch in verschiedenen Abständen von den Stellen mit dem höchsten Signal Messungen durchgeführt werden.

Um alle Restzweifel zu beseitigen und um abschätzen zu können, ob und wo mit einem mikrobiellen Befall zu rechnen ist, sollten dann, wenn aufgrund der orientierenden Messung der Verdacht auf erhöhte Feuchte im Fußboden besteht, in der Dämmlage unter dem Estrich Ausgleichsfeuchtemessungen durchgeführt werden. Da hierzu gebohrt werden muss, ist auf mögliche Leitungen im Fußboden zu achten. Ergeben sich erhöhte oder hohe Werte, sollte der Raum oder die Etage rasterartig durchgemessen werden. Auch wenn eine ganze Etage betroffen ist, ist eine Rastermessung entlang von festzulegenden Messachsen zu empfehlen.

Bei **Laminat, Parkett, verklebtem Teppichboden** ist es in der Regel **nicht** möglich, mit der HF-Methode Hinweise auf erhöhte Feuchte zu erhalten, selbst wenn diese vorhanden ist. Sollte trotz des Vorhandenseins von Belägen, die das HF-Signal stark dämpfen, erhöhte Feuchte angezeigt werden, handelt es sich meist um einen Schaden mit sehr hohen Wassermengen im Fußboden.

Sollte der Teppichboden nicht verklebt sein, dann kann man zumindest versuchen, den Teppichboden entlang der Wände anzuheben und auf dem Estrich unter dem Teppichboden zu messen.

Um sich nicht sogleich mit der Bohrmaschine ans Werk zu machen und den Parkettboden auf dem evtl. trockenen und schimmelfreien Fußboden zu durchlöchern, kann man entlang der Wände in der Randfuge mit Messsonden und der Leitfähigkeitsmethode Feuchtemessungen durchführen. Häufig ergeben diese Messungen Hinweise darauf, ob es feucht ist oder nicht.

Auch Messungen der Wände direkt entlang der Fußböden oder Messungen mit Tiefensonden und der Leitfähigkeitsmethode in den Randfugen können Hinweise liefern, ob im Fußboden mit Feuchte zu rechnen ist.

Ohne einen belegbaren Verdacht empfiehlt es sich nicht, teure Beläge zu zerstören. Kann mit zerstörungsfreien Methoden zur Feuchtemessung nichts ausgerichtet werden, bleibt immer noch die Möglichkeit, die Räume mit einem Schimmelpilz-Spürhund zu begehen (siehe Kap. 4.3.6).

Ergeben sich deutliche Hinweise auf einen Feuchteschaden und/oder einen mikrobiellen Befall im Fußboden, z. B. weil im Randfugenbereich oder in den Wänden entlang der Fußböden erhöhte Feuchte messbar ist, sich hinter den Fußleisten Silberfischchen oder andere Schimmelpilz indizierende Insekten oder Spinnentiere befinden, es aus den Randfugen muffig riecht oder weil der Schimmelpilz-Spürhund einen mikrobiellen Geruch im Fußboden angezeigt hat, bleibt dem Sachverständigen nichts anderes übrig, als den Belag stellenweise zu beschädigen, um Ausgleichsfeuchtemessungen durchzuführen und auch Proben zur gravimetrischen Feuchtebestimmung oder zur mikrobiologischen Analyse zu entnehmen.

Es empfiehlt sich, zunächst in Verdachtsbereichen Ausgleichsfeuchtemessungen durchzuführen, z. B. nahe den Außenwänden, insbesondere nahe Balkonen und Terrassen, sowie entlang von Innenwänden, die an Bad, Küche usw. grenzen.

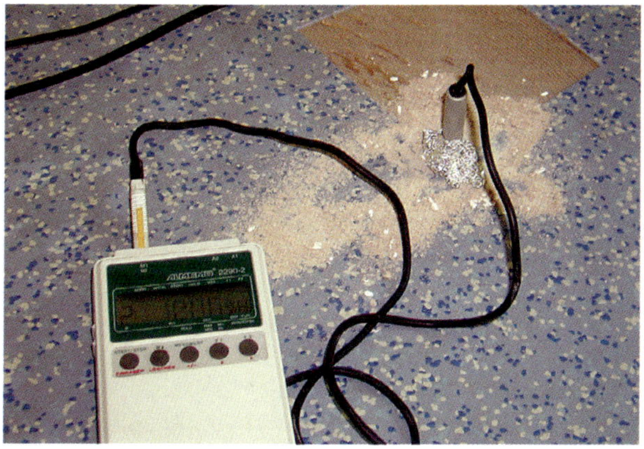

Abb. 3.29 Ausgleichsfeuchtemessung im Fußboden

Bei der Erfassung von Feuchte in Fußböden sind Tiefenprofilmessungen meist nicht notwendig, sondern es reicht gewöhnlich aus, die für mikrobielles Wachstum besonders kritische Schicht zu prüfen, nämlich die Dämmlage. In manchen Fällen ist eine Tiefenmessung zur Ursachenklärung jedoch erforderlich, z. B. wenn geklärt werden muss, ob die Feuchte von unten in den Fußboden eingedrungen ist.

Abb. 3.30 Messung des Wasserdampftransportes mit Absorbens

Um zu prüfen, ob Abdichtungsebenen ausreichend dicht sind oder ob relevante Mengen Wasserdampf hindurchdiffundieren, gibt es für Vor-Ort-Messungen folgende Möglichkeit:

Ein dichtes Gefäß, am besten aus Glas, wird mit einem stark hygroskopischen Material gefüllt, z. B. Silicagel, dem vorher im Trockenofen das gesamte Wasser entzogen und das vor dem Einsatz gewogen wurde. Dieses Gefäß wird dicht auf die Absperrebene geklebt. Nach einer gewissen Zeit, z. B. 24 Stunden, wird das Absorbens erneut gewogen und man kann berechnen, wie viel Wasser pro Zeiteinheit und Fläche durch die Abdichtung hindurchdiffundiert ist.

Wird der Versuch auf dem Bodenbelag wiederholt, kann aufgrund der Differenz abgeschätzt werden, ob größere Mengen Wasserdampf von unten in die Fußbodenkonstruktion eindringen, als sie in die Raumluft abgegeben werden, und ob es deshalb zu einem Feuchtestau und in der Folge einem Feuchteschaden im Fußboden gekommen sein kann. Auch können Vergleichsmessungen auf und neben Fugen durchgeführt werden, um Informationen über die Dichtheit von Fugen in Bezug auf Wasserdampfaustritt zu bekommen.

3.2.4.2 Feuchte in Wänden

Um das Ausmaß eines Feuchteschadens in einer Wand zu untersuchen, reicht es meist aus, die Verteilung mit der HF-Methode zu messen. Insbesondere bei Schäden an Innenwänden ist aufgrund der Feuchte-Flächenverteilung oft die Ursache gut zu erkennen und es kann extrapoliert werden, ob sich der Schaden in angrenzenden Bauteilen, wie Fußboden, Decke usw., fortsetzt.

Bei Schäden in Außenwänden sind zur Schadenserfassung häufig neben der Feststellung der Flächenverteilung auch Tiefenprofile zu erstellen. Man kann anhand von Tiefenprofilen, die entlang einer senkrechten Messachse erstellt wurden, in der Regel sehr gut erkennen, ob die Feuchte von unten, horizontal von außen oder von oben kommt.

Zur Erstellung sind sowohl Ausgleichsfeuchtemessungen als auch gravimetrische Messungen gut geeignet.

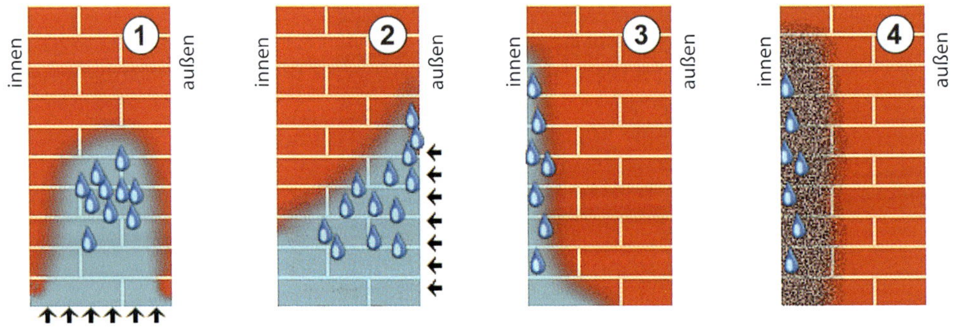

1 aufsteigende Feuchte
2 seitlich eindringende Feuchte
3 Kondensation
4 Salzbelastung

Abb. 3.31 Typische Feuchteverteilung in Wänden

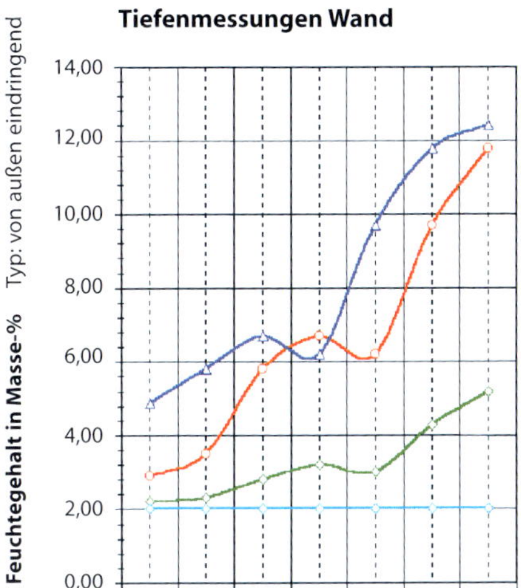

	4 cm	8 cm	12 cm	16 cm	20 cm	24 cm	28 cm
+ 80 cm	2,20	2,30	2,80	3,20	3,00	4,30	5,20
+ 50 cm	2,90	3,50	5,80	6,70	6,20	9,70	11,80
+ 20 cm	4,90	5,80	6,70	6,20	9,70	11,80	12,40
Sollwert	2,00	2,00	2,00	2,00	2,00	2,00	2,00

Abb. 3.32 Messprotokoll: Tiefenmessungen in 3 unterschiedlichen Höhen (20, 50 und 80 cm über Oberkante Fußboden) und in 7 unterschiedlichen Tiefen von 4 bis 28 cm in 4-cm-Schritten
Der Anstieg der Feuchtewerte von innen nach außen zeigt deutlich, dass hier Feuchte von außen eindringt. Der Messkurvenverlauf ist typisch für Undichtheiten an der Abdichtung bei Kellerwänden oder starken Wassereintritt über die Fassade bei undichten Fugen.

3.3 Ausdehnung von mikrobiellen Schäden

Nicht überall, wo es feucht ist, liegt ein mikrobieller Befall vor. Die Mikroorganismen wachsen in Abhängigkeit von der Art, der Höhe der Feuchte, der Temperatur, dem pH-Wert und dem Nährstoffangebot unterschiedlich schnell. Wenn trotz Feuchte einer oder mehrere der übrigen Parameter für ein mikrobielles Wachstum sehr ungünstig sind, kann es auch vorkommen, dass nach relativ langer Zeit erhöhter Feuchte kein oder kein beachtenswertes mikrobielles Wachstum stattgefunden hat, d. h. es gibt Feuchteschäden ohne mikrobiellen Befall.

Da aber andererseits zwar mikrobielles Wachstum nur dort auftreten kann, wo es ausreichend feucht ist, aber auch Mikroorganismen, die in ehemals feuchten Bauteilen gewachsen sind, nach dem Trocknen weiterhin Beschwerden und Geruchsbelastungen verursachen können, gibt es auch beachtenswerte mikrobielle Schäden ohne Feuchte.

Die **Ausdehnung eines Feuchteschadens** und diejenige eines **mikrobiellen Befalls sind nicht** grundsätzlich **deckungsgleich**.

Während es bereits in etlichen Fällen nicht einfach ist, mittels der in Kap. 4.1 beschriebenen Methoden die Ausdehnung eines Feuchteschadens genau zu ermitteln, ist es noch erheblich schwieriger, die Ausdehnung eines mikrobiellen Befalls exakt festzustellen.

Wenn die genaue Ursache des Schadens bekannt ist, können jedoch in zahlreichen Fällen wichtige Schlüsse gezogen werden.

3.3.1 Sichtbarer mikrobieller Befall

3.3.1.1 Kondensationsschäden

Ist auf einer Bauteiloberfläche durch Wärmebrückeneffekte ein sichtbarer Schaden entstanden und kann davon ausgegangen werden, dass die Kondensation nicht zu erhöhter Feuchte in tieferen Schichten geführt hat, dann wird der mikrobielle Befall nur den sichtbar besiedelten Bereich an der Oberfläche umfassen, evtl. noch einige Zentimeter um den sichtbaren Befall herum und einige Millimeter in die Tiefe.

Um ganz sicherzugehen, können der Wandputz unter dem sichtbaren Befall und Oberflächenmaterial untersucht werden. In derartigen Fällen sind allerdings das vorsorgliche Entfernen der oberen Putzschichten und ein großzügiger Austausch des Oberflächenmaterials rund um den Schaden meist preiswerter als die mikrobiologischen Laboranalysen.

3.3.1.2 Sonstige Schäden mit sichtbarem Befall

Sichtbarer mikrobieller Befall kennzeichnet zweifelsfrei betroffene Bereiche und es sind keine mikrobiologischen Analysen erforderlich, um die Entscheidung zu treffen, dass dieses Material zu entfernen ist (siehe auch LGA 1, LGA 2 und UBA 1, UBA 2).

Die Frage ist aber, wie weit der mikrobielle Schaden über den sichtbaren Befall hinausgeht und wie weit er in die Tiefe reicht.

Die möglichen Schadensbereiche können messbar feucht oder auch trocken (und feucht gewesen) sein.

3.3.2 Nicht sichtbarer mikrobieller Befall

Die Feststellung der gesamten Schadensausdehnung macht es in vielen Fällen erforderlich, dass die Ursache bekannt ist.

In manchen Fällen ist die Ursache offensichtlich, aber in anderen Fällen kann die Klärung der Ursache eine äußerst anspruchsvolle Aufgabe sein.

Die Ausdehnung eines mikrobiellen Schadens ist dann meist noch schwieriger festzustellen.

3.3.2.1 Probleme bei der Feststellung mikrobieller Schäden

Folgende Probleme treten immer wieder auf:

- Es ist nicht immer feucht, sondern nur zeitweise. Feuchte muss kein konstanter Wert sein, sondern sie kann durchaus stark schwanken, vor allem in gut belüfteten Bauteilen. Dies erschwert die Feststellung sowohl des Ausmaßes als auch der Ursache des Schadens.
- Nicht überall, wo es feucht ist, ist das Material mikrobiell besiedelt. Dies ist abhängig vom Alter des Schadens und auch vom feuchten Material.

- Nicht überall, wo es trocken ist, ist das Material nicht mikrobiell besiedelt, z. B. wenn es nur zeitweise feucht ist oder wenn die Ursache der Feuchte nicht mehr wirksam ist.
- Mikroorganismen sind nicht immer sichtbar, manchmal sogar noch nicht einmal im Labor anzüchtbar.
- Es gibt nicht nur eindeutige Ergebnisse bei den Laboruntersuchungen, sondern leider zu oft Ergebnisse, die keine klare Bewertung ermöglichen.
- Die Ermittlung der Kolonie bildenden Einheiten (KBE) ergibt in etwa die Anzahl der auf dem ausgewählten Nährboden anzüchtbaren Sporen oder Sporenagglomerate, aber keine Angaben dazu, ob tatsächlich Mikroorganismen im Material gewachsen sind oder ob es sich um sog. Anflugsporen handelt.

Zeitlich schwankende Feuchte oder ehemalige Feuchteschäden

Mit zeitlich schwankender Feuchte ist in folgenden Fällen zu rechnen:

- Kondensationsschäden im Wärmebrückenbereich mit meist oberflächlich erhöhter Feuchte nur bei niedrigen Außentemperaturen,
- Kondensationsschäden an Oberflächen erdberührender Bauteile (Keller, Hanglage) mit meist oberflächlich erhöhter Feuchte an schwül-warmen Sommertagen,
- Durchfeuchtungen durch Schlagregen mit bis zu einigen Tagen Verzögerung nach starken Regenfällen,
- Durchfeuchtungen durch defekte Niederschlagsentwässerung (verstopfte Dachrinnen, verstopfte oder defekte Fallrohre) mit bis zu einigen Tagen Verzögerung nach starken Regenfällen,
- Durchfeuchtungen durch aufstauendes Sickerwasser nach starken Regenfällen.

Bei Neubaurestfeuchte treten keine Schwankungen der Feuchtewerte auf. Da aber zwischen der ersten Begutachtung und der späteren Untersuchung für ein Gerichtsgutachten oft lange Zeiträume liegen, kann es sein, dass die Feuchte inzwischen kontinuierlich abgenommen hat und die Messergebnisse beider Sachverständigen sich deutlich unterscheiden.

Feuchte ohne mikrobiellen Befall

Mikroorganismen wachsen nicht innerhalb von Stunden, sondern benötigen Tage bis Wochen zum Wachstum. Außerdem ist nicht jeder geringe Befall gleich ein beachtenswerter Befall, was die Sanierungsarbeiten angeht (siehe Befallsklassen BK 1 bis BK 3, Kap. 4.2.1.2).

Für einzelne Mikroorganismen kann zwar die Wachstumsgeschwindigkeit im Labor untersucht werden, aber die Ergebnisse dieser Untersuchungen sind kaum übertragbar auf Schäden in Gebäuden, denn in der Praxis sind die Verhältnisse erheblich komplexer als im Labor. Viele Parameter beeinflussen das Wachstum. Die Temperaturen außerhalb des Labors sind nicht durchgängig konstant, sondern können stark schwanken, die

Abb. 3.33 a Vor Einbau des Fußbodens im Erdgeschoss eines Mehrfamilienhauses wurde die Betonbodenplatte nicht gereinigt.

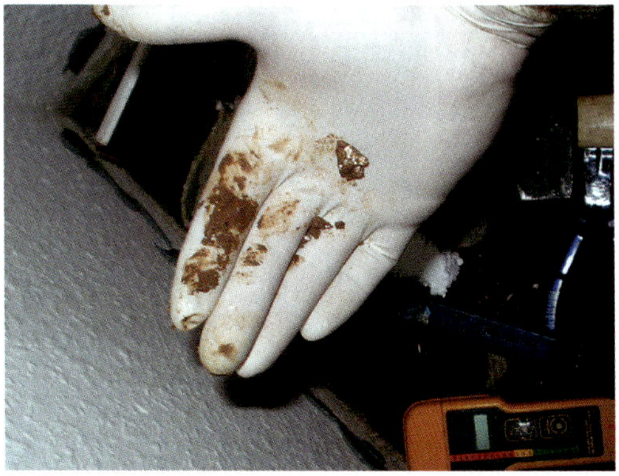

Abb. 3.33 b Feuchter Lehm und Erde wurden in einem Fußboden zwischen Wand und Estrich sowie Bodenplatte und Estrich in einem Schlafzimmer „eingebaut", die Nährstoffe für Mikroorganismen beinhalten.

Materialien haben meist keinen auf lange Zeit konstanten pH-Wert (z. B. nimmt der anfangs recht hohe pH-Wert in Beton und Estrich im Laufe der Zeit ab) und die verfügbaren Nährstoffe sind praktisch nicht definierbar. Außerdem gibt es Mikroorganismen, die die nährstoffarmen Materialien in der „freien Wildbahn" bevorzugen und auf den „guten" Labornährböden kaum oder gar nicht wachsen.

Trockenheit mit mikrobiellem Befall

Mikroorganismen wachsen nur bei ausreichender Feuchte. Sie lösen sich aber nicht in Luft auf, wenn es trocken wird. Deshalb ist bei allen Schäden, bei denen es nicht mehr oder nur zeitweise feucht ist, auch in trockenen Bauteilen mit Mikroorganismen zu rechnen. Auch abgestorbene Mikroorganismen können gesundheitliche Beschwerden verursachen.

Beispiel

In einer Feuerwache im Ruhrgebiet traten bei den Angestellten gesundheitliche Beschwerden auf, die auf eine Belastung mit Mikroorganismen zurückzuführen waren. Das Gebäude wurde mit großem Aufwand untersucht und schließlich wurden auch mit Hilfe eines Schimmelpilz-Spürhundes im Obergeschoss in den Gipskarton-Leichtbauwänden und stellenweise in großen Bereichen der Fußböden massive mikrobielle Schäden lokalisiert. Fußböden und Wände waren nicht messbar feucht. Recherchen ergaben, dass die Ursache Jahre zurücklag. Schäden im Dachbereich hatten zu massiven Wasserschäden im Obergeschoss geführt. Das Dach war ausgebessert und die auf dem Bodenbelag stehenden Wasserpfützen waren entfernt worden. Eine technische Trocknung der Fußböden war jedoch nicht erfolgt. Die hohe Feuchte in den Fußböden, die nur langsam abtrocknen konnte, führte dort zu einem mikrobiellen Befall. Außerdem stieg die Feuchte in den Gipskarton-Wänden auf, wodurch auch hier Mikroorganismen wachsen konnten. Es war bemerkenswert, dass die gesundheitlichen Beschwerden erst deutlich wurden, als die Schäden bereits trocken waren. Offenbar setzten erst die trocknenden und absterbenden Mikroorganismen Stoffe frei, die die Symptome verursachten.

Abb. 3.34 a Mikrobieller Befall auf der Gipskarton-Innenwand in einem Schulungsraum, versteckt hinter der mit Latex gestrichenen Tapete

Abb. 3.34 b Mikrobieller Befall in der Innenwand zwischen Kantine und Küche, versteckt hinter einem Wandpaneel

Versteckter Befall – nicht sichtbarer Befall

Es wäre wünschenswert, dass man jeden mikrobiellen Befall sofort sehen könnte. Pilze und Bakterien wachsen jedoch bekanntermaßen an feuchten Stellen und feuchte Stellen befinden sich sehr oft nicht im Bereich frei zugänglicher Wandoberflächen, sondern sind verbaut bzw. versteckt. Die Gründe sind trivial. Freie Oberflächen raumseitiger Bauteile sind sehr gut belüftet. An diese Oberflächen gelangt in der Regel die von der Heizung erwärmte Raumluft und führt zur Trocknung. Ausnahmen bilden die typischen Kondensationsschäden durch Wärmebrücken, zu geringe Raumtemperaturen und/oder zu hohe Raumluftfeuchte (siehe Kap. 5.18).

Schlechter belüftet sind Oberflächen hinter Einbauten oder Wandverkleidungen. Wenn dort ein mikrobieller Befall vorliegt, der eigentlich sichtbar ist, kann man diesen erst nach dem Abbau von Schränken oder der Entfernung von Wand- und Deckenverkleidungen erkennen, was oft mit viel Aufwand verbunden ist.

Abb. 3.35 a und b Kellerraum mit Wandverkleidung: Häufig werden feuchte Wände wegen der sichtbaren Schäden mit Verkleidungen verdeckt – die Mikroorganismen wachsen dann hinter der Verkleidung meist noch besser als vorher.

Abb. 3.36 a und b Versteckte, aber relativ leicht zu findende Schäden hinter einer Tapete und hinter einer Fußleiste

Mikroorganismen treten aber leider nicht nur häufig versteckt auf, sondern sind oft auch mit dem bloßen Auge gar nicht erkennbar, selbst wenn große Mengen von Pilzen und Bakterien im Material vorliegen (siehe Kap. 3.1).

Unklare Laborergebnisse

Wie in Kap. 4.2 detaillierter dargelegt, kann es Unsicherheiten bei der Interpretation mikrobiologischer Analyseergebnisse geben. Es ist nicht immer sicher, ob es sich bei einem positiven Nachweis mikrobieller Kulturen um Anflugsporen oder einen mikrobiellen Befall handelt. Die Mikroorganismen können auch abgestorben oder aus anderen Gründen nicht anzüchtbar sein. Darüber hinaus sind die tatsächlich krank machenden Stoffe noch nicht bekannt und aus diesem Grund nicht analysierbar.

Trotz dieser Unsicherheiten muss man sich in der Praxis mit schwierigen Fällen auseinander setzen, ohne dass das Gutachten in ein Forschungsprojekt ausartet.

Ein verantwortungsbewusster Sachverständiger wird im Zweifelsfall zusätzlichen Rat einholen. Dies kann ein Gespräch mit dem Analyselabor sein, aber auch die Kontaktaufnahme mit Experten in Fachbehörden, Hochschulen oder Fachverbänden, wie dem BSS e. V.

Das Hinzuziehen weiterer Experten zur Beantwortung spezieller Fragen ist keine Blamage, sondern der Beweis für fachmännisches Vorgehen.

3.3.2.2 Vorgehensweise bei der Feststellung mikrobieller Schäden

Wegen der zuvor beschriebenen Probleme bei der Feststellung mikrobieller Schäden muss die Untersuchung eines mikrobiellen Befalls ein Zusammenspiel von Informationssammlung durch Befragung, Sammeln von Wahrnehmungen durch gründliche Inspektion, bautechnischen Untersuchungen, mikrobiologischen Analysen und ggf. chemischen Analysen oder Begehung mit einem Schimmelpilz-Spürhund sein.

Berücksichtigt werden müssen

- die Problemschilderung (Geruch und/oder Beschwerden),
- zusätzliche Informationen (Auftreten von Insekten, ehemalige Feuchteschäden und bereits beseitigte sichtbare mikrobielle Schäden, ärztliche Befunde usw.),
- der Objektzustand außen, innen, im Bereich der zu untersuchenden Räume, wenn möglich auch in den angrenzenden Wohnungen, im Dachboden, im Keller, in Anbauten wie Garagen usw.,
- der Geruch im Objekt, die Belüftungsmöglichkeiten der Räume, die vorhandene Heizung, das Nutzerverhalten im Hinblick auf Lüften und Heizen,
- die sichtbaren Flecken, Materialschäden, Geruch gelagerter Gegenstände, Materialgeruch (Riecht Putz muffig?), die gemessene Feuchte in Bauteilen, der Zustand der Materialien (Putz löst sich von der Wand, Tapeten lösen sich von der Wand usw.),
- mikrobiologische und chemische Labornachweise.

Durchführung mikrobiologischer Analysen

Fall 1: Feuchte ist in Bauteilen messbar und die Ausdehnung der Feuchte ist gleich der maximalen Ausdehnung des möglichen mikrobiellen Schadens.

Ist in Bauteilen erhöhte Feuchte messbar vorhanden und kann aufgrund der bekannten Ursache ausgeschlossen werden, dass der Feuchteschaden zeitweise größere Bereiche umfasste, sollte nach folgenden Kriterien entschieden werden, ob mikrobiologische Analysen durchgeführt werden sollen und wie viele Stellen zu beproben sind:

- Handelt es sich um einen lokal sehr begrenzten Schaden und ist der präventive Materialaustausch preiswerter als die mikrobiologische Analyse, dann ist zu empfehlen, das Material zu entfernen (siehe auch Kap. 6.7.2).

- Handelt es sich um einen ausgedehnten Schaden bzw. einen Schaden, bei dem der Materialaustausch aus technischen Gründen aufwändig ist, dann sind Materialanalysen zur Feststellung des tatsächlichen Ausmaßes des mikrobiellen Befalls zu empfehlen, z. B. wenn der gesamte Fußboden feucht ist und die Entscheidung ansteht, ob nur getrocknet werden muss, ob Teilbereiche saniert werden müssen oder ob der gesamte feuchte Bereich rückgebaut werden muss.

Selbstverständlich gibt es auch Fälle, in denen mikrobiologische Analysen aus anderen Gründen erforderlich oder sinnvoll sind, nämlich wenn juristische (Gerichtsgutachten), medizinische (begleitende umweltmedizinische Diagnose und Therapie) oder psychologische (Schäden in öffentlichen Gebäuden) Gründe vorliegen.

Fall 2: Es ist keine Feuchte messbar, aber es ist weitgehend bekannt, wo erhöhte Feuchte vorlag.

Im Prinzip ist die Vorgehensweise die gleiche wie in den Fällen mit noch messbar vorhandener Feuchte. Es kann wirtschaftlicher sein, das Verdachtsmaterial präventiv zu entfernen und auf mikrobiologische Analysen zur Festlegung des tatsächlichen Sanierungsbedarfes zu verzichten.

Fall 3: Es ist keine Feuchte messbar. Es ist bekannt, dass ein Schaden vorlag, aber die genaue Ausdehnung ist nicht bekannt.

Dies ist der schwierigste Fall. Entweder ist eine rasterartige mikrobiologische Analyse erforderlich oder die Hilfe eines Schimmelpilz-Spürhunds. Aufgrund der Anzeigen des Spürhunds können die Probenahmestellen festgelegt werden.

Beispiel

Es gab aufgrund gesundheitlicher Beschwerden und stichprobenartiger Luftmessungen in einem 4-stöckigen Bürogebäude mit 200 Büroräumen klare Hinweise auf versteckte mikrobielle Schäden in den nachträglich angebauten und aufgestockten Gebäudebereichen. Alle Feuchtemessungen und Recherchen ergaben keine Hinweise darauf, wo diese zu suchen waren. Die Begehung mit dem Schimmelpilz-Spürhund ergab, dass in der Hälfte des 2. Obergeschosses in den Fußböden Schäden vorlagen und außerdem in dieser Etage und im 3. Obergeschoss unter allen Einbauschränken.
Die Analyse von Fußbodenmaterial aus diesen Bereichen zeigte, dass eindeutig ein mikrobieller Befall vorlag.
Es wurde eine Ursache ermittelt und eine weitere stark vermutet:
Die Aufstockung war auf das ehemalige Flachdach erfolgt. Umfassende Nachfragen ergaben, dass die Bitumen-Dachabdeckung und auch auf dem Flachdach stehendes Wasser nicht entfernt worden waren, sondern das Dämmmaterial direkt auf das nasse Dach aufgelegt worden war. Es wurde von einem Mitarbeiter als „Augenzeugen" der Baumaßnahme berichtet, dass es vor Beginn des Aufbaues stark geregnet hatte und die auf dem Dach stehenden Pfützen noch vorhanden waren, als der Aufbau erfolgte.
Des Weiteren wurde für die übrigen neuen Bereiche vermutet, dass die schweren, am Fußboden dicht schließenden Einbauschränke das Trocknen des neuen Estrichs behindert hatten und es deshalb nur hier in der Klebeschicht unter dem Nadelfilzbelag zu einem mikrobiellen Befall kam. An den übrigen Stellen, die frei belüftet waren, konnte im Kleber kein mikrobieller Befall nachgewiesen werden.

In einzelnen Fällen bleiben leider Unsicherheiten, die keine zweifelsfrei abgesicherten Aussagen erlauben. Der Sachverständige kommt dann nicht umhin, seine subjektive Erfahrung mit einfließen zu lassen. In diesen Fällen fällt es schwer, die Begründung für die eigenen Empfehlungen und Schlussfolgerungen nachvollziehbar zu beschreiben.

Beispiel

Eine junge Familie bezog ein neu erbautes Reihenhaus. Kurz nach Einzug traten gesundheitliche Beschwerden bei den beiden Kleinkindern und bei der 30-jährigen Mutter auf, die am stärksten betroffen war. Sie litt unter Atemwegsproblemen und sehr starken rheumatischen Beschwerden. In den Wohnetagen war trotz aufwändiger Untersuchungen kein Schaden lokalisierbar. Lediglich die Beton-Außenwand im Keller war messbar feucht, was bei Neubauten allerdings normal ist. Mikrobiologische Analysen des Wandmaterials ergaben keinen Nachweis. Wegen der gesundheitlichen Symptome bestand der Verdacht, dass auf dem Beton Mikroorganismen wuchsen, die im Labor mit den üblichen Nährböden nicht anzüchtbar waren, und es wurde empfohlen, die Betonwände im Keller abzuflämmen. Nach dem Abflämmen der Wände im Keller verschwanden die Beschwerden innerhalb weniger Tage und sind bis heute, 1 Jahr nach der Maßnahme, nicht wieder aufgetreten. Dies ist erfreulich, aber eine zufrieden stellende Erklärung kann nicht geliefert werden.

4 Mess- und Analysemethoden zur Feststellung von Feuchte- und mikrobiellen Schäden

4.1 Methoden der Feuchtemessung, Einsatzmöglichkeiten und Grenzen

4.1.1 Grundlegendes zum Begriff Feuchte

Prinzipiell ist bei der Messung von Feuchte bzw. bei der Untersuchung von Feuchteschäden zwischen der **Materialfeuchte** und der **Raumluftfeuchte** zu unterscheiden.

Bei der Materialfeuchte wird der gesamte Wassergehalt im Material, d. h. die Summe des flüssigen und des gasförmigen Wassers, erfasst.

Die Luftfeuchte beschreibt ausschließlich den gasförmigen Wasseranteil in der Luft.

Außerdem ist zu unterscheiden zwischen der **absoluten Feuchte** und der **relativen Feuchte**.

Man kann die Feuchte in absoluten Zahlenwerten angeben, z. B. die Masse des Wassers in Gramm pro Kilogramm oder in Gramm Wasser je Kilogramm Luft oder je Kubikmeter Luft. Feuchte kann aber auch in relativen Zahlen bezogen auf das Maß der Sättigung angegeben werden.

So beschreibt 50 % relative Luftfeuchte, dass die Luft halb so viel Wasser enthält wie sie in der Lage wäre, bei der aktuell vorherrschenden Temperatur maximal aufzunehmen.

Steigt die Temperatur, kann die Luft mehr Wasser aufnehmen, was zur Folge hat, dass bei gleichem absolutem Wassergehalt die relative Feuchte abnimmt. Sinkt die Temperatur, steigt bei gleichem absolutem Wassergehalt die relative Feuchte an.

Nimmt die Temperatur immer weiter ab, wird irgendwann ein Punkt erreicht, an dem die Luft gesättigt ist, d. h. die relative Luftfeuchte erreicht 100 %. Dieser Punkt wird als „Taupunkt" und die entsprechende Temperatur als „Taupunkttemperatur" bezeichnet.

Sinkt die Temperatur weiter, dann scheidet die Luft kleine Wassertröpfchen aus, die als Dunst oder Nebel sichtbar werden oder die sich als Tau oder Kondensat auf Oberflächen niederschlagen.

Da die Luft nicht überall die gleiche Temperatur hat und auch nicht alle Oberflächen die gleiche Temperatur haben, fällt dort zuerst Feuchte als flüssiges Wasser an (Kondensat), wo zuerst die Taupunkttemperatur erreicht bzw. unterschritten wird. Im Außenbereich kann dies in bestimmten Luftschichten sein (Hochnebel, Bodennebel) oder auch auf kühlen Oberflächen, wie z. B. Pflanzenblättern, auf denen sich dann Tau oder Reif bildet. Zum Leidwesen der Autofahrer fällt Wasser im Winter häufig auf den Autoscheiben aus und gefriert dort bei Lufttemperaturen unter 0 °C.

Wegen der Abhängigkeit der relativen Luftfeuchte von der Temperatur können bei Kenntnis dieser Werte die absolute Feuchte und die Taupunkttemperatur errechnet oder mittels Diagrammen oder Tabellen ermittelt werden.

Tabelle 4.1: **Diagramm zur Bestimmung der absoluten Feuchte**

ϑ	**absoluter Feuchtegehalt in g H_2O/kg Luft bei einer relativen Luftfeuchte von**												
°C	30 %	35 %	40 %	45 %	50 %	55 %	60 %	65 %	70 %	75 %	80 %	85 %	90 %
30	7,93	9,27	10,61	11,97	13,32	14,69	16,06	17,43	18,82	20,20	21,60	23,00	24,40
29	7,45	8,74	10,01	11,29	15,56	13,85	15,14	16,43	17,73	19,04	20,35	21,67	22,99
28	7,05	8,24	9,44	10,64	11,84	13,05	14,27	15,49	16,71	17,94	19,17	20,41	21,65
27	6,65	7,77	8,90	10,03	11,16	12,30	13,44	14,59	15,74	16,89	18,05	19,21	20,38
26	6,26	7,32	8,38	9,44	10,51	11,58	12,66	13,73	14,81	15,90	16,99	18,08	19,18
25	5,90	6,89	7,89	8,89	9,90	10,90	11,91	12,93	13,94	14,96	15,99	17,01	18,04
24	5,55	6,48	7,43	8,37	9,31	10,26	11,21	12,16	13,12	14,08	15,04	16,00	16,97
23	5,23	6,11	6,99	7,87	8,76	9,65	10,54	11,44	12,33	13,23	14,14	15,04	15,95
22	4,92	5,74	6,57	7,40	8,24	9,07	9,91	10,75	11,55	12,44	13,29	14,14	14,99
21	4,62	5,40	6,18	6,96	7,74	8,53	9,31	10,10	10,89	11,69	12,48	13,28	14,08
20	4,34	5,07	5,81	6,54	7,27	8,01	8,75	9,49	10,23	10,98	11,72	12,47	13,22
19	4,08	4,77	5,45	6,14	6,83	7,52	8,22	8,91	9,61	10,30	11,00	11,70	12,40
18	3,83	4,47	5,12	5,76	6,41	7,06	7,71	8,36	9,01	9,68	10,32	10,98	11,64
17	3,60	4,20	4,80	5,41	6,02	6,62	7,23	7,84	8,45	9,07	9,68	10,30	10,91
16	3,37	3,94	4,50	5,07	5,64	6,21	6,78	7,35	7,93	8,50	9,08	9,65	10,23
15	3,16	3,69	4,22	4,76	5,29	5,82	6,36	6,89	7,43	7,97	8,50	9,04	9,58
14	2,96	3,46	3,96	4,46	4,95	5,45	5,95	6,46	6,96	7,46	7,96	8,47	8,97
13	2,78	3,24	3,71	4,17	4,64	5,11	5,58	6,04	6,51	6,98	7,46	7,93	8,40
12	2,60	3,03	3,47	3,90	4,34	4,78	5,22	5,66	6,10	6,54	6,98	7,42	7,86
11	2,43	2,84	3,24	3,65	4,06	4,47	4,88	5,29	5,70	6,11	6,52	6,94	7,35
10	2,27	2,65	3,03	3,42	3,80	4,18	4,56	4,95	5,33	5,71	6,10	6,48	6,87
9	2,12	2,48	2,84	3,19	3,55	3,91	4,26	4,62	4,98	5,34	5,70	6,06	6,42
8	1,98	2,32	2,65	2,98	3,31	3,65	3,98	4,32	4,65	4,98	5,32	5,66	5,99
7	1,85	2,16	2,47	2,78	3,09	3,40	3,72	4,03	4,34	4,65	4,97	5,28	5,59
6	1,73	2,02	2,31	2,60	2,89	3,18	3,47	3,76	4,05	4,34	4,63	4,92	5,22
5	1,61	1,88	2,15	2,42	2,69	2,96	3,23	3,50	3,77	4,05	4,32	4,59	4,86
4	1,50	1,75	2,01	2,26	2,51	2,76	3,01	3,27	3,52	3,77	4,02	4,28	4,53
3	1,40	1,63	1,87	2,10	2,34	2,57	2,81	3,04	3,28	3,51	3,75	3,98	4,21

Näherungsweise darf geradlinig interpoliert werden.

Tabelle 4.2: **Diagramm zur Bestimmung der Taupunkttemperatur**

Taupunkttemperatur ϑ_S der Luft in Abhängigkeit von Temperatur ϑ und relativer Luftfeuchte der Luft ϕ

ϑ	**Taupunkttemperatur ϑ_S in °C bei einer relativen Luftfeuchte von**												
°C	30 %	35 %	40 %	45 %	50 %	55 %	60 %	65 %	70 %	75 %	80 %	85 %	90 %
30	10,5	12,9	14,9	16,8	18,4	20,0	21,4	22,7	23,9	25,1	26,2	27,2	28,2
29	9,7	12,0	14,0	15,9	17,5	19,0	20,4	21,7	23,0	24,1	25,2	26,2	27,2
28	8,8	11,1	13,1	15,0	16,6	18,1	19,5	20,8	22,0	23,1	24,2	25,2	26,2
27	8,0	10,2	12,2	14,1	15,7	17,2	18,6	19,8	21,1	22,2	23,3	24,3	25,2
26	7,1	9,4	11,4	13,2	14,8	16,3	17,6	18,9	20,1	21,2	22,3	23,3	24,2
25	6,2	8,5	10,5	12,2	13,9	15,3	16,7	18,0	19,1	20,2	21,3	22,3	23,2
24	5,4	7,6	9,6	11,3	12,9	14,4	15,7	17,0	18,2	19,3	20,3	21,3	22,3
23	4,5	6,7	8,7	10,4	12,0	13,5	14,8	16,1	17,2	18,3	19,4	20,3	21,3
22	3,6	5,9	7,8	9,5	11,1	12,5	13,9	15,1	16,3	17,4	18,4	19,4	20,3
21	2,8	5,0	6,9	8,6	10,2	11,6	12,9	14,2	15,3	16,4	17,4	18,4	19,3
20	1,9	4,1	6,0	7,7	9,3	10,7	12,0	13,2	14,4	15,4	16,5	17,4	18,3
19	1,0	3,2	5,1	6,8	8,3	9,8	11,1	12,3	13,4	14,5	15,5	16,4	17,3
18	0,2	2,3	4,2	5,9	7,4	8,8	10,1	11,3	12,4	13,5	14,5	15,4	16,3
17	−0,6	1,4	3,3	5,0	6,5	7,9	9,2	10,4	11,5	12,5	13,5	14,5	15,4
16	−1,4	0,5	2,4	4,1	5,6	7,0	8,2	9,4	10,5	11,5	12,5	13,4	14,3
15	−2,2	−0,3	1,5	3,2	4,7	6,0	7,3	8,5	9,6	10,6	11,6	12,5	13,4
14	−2,9	−1,0	0,6	2,3	3,7	5,1	6,4	7,5	8,6	9,6	10,6	11,5	12,4
13	−3,7	−1,9	−0,1	1,3	2,8	4,2	5,4	6,6	7,7	8,7	9,6	10,5	11,4
12	−4,5	−2,6	−1,0	0,4	1,9	3,2	4,5	5,6	6,7	7,7	8,7	9,6	10,4
11	−5,2	−3,4	−1,8	−0,4	1,0	2,3	3,6	4,7	5,8	6,7	7,7	8,6	9,4
10	−6,0	−4,2	−2,6	−1,2	0,1	1,4	2,6	3,7	4,8	5,8	6,7	7,6	8,4
9					−0,8	0,5	1,7	2,8	3,8	4,8	5,7	6,6	7,5
8					−1,6	−0,4	0,7	1,8	2,9	3,9	4,8	5,6	6,4
7					−2,4	−1,2	−0,2	0,9	1,9	2,9	3,8	4,7	5,5
6					−3,2	−2,1	−1,0	−0,1	0,9	1,9	2,8	3,7	4,5
5					−4,0	−2,3	−1,9	−0,9	0,1	1,0	1,8	2,7	3,5
4					−4,8	−3,7	−2,7	−1,7	−0,9	0,0	0,9	1,7	2,5
3					−5,7	−4,6	−3,5	−2,6	−1,7	−0,9	−0,1	0,7	1,5

Näherungsweise darf geradlinig interpoliert werden.

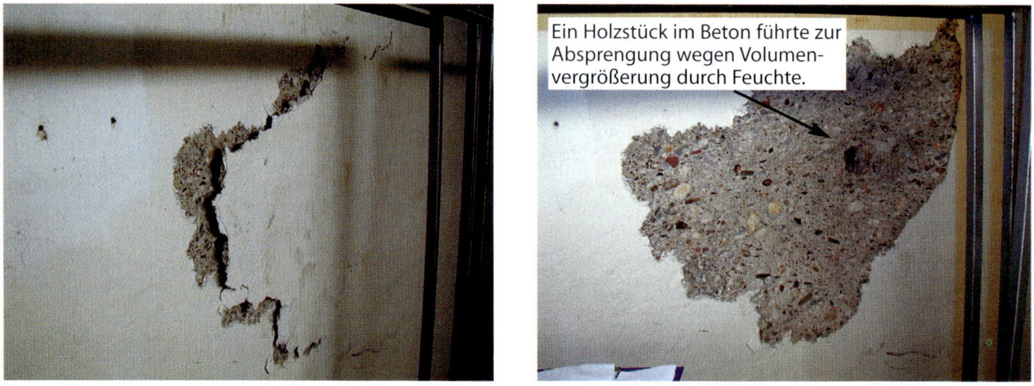

Abb. 4.1 a und b Ein beim Vergießen des Betons versehentlich mit in die Wand eingebautes Holzstück vergrößerte durch Feuchteaufnahme sein Volumen und führte zu der dargestellten Materialabsprengung.

Die Materialfeuchte ist bei bestimmten Umgebungsbedingungen in der Hauptsache vom Material selbst abhängig, vor allem von Anteil und Größe der Kapillaren (Hohlräumen und Poren) im Material. Kompaktes Material, wie Metall oder Glas, kann praktisch kein Wasser aufnehmen, während manche porigen Materialien Wasser wie ein Schwamm aufsaugen.

Sehr viel Feuchte aufnehmen können manche Holzarten. Trockenes Holz kann nicht nur die vorhandenen Zellen mit Wasser füllen, sondern vergrößert bei der Feuchteaufnahme sogar das eigene Volumen deutlich. Die Neigung, aus der Umgebung Wasser aufzunehmen, ist so groß, dass das Holz bei der Volumenvergrößerung sogar sehr hohe Außendrücke überwindet (Abb. 4.1). Dies wurde in früheren Zeiten z. B. für Sprengungen genutzt. Man trieb Holzstücke in Löcher oder Spalten und befeuchtete diese anschließend. Durch die Volumenvergrößerung konnten so Steinbrocken aus dem Fels getrieben werden.

Jedes Material tauscht mit der umgebenden Luft Feuchte aus. Trockenes Material nimmt Feuchte auf und feuchtes Material gibt Feuchte ab, soweit die umgebende Luft in der Lage ist, diese aufzunehmen.

Handelt es sich um ein geschlossenes System, dann stellt sich nach einer gewissen Zeit, abhängig vom Material und vom Feuchtegradienten, ein Gleichgewichtszustand ein und man kann die Feuchte im Material im Gleichgewichtszustand als „Ausgleichsfeuchte“ bezeichnen.

Da aber Luftfeuchte nicht das Gleiche ist wie Materialfeuchte, ist die Kurve der Ausgleichsfeuchte nicht linear. In Abhängigkeit vom Material zeigt sie einen sehr unterschiedlichen Verlauf.

Bei Betrachtung der Kurve für den massebezogenen Wassergehalt von Ziegeln ist erkennbar, dass diese bis ca. 85 % Ausgleichsfeuchte fast nicht ansteigt.

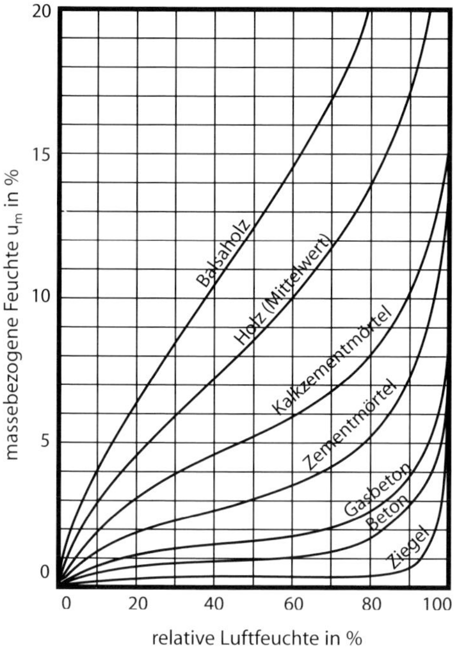

Abb. 4.2 Ausgleichsfeuchtekurven verschiedener Materialien

Bis zu diesem Punkt füllen sich die Poren in der Hauptsache nur mit gasförmigem Wasser. Erst ab ca. 85 % reichert sich flüssiges Wasser in den Poren an (Kapillarkondensation) und die Kurve steigt mit zunehmender Umgebungsluftfeuchte steil an.

Dies ist damit erklärbar, dass die Zunahme des gasförmigen Wassers in den Poren des Materials zu keiner nennenswerten Gewichtszunahme im Material führt, sondern erst die Anreicherung von flüssigem Wasser.

Beispiel

Ein idealisiertes Material mit einer Masse von m = 1.000 g, einem Gesamtvolumen von V_g = 1 l und einem Anteil an Hohlräumen bzw. Poren von 50 % des Volumens bzw. V_p = 0,5 l, bei dem alle Poren mit Luft gefüllt sind, die 100 % relativer Feuchte enthält, würde bei 20 °C pro Kubikmeter Luft 17,3 g und pro Kilogramm Luft 15 g Wasser enthalten.
In 0,5 l Luft wären somit 17,3 g : 2.000 = 0,00865 g Wasser enthalten.
Der Wassergehalt im Material betrüge dann, bezogen auf die Gesamtmasse von 1 kg: 0,00000865 kg x 100 = 0,000865 % Materialfeuchte. Ein solcher Wert würde deutlich unterhalb der Nachweisgrenze der verfügbaren Messmethoden liegen.
Würden alle Poren mit flüssigem Wasser gefüllt, wären im Material 0,5 l Wasser in 1 kg Material enthalten, d. h. das Material würde 50 % Materialfeuchte enthalten.

Das beschriebene Beispiel tritt in der Realität so nicht auf, denn im Material wird die Wasseraufnahme u. a. beeinflusst durch Kapillareffekte, Effekte der Oberflächenspannung und andere hygroskopische Materialeigenschaften.

Allerdings erklärt das Rechenbeispiel sehr gut den Kurvenverlauf für Ziegel. Bis ca. 85 % Ausgleichsfeuchte enthält der Ziegel in der Hauptsache gasförmiges Wasser. Bei höheren relativen Feuchtewerten in der Umgebung speichert das Material die Feuchte zunehmend als freies Wasser.

Holz verhält sich völlig anders. Bereits bei sehr geringen Werten relativer Luftfeuchte in der Umgebung kann es überproportional viel Feuchte aufnehmen und als flüssiges Wasser in den Zellen speichern.

Diese Aspekte sind bei Feuchtemessungen zu berücksichtigen. Einige Mikroorganismen können unter sonst optimalen Bedingungen ab ca. 70 bis 75 % relativer Feuchte wachsen (siehe Sedlbauer, 2001). Die Mikrobiologen verwenden anstelle der relativen Ausgleichsfeuchte den Begriff der Wasseraktivität a_w, der näherungsweise $^1/_{100}$ des Wertes der relativen Luftfeuchte an der Oberfläche entspricht.

Bei manchen mineralischen Baumaterialien ohne organische Bestandteile kann im Bereich zwischen 40 und 80 % Ausgleichsfeuchte messtechnisch evtl. kaum ein Anstieg der Materialfeuchte registriert werden, so dass z. B. mit der gravimetrischen Methode nicht kontrolliert werden kann, ob der Feuchtewert über oder unter dem kritischen Bereich liegt.

4.1.2 Übersicht über Methoden der Feuchtemessung

Die folgende Tabelle 4.3 stellt verschiedene Methoden der Feuchtemessung dar und gibt eine kurze Beschreibung der Ergebnisse, der Einsatzgebiete sowie der Grenzen dieser Methoden.

Tabelle 4.3: **Übersicht über Methoden der Feuchtemessung**

Methode	Ergebnisse	Einsatzgebiet	Grenzen
Messung der Luftfeuchte und Lufttemperatur als Einzelmessung	relative Luftfeuchte und -temperatur Absolute Luftfeuchte und Taupunkt können dann aus Tabellen ermittelt oder berechnet werden. Manche Geräte zeigen diese Werte mit an.	begleitend zu Untersuchungen kann Hinweise auf zu hohe Luftfeuchte liefern; mindestens sollte die absolute Feuchte innen und außen verglichen werden	Da die Messung nur einen Einzelwert darstellt, ist die Aussagekraft nicht besonders hoch.
Messung der Raumklimaparameter mit Datenloggern	Aufzeichnung des Verlaufes von Feuchte und Temperatur über einen längeren Zeitraum	Überprüfung der Raumklimaverhältnisse Heiz- und Lüftungsverhalten können meist sehr gut ermittelt werden.	Die Messung liefert häufig nur dann verwertbare Ergebnisse, wenn die Außentemperaturen deutlich niedriger sind als die Raumtemperaturen. Ausnahme sind Messungen im Keller, hier sollte es ggf. umgekehrt sein.

Fortsetzung Tabelle 4.3:

Methode	**Ergebnisse**	**Einsatzgebiet**	**Grenzen**
Messung der Feuchte im Material mit der Leitfähigkeitsmethode (quasi zerstörungsfrei)	quantitativer Wert für die Feuchte im Material Das Messergebnis ist vom Material abhängig.	sehr gut einsetzbar bei Holz auch einsetzbar bei Materialien, in die die Stechsonden problemlos eingestochen werden können, um orientierende Messungen zur Lokalisierung durchzuführen	Das Messsignal wird gestört durch leitfähige Materialien, wie Metall, Bestandteile der antistatischen Ausrüstung und Salze.
Messung der Feuchte im Material mit der HF-Methode (dielektrische bzw. kapazitive Messung) (zerstörungsfrei)	quantitativer Wert, der materialabhängig ist	sehr gut einsetzbar als orientierende Methode zur Lokalisierung von Schäden, wobei in erster Linie relative Signalunterschiede helfen, Problembereiche einzugrenzen	Messung wird durch leitfähige Materialien beeinflusst (Metall, Salze usw.) Feuchteschäden hinter Verkleidungen (Paneelen) und unter Teppichböden und Parkett sind nur zu erkennen, wenn extrem hohe Feuchte vorliegt.
Mikrowellen-Verfahren	dimensionsloser Messwert, der im Abgleich mit einem Referenzwert Hinweise zu erhöhter Feuchte liefert	orientierende Methode zur Lokalisierung von Feuchteschäden bei kompakten, nicht verkleideten Bauteilen mit einer Eindringtiefe bis 300 mm Laut Angabe des Herstellers gibt es keine nennenswerte Beeinflussung durch Salze.	Das zu messende Bauteil sollte mindestens 30 cm dick sein. Es ist seitlich ein Abstand von mindestens 10 cm zu anderen Bauteilen einzuhalten. Falsche positive Befunde ergeben alle elektrisch leitfähigen Materialien.
Messung der Feuchte im Material mit der Neutronensonde (zerstörungsfrei)	dimensionsloser Messwert, der im Abgleich mit einem Referenzwert Hinweise auf erhöhte Feuchte liefert	bei flächigen Schäden mit lokal relativ großen Wassermengen	Speziell geschultes Personal (radioaktive Strahlenquelle!) ist erforderlich. Kleine Schäden mit geringen Feuchtewerten sind mit anderen Methoden besser zu erfassen.
Messung der Feuchte im Material mit der Calciumcarbidmethode (nicht zerstörungsfrei)	Angabe des Druckanstieges, der durch chemische Reaktion von Wasser mit Calciumcarbid in einem dichten Gefäß entsteht Ablesen der Materialfeuchte aus einer Tabelle	Methode ist üblich zur Untersuchung der Feuchte in Estrichen vor dem Verlegen von Bodenbelägen.	Vergleichende Untersuchungen mit der gravimetrischen Methode ergaben bei Stichproben nicht erklärbare starke Abweichungen der Messergebnisse. Deshalb ist diese Methode nur sehr eingeschränkt zu empfehlen bei gutachterlichen Untersuchungen.

Fortsetzung Tabelle 4.3:

Methode	Ergebnisse	Einsatzgebiet	Grenzen
Messung der Feuchte im Material mit der gravimetrischen Methode (nicht zerstörungsfrei)	Ermittlung des Gewichtsverlustes nach Materialtrocknung im Laborofen	genaueste Methode zur Ermittlung der Materialfeuchte	Es ist nicht möglich, den für mikrobielles Wachstum kritischen Bereich von 70 bis 75 % Ausgleichsfeuchte zu ermitteln.
Messung der Ausgleichsfeuchte im Material (nicht zerstörungsfrei)	Es werden die Temperatur und relative Feuchte in einem Bohrloch im Material gemessen. Absolute Feuchte und Taupunkttemperatur werden mit angezeigt oder können mit Diagrammen ermittelt werden.	Man kann geringe Gradienten sehr gut erkennen und auch, ob der kritische Feuchtebereich erreicht oder überschritten ist. Die Methode ist gut geeignet zur Ermittlung einer Flächenverteilung, eines Tiefenprofils oder auch zur Kontrolle von Trocknungsmaßnahmen.	Bei niedrigen Temperaturen unter 10 °C ist keine genaue Messung mehr möglich.

4.1.3 Messung der Luftfeuchte und anderer Raumklimaparameter

Obwohl Luftmessungen nicht geeignet sind, um unmittelbar das Ausmaß von Schäden festzustellen, sind sie teilweise sehr wichtig zur Feststellung der Ursache von Schäden. Da aufgrund der Ursache wiederum das Schadensausmaß abgeschätzt werden kann, wird auf die Methoden der Luftfeuchtemessung an dieser Stelle in Kurzform eingegangen.

4.1.3.1 Kurzzeit- bzw. Einzelmessungen

Kurzzeitmessungen sind in der Regel ohne große Aussagekraft. Die relative und absolute Feuchte in Innenräumen ist stark abhängig von der Außenluftfeuchte und der aktuellen Aktivität und Lüftung.

Meist verlangt der Sachverständige von den Bewohnern, dass sie mindestens 6 Stunden vor dem Termin möglichst nicht lüften sollen, da er den Geruch mit erfassen und beim Ortstermin auch evtl. Luftmessungen auf Keime oder MVOC durchführen möchte. Denn derartige Luftmessungen sind in gelüfteten Räumen nicht aussagekräftig. Oft wird den Bewohnern aber nicht zusätzlich untersagt, vor dem Ortstermin zu duschen, baden, kochen usw.

Misst der Sachverständige beim Ortstermin neben der Raumtemperatur auch die Raumluftfeuchte und stellt er fest, dass die Feuchte überdurchschnittlich hoch ist, dann besteht die Gefahr, dass er auf eine zu geringe Lüftungsaktivität schließt, obwohl er selbst vorher vorgegeben hat, dass vor dem Ortstermin nicht gelüftet werden darf. Findet der Ortstermin z. B. in einer mittelgroßen 3-Zimmer-Wohnung mit 75 m^2 um 14 Uhr statt und durfte seit 8 Uhr früh nicht gelüftet werden, während die Mutter um 12 Uhr für sich und die Kinder gekocht hat und der um 13 Uhr nach Hause gekommene Ehemann als Erstes duschte, wird der Sachverständige um 14 Uhr vermutlich eine sehr hohe Luftfeuchte feststellen.

Eine hohe Luftfeuchte kann aber auch durch versteckte Feuchteschäden im Gebäude verursacht sein.

Da der Ortstermin des Sachverständigen für die Betroffenen keine Überraschung darstellt, kann es auch sein, dass sich die Bewohner nicht an die Vorgaben des Sachverständigen halten und relativ kurz vor dem Ortstermin kräftig lüften, was sie evtl. sonst nicht tun, und auch die Heizung in allen Räumen hochdrehen, während gewöhnlich im Schlafzimmer der Heizkörper nie eingeschaltet wird. Die Ergebnisse der Raumklimamessungen werden in diesem Fall sehr unauffällig sein.

Ein unzureichendes Heiz- und Lüftungsverhalten lässt sich deshalb aus Einzelmessungen nicht ableiten und nicht widerlegen.

4.1.3.2 Langzeitmessungen

Dagegen sind Raumklima-Langzeitmessungen mittels Messgeräten, die über längere Zeiträume Temperatur und Luftfeuchte in regelmäßigen Intervallen erfassen und speichern, den sog. Datenloggern, sehr gut geeignet, um das Nutzerverhalten zu kontrollieren. Messungen im Schlafzimmer, Wohnzimmer und gleichzeitig im Außenbereich über mindestens 7, besser 10 Tage zeigen in der Regel, wie sich die Bewohner verhalten. Die Messungen sind allerdings nur aussagekräftig, wenn die Außenluft deutlich trockener und kühler ist als die Raumluft. Zwar kann man in manchen Fällen erkennen, dass in den ersten 2 bis 3 Tagen sehr intensiv geheizt und gelüftet wurde, da die Geräte aber relativ unscheinbar sind, werden sie meist nach kurzer Zeit vergessen und nach einigen Tagen wird geheizt und gelüftet wie immer.

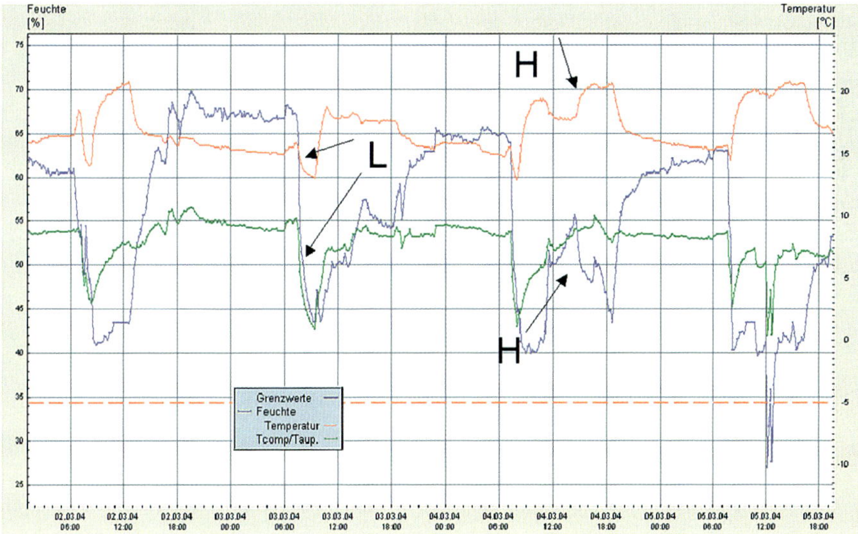

L: Phasen, in denen gelüftet wird: Die Temperatur fällt ab und nahezu gleichzeitig auch die Feuchte.
H: Phasen, in denen die Raumtemperatur erhöht, aber nicht gelüftet wird: Die relative Feuchte nimmt zwar ab, aber nur, weil die Temperatur zunimmt. Erkennbar ist dies auch daran, dass die Taupunktkurve (grün) nicht abnimmt.

Abb. 4.3 Langzeitklimamessungen

Die Kurven in Abb. 4.3 zeigen einen typischen Verlauf. Es ist erkennbar, dass der Raum relativ sparsam geheizt wurde (Temperaturen die meiste Zeit deutlich unter 20 °C) und dass morgens täglich zwischen 6 und 7 Uhr kurz gelüftet wurde. Dies ist daran zu sehen, dass für kurze Zeit die Raumtemperaturen und mit geringer zeitlicher Verzögerung auch die relative Luftfeuchte abfallen.

Es ist auch zu erkennen, wann die relative Luftfeuchte nur aufgrund des Anstieges der Raumtemperatur abnimmt. In diesem Fall verändert sich die grüne Kurve, die die Taupunkttemperatur wiedergibt, nicht.

Abb. 4.4 Datenlogger (Gann), in einem Büroregal aufgestellt (versteckte Stelle außerhalb der Hauptluftströme, um extreme Schwankungen zu vermeiden)

4.1.4 Messung der Materialfeuchte – orientierende, qualitative bis halbquantitative Verfahren

4.1.4.1 Leitfähigkeitsmethode

Eine insbesondere wegen der niedrigen Anschaffungskosten für die Messgeräte weit verbreitete Methode ist die Messung der Materialfeuchte mittelbar über die Leitfähigkeit des Materials. Die Leitfähigkeit eines Materials nimmt mit seinem Wassergehalt in etwa linear zu.

Sehr gute quantitative Zahlenwerte erhält man mit dieser Methode bei der Messung von Materialien aus Vollholz. Für diesen Bereich wurden die Geräte auch ursprünglich entwickelt. Aus diesem Grund geben die Hersteller in der Regel als Dimension des quantitativen Ergebnisses „Holzfeuchte" oder „Holzfeuchteäquivalent" (HFÄ) an. Meist werden noch Umrechnungstabellen für verschiedene Holzsorten mitgeliefert oder sind an den Geräten einstellbar.

Abb. 4.5 Messgerät (Trotec T2000 S) mit verschiedenen Messspitzen zur Feuchtemessung mittels Leitfähigkeit

Einsatzmöglichkeiten

Außer zur Messung von Holzfeuchte ist diese Methode aber auch zur orientierenden Suche von Materialfeuchte in anderen Materialien relativ gut geeignet. In der Regel sollten jedoch nach der Feststellung erhöhter Feuchte mit der Leitfähigkeitsmethode andere Messmethoden ergänzend eingesetzt werden, z. B. Darrproben oder Messung der Ausgleichsfeuchte.

Geeignet ist die Methode auch zur Erstellung von orientierenden Tiefenprofilen in Bauteilen (siehe Kap. 3.2.4.2).

Mit der Leitfähigkeitsmethode sind z. B. Spanplatten, nicht allzu harter Wandputz, Gipskarton, Wandoberflächen hinter Wandverkleidungen – mittels langer Stechsonden – oder Randfugen von schwimmenden Estrichen gut messbar.

Es muss nur beachtet werden, dass es Materialien gibt, die auch ohne erhöhte Feuchte gut leitfähig sind und die Messwerte beeinflussen.

Bei Bodenbelägen kann es z. B. sein, dass diese antistatisch ausgerüstet sind und es deshalb zu einem deutlichen Messsignal kommt.

Es kommt auch vor, dass hinter Tapeten Alufolien verklebt sind, die zu einem maximalen Ausschlag der Messanzeige führen.

Gut erkennen kann man derartige Einflüsse daran, dass es bei elektrisch leitfähigen Materialien keine fließenden Übergangsbereiche gibt. Wird z. B. im gesamten Fußboden ein gleichmäßig hohes Signal gemessen, ist dies ein Hinweis auf elektrische Leitfähigkeit des Bodenbelages, während bei erhöhter Feuchte meist lokale Schwankungen auftreten. Im Zweifelsfall kann z. B. eine lose Teppichboden- oder PVC-Fliese, die evtl. noch als Rest beim Verlegen übrig geblieben ist, gemessen werden. Der Bodenbelag kann auch angehoben, separat gemessen und dann darunter eine Messung vorgenommen werden.

Bei Alufolien auf Kaminen oder in Außenwandecken treten scharfe geometrisch definierte Übergänge zwischen Stellen mit einem sehr starken und einem sehr schwachen Signal auf.

Auch salzhaltige Wandmaterialien können das Ergebnis verfälschen, wobei dann zu fragen ist, warum die Salze auftreten.

Abb. 4.6 a Leitfähigkeitsmessung in weichem Wandputz ist möglich.

Abb. 4.6 b Messung der Feuchte mit Leitfähigkeitsmessung in gefliesten Wänden ist nicht möglich.

Es ist auch zu beachten, dass die Messung nur sinnvoll und aussagekräftig ist, wenn die Messspitzen problemlos in das Material eingedrückt werden können. Ein reiner Oberflächenkontakt reicht für eine aussagefähige Messung in der Regel nicht aus.

Zur Eingrenzung, ob es sich um einen Kondensationsschaden oder Feuchte im Bauteil handelt, empfiehlt es sich, die Messung mit und ohne Tapete an der gleichen Stelle durchzuführen.

4.1.4.2 Dielektrische oder kapazitive Methode, Hochfrequenzmethode (HF-Methode)

Eine sehr einfache und leicht zu handhabende Methode ist die dielektrische bzw. kapazitive Messung der Materialfeuchte, die zum Teil auch als „Hochfrequenzmethode“ (HF-Methode) bezeichnet wird, mit elektronischen Messgeräten.

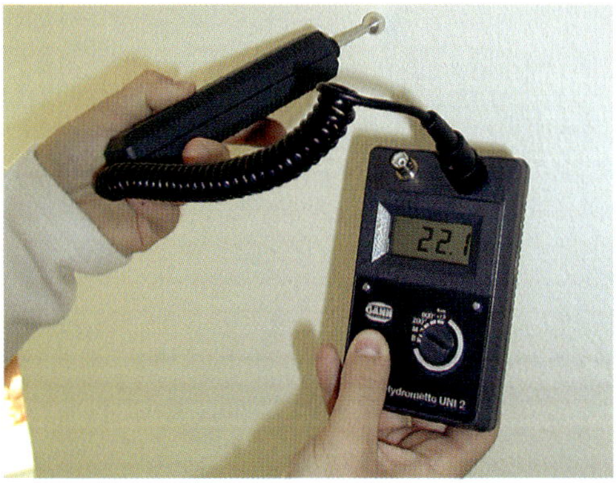

Abb. 4.7 a Hochfrequenzmessung mit der Gann Hydromette

Abb. 4.7 b Hochfrequenzmessung mit Trotec T2000 S und Sensor TS 300 SDI

Die Anzeige erfolgt entweder quantitativ in dimensionslosen Zahlenwerten, die auch als „Digits“ bezeichnet werden (Gann), oder bei manchen Herstellern (zusätzlich) als Farbanzeige mit Leuchtdioden auf einer Skala von Grün bis Rot (z. B. Protimeter Surveymaster). Manche Geräte geben bei Überschreiten eines bestimmten Wertes ein akustisches Signal, der bei einigen Geräten individuell eingestellt werden kann.

Auch bei dieser Methode wird das Messergebnis durch das Material beeinflusst. Die meisten Hersteller liefern Tabellen mit, anhand derer die Materialfeuchte für verschiedene Materialien abgelesen werden kann. Es sei jedoch davor gewarnt, die auf diese Weise ermittelten Zahlenwerte überzubewerten. Es handelt sich lediglich um relative Orientierungswerte mit erheblicher Ungenauigkeit. Deshalb sind Vergleichsmessungen in trockenen Bereichen zu empfehlen.

Einsatzmöglichkeiten

Diese Methode eignet sich sehr gut zur Suche nach erhöhter Feuchte und zur Feststellung von deren Ausdehnung in unverkleideten Wänden, gefliesten Wänden und Fußböden. Bei Laminatböden, Parkett, Teppichboden oder Gipskarton-Wandverkleidungen ist der Signalfluss stark gedämmt oder ganz unterbrochen und es ergeben sich Fehl- oder Minderbefunde.

Allerdings kann es sein, dass das Gerät auch bei Parkettböden oder Laminat erhöhte Werte anzeigt. Dies ist ein starkes Indiz, dass es unter dem Belag im Fußboden nicht nur feucht, sondern sehr nass sein muss.

Falsche positive Befunde ergeben manche Fliesen, wenn sie entweder elektrisch gut leitfähig sind, da leitfähige Materialien auch stets das Signal stark reflektieren, oder wenn sie hygroskopisch sind, wie z. B. Marmorfliesen, d. h. überdurchschnittlich viel Wasser aufnehmen und speichern, auch wenn in der Umgebung normale Feuchtewerte in Luft und Materialien vorliegen.

Auch Metallteile und -folien in Wänden und Fußböden oder Salze verfälschen das Signal. Es gilt auch hier wie bei der Leitfähigkeitsmethode, dass in diesen Fällen „Feuchtebereiche“ mit scharfen Geometrien und Übergängen festgestellt werden, während tatsächliche Feuchteschäden durch eine unregelmäßige Geometrie und unscharfe Übergänge zwischen feucht und trocken gekennzeichnet sind.

Bei der Messung sollte darauf geachtet werden, dass die Messsonde senkrecht aufgesetzt wird und immer ein Mindestabstand von 7 cm zu anderen Bauteilen, wie z. B. Fußleisten, Innenecken und Außenecken, eingehalten wird.

4.1.4.3 Mikrowellen-Verfahren

Zur qualitativen zerstörungsfreien Messung von Feuchte in tieferen Materialschichten kann auch das Mikrowellen-Verfahren eingesetzt werden. Ein spezieller Sensor wird im rechten Winkel auf die Bauteiloberfläche aufgesetzt. Das Messsignal ist nur qualitativ auswertbar, d. h. man kann Feuchteverteilungen mit dieser Messung erfassen, aber nicht die tatsächlichen Feuchtewerte. Deshalb ist es empfehlenswert, als Referenz eine bekanntermaßen trockene Bauteilstelle als Ausgangswert zu messen.

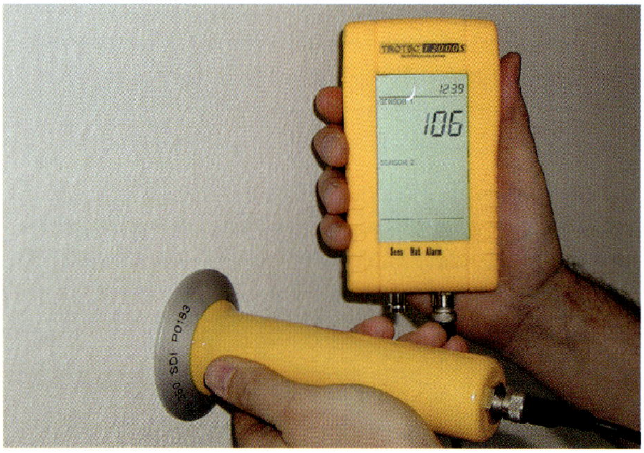

Abb. 4.8 Mikrowellen-Feuchtemessung mit Trotec T2000 S und Sensor TS 350 SDI

Einsatzmöglichkeiten

Diese Methode eignet sich ebenfalls zur Suche nach erhöhter Feuchte und zur Feststellung von deren Ausdehnung in unverkleideten Wänden, gefliesten Wänden und Fußböden. Bei Laminatböden, Parkett, Teppichboden oder Gipskarton-Wandverkleidungen ist der Signalfluss ähnlich wie bei der HF-Methode gestört.

Die Eindringtiefe ist mit bis zu maximal 300 mm, je nach Material und Feuchte, erheblich größer als bei der HF-Methode (bis zu maximal 40 mm). Deshalb sollte das zu messende Bauteil mindestens 30 cm dick sein. Wegen der Streuung der Mikrowellen ist seitlich ein Abstand von mindestens 10 cm zu anderen Bauteilen einzuhalten, da es ansonsten zu verfälschten Messergebnissen kommt.

Vorteil dieser Methode ist, dass es keine nennenswerte Beeinflussung durch Salze gibt (laut Angabe des Herstellers). Falsche positive Befunde ergeben aber wie bei der HF-Methode alle elektrisch leitfähigen Materialien.

4.1.4.4 Neutronensonde

Bei der Neutronensonde wird von einer radioaktiven Quelle ein Neutronenstrahl emittiert. Die Neutronen werden im Material durch Wassermoleküle abgebremst und die Dichte der abgebremsten Moleküle kann sensorisch erfasst werden.

Das Ergebnis ist ein dimensionsloser Messwert, der mit einem Referenzwert von trockenem Material verglichen wird. Durch diesen Vergleich der Werte erhält man eine Aussage zur Feuchte.

Einsatzmöglichkeiten

Das Gerät darf nur von speziell geschulten und autorisierten Personen eingesetzt werden. Es ist nicht preiswert und nicht so leicht zu handhaben wie z. B. die dielektrischen/kapazitiven Geräte, bietet aber Vorteile bei der Untersuchung großer Flächen.

Bei Schäden in Gebäuden mit nur leicht erhöhter Feuchte in Bauteilen konnte die Methode in einem exemplarischen Fall nicht erfolgreich eingesetzt werden.

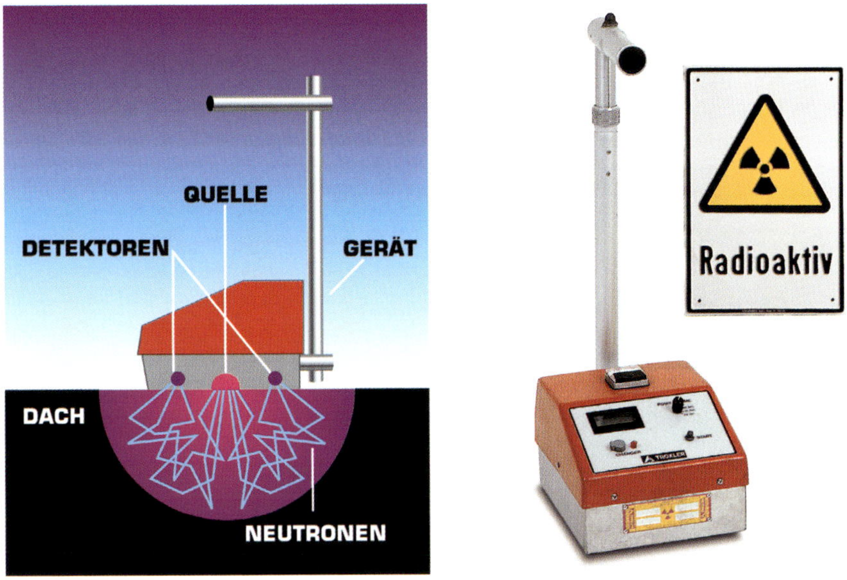

Abb. 4.9 a und b Messung mit der Neutronensonde: Messprinzip (a) und Messgerät (b) (Quelle: Trotec oHG, Heinsberg)

4.1.5 Messung der Materialfeuchte – quantitative Verfahren

4.1.5.1 Calciumcarbidmethode

Es sind mindestens 10 g von dem zu untersuchenden Material zu entnehmen. Das Material wird mit einem Mörser direkt vor Ort zerkleinert und genau eingewogen. Das zerkleinerte Material wird zusammen mit Stahlkugeln und einer Glasampulle, die Calciumcarbid enthält, in eine Stahlflasche gefüllt. Nach Verschließen der Flasche wird die Flasche geschüttelt, damit die Stahlkugeln die Glasampulle zerschlagen. Das freigesetzte Calciumcarbid reagiert chemisch mit dem Wasser in der Flasche. Es entsteht Acetylen, was zu einem messbaren Druckanstieg führt. Anhand des Druckanstieges kann die Wassermenge ermittelt werden, die mit dem Calciumcarbid chemisch reagierte.

Einsatzmöglichkeiten

Die Methode hat sich zur Messung der Materialfeuchte in Estrichen als Kontrolle vor Verlegen von Bodenbelägen bewährt.

Da mit dieser Methode eine Materialentnahme verbunden ist, d. h. eine Zerstörung von Bauteiloberflächen, eignet sie sich nicht zur Suche nach Feuchteschäden. Sie kann eingesetzt werden, um an Stellen, an denen die orientierenden Methoden ein auffälliges Signal lieferten, zu kontrollieren, ob tatsächlich erhöhte Materialfeuchte vorliegt oder ob das Signal der orientierenden Messung durch einen anderen Effekt beeinflusst wurde.

Allerdings ist bisher nicht beschrieben, dass mit der Calciumcarbidmethode bei anderen Materialien als bei frisch verlegtem Estrich zuverlässige Ergebnisse erzielbar sind.

Beispiel

In einem Fall wurden im Putz einer Außenwand mit Leitfähigkeits- und HF-Methode erhöhte Feuchtewerte gemessen und es wurde auch ein mikrobieller Befall im Putz festgestellt, während die Messung mit der Calciumcarbidmethode keinen Hinweis auf erhöhte Feuchte ergab. In einem anderen Fall wurde im Estrich einer 2 Jahre alten Schule mit HF-Methode, Ausgleichsfeuchtemessung und Darrprobe erhöhte Feuchte festgestellt, während die Calciumcarbidmethode keine erhöhte Feuchte anzeigte.

4.1.5.2 Gravimetrische Methode (Darrprobe)

Es wird ein ausreichend großes Stück Material entnommen und sofort gewogen. Die Materialmenge sollte in Abhängigkeit vom Wägebereich und von der Genauigkeit der verfügbaren Waage gewählt werden. Ist keine Waage verfügbar, kann das Material luftdicht verpackt und im Labor sofort nach dem Auspacken gewogen werden (es dürfen keine relevanten Mengen Luft in der Verpackung mit eingeschlossen werden, da diese Luft Feuchte aus dem Material aufnimmt).

Das Probenmaterial wird im Laborofen bei 105 °C (Holz bei 103 °C, Gips und Anhydridbaustoffe bei 40 °C) so lange getrocknet, bis das Gewicht konstant bleibt.

Es wird davon ausgegangen, dass der festgestellte Gewichtsverlust dem Feuchtegehalt im Material entspricht. Es ist allerdings zu beachten, dass je nach Material durchaus ausreichend hohe Ausgleichsfeuchtewerte für mikrobielles Wachstum vorliegen können, ohne dass eine nennenswert erhöhte Materialfeuchte mit der Darrprobe gemessen wird (siehe Abb. 4.2 Seite 93).

Tabelle 4.4: **Beispiel einer gravimetrischen Messung mit Umrechnung**

Probe/ Material	Entnahme-gewicht in g	Gewicht in g nach 17 h	Gewicht in g nach 24 h	Gewichts-verlust in g	Feuchte-gehalt[1] in %
01/Estrich	37,8	32,8	32,4	5,4	16,7
02/Estrich	58,4	51,5	51,4	7,0	13,6
03/Estrich	50,8	46,3	45,8	5,0	10,9

[1] Gewichtsverlust x 100 : Gewicht nach 24 h

Abb. 4.10 a Laborwaage mit Probenmaterial

Abb. 4.10 b Laborofen zum Trocknen des Materials

Einsatzmöglichkeiten

Die Methode eignet sich zur genauen Feststellung der Feuchte in Materialproben. Als Suchmethode ist sie wegen der notwendigen Materialentnahme nicht geeignet. Aber in Verbindung mit den orientierenden Messungen kann sie wertvolle Ergebnisse liefern. Vor allem kann mit dieser Methode kontrolliert werden, ob mit den orientierenden Methoden tatsächlich erhöhte Feuchte feststellbar war.

Will man die Verteilung hoher Feuchte in Wandquerschnitten, Tiefenprofile oder Höhenprofile erstellen, ist die gravimetrische Analyse die sicherste und genaueste Methode.

Ein Problem kann die Ergebnisbewertung mit sich bringen, da es nicht für alle Materialien Tabellen über normale Ausgleichsfeuchte und erhöhte Feuchte gibt. Außerdem sind viele Bewertungsempfehlungen nicht darauf abgestimmt, ab welchem Wert es zu einem mikrobiellen Wachstum kommt, sondern darauf, ob es zu Materialschäden, wie sich ablösende Beschichtungen usw., kommt. Meist sind erheblich geringere Feuchtewerte für ein mikrobielles Wachstum ausreichend als solche, die zu Materialschäden führen.

Die Mikrobiologen verwenden zur Beschreibung, ab wann Mikroorganismen wachsen können, den sog. a_W-Wert (siehe Kap. 4.1.1). Dieser entspricht dem Wert der Ausgleichsfeuchte an Materialoberflächen, wobei der Begriff Oberfläche nicht makroskopisch zu verstehen ist, sondern mikroskopisch. Auch die Oberflächen in porösem oder schüttigem Material sind besiedlungsfähige Oberflächen für Mikroorganismen.

4.1.5.3 Messung der Ausgleichsfeuchte

Um zu messen, ob die vorhandene Feuchte für ein mikrobielles Wachstum ausreicht, ist die Messung der Ausgleichsfeuchte die beste Methode.

Jedes Material tauscht mit der Umgebung Feuchte aus. Trockenes Material nimmt Feuchte auf und feuchtes Material gibt Feuchte ab, und zwar so lange, bis Material und Umgebung im Gleichgewicht stehen, d. h. bis genau die gleiche Feuchtemenge an die Umgebung abgegeben wie von ihr aufgenommen wird. Handelt es sich bei der Umgebung um Luft, dann entspricht bei jeder Temperatur ein bestimmter relativer Luftfeuchtegehalt diesem Gleichgewichtszustand.

Bei offenen Systemen, d. h. wenn die Umgebung Feuchte abtransportieren kann, z. B. durch Abgabe an andere Bauteile oder durch Luftaustausch mit anderen Systemen, etwa dem System Außenluft, wird sich kein stabiler Gleichgewichtszustand einstellen, sondern es handelt sich hierbei um dynamische Systeme, deren Feuchtewerte ständig schwanken.

Bei quasi geschlossenen Systemen, z. B. wenn durch diffussionshemmende Materialien der Austausch mit der normalen Raumluft stark behindert ist, liegt über längere Zeiträume praktisch ein Gleichgewichtszustand vor.

Durch Setzen einer Bohrung in das zu untersuchende Material bzw. die zu untersuchende Materialschicht kann man die Ausgleichsfeuchte in dieser Schicht messen. Liegen die Temperaturen am Tag der Messung in etwa im Bereich üblicher Raumtemperaturen, kann man davon ausgehen, dass bei Werten unter ca. 70 % Ausgleichsfeuchte kein mikrobielles Wachstum stattfindet. Es gibt nur wenige Arten, die bei Feuchtewerten deutlich unter 80 % wachsen können, und praktisch keine Mikroorganismen, die unter 70 % Feuchte wachsen.

Liegen die Temperaturen deutlich unter (< 18 °C) oder deutlich über (> 25 °C) einer üblichen Raumtemperatur, dann kann als Bewertungsbasis ein absoluter Feuchtewert von 10 g H_2O/g Luft angesetzt werden, der bei 21 °C einer relativen Feuchte von ca. 70 % entspricht.

Es ist bei der Messung darauf zu achten, dass kein Spalt zwischen Sonde und Bohrloch vorhanden ist, um einen Luftaustausch zu verhindern. Gegebenenfalls sollte der Spalt mit Alufolie abgedichtet werden.

Bei der Messung muss einige Zeit abgewartet werden, da das Material durch das Bohren häufig deutlich erwärmt wird. Erst wenn Temperatur und Feuchte sich nicht mehr ändern, kann das Messergebnis verwendet werden.

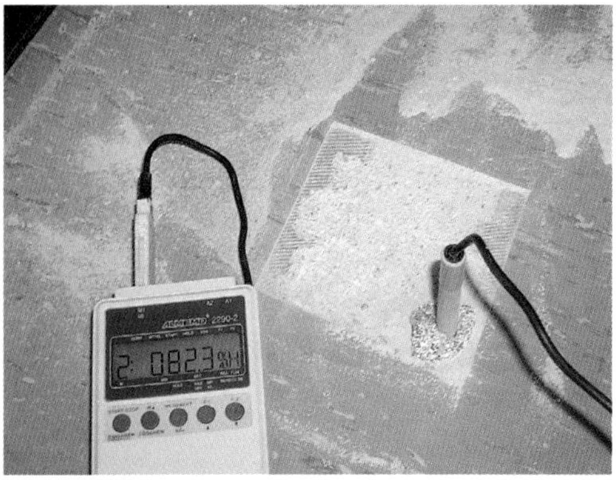

Abb. 4.11 a Messung der Ausgleichsfeuchte mit einem Messgerät der Firma Ahlborn in einem Fußboden. Das Gerät zeigt die relative Feuchte an. Bei diesem Gerät sind auch die Werte der Temperatur, der Taupunkttemperatur und der absoluten Feuchte abrufbar.

Abb. 4.11 b Messung der Ausgleichsfeuchte in einer Wand

Tabelle 4.5: **Messergebnisse zur Ausgleichsfeuchte in einer Gebäude-Außenwand (von der Außenwand in die einbindende Innenwand eingezogene Feuchte)**

Messort	**Temperatur in °C**	**relative Feuchte in %**	**Taupunkttemperatur in °C**	**Wassergehalt in g/kg Luft**
Schlafzimmer, Innenwand, 30 cm Höhe, 0,5 m von Außenwand entfernt	20,1	**98**	19,8	14,5
Schlafzimmer, Innenwand, 30 cm Höhe, 1 m von Außenwand entfernt	20,1	**94**	19,2	14,0

Fortsetzung Tabelle 4.5:

Messort	**Temperatur in °C**	**relative Feuchte in %**	**Taupunkt-temperatur in °C**	**Wassergehalt in g/kg Luft**
Schlafzimmer, Innenwand, 30 cm Höhe, 1,5 m von Außenwand entfernt	18,9	**90**	17,2	12,3
Schlafzimmer, Raumluft	18,9	39	4,7	5,2
Außenluft	8,8	64	2,4	4,4

Einsatzmöglichkeiten

Die Messung der Ausgleichsfeuchte ist eine praktikable, da einfach zu handhabende und mit relativ geringer Bauteilbeschädigung durchführbare Methode, die sehr sinnvoll und aussagekräftig die Messungen mit orientierenden Verfahren ergänzt.

Es gibt nahezu keine Einsatzbeschränkungen, außer wenn Bauteile nicht durch Bohrungen beschädigt werden sollen oder wenn das Setzen von Bohrungen riskant ist, weil mit Rohrleitungen in den Bauteilen gerechnet werden muss, z. B. bei einer Fußbodenheizung. Auch auf Stromkabel ist zu achten.

In der Praxis konnte wiederholt festgestellt werden, dass Messungen bei extrem niedrigen Temperaturen zu stärker verfälschten Messergebnissen führten, und zwar wurde zu hohe relative Feuchte gemessen. Aus diesem Grund ist von Messungen bei Temperaturen unter 10 bis 12 °C abzuraten.

4.1.6 Methoden zur Überwachung und Abnahme von Trocknungsmaßnahmen

Sind Trocknungsmaßnahmen messtechnisch zu überwachen, können prinzipiell verschiedene Methoden eingesetzt werden, wie die HF-Methode, die Leitfähigkeitsmethode, die gravimetrische Methode oder die Calciumcarbidmethode.

Die Trocknungsfirmen selbst messen häufig den Feuchtegehalt der aus den zu trocknenden Gebäudeteilen austretenden Luft. Hat diese keine oder keine nennenswerten Feuchtemengen mehr aufgenommen, geht man davon aus, dass die Trocknungsmaßnahme beendet werden kann.

Soll ein Sachverständiger die Maßnahme abnehmen, sollte er zur Kontrolle eigene Messungen mit einer anderen Methode durchführen.

Eine zuverlässige und gleichzeitig praktikable Methode ist die Messung der Ausgleichsfeuchte in der Dämmlage.

Zwar wären auch die Calciumcarbidmethode und die gravimetrische Methode einsetzbar, aber hierzu müssten bei jeder Messung die Fußböden an verschiedenen Stellen geöffnet werden.

Bei Ausgleichsfeuchtemessungen kann man die bereits gesetzten Bohrungen wiederholt verwenden, vorausgesetzt sie wurden nach jeder Messung wieder dicht verschlossen, damit der Bereich um die Messöffnungen nicht stärker trocknet als der restliche Fußboden.

Es sollte außerdem darauf geachtet werden, dass die Messbohrungen nicht nahe der Randfugen oder nahe der Stellen, an denen die Trocknungsluft eingeblasen oder abgesaugt wird, gesetzt werden.

Darüber hinaus sollten die Messungen nicht durchgeführt werden, während die Trocknungsgeräte laufen oder unmittelbar nach dem Abstellen der Geräte. Die Trocknungsgeräte sollten12 bis 24 Stunden vor der Messung abgestellt werden.

Beispiel

Messung der Ausgleichsfeuchte mit Messsonden

Mit einer Luftmesssonde (Ahlborn Messtechnik) wird die Luftfeuchte bzw. der Wassergehalt in einem Hohlraum (in der Regel ein Bohrloch mit 12 mm Durchmesser) des zu untersuchenden Materials gemessen. Die Materialfeuchte steht mit dem Wert der Luftfeuchte des Hohlraumes im Gleichgewicht. Ab 70 % relativer Feuchte ist mikrobieller Befall nicht mehr gänzlich auszuschließen. Der Wassergehalt ist abhängig von der Jahreszeit und sollte im Winter nicht über 5 bis 6 g/kg Luft liegen, im Sommer nicht über 9 bis 10 g/kg Luft.

Tabelle 4.6 **Messung der Ausgleichsfeuchte im Zusammenhang mit Trocknungsmaßnahmen; Messergebnisse vor Beginn (30.8.2004) und nach Abschluss (6.10.2004) der Trocknungsmaßnahmen**

Messort	Datum	Temperatur in °C	relative Feuchte in %	Taupunkt-temperatur in °C	Wasser-gehalt in g/kg Luft
Wohnzimmer, Raumluft	30.8.2004 6.10.2004	21,7 24,3	66,0 43,8	15,1 11,2	10,6 8,2
Wohnzimmer, Fußboden, nahe Innenwand	30.8.2004 6.10.2004	21,9 24,5	95,5 44,5	21,2 11,5	15,8 8,4
Wohnzimmer, Fußboden, nahe Außenwand	30.8.2004 6.10.2004	21,9 24,5	88,4 47,4	19,8 12,6	14,5 9,1
Küche, Fußboden, Raummitte	30.8.2004 6.10.2004	22,4 25,0	92,1 50,1	21,0 14,0	15,6 9,9
Kinderzimmer, Fußboden, Raummitte	30.8.2004 6.10.2004	22,1 24,0	83,7 44,7	19,2 12,8	13,8 9,1
Schlafzimmer, Fußboden, Raummitte	30.8.2004 6.10.2004	21,6 24,3	80,9 39,3	18,2 9,6	13,0 7,3

4.2 Mikrobiologische Analysemethoden

Leider gibt es keine Methode, mit der in jedem Fall zweifelsfrei festgestellt werden kann, ob Bauteile relevant mikrobiell besiedelt sind. Denn es sind nicht alle Mikroorganismen im Labor anzüchtbar und die im Labor auf Basis einer Materialanalyse gezüchteten Pilz- oder Bakterienkolonien können – zumindest zum Teil – von Sporen bzw. Keimen stammen, die als Verunreinigung auf der Probenoberfläche abgelagert waren, sog. Anflugsporen.

Anflugsporen bedeuten jedoch keine mikrobielle Besiedlung, sondern lediglich eine Kontamination, die in der Regel nur die Oberfläche betrifft.

Die Frage, ob Material stark, leicht oder gar nicht mit Pilzen und/oder Bakterien besiedelt ist, muss allerdings beantwortet werden, wenn der Schaden bewertet und schließlich entschieden werden soll, ob Material zu entfernen ist, ob Sofortmaßnahmen erforderlich sind und welche Arbeitsschutzmaßnahmen sowie Maßnahmen zum Schutz der Umgebung ergriffen werden sollten.

Wegen dieser Unsicherheiten ist das Auftreten sog. Indikatororganismen (siehe LGA 1 und UBA 1) von Bedeutung, denn es ist ein Unterschied, ob typische Außenluftarten vorliegen oder ob Arten vorliegen, die in der Regel hauptsächlich im Bereich von Feuchteschäden auftreten. Im ersten Fall ist tendenziell eine Kontamination mit Anflugsporen zu vermuten und im zweiten Fall sollte die Möglichkeit bedacht werden, dass ein älterer Schaden ohne aktives Wachstum vorliegt oder ein Schaden im Umkreis der Probenahmestelle, der zu einer Kontamination geführt hat.

Es gibt neben den klassischen mikrobiologischen Methoden auch Nachweisverfahren für bakterielle Endotoxine, Pilztoxine (sog. Mykotoxine), Toxizität des Materials insgesamt (Zelltest nach Prof. Gareis) und Verfahren zum Nachweis bestimmter Pilzbestandteile, wie z. B. die Analyse von Ergosterol, Glukanen oder den Mycometertest. Alle diese Methoden sind aber keine Routineverfahren und sollten dann, wenn die klassischen Methoden nicht weiterhelfen, ausschließlich von Spezialisten, die mit diesen Methoden vertraut sind, durchgeführt und bewertet werden. Auf die Beschreibung der Möglichkeiten, Grenzen und Bewertungsgrundlagen dieser Methoden wird an dieser Stelle bewusst verzichtet, da sonst die Gefahr besteht, dass sie ohne die erforderlichen sehr fundierten Fachkenntnisse in der Praxis eingesetzt werden.

Neben dem Problem des Nachweises einer mikrobiellen Besiedlung besteht auch das Problem der Festlegung, welche Gefährdung von einem mikrobiellen Materialbefall ausgeht. Inzwischen ist es zwar sicher, dass Mikroorganismen Beschwerden verursachen können, die zum Teil erheblich sind, aber es ist nicht bekannt, welche Stoffe diese Beschwerden verursachen. Alle bisherigen Forschungsergebnisse deuten darauf hin, dass die Verursacher toxische Bestandteile der Mikroorganismen oder toxische Stoffwechselprodukte sind, es gibt jedoch nur punktuelle Forschungsergebnisse hierzu.

Trotz dieser Unsicherheiten sollten alle bisher in der Literatur als besonders kritisch beschriebenen Mikroorganismen bei der Bewertung Berücksichtigung finden. Das heißt neben der Menge von Pilzen und Bakterien ist auch zu berücksichtigen, welche Mikroorganismen im Material gewachsen sind.

Bisher werden in der internationalen Literatur als kritisch angesehen:

- Mikroorganismen, die zu Infektionen führen können (Pilze und Bakterien entsprechend Risikogruppe 2 der Biostoffverordnung),
- Mikroorganismen, die bekanntermaßen sehr wirksame Toxine produzieren können, wobei insbesondere der Pilz *Stachybotrys chartarum* in diesem Zusammenhang genannt wird, aber auch über *Streptomyces griseus* als potentiellem Antibiotikaproduzenten wurde berichtet (Lorenz/Trautmann/Dill, 2003),
- Mikroorganismen, die im Laborversuch eine toxische Wirkung zeigten (siehe Ergebnisse von Eberspermatests bei Andersson, 1999, und Untersuchungen zur Wirkung von Actinomyceten auf Zellkulturen bei Mehrer/Lorenz/Gareis/Trautmann/Kroppenstedt/Stackebrandt, 2003).

4.2.1 Methoden zum Nachweis mikrobieller Schäden in Baumaterialien

Für die Sanierung ist der tatsächlich vorhandene Schaden, bestehend aus der Quelle und kontaminierten Bauteilen oder Gegenständen, relevant. Deshalb werden in diesem Kapitel nur Methoden zur Quellenuntersuchung und zur Untersuchung einer möglichen Kontamination beschrieben.

Methoden zur Untersuchung von Luft, wie MVOC-Analysen, Luftkeimmessungen, oder von Staub auf Sporen, Toxine usw. sind Indikatoranalysen und sollten bei positivem Befund der Anlass für eine Quellensuche sein. Diese Methoden sind für den Gutachter wichtig bei der Klärung, ob mit mikrobiellen Schäden zu rechnen ist. Bei eindeutig positiven Befunden einer Luftmessung oder Staubanalyse weiß man zwar, dass ein mikrobieller Befall vorliegen muss, aber wo sich dieser Befall befindet, kann verständlicherweise mit diesen Methoden nicht geklärt werden. Sie haben daher im Zusammenhang mit der konkreten Schadensfeststellung keine praktische Bedeutung.

Indikatoranalysen werden teilweise zur Abnahme der Sanierungsarbeiten eingesetzt (siehe auch Kap. 4.2.2 und 16.1.2; das Wichtigste zu diesen Methoden bei Hankammer/Lorenz, 2003, und in LGA 1 und UBA 1).

Zur Quellen- bzw. Materialuntersuchung gibt es 2 routinemäßig einsetzbare, prinzipielle Methoden:

- Anzüchtung von mikrobiellen Keimen,
- mikroskopische Analyse von Proben.

Die Anzüchtung von Keimen kann direkt aus Materialproben erfolgen oder auch mittels Abklatschproben, bei denen die Nährböden zur Kultivierung von Mikroorganismen auf das zu untersuchende Material aufgedrückt werden.

Die mikroskopische Analyse kann in manchen Fällen direkt am Material vorgenommen werden oder auch mittelbar mit Folienkontaktproben. Im zweiten Fall wird eine Klebefolie auf die zu untersuchende Oberfläche aufgedrückt und die anhaftenden mikrobiellen Partikel werden anschließend im Mikroskop untersucht.

Das Labor Urbanus, Düsseldorf, bietet außerdem die Analyse der Gesamtzahl von Pilzen und Bakterien und der biochemischen Aktivität in Proben an. Da die Vorgehensweise bei dieser Analyse und die Grundlage der Bewertung bisher nicht nachvollziehbar dargelegt wurden, muss an dieser Stelle auf eine Beschreibung der Methode verzichtet werden.

4.2.1.1 Abklatschproben

Es werden geeignete Nährböden (sog. Agar-Schalen) auf die zu untersuchenden Oberflächen gleichmäßig mit leichtem Druck aufgedrückt. Bei der Untersuchung von mikrobiellen Schäden in Gebäuden hat sich der Einsatz von Dichloran-Glycerol-18 %-Agar (DG18-Agar) und Malzextraktagar für Schimmelpilze und von Casein-Soja-Agar (CASO-Agar) für Bakterien bewährt.

Die Nährböden sollten anschließend möglichst unverzüglich an das mikrobiologische Labor weitergeleitet werden, wo die auf den Nährböden anhaftenden kultivierbaren Partikel in entsprechenden Brutschränken bei 24 °C angezüchtet werden.

Die Bebrütungszeit beträgt in der Regel bis zu 10 Tagen. Die Kolonien werden gezählt und die Arten oder Gattungen bestimmt. Bei Zwischenauswertungen wird die Entwicklung des Koloniewachstums verfolgt, um auch Kolonien zu erfassen, deren Entwicklung durch später wachsende Arten gehemmt wird. Das Ergebnis wird in Kolonie bildende Einheit/Fläche (KBE/cm^2) angegeben.

Mit Abklatschproben können auf einfache Weise Oberflächen auf Mikroorganismen untersucht werden. Es ist bei der Bewertung zu beachten, dass man hierbei nicht unterscheiden kann zwischen keimfähigen Anflugsporen oder keimfähigen Sporen, die von den im untersuchten Material wachsenden Mikroorganismen stammen. Außerdem sollte beachtet werden, dass möglichst nur senkrechte Flächen beprobt werden, damit kein Altstaub von stark verstaubten Flächen erfasst wird.

Soll untersucht werden, ob ein Bauteil mit Mikroorganismen besiedelt ist, dann sollte nicht die freie Oberfläche beprobt werden, sondern eine tiefere Schicht, z. B. die Rückseite der Tapete, die Wandoberfläche hinter der Tapete oder eine dünne Oberflächenschicht, die mit einem sterilen Werkzeug entfernt wurde.

Soll dagegen untersucht werden, ob eine Kontamination von Oberflächen vorliegt, z. B. nach einer Sanierung, dann sollte direkt die freie, evtl. verunreinigte Oberfläche beprobt werden.

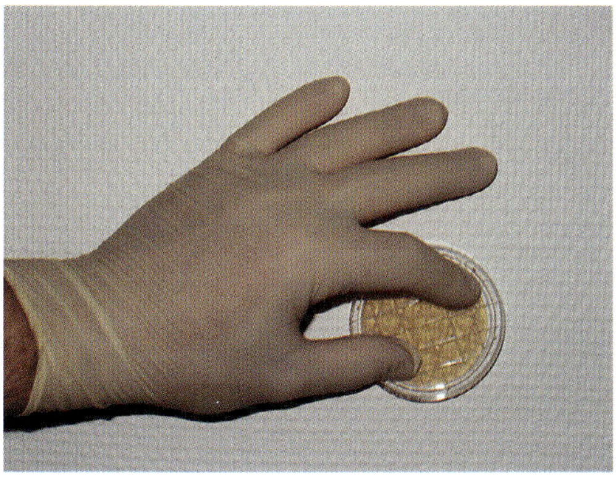

Abb. 4.12 a Probenahme: Abklatschprobe

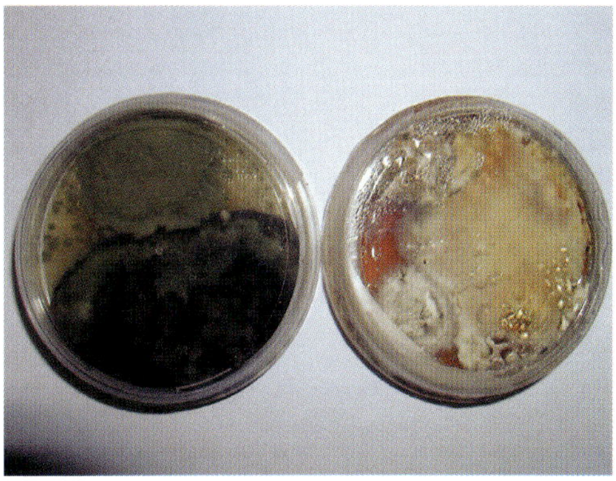

Abb. 4.12 b Pilzkulturen, gewachsen auf Abklatsch-Nährböden

Bewertung

Wenn erhebliche Mengen von Kolonien von Materialoberflächen aus tieferen Schichten stammen, dann kann man davon ausgehen, dass das Material mikrobiell besiedelt ist.

Sind jedoch große Mengen von kultivierbaren Sporen von einer freien Oberfläche gewonnen worden, dann ist zu unterscheiden, ob es sich um übliche Außenluftsporen handelt oder um Sporen, die vom nahen mikrobiellen Schaden stammen müssen. Werden relevante Mengen von Kolonien von kritischen Pilzen oder Bakterien nachgewiesen und waren die entsprechenden Gattungen oder Arten im Schadensbereich nicht nachweisbar, kann dies Anlass sein, um nach weiteren, noch nicht lokalisierten Quellen zu suchen. Denn mikrobielle Schäden werden immer stichprobenartig untersucht und es ist möglich, dass an anderen als den untersuchten Stellen gerade auch diese Mikroorganismen gewachsen sind.

Trautmann veröffentlichte eine Empfehlung zur Bewertung von Abklatschproben (Trautmann, 2005), die in der nachfolgenden Tabelle wiedergegeben ist. Diese Empfehlung erstellte er auf der Basis jahrelanger Erfahrung als Mikrobiologe in der Untersuchung von Proben aus dem häuslichen Bereich.

Tabelle 4.7: **Beurteilungshilfe von Abklatschproben, die auf senkrechten Flächen entnommen wurden (Trautmann, 2005)**

Hintergrund	**Staubkontamination**	**Kontamination aus Feuchteschäden**	**Besiedlung**
an senkrechten Flächen in der Regel < 3 KBE/cm²	keine Angabe	keine Angabe	keine Angabe
überwiegend Arten, die typischerweise in der Außenluft festgestellt werden	geringer Anteil an Indikatoren für Feuchteschäden, überwiegend typische Außenluftpilze	zum Teil oder überwiegend Indikatoren für Feuchteschäden	überwiegend Indikatoren für Feuchteschäden
chaotische Artenverteilung	chaotische Artenverteilung	chaotische Artenverteilung oder Rasenbildung einzelner dominanter Art(en)	Rasenbildung einzelner dominanter Arten

Eine Einteilung in Befallsklassen auf der Basis von Konzentrationsbereichen, wie bei Materialproben, die mittels Suspension analysiert wurden, ist bei Abklatschproben nicht sinnvoll, da bereits relativ geringe Mengen, die nicht selten dicht nebeneinander wachsen, Probleme bei der Auswertung bereiten können.

4.2.1.2 Materialproben mit Suspension

Bei dieser Methode wird entweder eine volumenbezogene oder eine flächenbezogene Analyse durchgeführt.

Die Materialprobe wird zerkleinert, gewogen und die mikrobiellen Partikel werden mit einer speziellen Flüssigkeit aus der Probe herausgewaschen. Die auf diese Weise gewonnene Suspension wird in unterschiedlichen Verdünnungsstufen auf Nährböden aufgebracht (gewöhnlich auf die 3 Nährböden, die auch bei Abklatschproben eingesetzt werden, siehe Kap. 4.2.1.1). Die Anfertigung von Verdünnungsreihen ist erforderlich, da vor der Analyse nicht bekannt ist, welche Mengen von Mikroorganismen tatsächlich vorhanden sind und eine verlässliche Auswertung nur möglich ist, wenn eine bestimmte Menge von Kolonien auf den Nährböden nicht überschritten wird. Entstehen zu viele Kolonien, dann wachsen diese ineinander und übereinander, was dazu führt, dass sie nicht mehr zählbar sind oder sich gegenseitig behindern.

Bei flächigen Proben wird die Oberfläche ausgemessen und die mikrobiellen Partikel werden wie oben beschrieben von der Oberfläche abgespült.

Auch bei Materialproben ist schon bei der Probenahme zu berücksichtigen, ob nur der Befall untersucht werden soll oder ob der Gesamtgehalt an Mikroorganismen inklusive Befall und Kontamination erfasst werden soll.

Um zu vermeiden, dass auf der Probe anhaftende Anflugsporen das Ergebnis in unkontrollierter Weise beeinflussen, sollten auch bei Materialproben möglichst nur tiefere Schichten beprobt werden. Die Probenahmewerkzeuge sind vor und nach der Probenahme durch Wischdesinfektion zu reinigen, um eine Querkontamination zu vermeiden. Bei der Probenahme sollten Einmal-Handschuhe getragen werden.

Auch sollte die Probe direkt nach der Probenahme in sterilem Material dicht verpackt werden. Es hat sich bewährt, das Material in Alufolie und anschließend in eine dichte Plastiktüte zu verpacken.

Bei der Untersuchung von Randstreifen aus Fußböden ist davon auszugehen, dass auf der freien Oberfläche größere Mengen Schmutz und Staub abgelagert sind, die stets größere Mengen Sporen und Keime enthalten. Deshalb sollte in einem solchen Fall immer die untere Hälfte des Randstreifens als Probe entnommen werden und nicht der verunreinigte Teil.

Abb. 4.13 Probenahme: Dämmmaterial aus einem Fußboden zur mikrobiologischen Analyse

Bewertung

Zur Bewertung von Materialproben kann man kein einheitliches, für jedes Labor anzuwendendes Schema angeben, da laborspezifische Einflüsse auf den quantitativen Befund einwirken.

Trautmann gibt für Materialproben folgende Bewertungsempfehlungen (Trautmann, 2005):

Tabelle 4.8: **Bewertungshilfe für Putz- und Gipskartonproben in KBE/g (Trautmann, 2005)**

	Kategorie 1[1]	Kategorie 2[2]	Kategorie 3[3]
Gesamtsporenkonzentration	< 500	500–15.000	> 15.000
Pilze mit sehr guter Sporenbildung	< 300	300–10.000	> 10.000
Pilze mit mittlerer Sporenbildung	< 150	150– 5.000	> 5.000
Pilze mit niedriger Sporenbildung	< 70	70– 2.000	> 2.000

Tabelle 4.9: **Bewertungshilfe für Tapetenproben in KBE/g (Trautmann, 2005)**

	Kategorie 1[1]	Kategorie 2[2]	Kategorie 3[3]
Gesamtsporenkonzentration	< 1.000	1.000–30.000	> 30.000
Pilze mit sehr guter Sporenbildung	< 600	600–20.000	> 20.000
Pilze mit mittlerer Sporenbildung	< 300	300–10.000	> 10.000
Pilze mit niedriger Sporenbildung	< 150	150– 5.000	> 5.000

Tabelle 4.10: **Bewertungshilfe für Künstliche-Mineralfaser-Proben in KBE/g (Trautmann, 2005)**

	Kategorie 1[1]	Kategorie 2[2]	Kategorie 3[3]
Gesamtsporenkonzentration	< 4.000	4.000–30.000	> 30.000
typische Pilze der Außenluft	< 2.000	2.000–10.000	> 10.000
Pilze mit sehr guter Sporenbildung	< 2.000	2.000–20.000	> 20.000
Pilze mit mittlerer Sporenbildung	< 1.000	1.000–10.000	> 10.000
Pilze mit niedriger Sporenbildung	< 500	500– 5.000	> 5.000

Tabelle 4.11: **Bewertungshilfe für Styroporproben in KBE/g (Trautmann, 2005)**

	Kategorie 1[1]	Kategorie 2[2]	Kategorie 3[3]
Gesamtsporenkonzentration	< 5.000	5.000–50.000	> 50.000
Pilze mit sehr guter Sporenbildung	< 2.000	2.000–30.000	> 30.000
Pilze mit mittlerer Sporenbildung	< 1.000	1.000–15.000	> 15.000
Pilze mit niedriger Sporenbildung	< 1.000	1.000– 7.000	> 7.000

[1] Hintergrundkonzentration
[2] Kontamination oder geringes Schimmelpilzwachstum in der Probe
[3] Schimmelpilzwachstum in der Probe

Nach diesen Bewertungsempfehlungen müssten bei der Auswertung von Proben viele Parameter berücksichtigt werden: die Schimmelpilztypen (Außenlufttyp oder Indikator für Feuchteschäden), die Fähigkeit der Sporenentwicklung, das Material selbst und außerdem zusätzlich folgende Parameter:

- Ort der Probenahme (Künstliche-Mineralfaser-Probe aus durchlüftetem Dach mit starker Staubbelastung durch direkte Luftanströmung oder als Dämmmaterial aus dem Fußboden),
- Schadensalter (Neubaumaterial mit Verunreinigung des Materials vom Lagerplatz, junger Schaden mit noch wenigen Sporen oder alter Schaden mit bereits vielen abgestorbenen Sporen oder mit hoher Adaption des Baumaterials),
- Zustand der Pilze (starke oder schwache Sporenbildung in Abhängigkeit von den vorliegenden Parametern, z. B. den aktuellen Feuchtewerten),
- gegenseitige Beeinflussung des Wachstums von Mikroorganismen im Material und auf dem Nährboden,
- Pilzart und entsprechende Wachstumsbedingungen (Arten, die auf nährstoffreichem Laboragar schlecht wachsen, dagegen auf nährstoffarmem Baumaterial sehr gut – oligotrophe Mikroorganismen –, oder umgekehrt – copiotrophe Mikroorganismen).

Für die praktische Arbeit ist es jedoch notwendig, die Bewertung nicht allzu kompliziert zu gestalten. Da diese Einflüsse nicht alle erfasst werden können, sollten die zu erwartenden Ungenauigkeiten dadurch Würdigung finden, dass bei Zugrundelegung eines relativ groben Schemas die möglichen Einflüsse so weit möglich berücksichtigt werden.

Es wird an dieser Stelle vorgeschlagen, die Stärke eines Materialbefalls in 3 Klassen einzuteilen (diese Beurteilung bezieht sich nur auf die Probe und nicht auf den Schaden insgesamt; die Schadensbewertung folgt in Kap. 6). Damit es zu keiner Verwechslung mit den Kategorien zur Einstufung von Schäden nach den Leitfäden des UBA und des LGA Baden-Württemberg kommt, wurde der Begriff „Befallsklasse“ gewählt:

- Befallsklasse 1 (BK 1): kein Befall oder nicht relevanter Befall,
- Befallsklasse 2 (BK 2): relevanter mikrobieller Befall nicht auszuschließen,
- Befallsklasse 3 (BK 3): relevanter mikrobieller Befall liegt vor.

Diese Einteilung wird nicht in jedem Fall den tatsächlichen Sachverhalt treffen, ob eine Besiedlung mit Mikroorganismen vorliegt oder „nur“ eine erhebliche Kontamination, aber dies ist auch nicht die entscheidende Frage. Für die Sanierung ist ausschlaggebend, ob Material entfernt werden sollte oder ob Trocknen, ggf. kombiniert mit Desinfektion, ausreicht. Bei befallenem Material mit geringem mikrobiellem Wachstum, geringen Mengen von Keimen und gesundheitlich nicht bedenklichen Mikroorganismen (BK 1 oder 2) dürfte dann, wenn der Schaden keine besonderen Dimensionen umfasst und die Bewohner auch nicht unter Symptomen leiden, eine Materialentfernung überflüssig sein und es müsste reichen, wenn man durch Trocknen, ggf. auch Desinfektion, das Wachstum stoppt und auf Dauer nachhaltig verhindert, ggf. den Schaden auch von der Umgebung isoliert, z. B. durch Abdichten der Randfugen.

Sind jedoch ausgedehnte Flächen zwar nicht direkt bewachsen, aber mit hohen bis sehr hohen Mengen von Keimen und anderen mikrobiellen Partikeln kontaminiert, darunter ggf. auch Arten/Gattungen, die aus gesundheitlicher Sicht kritisch sind, und liegen gleichzeitig gesundheitliche Beschwerden bei den exponierten Personen vor, dann dürfte die Materialentfernung geboten sein, soweit dies technisch machbar und wirtschaftlich vertretbar ist (siehe Kap. 6.7).

Alles, was zwischen diesen beiden Fällen liegt, ist individuell zu entscheiden, wie in Kap. 6 dargestellt, wo die Bewertung eines Schadens unter Berücksichtigung aller erfassbaren Aspekte besprochen wird.

Aufbauend auf den Tabellen 4.8 bis 4.11 wurde folgende Empfehlung zur Festlegung der Befallsklassen BK 1 bis BK 3 erarbeitet (die alleinige Anwendung der Tabelle 4.12 ohne Beachtung der dazugehörigen Hinweise ist nicht fachgerecht und führt zu falschen Bewertungsergebnissen).

Tabelle 4.12: **Einstufung der Ergebnisse von Materialanalysen auf Pilze und Bakterien in Befallsklassen auf der Basis der Bewertungsempfehlungen von Trautmann (Trautmann, 2005)**

	BK 1 in KBE/g	**BK 2 in KBE/g**	**BK 3 in KBE/g**
Pilze			
Gesamtsporenkonzentration	< 500	500–50.000	> 50.000
Gattung *Penicillium* oder *Aspergillus* (einzeln betrachten), ausgenommen *Aspergillus*-Arten nach Tabelle 4.13	< 300	300–30.000	> 30.000
einzelne Arten/Gattungen	< 100	100–15.000	> 15.000
Bakterien [1]			
Bacillus [2]	Zur Abstufung von BK 1 und BK 2 sind derzeit nicht genügend Daten verfügbar. Die Bewertung sollte mit dem jeweiligen Labor abgesprochen werden.		> 2.000
Actinomyceten [3]			> 20.000
Summe sonstiger Bakterien			> 50.000

[1] Die Angaben zu den Bakterien basieren auf bisher nicht veröffentlichten Empfehlungen von Trautmann, die freundlicherweise zur Verfügung gestellt wurden.

[2] Zu der Gattung *Bacillus* gehören Toxinproduzenten (siehe Lorenz/Trautmann/Dill, 2003, und Andersson, 1999).

[3] Zur Ordnung *Actinomycetales* gehören fakultativ pathogene Arten und potentielle Antibiotika- und Toxinproduzenten (siehe Lorenz/Trautmann/Dill, 2003).

Hinweise zu Tabelle 4.12:

Die Werte für BK 1 liegen in jedem Fall im Bereich der Hintergrundwerte nach Trautmann (Trautmann, 2005), unabhängig vom Material und von anderen Einflussgrößen.

Der Wert für BK 3 dagegen ist in jedem Fall als Besiedlung aufzufassen, ebenfalls unabhängig vom Material und von anderen Einflussgrößen.

Bei Ergebnissen, die in die BK 2 fallen, ist zunächst unklar, ob es sich um einen Befall oder eine relevante oder auch erhebliche Kontamination handelt. Deshalb müssen in diesem Fall weitere Kriterien berücksichtigt werden, wie:

- das vorliegende Material (ggf. Neueinstufung aufgrund der Empfehlungen von Trautmann),
- die Probenahmestelle (starke Kontamination zu erwarten oder nicht zu erwarten),

- das Auftreten bestimmter Arten, die entweder aus gesundheitlicher Sicht besonders kritisch sind, bei denen nur eine geringe Sporenproduktion zu erwarten ist oder die Indikatoren für Feuchteschäden sind, so dass eine Verunreinigung mit ubiquitären Mikroorganismen bzw. typischen Außenluftspezies unwahrscheinlich ist.

Im Zweifelsfall sollten ergänzend mikroskopische Analysen durchgeführt werden. Allerdings sollte nicht nur mikrobiell relevant besiedeltes Material, sondern auch durch einen nahen Feuchteschaden extrem kontaminiertes Material entfernt werden.

Leider gibt es auch nach Berücksichtigung dieser Aspekte nicht nur Ergebnisse, die eindeutig auf eine ernst zu nehmende mikrobielle Besiedlung oder darauf, dass kein Befall vorliegt, schließen lassen. In diesem Fall sind alle Begleitumstände, wie die Ausdehnung des Schadens, die exponierten Personen usw., bei der abschließenden Bewertung von ganz besonderer Bedeutung (siehe Kap. 6).

Liegen die Konzentrationen im Bereich der BK 2, dann sollte beim Auftreten relevanter Mengen von Arten, die aus gesundheitlicher Sicht als kritisch einzustufen sind, die als klare Indikatoren für Feuchteschäden gelten oder die relativ geringe Sporenmengen produzieren (siehe Tabellen 4.8 bis 4.11: Pilze mit niedriger Sporenbildung), die Klasse um eine Stufe erhöht werden.

Hierzu sind nach derzeitigem Kenntnisstand folgende Pilze zu zählen:

Tabelle 4.13: **Pilzarten, die bei der Bewertung der Ergebnisse von Materialanalysen besonders zu berücksichtigen sind**

Art/Gattung	**Grund für Einstufung als kritischer Pilz**
Acremonium spp.	Indikatoren für Feuchteschäden
Aspergillus fumigatus	fakultativ pathogen, kann Aspergillose verursachen
Aspergillus flavus	dto. (in Mitteleuropa jedoch so gut wie nicht bei Feuchteschäden nachweisbar)
Aspergillus penicilloides	Indikator für Feuchteschäden
Aspergillus restrictus	Indikator für Feuchteschäden
Aspergillus versicolor	Indikator für Feuchteschäden, potentieller Produzent von Sterigmatocystin
Chaetomium spp.	potentielle Produzenten von Chaetomin, geringe Sporenbildung
Engyodontium album	Indikator für Feuchteschäden
Fusarium spp.	Die Gattung enthält potentielle Produzenten von Trichothecenen, u.a. T2-Toxin, einem stark wirkenden Mykotoxin (Test mit Labor-Zellkulturen).
Phialophora spp.	Indikator für Feuchteschäden
Scopulariopsis brevicaulis	Indikator für Feuchteschäden
Scopulariopsis fusca	Indikator für Feuchteschäden
Stachybotrys chartarum	potentieller Produzent von Satratoxin, einem sehr stark wirkenden Mykotoxin (Test mit Labor-Zellkulturen), geringe Sporenbildung
Trichoderma spp.	dto.
Ulocladium spp.	geringe Sporenbildung

Es ist jedoch nicht angemessen, dass bereits Spuren eines dieser Mikroorganismen zu einer Anhebung der Befallsklasse führen. Schwellwerte sollten überschritten sein, wenn die Befallsklasse angehoben wird.

Tabelle 4.14: **Vorschlag für Schwellwerte in KBE/g für kritische Arten/ Gattungen zum Anheben der Befallsklasse BK 2 auf BK 3**

Material	**Art/Gattung**	
	Aspergillus fumigatus* und *A. flavus*, *Chaetomium spp.*, *Stachybotrys chartarum*, *Ulocladium spp.*, *Trichoderma spp.*, *Fusarium spp.	**alle anderen in Tabelle 4.13 genannten Arten/ Gattungen**
Putz, Gipskarton	> 2.000	> 5.000
Tapete, künstliche Mineralfasern	> 5.000	> 10.000
Styropor	> 7.000	> 15.000

Beispiel:

Materialprobe aus künstlichen Mineralfasern mit Nachweis von 30.000 KBE Pilz-Gesamtsporenkonzentration, darunter 4.000 *Fusarium spp.* und 6.000 *Stachybotrys chartarum*: relevanter mikrobieller Befall nicht auszuschließen (BK 2)

Fusarium spp. liegen mit 4.000 unter dem Schwellwert von 5.000 KBE/g für die Anhebung von BK 2 auf BK 3, aber *Stachybotrys chartarum* liegt mit 6.000 KBE/g über dem Schwellwert von 5.000 KBE/g für die Anhebung von BK 2 auf BK 3, somit insgesamt BK 3: relevanter mikrobieller Befall liegt vor.

Es bleibt bei den Materialanalysen bzw. bei deren Einstufung die Unsicherheit, ob trotz eines negativen Befundes doch ein mikrobieller Befall vorliegt, der im Labor nicht anzüchtbar ist (z. B. beim Auftreten oligotropher Mikroorganismen oder einer dem Sachverständigen unbekannten Desinfektion vor Probenahme). Deshalb sollte, wenn z. B. das Material muffig riecht, das Material für Mikroorganismen typische Flecken aufweist oder auch das Bauteil vom Spürhund angezeigt wurde, eine Kontrollprobe genommen und/oder ergänzend eine mikroskopische Analyse durchgeführt werden. Bleiben dann immer noch Fragen offen, sollte schließlich ein Fachmann hinzugezogen werden, der ggf. durch Einsatz weiterer Methoden klärt, was der Grund für die Widersprüche zwischen Laborergebnis und Wahrnehmung ist.

4.2.1.3 Mikroskopische Materialanalyse, Folienkontaktproben

Bei der mikroskopischen Untersuchung von Probenmaterial werden die mikrobiellen Bestandteile in der Probe meist mit Lactophenol angefärbt. Anschließend wird unter dem Mikroskop ausgewertet, ob Sporen bzw. Keime und/oder Myzel von Pilzen und Bakterien erkennbar sind.

Der Vorteil dieser Methode ist, dass zwischen Sporen und Myzel unterschieden werden kann, was die Einschätzung erleichtert, ob im Material Mikroorganismen gewachsen sind oder nicht.

Außerdem werden mit dieser Methode auch die mikrobiellen Partikel erkannt, die auf Nährböden evtl. nicht anwachsen, da sie bereits abgestorben sind oder andere Kultivierungsbedingungen bevorzugen.

Ein weiterer Vorteil ist, dass diese Methode erheblich schneller Ergebnisse liefert als die Auswertung gezüchteter mikrobieller Kolonien, da keine Anzüchtzeiten abzuwarten sind, bis die Probe analysiert werden kann. Die in der Regel erheblich schnellere Bearbeitung ist bei Untersuchungen im Zusammenhang mit Sanierungsarbeiten ein wesentlicher Vorteil.

Nachteile der mikroskopischen Analyse sind, dass nicht alle Arten und Gattungen auseinander gehalten werden können und dass manche Materialien je nach Materialstruktur nur schwer oder gar nicht untersucht werden können. Auch ist nicht zu erkennen, ob lebende Keime vorliegen oder ob alle abgestorben sind, weshalb mit dieser Methode nicht kontrolliert werden kann, ob eine erfolgreiche Desinfektion durchgeführt wurde oder nicht.

So ist die Analyse von Materialstücken mit wenig zerstörter Oberfläche, z. B. Tapete, zusammenhängende Putzstücke, Styropor, relativ gut möglich, während stark zerkleinertes bzw. fragmentiertes Material, z. B. sehr kleine Wandputzpartikel, einer mikroskopischen Analyse nur schwer zugänglich ist. Es empfiehlt sich im Zweifelsfall, vorher mit dem Labor Rücksprache zu halten.

Bewertung

Durch die Unterscheidung zwischen Sporen und Myzel ist eine Abschätzung möglich, ob es sich um eine Kontamination oder einen mikrobiellen Befall handelt. Eine Bewertungsempfehlung, ob ein Materialstück in relevanter oder vernachlässigbarer Weise besiedelt ist, kann derzeit nicht allgemein formuliert werden, da das Ergebnis meist nur in qualitativer Form vorliegt. Es ist zu empfehlen, die Bewertung mit dem Analyselabor abzustimmen und die Gesamtbewertung nicht allein auf die Ergebnisse von mikroskopischen Analysen zu stützen.

4.2.2 Methoden zur Überwachung und Abnahme von mikrobiellen Sanierungsmaßnahmen

In der Praxis wird regelmäßig eine Abnahme der Sanierungsarbeiten gewünscht, bei der überprüft werden muss, ob das mikrobiell besiedelte Material entfernt wurde und/oder ob die Dekontamination oder Feinreinigung fachgerecht und ordentlich ausgeführt wurde.

Hierbei gibt es 2 Probleme. Wenn der Sanierungsbereich nach Materialbeseitigung gründlich desinfiziert wurde, dann sind evtl. Mikroorganismen bzw. mikrobielle Partikel vorhanden, aber diese sind im Labor nicht anzüchtbar. Deshalb kann man mit einer Luftkeimmessung, einer Staubanalyse auf kultivierbare Mikroorganismen, einer Abklatschprobe oder einer Materialanalyse mittels Kultivierung in erster Linie untersuchen, ob noch anzüchtbare, d. h. lebende Mikroorganismen vorliegen.

Mit der mikroskopischen Methode kann man dagegen kontrollieren, ob noch Sporen und Myzel vorhanden sind, aber nicht, ob diese abgestorben oder lebendig sind.

Deshalb sind in grober Näherung folgende Empfehlungen auszusprechen:

Tabelle 4.15: **Methoden bei der Abnahme von Sanierungsarbeiten**

Überprüfung von	Methode
der Entfernung mikrobiell besiedelten Materials	Materialproben mikroskopieren
dem Erfolg der Desinfektion bzw. Feinreinigung	Abklatschproben, Luftkeimmessungen, Staubanalysen, Materialproben mit Kultivierung untersuchen

Die wichtigste Maßnahme zur Abnahme von Sanierungsarbeiten ist jedoch die Objektinspektion nach erfolgtem Rückbau. Nach Abschluss des Rückbaus sollten der mikrobielle Befall und die Kontamination beseitigt sein. Wenn dies fachgerecht und erfolgreich durchgeführt wurde, folgen anschließend nur noch Baumaßnahmen, die mit dem mikrobiellen Befall nichts mehr zu tun haben. Diese müssen deshalb nicht mehr zusätzlich von Experten für mikrobielle Schäden begleitet und abgenommen werden.

4.3 Sonstige Messungen und Analysen zur Feststellung von Feuchte- und mikrobiellen Schäden

4.3.1 Leckageortung

Bei Hinweisen auf Undichtheiten in Abwasser- und/oder Druckwasserleitungen ist eine Leckageortung mit modernen technischen Methoden zu empfehlen. Auch bei Feuchteschäden in Flachdächern und in Fußböden mit Fußbodenheizung gehört zur Schadenserfassung eine fachmännische Leckageortung.

Druckwasserrohre wurden häufig zur Prüfung auf Leckagen abgedrückt. Hierbei besteht allerdings die Gefahr, insbesondere bei älteren Rohren, dass erst dadurch Schäden verursacht werden.

Tabelle 4.16: **Übersicht über Leckageortungsmethoden**

Methode	Beschreibung	Eignung
akustische Ortung mit Frequenzanalyse oder Korrelationsanalyse	Ortung von Körperschallwellen, die von austretenden Flüssigkeiten ausgehen	Ortung von Leitungs- bzw. Rohrbrüchen in Mauerwerk oder Erdreich mit Austritt größerer Wassermengen, auch bei Kunststoffrohren
Gasdetektoren bzw. Tracer-Gasverfahren	Ein Gemisch aus 5 % Wasserstoff und 95 % Stickstoff wird in Rohrleitungen eingespeist und mit einem Sensor das an der Leckage austretende Gas detektiert.	Ortung auch von kleinen Leckagen in Rohren und Leitungen auch zur Ortung von Leckagen in Flachdächern
Endoskopie	Eine an der Spitze beleuchtete Lichtleitfaser wird zur Inspektion von nicht zugänglichen Bereichen eingesetzt.	optische Inspektion von ansonsten nicht zugänglichen Stellen

Fortsetzung Tabelle 4.16:

Methode	Beschreibung	Eignung
Rohrkamera	an einem bis zu 30 m langen Versorgungskabel befestigte Videokamera mit Beleuchtung	Leckagen in Abwasserrohren
Thermographie	Temperaturdifferenzen werden optisch sichtbar gemacht (siehe Kap. 4.3.4).	Tritt aus Leitungen Flüssigkeit aus, deren Temperatur sich deutlich von der Umgebungstemperatur unterscheidet, kann die Schadensstelle im Thermogramm sichtbar gemacht werden.
Neutronensonde	Messung unterschiedlicher Feuchte auf großen Flächen mit dicken Bauteilen	Leckageortung im Bereich von Flachdächern und anderen großen Flächen

4.3.2 Bestimmung des Salzgehaltes

Zur Salzgehaltbestimmung muss Material entnommen und in einem entsprechenden Labor analysiert werden.

Bestimmt werden sollte zunächst der Gesamtsalzgehalt und bei Bedarf auch der Gehalt an Chloriden, Sulfaten und Nitraten.

Ein erhöhter Salzgehalt kann zu Schäden durch Absprengung führen. Durch Salze werden die Ergebnisse von mittelbaren Feuchtemessungen (Leitfähigkeitsmethode, HF-Methode) beeinflusst und Salze liefern auch Hinweise darauf, ob ein Transport salzhaltigen Wassers in der Vergangenheit aufgetreten ist (siehe Kap. 3.1.1.4).

4.3.3 Wassereindringprüfung

Mit der Wassereindringprüfung nach Prof. Karsten kann untersucht werden, wie viel Wasser über die Fugen in eine Fassade in einer bestimmten Zeit eindringen kann. Diese Methode ist bei Hankammer/Lorenz, 2003, ausführlich beschrieben und kann dort nachgelesen werden.

4.3.4 Thermographie

Die Thermographie ist eigentlich keine Methode zur Messung von Feuchte, sondern zur Messung der Temperatur. Mit einer Infrarot-Wärmebildkamera werden Temperaturunterschiede in Gebäudeteilen erfasst. Auf diese Weise können Wärmebrücken, Luftundichtheiten, aber auch feuchte Bauteile erkannt werden, da feuchte Bauteile wegen der erhöhten Wärmeleitfähigkeit stärker auskühlen (bei Thermographie von innen) bzw. wärmer sind (bei Thermographie von außen) als die trockenen Bereiche.

In bestimmten Fällen können mittels Thermographie auch Quellen für Wasser bzw. Feuchte ermittelt werden, und zwar dann, wenn das in Bauteile eindringende Wasser eine deutlich andere Temperatur aufweist als das Bauteil selbst.

Abb. 4.14 a Fassadenansicht (Quelle: Reiner Diederen, Thermografie und BlowerDoor Technik, Krefeld)

Abb. 4.14 b Thermographische Aufnahme derselben Fassade (Quelle: Reiner Diederen, Thermografie und BlowerDoor Technik, Krefeld)

Dies ist z. B. der Fall bei Leckagen in Heizungsrohren. Zur Messung wird die Heizung zunächst völlig ausgeschaltet, bis die zu untersuchenden Bauteile ausgekühlt sind. Dann wird die Heizung wieder eingeschaltet und mit der Thermographiekamera die Erwärmung der Heizungsrohre beobachtet. Weist eines der Rohre eine Leckage auf, wird es an dieser Stelle zum Austritt warmen Wassers in das Bauteil kommen, was an einem Wärmeschleier außerhalb der Heizungsrohre erkennbar ist.

In Abb. 4.14 b ist deutlich zu erkennen, dass ein Warmwasser-Rohrschaden vorliegt. Das warme Wasser tritt an der Stelle links über dem Fenster auf, sickert in die darunter liegende Wand ein und erwärmt diese. Der Schaden war ansonsten außen und innen nicht sichtbar, da außen eine Kunststoffbeschichtung aufgebracht wurde und innen eine Glasfasertapete mit Latexanstrich.

4.3.5 Blower-Door-Prüfverfahren (Luftdichtheitsprüfung)

Undichte Stellen in ansonsten gut luftdichten und wärmegedämmten Gebäuden bedeuten einen unerfreulichen und vermeidbaren Wärme- oder Energieverlust. Die aus dem Gebäudeinneren stammende Luft, die bei Undichtheiten in die Gebäudehülle und dort in die Wärmedämmzone gelangt, ist meist mit Feuchte angereichert.

Da bei niedrigen Außentemperaturen in der Dämmung ein Temperaturgradient vorliegt, kann es bei Luftundichtheiten zu Kondensationsschäden und mikrobiellen Schäden kommen.

Zur Vermeidung derartiger Schäden, aber auch, um im Verdachtsfall zu untersuchen, ob und wo mit derartigen Schäden zu rechnen ist, kann man Gebäude mit dem sog. Blower-Door-Prüfverfahren untersuchen.

Hierbei wird im Türrahmen ein Gebläse eingesetzt, das einen Überdruck im Gebäude erzeugt. Es ist wichtig, dass alle anderen Öffnungen verschlossen und dicht oder abgedichtet sind. Um undichte Stellen optisch erkennen zu können, wird im Gebäude mit einem Nebelgenerator Nebel erzeugt. Von außen ist dann sehr gut zu erkennen, wo undichte Stellen in der Gebäudehülle vorliegen.

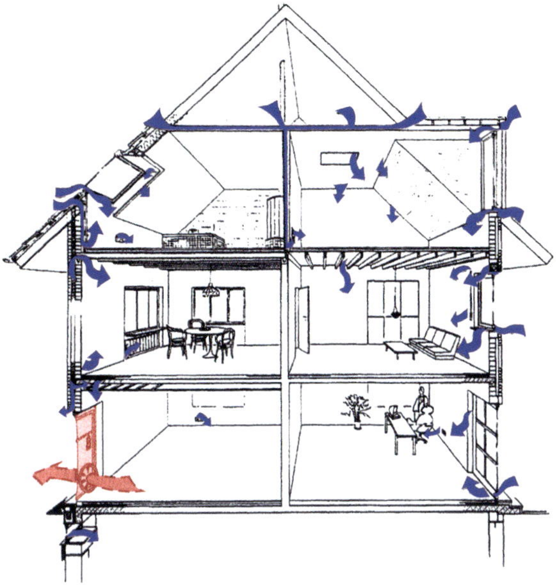

Abb. 4.15 Schemabild Blower-Door-Prüfverfahren; mit einem Ventilator wird z. B. in der Eingangstür ein Unterdruck oder Überdruck erzeugt (Quelle: Blower Door GmbH, Springe-Eldagsen)

Abb. 4.16 a Installation eines Blower-Door-Ventilators in einer Tür, wo er für Überdruck sorgt (Quelle: Blower Door GmbH, Springe-Eldagsen)

Abb. 4.16 b Bei gleichzeitigem Einsatz eines Nebelgenerators werden die undichten Stellen sehr gut erkennbar (vorher Feuerwehr informieren, um unnötigem Alarm durch Nachbarn oder Passanten vorzubeugen). (Quelle: Blower Door GmbH, Springe-Eldagsen)

Es ist auch möglich, mit dem Blower-Door-Prüfverfahren die Luftwechselrate im geschlossenen Gebäude zu ermitteln (siehe Hankammer/Lorenz, 2003).

4.3.6 Schimmelpilz-Spürhund

Wenn der Verdacht besteht, dass ein versteckter mikrobieller Befall vorliegt, z. B. weil es im Gebäude entsprechend riecht oder die Luftkeimmessungen Hinweise lieferten, der Schaden aber nicht lokalisiert werden kann, dann kann ein Schimmelpilz-Spürhund hinzugezogen werden, der dem Sachverständigen zeigt, wo mikrobieller Geruch auftritt.

Die Ergebnisse der Spürhundbegehung müssen allerdings sehr sorgfältig ausgewertet werden und in der Regel sind auch begleitende Laboranalysen erforderlich, denn der Spürhund wird Stellen, an denen Materialien nur mit Geruchsstoffen kontaminiert sind, z. B. weil dort ein Blumentopf oder ein Mülleimer stand, ebenso anzeigen wie Bauteile mit einer mikrobiellen Besiedlung.

Der Spürhund zeigt immer die Stelle mit dem stärksten Geruch an. Er kann nicht mitteilen, ob z. B. ein ganzer Fußboden nach Mikroorganismen riecht und an einigen Stellen stärker oder ob dieser nicht riecht und an einigen Stellen schwach.

Es muss deshalb davor gewarnt werden, die Anzeigen des Spürhundes ohne Überprüfung mit Laboranalysen für Sanierungsempfehlungen zu verwenden.

Ein gut ausgebildeter und trainierter Spürhund ist nur an wenigen Standorten in Deutschland verfügbar. Wenn es die Untersuchung eines Objektes erforderlich macht, einen Spürhund einzusetzen, ist mit teilweise hohen Kosten zu rechnen, zumindest wenn weite Strecken zu fahren sind. Außerdem müssen fast immer Laboranalysen aufgrund der Anzeigen des Spürhundes durchgeführt werden. Deshalb sollte als Erstes sorgfältig nach versteckten Schäden gesucht werden. Erst wenn trotz Einsatz von Feuchtemessungen und anderen bautechnischen Methoden die Quelle nicht lokalisiert werden kann, ist der Einsatz des Schimmelpilz-Spürhundes zu empfehlen.

5 Schadenskatalog

Das Kernstück dieses Kapitels sind katalogisierte Schadenstypen, die nach Gebäudeteilen sortiert sind (Keller, Erdgeschoss, Etagen, Innenbereich, Außenwände/Fassaden, Dach) und innerhalb dieser Sortierung nach Ursachen (z. B. horizontale Abdichtung, vertikale Abdichtung, Hohlkehle). Dies war nicht in jedem Fall möglich. So ist der Schadenstyp N „Neubaufeuchte" weitgehend unabhängig von der Lage der Wohnetage im Gebäude.

Zu den einzelnen **Schadenstypen** sind in Kurzform die **Symptome**, die mögliche **Schadensausdehnung**, die möglichen **Ursachen**, die in vielen Fällen hilfreichen **Untersuchungsmethoden** und mögliche **Sanierungsmaßnahmen** benannt. Es ist nicht möglich, schematisch jeden Schadenstyp lückenlos zu erfassen. Deshalb muss davor gewarnt werden, die Empfehlungen ungeprüft zu übernehmen. Die tatsächliche Vorgehensweise und die durchzuführenden Messungen sind dem individuellen Problem anzupassen. So können z. B. gleichzeitig mehrere Schadenstypen vorliegen, die sich überschneiden (z. B. Schäden an Vertikal-, Horizontalsperre und Hohlkehle) oder völlig unabhängig voneinander sind (z. B. Schaden an der Vertikalsperre und Überflutung durch mangelnde Ablaufmöglichkeit am Lichtschacht).

Es sollte stets geprüft werden, ob sich mehrere Ursachen überlagern und deshalb die Zuordnung der Ausdehnung zur Ursache evtl. nicht eindeutig ist (siehe auch Kap. 3.2).

Es ist auch möglich, dass eine Ursache vorliegt, die ungewöhnlich ist und deshalb in diesem Buch nicht dargestellt wird. Bei der praktischen Anwendung der Ausführungen in diesem Kapitel ist deshalb zu bedenken, dass die Darstellung typischer Schadensfälle exemplarisch ist und es noch viele Schadensfälle gibt, in denen die Ausdehnung des Schadens sich anders darstellt als hier beschrieben.

Damit sich grundsätzliche Empfehlungen nicht bei allen Schadenstypen wiederholen, sind sie dem Schadenskatalog für Feuchte- und Schimmelpilzschäden vorangestellt.

Eine parallele Orientierung im Hinblick auf Symptome und Ursachen von Schimmelpilzschäden an der Darstellung bei Hankammer/Lorenz, 2003, ermöglicht die folgende Tabelle:

Tabelle 5.1: **Gegenüberstellung von Schadenstypen nach vorliegendem Buch und Ursachennummern bei Hankammer/Lorenz, 2003, zur besseren Zuordnung**

Schadens-typ	Ursachen/ Symptome	Schadensort	Ursache nach Hankammer/ Lorenz, 2003	Ursachenkategorie nach Hankammer/ Lorenz, 2003	Unterkate-gorie nach Hankammer/ Lorenz, 2003
A-1	fehlende oder mangelhafte Vertikalsperre	Keller	**16**	horizontale Durchfeuchtung von Außenwänden	16.1
A-2	fehlende oder mangelhafte Hohlkehle bzw. Abdichtung	Keller	**16**	horizontale Durchfeuchtung von Außenwänden	16.2
A-3	fehlende oder mangelhafte Horizontalsperre	Keller	**17**	vertikal aufsteigende Feuchtigkeit in Außenwänden	17.1
A-4	mangelhafte Rohrdurchführungen	Keller	**16**	horizontale Durchfeuchtung von Außenwänden	16.3
A-5	undichte Dehnungsfugen	Keller	**16**	horizontale Durchfeuchtung von Außenwänden	16.4
A-6	Undichtheiten bei wasserundurchlässigem Beton – Arbeitsfugen	Keller	**16**	horizontale Durchfeuchtung von Außenwänden	16.5
A-7	Mängel an Pumpensumpf-/Hebeanlage	Keller	**18**	Rohrleitungsschäden, Überflutungen	18.1
A-8	Bodenabläufe – Kanal undicht	Keller	**18**	Rohrleitungsschäden, Überflutungen	18.2
A-9	Mängel bei Lichtschächten	Keller	**16**	horizontale Durchfeuchtung von Außenwänden	16.6
A-10	feuchte Keller/Erd- oder Kriechkeller	Keller	**17**	vertikal aufsteigende Feuchtigkeit in Außenwänden	17.2
A-11	Sommerkondensation	Keller	**8**	geringe Wärmedämmung von Außenwänden	8.1
B-1	Feuchte im Erdgeschoss/Sockelbereich bei Unterkellerung	Erdgeschoss	**16**	horizontale Durchfeuchtung von Außenwänden	16.7
B-2	Erdgeschoss nicht unterkellert/teilunterkellert	Erdgeschoss	**16**	horizontale Durchfeuchtung von Außenwänden	16.8
B-3	Terrassen und Balkone undicht	Erdgeschoss und Obergeschoss	**16**	horizontale Durchfeuchtung von Außenwänden	16.9

Fortsetzung Tabelle 5.1

Schadens-typ	Ursachen/ Symptome	Schadensort	Ursache nach Hankammer/ Lorenz, 2003	Ursachenkategorie nach Hankammer/ Lorenz, 2003	Unterkate-gorie nach Hankammer/ Lorenz, 2003
C	Undichtheiten in Sanitär- und Nass-bereichen	Sanitär- und Nassbereiche	**19**	Einbaufehler bei Dusch- und Bade-wannen	
D	feuchte Schornsteine	Schornsteine	**20**	Durchfeuchtung von Schornsteinzügen	
E	Kondensation/ Wärmebrücken	Außenbauteile	**1**	überhöhte Feuchte-produktion	
E	Kondensation/ Wärmebrücken	Außenbauteile	**2**	falsches Lüftungs-verhalten	
E	Kondensation/ Wärmebrücken	Außenbauteile	**3**	permanente „Kipp"-Lüftung	
E	Kondensation/ Wärmebrücken	Außenbauteile	**4**	unzureichende Beheizung	
E	Kondensation/ Wärmebrücken	Außenbauteile	**5**	Mobiliar und Vorhän-ge vor Außenwänden	
E	Kondensation/ Wärmebrücken	Außenbauteile	**6**	Funktionsstörungen an Einzelraumlüftern	
E	Kondensation/ Wärmebrücken	Außenbauteile	**7**	raumseitige Wärme-dämmungen	
E	Kondensation/ Wärmebrücken	Außenbauteile	**8**	geringe Wärmedäm-mung von Außen-wänden	
E	Kondensation/ Wärmebrücken	Außenbauteile	**9**	geometrische Wär-mebrücken	
E	Kondensation/ Wärmebrücken	Außenbauteile	**10**	Behinderung des Warmluft-Zirkula-tionsstroms	
E	Kondensation/ Wärmebrücken	Außenbauteile	**11**	Fenstereinbau bei der Altbaumoderni-sierung	
E	Kondensation/ Wärmebrücken	Außenbauteile	**13**	konstruktive Wärme-brücken	
E	Kondensation/ Wärmebrücken	Außenbauteile	**14**	Lüftungsmöglichkeit unterdimensioniert	
F	Leckagen, Havarien, Überflutungen	Decken/Fuß-böden	**18**	Rohrleitungsschä-den, Überflutungen	18.3
G	Installationsschächte undicht	Installations-schächte	**18**	Rohrleitungsschä-den, Überflutungen	18.4
H	Mängel an Regenrin-nen und Regenfall-rohren	Regenrinnen, Regenfallrohre	**18**	Rohrleitungsschä-den, Überflutungen	18.5

Fortsetzung Tabelle 5.1

Schadens-typ	Ursachen/ Symptome	Schadensort	Ursache nach Hankammer/ Lorenz, 2003	Ursachenkategorie nach Hankammer/ Lorenz, 2003	Unterkategorie nach Hankammer/ Lorenz, 2003
I	Mängel bei Fensterbänken und Rollladen	Fensterumgebung	**16**	Durchfeuchtung von Außenwänden	16.10
J	Schäden an Mauerwerk, Putz	Fassaden	**16**	horizontale Durchfeuchtung von Außenwänden	16.11
K	Schäden an Wärmedämmverbundsystemen	Fassaden	**16**	horizontale Durchfeuchtung von Außenwänden	16.12
L	Gebäudehülle nicht luftdicht	Gebäudehülle	**16**	horizontale Durchfeuchtung von Außenwänden	16.13
M-1	Mängel bei Dächern/ Flachdächern	Dächer	**21**	Dachleckagen	21.2
M-2	Mängel bei Dächern/ geneigten Dächern	Dächer	**21**	Dachleckagen	21.3
M-2	Mängel bei Dächern/ geneigten Dächern	Dächer	**12**	Einbaufehler bei Dachflächenfenstern	
N	Neubaufeuchte	alle Bauteile	**15**	Anfangsfeuchte im Neubau	

5.1 Grundlegende Hinweise zu Schadenserfassung, Untersuchungen und Messungen

5.1.1 Lage des Schadens im Objekt, Neubau/Altbau

Im Hinblick auf die Ursachenermittlung ist es wesentlich, ob sich der Schaden in einer Etage befindet, die unterhalb oder teilweise unterhalb der Gelände-Oberkante liegt, in einer Wohnetage im Erdgeschoss, in einem Zwischengeschoss oder in der Etage unter dem Dach bzw. im Dachboden.

Räume, die sich unterhalb der Gelände-Oberkante befinden, sind in der Regel in Bezug auf Feuchteschäden am stärksten gefährdet (siehe Schadenstypen A-1 bis A-11).

Bei Räumen im Erdgeschoss ist zu beachten, ob die Etage unterkellert oder nur teilweise unterkellert ist, ob sich unter der Etage ein ausgebauter Keller oder ein Erd- oder Kriechkeller befindet, ob der Keller, soweit vorhanden, trocken oder feucht ist und ob ggf. die Feuchte in den Kellerwänden bis zur Decke reicht. Speziell im Bereich des Erdgeschosses zu erwartende Schäden sind als Schadenstyp B-1 „Feuchte im Erdgeschoss/ Sockelbereich bei Unterkellerung", B-2 „Erdgeschoss nicht unterkellert/teilunterkellert" und A-10 „Feuchte Keller/Erd- oder Kriechkeller" dargestellt.

Bei der obersten Etage oder der obersten Wohnetage wirken sich in erster Linie Schäden im Bereich des Daches aus. Das Dach kann undicht sein, die Dachfenster können undicht eingebaut sein (Schadenstypen M-1 „Mängel bei Dächern/Flachdächern", M-2 „Mängel bei Dächern/geneigten Dächern") und auch der Schornstein als Durchdringung des Daches kann Feuchteschäden aufweisen (Schadenstyp D „Feuchte Schornsteine"). Es kann auch zu Kondensationsschäden in der Dachkonstruktion kommen. Wenn das Dach nicht ausreichend wärmegedämmt ist (z. B. bei älteren Flachdächern), kann es in den Räumen an Außenwänden nahe dem Dach und an Decken zu Kondensationsschäden kommen (siehe Schadenstyp M-1 „Mängel bei Dächern/Flachdächern").

Außerdem ist es wichtig zu wissen, ob es sich bei dem Objekt um einen Neubau handelt. In Neubauten ist in den ersten 2 bis 3 Jahren, in wenigen Fällen auch deutlich länger, mit erhöhter Feuchte in Bauteilen durch Neubaurestfeuchte zu rechnen (siehe Schadenstyp N „Neubaufeuchte"). Häufig treten aufgrund erhöhter Restfeuchte in Fußböden und Wänden als sekundäre Schäden Kondensationsschäden im Bereich der Wärmebrücken auf (siehe Schadenstyp E „Kondensation/Wärmebrücken").

5.1.2 Grundlagenermittlung

Zur Bestands- und Datenerfassung sollten folgende Punkte bearbeitet werden:

- **visuelle Inspektion** aller Nutz-, Büro-, Keller- und Wohnräume innen und außen des gesamten Gebäudes, insbesondere Fensterlichtschächte, Regenfallrohre, Geländeneigung, Beschaffenheit der Fassadenoberfläche, Verfüllung entlang des Gebäudes,
- **Ermittlung des Schadenseintritts:** Seit wann liegt der Schaden vor bzw. seit wann wird dieser wahrgenommen? Wurden im betroffenen Zeitraum Veränderungen an der Bausubstanz, Nutzung der Räume, Sanierungs- und/oder Renovierungsarbeiten vorgenommen?
- Analyse der **Schadensumgebung**: Es sollten immer auch alle angrenzenden, darunter und darüber liegenden Räume inspiziert, ggf. alle Räumlichkeiten vom Keller bis zum Dachboden begangen werden.
- Einsicht in vorhandene **Bauunterlagen**, Befragung von Nachbarn zur **Gebäudehistorie**,
- **Kontrolle der Drainage und anderer Sickerrohre, wie Abläufe von Lichtschächten, Senken an Kellerabgängen**, durch Einsichtnahme in Kontrollschächte mittels Rohrkamera oder Einleitung von Wasser,
- **Feststellung des Bemessungswasserstands** (über Brunnen in der Nähe) und des höchsten Grundwasserstands (HGW) beim Wasserwirtschaftsamt oder bei regionalen Ämtern; dies ist wichtig in Hinsicht auf Veränderungen, die sich z. B. durch Stilllegungen oder Neuanlage von Bergwerken (Tagebau/Kohleabbau) oder andere Änderungen (Stilllegung von Pumpenanlagen usw.) ergeben können.
- Ermittlung der **Bodenbeschaffenheit**.

5.1.3 Feuchtemessungen

Nach der Bestandserfassung sind in der Regel Feuchtemessungen erforderlich. Am besten werden zunächst orientierende zerstörungsfreie Methoden eingesetzt und anschließend, wenn es Hinweise auf erhöhte Feuchte gibt, die Messergebnisse ggf. mit quantitativen Methoden überprüft (siehe Kap. 4.1).

Messungen im Boden-, Wand- und Deckenbereich:

- **orientierende Feuchtemessungen**, z. B. mit HF-Methode, an Wand-, Boden- und Deckenoberflächen, insbesondere im Bereich optisch erkennbarer Schäden, wie Abblätterungen, Ausblühungen, sichtbarer mikrobieller Befall, aber auch Referenzmessungen in angrenzenden oder unauffälligen Bereichen,

außerdem:

- **Messung der Feuchte an den unter Gelände-Oberkante liegenden Außenwänden** nahe dem Fußboden, im Bereich von Fenstern, Durchdringungen und auf Höhe Gelände-Oberkante bis zum Deckenbereich,
- **stichprobenartige Messung der übrigen Außenwände** nahe dem Fußboden und im Bereich von Fenstern, Messung der Fußböden nahe der Außenwände, nahe der Innenwände und in Raummitte als Vergleichsmessungen,
- **Messung der Feuchte an einbindenden und anderen Innenwänden** nahe der Außenwände und nahe dem Fußboden, stichprobenartige Messung in mittlerer Höhe und nahe der Decke sowie der Schornsteinzüge, Installationsschächte,
- **Absicherung der Ergebnisse** der orientierenden Feuchtemessungen bei Anzeige erhöhter Feuchte durch gravimetrische Analyse von Bohrkernen (Darrproben) oder Messung der Ausgleichsfeuchte und ggf. Analysen bauschädigender Salze.
- **Zur Raumklimaerfassung** sollten Langzeit-Raumklimamessungen mit Datenloggern durchgeführt werden. Auswertbare Ergebnisse erhält man in der Regel dann, wenn sich die Klimadaten außen und innen deutlich voneinander unterscheiden, d. h. vor allem zur kalten Jahreszeit. Messungen der Wandoberflächentemperaturen zur Abschätzung, inwieweit relevante Wärmebrücken vorliegen, sind eine wichtige Ergänzung zu den Raumklimamessungen. Bei Kondensationsschäden in Souterrainwohnungen im Untergeschoss sind Messungen zur warmen Jahreszeit sinnvoll, um zu klären, ob Sommerkondensation vorliegt.
- **Das Erstellen von Tiefen- und Höhenprofilen** dient zur Feststellung der Feuchteverteilung. Gegebenenfalls ist eine Ermittlung des Salzgehaltes durchzuführen. Durch Tiefenmessungen kann meist zwischen Kondensationsschäden und anderen Schäden, wie horizontal eindringender oder aufsteigender Feuchte, abgegrenzt werden.

Messungen im Dachbereich:

- **Im Dachbereich** kann es Probleme der Schadenserkennung geben, wenn das Dachgeschoss ausgebaut ist (meist mit Verkleidung der Wände und Schrägen) und wenn Schäden in der Dämmung des Daches vorliegen. Im Unterschied zu den übrigen Schadenstypen kann die Ausdehnung der Feuchte in der Dachkonstruktion meist messtechnisch nur schwer ermittelt werden, denn Feuchte in Dämmlagen kann mit zerstörungsfreien orientierenden Messungen nicht erfasst werden.

5.1.4 Kontrollschachtungen/Kontrollöffnungen

Kontrollschachtungen und Kontrollöffnungen sind in bestimmten Fällen ein unabdingbares Mittel zur Ursachenermittlung von Feuchteschäden und mikrobiellem Befall. Wer hier zu vorsichtig zu Werke geht, um Kosten oder Schmutzbelastungen zu vermeiden, muss sich in der Folge ggf. eine nicht fachgerechte Untersuchung und eine nicht ausreichende Sanierungsmaßnahme vorwerfen lassen, und dies zu Recht. Allerdings erfordern derartige Maßnahmen die Erlaubnis des Eigentümers.

Je nach Lage des Schadens sind folgende Freilegungen oder Öffnungen erforderlich:

- **lokales Ausschachten außen:** Bei den meisten Feuchte- und Schimmelpilzschäden in Kellern bzw. im Untergeschoss (erdberührter Bereich) ist es nicht möglich, eine abschließende Ursachenermittlung durchzuführen, ohne geeignete Kontrollschachtungen im Außenbereich anzulegen. Diese sind in der Regel bis zur Fundamentkante anzulegen, um den Zustand der Abdichtungsmaßnahmen, Rissbildungen und die Bodenbeschaffenheit (sandiger, lehmiger bindiger Boden usw.) zu ermitteln. Es ist bei Ausschachtungen bis zur Kellersohle darauf zu achten, dass ein fachgerechter Verbau hergestellt wird, um ein Einstürzen zu verhindern.
- **Kontrollöffnungen an Wand- und Deckenverkleidungen innen:** Wenn Wand- und Deckenverkleidungen vorliegen, ist das Anlegen von Kontrollöffnungen erforderlich, um die Situation hinter/über den Verkleidungen zu ermitteln. Hierdurch wird in vielen Fällen erst der Hauptschadensbereich erkennbar.
  Erste Kontrollöffnungen können z. B. mit Steckdosenschneidern (Rundsägen) angelegt werden, bevor Verkleidungen großflächiger entfernt werden. Auch eine orientierende Endoskopie kann sinnvoll sein.
- **Kontrollöffnungen im Bodenbereich:** Bei messbarer Feuchte in Fußböden oder anders begründetem Verdacht sind Kontrollöffnungen erforderlich, um Aufbau, Zustand und mögliche mikrobielle Befallsituation in und unter Estrichen, Holzböden usw. zu untersuchen. Vor der Öffnung muss geklärt werden, ob Installationen, z.B. Fußbodenheizungen, vorhanden sind. Bei Estrichen eignen sich für die Öffnung Kernbohrgeräte (wie diese von Bautrocknungsfirmen verwendet werden – Durchmesser 4 bis 5 cm) oder es muss ein kleiner Bereich aufgestemmt werden. Bei Verdacht auf einen mikrobiellen Befall sollte von Hand geöffnet werden, um zu verhindern, dass durch zu starke Erwärmung beim Bohren Mikroorganismen abgetötet werden.

5.1.5 Mikrobiologische Analysen

In **Fußböden** erfolgt die Untersuchung von Dämmmaterial, ggf. auch der Bodenbeläge (möglichst Rückseite untersuchen, um Einfluss durch Verunreinigungen auszuschließen) auf Mikroorganismen. Je Raum ist zunächst eine Probe nahe der Außenwand und eine Probe nahe der Innenwand im Bereich messbar höchster Feuchte zu entnehmen. Danach ist zu entscheiden, ob weitere Proben zur sicheren Bewertung erforderlich sind.

In **Wänden und Decken** erfolgt die Untersuchung bei

- sichtbarem Befall zur Feststellung von tiefer gehendem Befall anhand von Materialproben aus tieferen Wandschichten. Ansonsten ist eine Analyse des sichtbar mikrobiell besiedelten Materials nur aus juristischen oder medizinischen Gründen erforderlich.
- nicht sichtbarem Befall im Bereich messbar höchster Feuchte sowie bei größeren Schäden auch im Randbereich des Feuchteschadens, bei nicht messbar erhöhter Feuchte in Verdachtsbereichen (Wasserflecken, abgelöste Putze, hinter Verkleidungen, in Schächten usw.).

5.1.6 Hinweise auf Feuchteschäden und mikrobiellen Befall

Die folgende Tabelle gibt eine Übersicht über Hinweise auf Feuchteschäden und mikrobielle Schäden.

Tabelle 5.2: **Symptome von Feuchte- und mikrobiellen Schäden und Indikationen**

Symptome	Indikation/en
Wasserränder an Außenwänden	Wasser muss von außen/unten eingedrungen oder von oben eingesickert sein.
Salzausblühungen	Feuchte muss von außen bzw. von unten über längere Zeit eingedrungen sein.
Farbe, Putz löst sich bzw. versandet.	Bauteile wurden/sind stark durch Feuchte belastet und geschädigt; oft keine Kondensation, sondern Durchfeuchtung von außen
sichtbarer mikrobieller Befall an der Innenseite von Außenwänden	Dies erlaubt allein betrachtet keine Schlussfolgerungen, da auch Bauteile ohne sichtbaren Befall mikrobiell besiedelt sein können und der Befall sowohl aufgrund einer Bauteildurchfeuchtung als auch aufgrund von Kondensation entstanden sein kann. Tritt der Befall sichtbar in Ecken auf an sich trockenen Außenwänden auf, kann es sich um ein Kondensationsproblem handeln.
muffiger Geruch	Ein mikrobieller Befall muss vorliegen, es muss sich aber nicht um einen baulichen Schaden handeln (Abfall, faulende Lebensmittel, tote Tiere in Hohlräumen usw.).
Auftreten kleiner Tierchen, wie Schimmelkäfer, Staubläuse, Silberfischchen, Kellerasseln (siehe Kap. 3.1.3)	Ein Feuchteschaden oder ein mikrobieller Befall dürfte vorliegen, allerdings kann es bei hoher Luftfeuchte zum Auftreten hydrophiler Tierchen kommen, ohne dass ein baulicher Schaden vorliegt.

5.2 Schadenstyp A-1: Feuchte Keller/Vertikalsperre

Fehlende oder schadhafte Vertikalsperre/Ausführungsmängel

Symptome/Schadensausdehnung

- Schadensausdehnung (erhöhte Feuchte/mikrobieller Befall) fleckenweise oder gesamte Außenwände
- Probleme der Erkennung bei nachträglichem Ausbau mit Wandverkleidung und Fußbodenbelägen, dann evtl. Hinweis auf einen Schaden durch muffigen Geruch im Keller

Mögliche Ursachen

- keine Vertikalsperre vorhanden/Vertikalsperre mangelhaft
- Vertikale Dränschicht fehlt.
- Hohlkehle fehlend oder mangelhaft ausgeführt
- kunststoffmodifizierte Bitumendickbeschichtung (KMB) zu dünn aufgebracht/kein Vorstrich
- KMB mechanisch beschädigt
- Beschädigung der Abdichtung bei Verfüllung des Bauraums

Untersuchung/Messtechnik

- Feststellung der sichtbaren Schadensausdehnung
- orientierende Feuchtemessungen auf gesamter Wand- und Fußbodenfläche zur Ermittlung der Ausdehnung der Feuchte
- Höhen- und Tiefenprofile Feuchte/Salze
- Ausschachten zur Inspektion der Abdichtung und Bodenverhältnisse

Mikrobiologische Untersuchungen

- Putz von der Außenwand und einbindenden Innenwänden an insgesamt 2 bis 3 Stellen zur Entscheidungsfindung, ob Putzentfernung erforderlich
- alternativ: auf Analysen verzichten und Putze präventiv entfernen bzw. bei unverputzten Wänden abstrahlen

Sanierungsmaßnahmen

- Sofortmaßnahmen bei gesundheitlichen Beschwerden bzw. Verdacht auf ernsthafte Gefährdung: Keller zu den Wohnetagen abschotten, evtl. Einbau einer Unterdruckanlage
- Aufgrabung und Sanierung im Außenbereich
- bei mikrobiellem Befall BK 3 Putz entfernen, Fugen auskratzen, Mauerwerk abflämmen oder mit anderen Methoden desinfizieren
- bei Befall BK 1 oder 2 Mauerwerk ggf. desinfizieren

Abb. 5.1 Typisches Schadensbild einer Kelleraußenwand

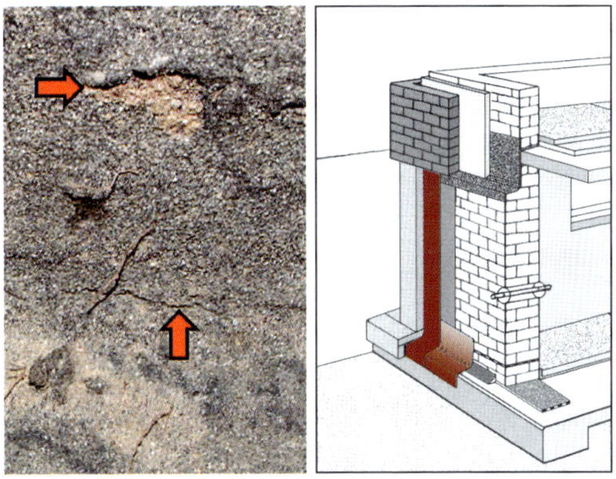

Abb. 5.2 a und b Schäden an KMB/Systemskizze

Abb. 5.3 a und b Schäden an KMB durch Noppenbahn

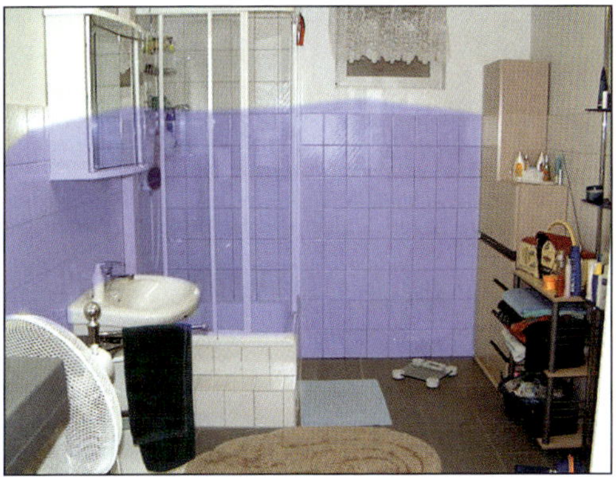

Abb. 5.4 Typisches Schadensbild hinter Fliesen

Anmerkungen

Abb. 5.1:	Flächige Durchfeuchtung mit partiell sichtbarem mikrobiellem Befall
Abb. 5.2:	Fehlstellen und Risse an KMB
Abb. 5.3:	Noppenbahn hier nicht zulässig; tiefe Eindruckstellen und Perforierung – am Schatten Perforierung gut zu erkennen
Abb. 5.4:	Typische Durchfeuchtungsausdehnung hinter Fliesen bei flächigen Schäden an Vertikalsperre (erhöht feuchte Bereiche blau hinterlegt)

5.3 Schadenstyp A-2: Feuchte Keller/Hohlkehle

Hohlkehle fehlt/ist mangelhaft ausgeführt oder Abdichtung ist beschädigt.

Symptome/Schadensausdehnung

- Außenwände im unteren Bereich feucht
- Bodenplatte und Estrich im Randbereich, teilweise gesamter Bereich unter Estrich feucht
- Probleme der Erkennung bei nachträglichem Ausbau mit Wandverkleidung und Fußbodenbelägen, dann evtl. Hinweis auf einen Schaden durch muffigen Geruch im Keller

Mögliche Ursachen

- Hohlkehle fehlt, scharfe Kanten und Übergänge
- Abdichtung mangelhaft
- Risse oder andere Beschädigungen an der Abdichtung im Bereich der Hohlkehle
- Abdichtung nicht weit genug über Fundament-Vorderkante nach unten gezogen, Unterlaufen von Wasser
- Drainagerohre zu hoch verlegt

Untersuchung/Messtechnik

- Feststellung der sichtbaren Schadensausdehnung
- Überprüfung Bemessungswasserstand und HGW
- Einsichtnahme in Bodengutachten
- orientierende Feuchtemessungen an Wänden und am Fußboden, ergänzt durch Tiefenmessungen
- Ausschachten und Bauteilöffnung zur Inspektion der Abdichtung und Bodenverhältnisse

Mikrobiologische Untersuchungen

- Putz von der Außenwand und einbindenden Innenwänden an 2 bis 3 Stellen nahe dem Fußboden und als Referenz aus den oberen, trockenen Wandbereichen
- alternativ: auf Analysen verzichten und Putze präventiv entfernen bzw. bei unverputzten Wänden Wandfarbe abstrahlen

Sanierungsmaßnahmen

- Sofortmaßnahmen und Entfernung des mikrobiellen Befalls, siehe Schadenstyp A-1
- Aufgrabung und Sanierung im Außenbereich
- ggf. Injektionen, Verpressen usw.

Abb. 5.5 a und b Schadensbild bei fehlender Hohlkehle/Anlegen einer Hohlkehle (Quelle Abb. 5.5 b: Remmers Baustofftechnik GmbH, Löningen)

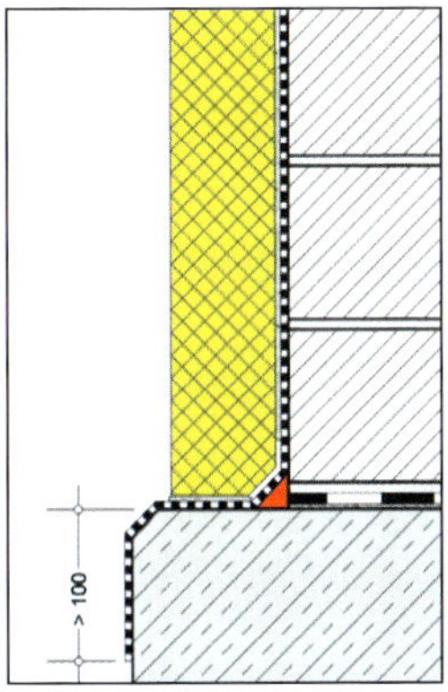

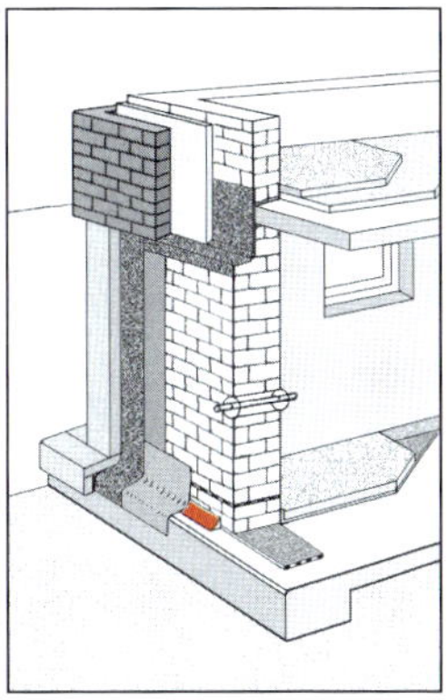

Abb. 5.6 a und b Systemskizzen Hohlkehle (Schnitt)/Lage (Quelle Abb. 5.6 a: KS-Info GmbH, Hannover)

Abb. 5.7 Typisches Schadensbild bei Hohlkehlenschaden

Abb. 5.8 Typisches Schadensbild bei Hohlkehlenschaden

Anmerkungen

Abb. 5.5 a: Hier fehlt jegliche Hohlkehle.
Abb. 5.5 b: Fachgerechtes Anlegen einer Hohlkehle
Abb. 5.6: Hohlkehle und Abdichtung (Schnitt)
Abb. 5.7: Durchfeuchtung bis zur oberen Horizontalsperre

5.4 Schadenstyp A-3: Feuchte Keller/Horizontalsperre

Fehlende oder mangelhafte horizontale Abdichtung

Symptome/Schadensausdehnung

- Außenwände und Innenwände im unteren Bereich, die Feuchte in Außenwänden steigt meist höher auf als in Innenwänden; meist auch Bodenplatte nicht gegen Feuchte geschützt und feucht
- Probleme der Erkennung bei nachträglichem Ausbau mit Wandverkleidung und Fußbodenbelägen, dann evtl. Hinweis auf einen Schaden durch muffigen Geruch im Keller

Mögliche Ursachen

- keine Horizontalsperre vorhanden
- Horizontalsperre teilweise fehlend oder mangelhaft
- Undichtheiten an Bodenplatte
- Havarieschaden

Untersuchung/Messtechnik

- Feststellung der sichtbaren Schadensausdehnung
- Überprüfung Bemessungswasserstand und HGW
- gravimetrische Analysen oder Ausgleichsfeuchtemessungen zur Ermittlung der Höhen- und Tiefenprofile in den Außenwänden zur Absicherung des Verdachtes
- Ausschachten und Bauteilöffnung zur Inspektion der Abdichtung und Bodenverhältnisse

Mikrobiologische Untersuchungen

- Putz von der Außenwand und einbindenden Innenwänden an 2 bis 3 Stellen nahe dem Fußboden und als Referenz aus den oberen, trockenen Wandbereichen
- alternativ: auf Analysen verzichten und Putze präventiv entfernen bzw. bei unverputzten Wänden Farbe abstrahlen

Sanierungsmaßnahmen

- Sofortmaßnahmen und Entfernung des mikrobiellen Befalls, siehe Schadenstyp A-1
- Aufgrabung und Sanierung im Außenbereich
- ggf. Injektionen, Verpressen usw.

Abb. 5.9 Typisches Schadensbild bei fehlender Horizontal- und Vertikalsperre gleichzeitig

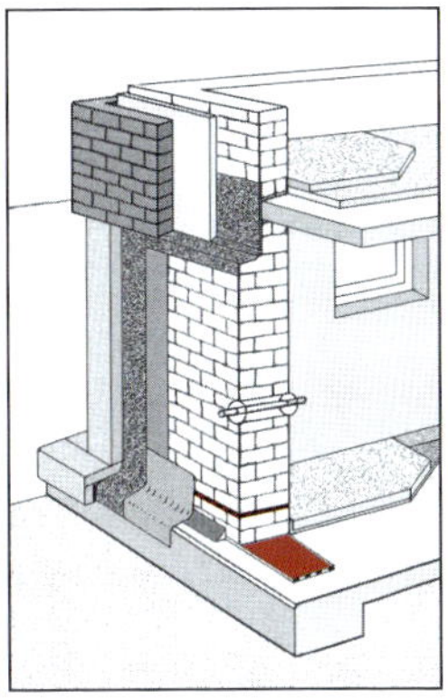

Abb. 5.10 a und b Schadensbild/Systemskizze

Abb. 5.11 Typisches Schadensbild bei fehlender Horizontalsperre (Quelle: Speidel System Trocknung GmbH, Hamburg)

Abb. 5.12 Typisches Schadensbild – feuchter Bereich unter Horizontalsperre (Quelle: Speidel System Trocknung GmbH, Hamburg)

Anmerkungen

Abb. 5.10 a: Geschädigter Mauerpfeiler

Abb. 5.10 b: Lage der Horizontalsperre

Abb. 5.11: Horizontalsperre fehlt, Wasser kann ungehindert in der Wand hochsteigen.

Abb. 5.12: Horizontalsperre gut erkennbar, erhöhte Feuchte nur im darunter liegenden Bereich

5.5 Schadenstyp A-4: Feuchte Keller/Rohrdurchführungen

Mangelhafte Anschlüsse/Durchdringungen

Symptome/Schadensausdehnung

- Verfärbungen, Wasserränder, hohe Feuchte um die und unter den Rohrdurchführungsbereiche(n) an der Innenseite
- evtl. nur muffiger Geruch, wenn Rohrdurchführungen wegen Wandverkleidungen innen nicht einsehbar

Mögliche Ursachen

- Undichtheiten im Außenbereich an den Rohrdurchführungen, wie mangelhaft ausgeführte Abklebungen, keine Hohlkehlen usw.
- Beschädigung der Abdichtung bei Montage der Rohranschlüsse im Innenbereich

Untersuchung/Messtechnik

- Feststellung der sichtbaren Schadensausdehnung
- orientierende Feuchtemessungen
- Ausschachten und Bauteilöffnung zur Inspektion der Abdichtung und Bodenverhältnisse
- Überprüfung Bemessungswasserstand und HGW

Mikrobiologische Untersuchungen

- Wandmaterial an 1 bis 2 Stellen im Bereich der feuchten Materialien und ggf. als Referenz aus einem trockenen Wandbereich
- Mikrobiologische Analysen sind bei kleineren Schäden oft aus wirtschaftlichen Gründen nicht sinnvoll.

Sanierungsmaßnahmen

- Sofortmaßnahmen und Entfernung des mikrobiellen Befalls, siehe Schadenstyp A-1; teilweise nur lokaler mikrobieller Befall, der bei geringer Ausdehnung nur getrocknet und/oder desinfiziert werden muss
- aufgraben und Undichtheiten im Außenbereich sanieren/reparieren

Abb. 5.13 a und b Sanierung/jegliche Abdichtung fehlt

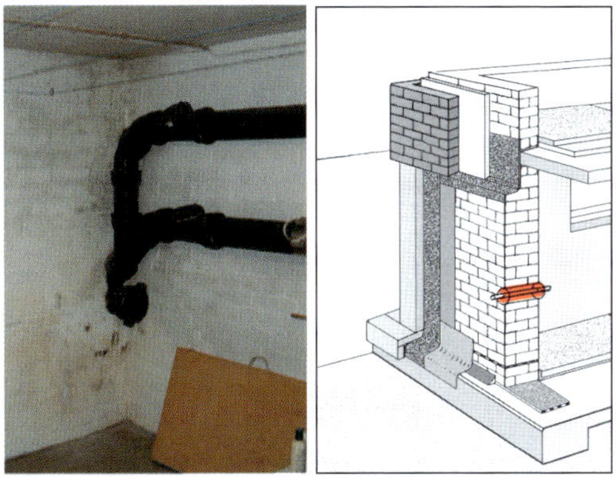

Abb. 5.14 a und b Typischer Schaden innen/Systemskizze

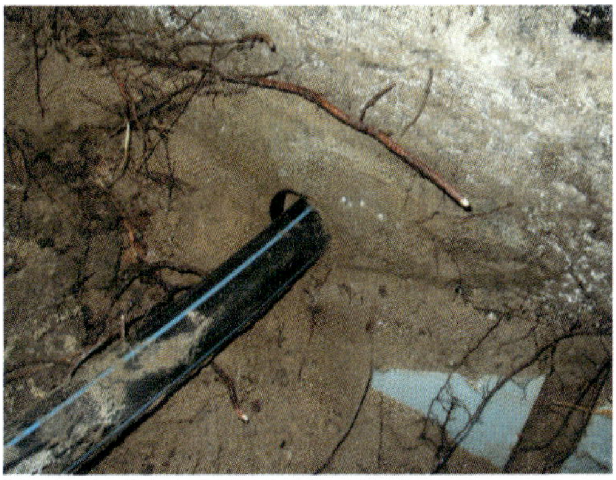

Abb. 5.15 Hausanschlussleitung ohne Abdichtung

Abb. 5.16 Nicht fachgerechte Rohrdurchführung

Anmerkungen

Abb. 5.13 a: Sanierung mit KMB

Abb. 5.13 b und 5.15: Bei Neuverlegung der Rohre wurde keine Abdichtung ausgeführt.

Abb. 5.14 a: Typisches Schadensbild im Innenbereich bei Abdichtungsmangel und mikrobiellem Befall

Abb 5.16: Ungeeignetes Rohr stark gerostet, Loch in Betonwand nicht geschlossen, dadurch im Innenbereich erhebliche Durchfeuchtung

5.6 Schadenstyp A-5: Feuchte Keller/Dehnungsfugen

Undichtheiten im Bereich von Dehnungsfugen (vertikal/horizontal)

Symptome/Schadensausdehnung

- bei Reihenhäusern und Betonkellern
- im Bereich der Fugen Feuchte in unterschiedlicher Höhe, bei Estrich im Randbereich, teilweise gesamter Bereich unter Estrich feucht
- Probleme der Erkennung bei nachträglichem Ausbau mit Wandverkleidung und Fußbodenbelägen

Mögliche Ursachen

- keine oder mangelhafte Fugenbänder eingebaut
- Anschlüsse oder Übergänge zwischen horizontalen und vertikalen Fugenbändern offen oder mangelhaft
- Fugenbänder nicht richtig fixiert, dadurch beim Betonieren verrutscht

Untersuchung/Messtechnik

- Feststellung der sichtbaren Schadensausdehnung
- Überprüfung Bemessungswasserstand und HGW
- orientierende Feuchtemessungen und Tiefenmessungen
- Ausschachten und Bauteilöffnung zur Inspektion der Abdichtung und Bodenverhältnisse

Mikrobiologische Untersuchungen

- Material im Bereich der Dehnungsfuge, ggf. aus angrenzenden Bereichen, z. B. Dämmmaterial aus dem Fußboden, wenn schwimmender Estrich vorliegt

Sanierungsmaßnahmen

- Sofortmaßnahmen und Entfernung des mikrobiellen Befalls, siehe Schadenstyp A-1; teilweise nur lokaler mikrobieller Befall, der bei geringer Ausdehnung evtl. nur getrocknet und/oder desinfiziert werden muss
- Aufgrabung und Sanierung im Außenbereich
- Injektionen, Verpressen usw.

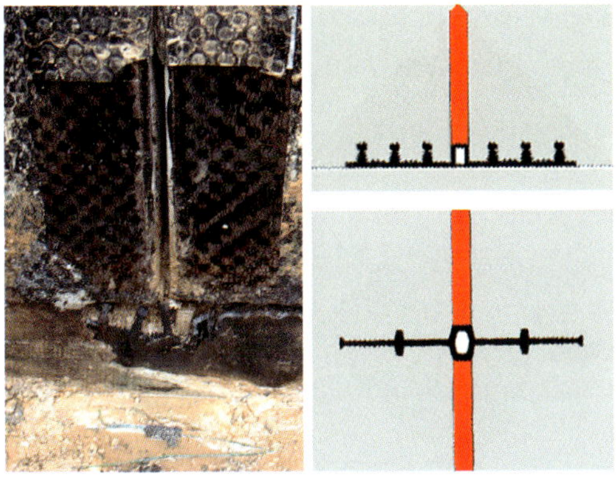

Abb. 5.17 a und b Schadensbild/Systemskizze (Quelle Abb. 5.17 b: Tricosal GmbH & Co. KG, Illertissen)

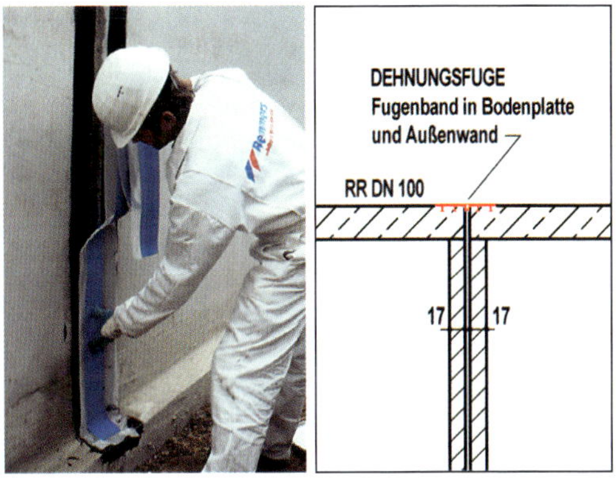

Abb. 5.18 a und b Ausführung Bandabklebung/Systemskizze (Quelle Abb. 5.18 a: Remmers Baustofftechnik GmbH, Löningen)

Abb. 5.19 Fixierung mit Fugenbandklammern (Quelle: Tricosal GmbH & Co. KG, Illertissen)

Abb. 5.20 Einbau eines außen liegenden Dehnungsfugenbands (Quelle: Tricosal GmbH & Co. KG, Illertissen)

Anmerkungen

Abb. 5.17 a: Fugenband in Bodenplatte mangelhaft, keine Anbindung zu vertikaler Fuge; vertikale Dehnungsfuge nur mangelhaft abgeklebt, dadurch Wassereinbruch bei aufstauendem Sickerwasser

Abb. 5.17 b: Systemskizze innen und außen liegendes Fugenband in Betonbauteil

Abb. 5.18 a: Aufkleben eines Fugenbandes an Dehnungsfuge

Abb. 5.18 b: Typische Lage einer Dehnungsfuge bei Reihenhausbebauung zwischen Kellertrennwänden

Abb. 5.19: Die Bänder müssen immer gut fixiert sein.

5.7 Schadenstyp A-6: Feuchte Keller/wasserundurchlässiger Beton – Arbeitsfugen

Undichtheiten im Bereich von Arbeitsfugen (vertikal/horizontal)

Symptome/Schadensausdehnung

- Bereich von Betonbauteilen mit Arbeitsfugen
- im Bereich der Fugen Feuchte in unterschiedlicher Höhe, bei Estrich im Randbereich, teilweise gesamter Bereich unter dem Estrich feucht
- Probleme der Erkennung bei nachträglichem Ausbau mit Wandverkleidung und Fußbodenbelägen

Mögliche Ursachen

- keine oder mangelhafte Fugenabdichtung eingebaut/Fugenbleche, Verpressschläuche, Bentonitbänder usw.
- Anschlüsse oder Übergänge offen oder mangelhaft
- Fugenabdichtungssystem nicht richtig fixiert, dadurch beim Betonieren verrutscht
- Beton nicht richtig verdichtet, dadurch Hohlstellen

Untersuchung/Messtechnik

- Feststellung der sichtbaren Schadensausdehnung
- Überprüfung Bemessungswasserstand und HGW
- orientierende Feuchte- und Tiefenmessungen
- Überprüfung des Hohlraums zwischen Doppelwänden auf Feuchte/eingedrungenes Wasser nach Öffnung (Kernbohrung), ggf. ergänzend Endoskopie
- Ausschachten und Bauteilöffnung zur Inspektion der Abdichtung und Bodenverhältnisse

Mikrobiologische Untersuchungen

- Dämm- bzw. Füllmaterial aus Fugen
- bei schwimmendem Estrich im Schadensbereich unteren Teil des Randstreifens und/oder Dämmmaterial unter Estrich analysieren

Sanierungsmaßnahmen

- Sofortmaßnahmen, wenn die Bewohner unter den für Mikroorganismen typischen gesundheitlichen Beschwerden leiden
- bei ausgedehnten mikrobiellen Schäden (Kategorie 3 nach Tabelle 6.1) Material entfernen
- Injektionen, Verpressen usw.
- Aufgrabung und Sanierung im Außenbereich

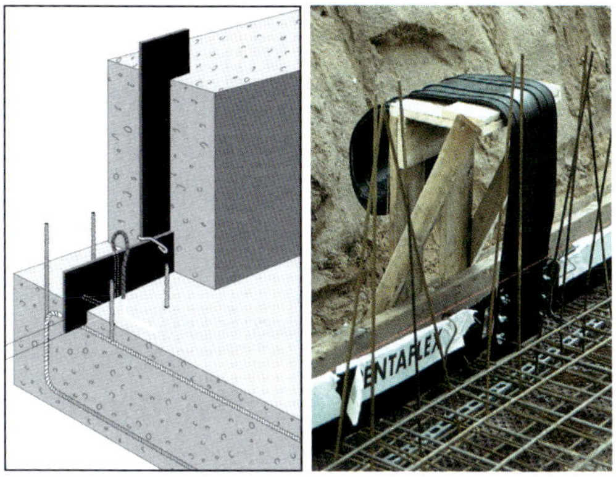

Abb. 5.21 a und b Systemskizze/fachgerechte Ausführung (Quelle: Roland Wolf GmbH, Erbach)

Abb. 5.22 Schaden durch undichte Fuge

Abb. 5.23 Fixierung der Fugenbänder durch Bügel (Quelle: Roland Wolf GmbH, Erbach)

Abb. 5.24 Baustellenfoto (Quelle: Roland Wolf GmbH, Erbach)

Anmerkungen

Abb. 5.21 a und b: Systemdarstellung und Ausführung T-Anschluss Fugenband in Betonbauteil

Abb. 5.22: Starker Wassereinbruch im Keller durch undichte Fugenausbildung

Abb. 5.23: Fachgerechter T-Anschluss mit Haltebügeln

Abb. 5.24: Fertig eingesetzte Fugenbänder vor Aufstellung der Schalwände

5.8 Schadenstyp A-7: Feuchte Keller/Pumpensumpf-/Hebeanlage

Undichtheiten, Kondensatbildung, andere Mängel an Pumpensumpf- und Hebeanlagen

Symptome/Schadensausdehnung

- Kondensatbildung im Raum durch erhöhte Luftfeuchte aufgrund fehlender oder undichter Abdeckungen
- feuchte Böden in angrenzenden Bereichen durch unterwandernde Feuchte (auch hier Kondensat)
- Geruchsbelastungen, mikrobielle Belastungen der Raumluft

Mögliche Ursachen

- Kondensatbildung aufgrund undichter Abdeckungen und mangelnder Belüftung
- Schacht nicht wasserdicht, Abdichtung innen (z. B. Dichtschlämme) fehlt oder ist mangelhaft
- Wasserstand dauerhaft zu hoch, da Schwimmer der Pumpe nicht richtig eingestellt, dadurch aufsteigende Feuchte bis in Estrichbereich
- Bemessungswasserstand nicht berücksichtigt

Untersuchung/Messtechnik

- Feststellung der sichtbaren Schadensausdehnung
- orientierende Feuchtemessungen in Fußböden und Wänden nahe der Fußböden zur Erfassung der Schadensausdehnung
- Überprüfung der Abdichtung der Schachtinnenwände
- Überprüfung des Schwimmers
- Überprüfung der Abdeckung

Mikrobiologische Untersuchungen

- angrenzender Estrich bzw. bei schwimmender Ausführung Dämmmaterial unter dem Estrich
- bei erhöhter Feuchte in den Wänden entlang des Fußbodens auch Wandputz analysieren oder auf Analysen verzichten und feuchten Putz präventiv entfernen

Sanierungsmaßnahmen

- Schacht innen abdichten oder erneuern
- Deckel abdichten oder erneuern in Edelstahl mit Rahmen und Dichtung
- Estrich im umgebenden Bereich austauschen
- ausreichende Belüftung des Raumes sicherstellen

Abb. 5.25 a und b Pumpenschacht für Hebeanlage

Abb. 5.26 Pumpenschacht in Einfamilienhaus

Anmerkungen

Abb. 5.25 a: Fuge zwischen Deckel und Schacht sehr undicht, Raum nicht belüftet

Abb. 5.25 b: Deckel ist an Unterseite durch Kondensat gerostet, was bei einer dichten Abdeckung auf Dauer nicht zu vermeiden sein dürfte; Abdeckung sollte jedoch dicht sein und bleiben

Abb. 5.26: Feuchtebelastung durch Öffnung in Deckel zu Pumpschacht, darüber undichtes Waschbecken

5.9 Schadenstyp A-8: Feuchte Keller/Bodenabläufe – Kanalundichtheiten

Undichtheiten/Verstopfungen im Bereich von Senken und Abwasserkanälen

Symptome/Schadensausdehnung

- Kellerüberflutungen
- partielle Feuchtebelastungen der Bodenplatte
- Geruchsbelastungen

Mögliche Ursachen

- Kanalverstopfung oder mangelnde Versickerungsfähigkeit bei Sickerschacht
- Rückstauklappe oder Geruchsverschluss defekt
- Versatz oder Risse in Kanalrohren
- Rohre in Bodenplatte statt darunter verlegt
- Abdichtung an Abläufen undicht

Untersuchung/Messtechnik

- Feststellung der sichtbaren Schadensausdehnung
- orientierende Feuchtemessungen mit HF-Sonde in allen angrenzenden Bereichen
- Überprüfung der Rohre mittels Rohrkamera
- Öffnen möglicher Schadensbereiche
- Test der Versickerungsfähigkeit durch Wassereinleitung

Mikrobiologische Untersuchungen

- Materialproben in Bereichen erhöhter/höchster Feuchte
- Dämmmaterial bei schwimmendem Estrich

Sanierungsmaßnahmen

- meist ausgedehnte mikrobielle Schäden, deshalb beim Auftreten gesundheitlicher Beschwerden Sofortmaßnahmen, z. B. Unterdruck im Keller durch Entlüftung
- Wegen der meist erheblichen Ausdehnung ist fast immer eine fachmännische Entfernung mikrobiell besiedelten Materials erforderlich.
- Verstopfungen, Verengungen beseitigen
- Kieskoffer austauschen, Versickerungsfähigkeit wieder herstellen oder Kanalanschluss herstellen
- Rückstauklappen austauschen, reparieren
- Abdichtung fachgerecht herstellen

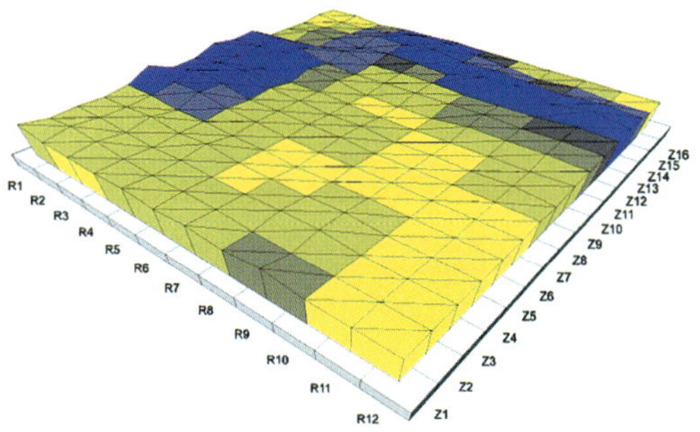

Abb. 5.27 Scan einer Bodenplatte (blau: Kanalrohr)

Abb. 5.28 a und b Schaden an Kanalrohr/Anschluss an Kanal

Abb. 5.29 Ablauf an Kellertreppe undicht und Verstopfung

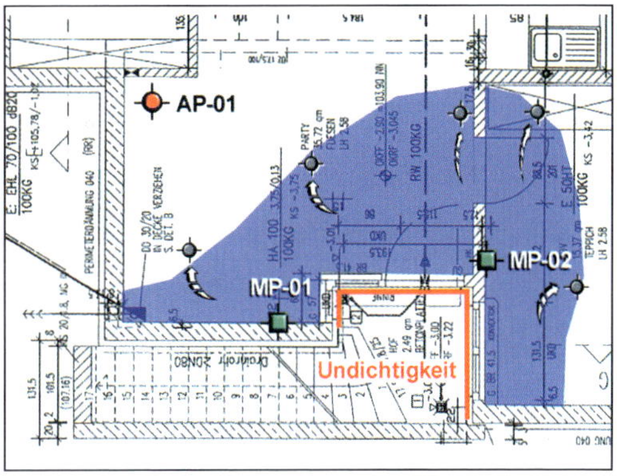

Abb. 5.30 Schadensausdehnung im Innenbereich

Anmerkungen

Abb. 5.27: Kanalrohr in statt unter Bodenplatte verlegt, dadurch erhöhte Feuchte (blau) aus Baugrund

Abb. 5.28 a: Schaden an Abwasserrohr

Abb. 5.28 b: Versickerungsfähigkeit zu gering, dadurch bei starken Regenfällen Überflutung angrenzender Kellerräume – wegen unzureichender Versickerung erfolgte nachträglich ein Anschluss an die Kanalisation

Abb. 5.29: Abdichtung undicht und Kanal durch Kies verstopft, dadurch erhebliche Feuchtebelastung angrenzender Räume wie in Abb. 5.30 dargestellt

5.10 Schadenstyp A-9: Feuchte Keller/Lichtschächte

Durchfeuchtungen im Bereich von Kellerlichtschächten

Symptome/Schadensausdehnung

- Außenwände unterhalb/seitlich der Fenster feucht
- hohe Feuchte und mikrobieller Befall unter/neben Fensterbänken

Mögliche Ursachen

- Wasserstau, da Abfluss verstopft oder reduziert durch Baumaterial, Erde oder Laub
- Versickerungsfähigkeit nicht ausreichend, z. B. Kieskoffer fehlt oder ist zu gering
- Abflüsse in Lichtschächten sind nicht angeschlossen.
- Mängel im Anschlussbereich Lichtschacht und Gebäudeabdichtung

Untersuchung/Messtechnik

- Feststellung der sichtbaren Schadensausdehnung
- orientierende Feuchtemessungen neben und unter den Fenstern
- Überprüfung des Anschlusses an die Drainage mit einer Rohrkamera
- Überprüfung der Ablauffähigkeit durch Einleiten von Wasser mit einem Schlauch

Mikrobiologische Untersuchungen

- Wandmaterial unterhalb des Fensters, ggf. aus dem Fußboden unterhalb des Fensters analysieren oder vorsorglich im Bereich messbarer Feuchte austauschen
- Dämm- bzw. Füllmaterial aus Fensterfugen ggf. analysieren, aus Kostengründen vorsorglich austauschen

Sanierungsmaßnahmen

- meist nur mikrobielle Schäden geringer Ausdehnung, deshalb Sofortmaßnahmen nicht erforderlich
- mikrobiell besiedeltes Wandmaterial austauschen
- Ablauffähigkeit herstellen durch Reinigung, Einbau eines Kieskoffers, Anschluss an Drainage
- Abdichtung reparieren, herstellen

Abb. 5.31 a und b Typische Ursache/Feuchteverlauf innen

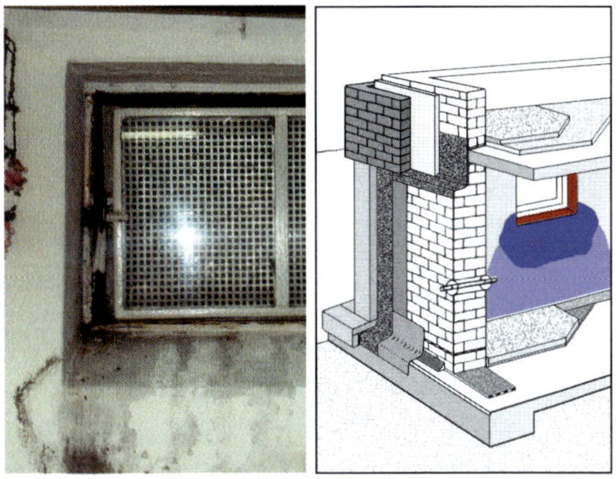

Abb. 5.32 a und b Schadensbild/Systemskizze

Abb. 5.33 Ablauf höher als Unterkante Lichtschacht

Abb. 5.34 Gemauerter Lichtschacht mit Durchfeuchtung

Anmerkungen

Abb. 5.31 a: Gelände zu hoch aufgefüllt, keine fachgerechte Ausführung; bei Schlagregen dringt Spritzwasser und bei aufstauendem Niederschlag Wasser unter der äußeren Fensterbank und unter dem Blendrahmen ein

Abb. 5.32 b: Bereich mit häufig erhöhter Feuchte ist blau markiert

Abb. 5.33: Wasser läuft nicht in Drainagerohr, sondern staut sich auf und dringt an der Unterkante des Fensters nach innen ein

5.11 Schadenstyp A-10: Feuchte Keller/Erd- oder Kriechkeller

Feuchteschäden und Geruchsbelastungen durch Erd- oder Kriechkeller

Symptome/Schadensausdehnung

- erhöhte Feuchte im Bodenbereich des Erdgeschosses, speziell im Bereich von Durchbrüchen (auch nicht einsehbaren)
- Geruchsbelastungen und mikrobielle Belastungen im Erdgeschoss und in den darüber liegenden Geschossen bei einer Verbindung zum Kriechkeller, z. B. über einen Installationsschacht
- oft stark verschimmelte Baustellenabfälle, die im Kriechkeller „vergessen" wurden

Mögliche Ursachen

- Partikel- und Geruchsverteilung in alle Etagen durch undichte Rohr-, Kanal- und Kabeldurchführungen durch die Bodenplatte, oft über Installationsschächte
- Wärmedämmung unter Bodenplatte Erdgeschoss fehlt
- undichte Abwasserrohre
- bei guter Belüftung Kondensation im Sommer
- bei schlechter Belüftung Feuchte aus dem Erdreich

Untersuchung/Messtechnik

- Feststellung der sichtbaren Schadensausdehnung
- Überprüfung der Durchbrüche, Rohrdurchführungen und Kabeldurchführungen vom Kriechkeller zum Erdgeschoss
- Überprüfung des Hohlraums auf Feuchte und mikrobiellen Befall

Mikrobiologische Untersuchungen

- Luftkeimmessungen im Kriechkeller, Referenzmessungen in darüber liegendem Geschoss

Sanierungsmaßnahmen

- alle Durchbrüche und Rohrdurchführungen luftdicht verschließen/abdichten
- Belüftung verbessern (Querlüftung ermöglichen)
- Bodenplatte dämmen
- Abfall, feuchte Erde und mikrobiell besiedelte Materialien entfernen
- Kriechkeller abdichten und mit Ventilator dauerhaft Unterdruck erzeugen, damit die Luft nicht mehr in die oberen Etagen gelangt

Abb. 5.35 Typischer Kriechkeller mit Installationsrohren

Abb. 5.36 Kriechkeller mit Abwasserrohr

Anmerkungen

Abb. 5.35: Kriechkeller mit mikrobiell belasteten Bauschuttresten
Abb. 5.36: Kriechkeller mit Wasserbelastung durch defektes Abwasserrohr

5.12 Schadenstyp A-11: Feuchte Keller und feuchtes Souterrain/ Sommerkondensation

Auffeuchtungen durch Taupunktunterschreitungen im Sommer

Symptome/Schadensausdehnung

- mikrobieller Befall flächig, fleckenweise meist im bodennahen (kälteren) Bereich und in Eckbereichen (kälter sowie schlechter belüftet) verstärkt
- mikrobieller Befall hinter/unter Verkleidungen und Möblierung

Mögliche Ursachen

- schlechte Lüftungsmöglichkeiten, da Querlüftung nicht möglich
- an feuchtwarmen Tagen Eintrag von Feuchte durch das Lüften kombiniert mit kühlen Wandoberflächen bei hohen Außentemperaturen

Untersuchung/Messtechnik

- Feststellung der sichtbaren Schadensausdehnung, vor allem auch hinter/unter Verkleidungen und Möblierung
- orientierende Feuchtemessungen mit HF-Sonde und Tiefenmessungen zur Ursachenabgrenzung
- Ausschachten zur Inspektion der Abdichtung und Bodenverhältnisse
- Raumklimamessung mit Datenlogger über 10 bis 14 Tage innen und außen zur warmen Jahreszeit

Mikrobiologische Untersuchungen

- Dämmmaterial hinter Verkleidungen
- bei schwimmendem Estrich im Schadensbereich unterer Teil des Randstreifens und/oder Dämmmaterial unter Estrich

Sanierungsmaßnahmen

- Innendämmung einbauen (z. B. Calciumsilicatplatten), hierbei auf bauphysikalische Gegebenheiten achten
- Lüftungsverhalten ändern (nicht bei hoher Luftfeuchte tagsüber lüften!)
- automatische Belüftung einbauen mit hygrostatischer Steuerung und Messfühlern im Innen- und Außenbereich
- im Sommer Luftentfeuchter einsetzen

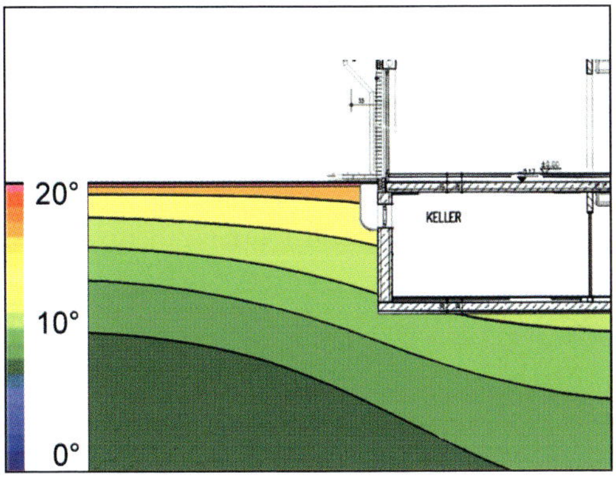

Abb. 5.37 Simulation der Erdreichtemperaturen im Sommer

Abb. 5.38 Schimmelpilzbefall hinter Heizungsrohren (Quelle: Speidel System Trocknung GmbH, Hamburg)

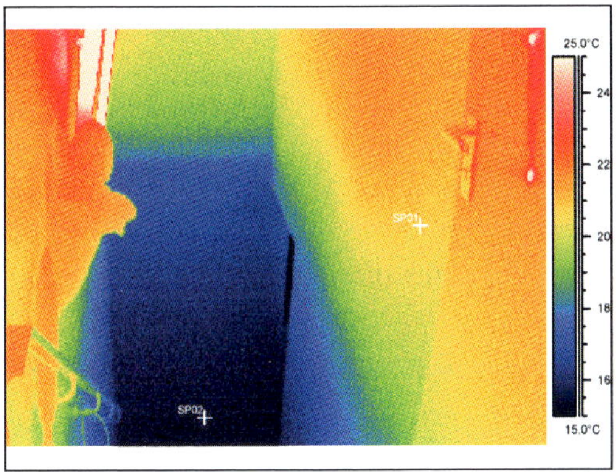

Abb. 5.39 Thermographie des Kellertreppenbereichs

Abb. 5.40 Kondensation und Schimmelpilzbefall

Anmerkungen

Abb. 5.38: Schimmelpilzbefall im Bereich der Fußleisten hinter Heizungsrohren, typisch für Sommerkondensation

Abb. 5.39: Deutlich erkennbar die tieferen Oberflächentemperaturen an den Kelleraußenwänden

Abb. 5.40: Am Kellerfenster einströmende feuchtwarme Luft kondensiert an den kalten Bereichen.

5.13 Schadenstyp B-1: Erdgeschoss/Sockelbereich bei Unterkellerung

Schäden im Sockelbereich des Erdgeschosses durch Abdichtungsmängel

Symptome/Schadensausdehnung

- erhöhte Feuchte, Feuchte- und Schimmelpilzschäden im Sockelbereich innen, auch unter dem Estrich im Randbereich zu Außenwänden
- Schäden an Wärmedämmverbundsystemen außen

Mögliche Ursachen

- Abdichtung im Sockelbereich fehlt oder ist mangelhaft.
- Erdreich höher angefüllt als die Oberkante der Abdichtung
- Kieskoffer gegen Pflanzbeet ausgetauscht

Untersuchung/Messtechnik

- Feststellung der sichtbaren Schadensausdehnung
- orientierende Feuchtemessungen im Sockelbereich und an den Fußböden
- Kontrollausschachtung außen zur Inspektion der Abdichtungssituation und Bodenverhältnisse

Mikrobiologische Untersuchungen

- Proben von Wand- und Fußbodenmaterial (Dämmlage bei schwimmendem Estrich) in Bereichen mit erhöhter Feuchte

Sanierungsmaßnahmen

- Sofortmaßnahmen sind kaum möglich. In extremen Fällen sollten die betroffenen Räume nicht genutzt werden.
- Nach sorgfältiger Feststellung des Schadensausmaßes sollte das mikrobiell besiedelte Material entfernt werden.
- Aufgrabung und Sanierung im Außenbereich
- Abdichtung höher ziehen
- Kiesstreifen einbauen, um Versickerungsfähigkeit zu verbessern und dauerhaft/länger anliegendes Wasser zu vermeiden
- Drainage einbauen

Abb. 5.41 Fehlende Abdichtung unter Oberkante Gelände

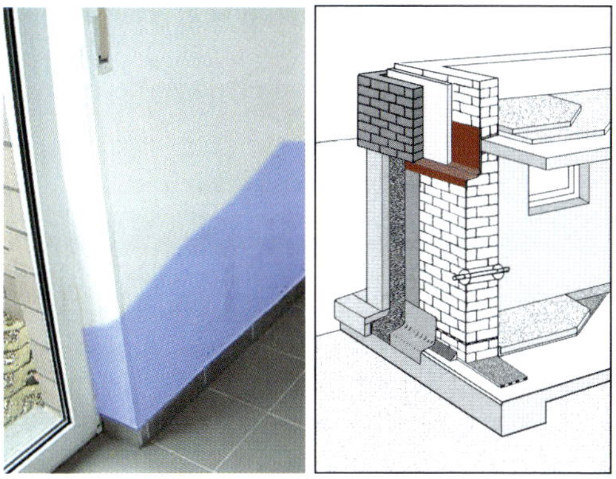

Abb. 5.42 a und b Schadensbild/Systemskizze

Abb. 5.43 Fehlende Abdichtung unter Oberkante Gelände

Abb. 5.44 Abdichtung fehlt, Fugen sind offen

Anmerkungen

Abb. 5.41: Abdichtung außen fehlt ganz, Erdreich liegt direkt an ungeschützter Wand

Abb. 5.42 a: Typische Durchfeuchtung im Innenbereich (Bereich erhöhter Feuchte ist blau markiert)

Abb. 5.43: Wassertest zur Versickerungsfähigkeit an nicht abgedichteter Kelleraußenwand (Wasser blau eingefärbt zur besseren Darstellung)

Abb. 5.44: Keine Abdichtung und offene Fugen an Kelleraußenwand

5.14 Schadenstyp B-2: Erdgeschoss nicht unterkellert/teilunterkellert

Schäden in Bauten ohne Keller oder mit Teilunterkellerung

Symptome/Schadensausdehnung

- erhöhte Feuchte im Bodenaufbau, im Anschlussbereich an Außenwände oder vollflächig
- Sockelbereich erhöht feucht/sichtbarer Schimmelpilzbefall
- Holzschäden durch Feuchtebelastung

Mögliche Ursachen

- Abdichtung der Bodenplatte oder im Sockelbereich fehlt oder ist mangelhaft ausgeführt
- Durchführungen der Abwasserrohre oder anderer Leitungen undicht
- Gelände nachträglich höher angeschüttet

Untersuchung/Messtechnik

- Feststellung der sichtbaren Schadensausdehnung
- orientierende Feuchtemessungen im Sockelbereich und im Fußboden (Kontrollmessungen über gesamte Bodenplatte!)
- Kontrollausschachtung außen zur Inspektion der Abdichtungssituation und Bodenverhältnisse

Mikrobiologische Untersuchungen

- Materialproben von Wand und Fußboden
- ggf. Schimmelpilz-Spürhund zur Lokalisierung, um unnötige Bauteilöffnungen zu vermeiden

Sanierungsmaßnahmen

- Sofortmaßnahmen sind kaum möglich. In extremen Fällen sollten die betroffenen Räume nicht genutzt werden.
- Nach sorgfältiger Feststellung des Schadensausmaßes sollte das mikrobiell besiedelte Material entfernt werden.
- Aufgrabung und Sanierung im Außenbereich
- Abdichtung höher ziehen
- Kiesstreifen und/oder Drainage einbauen, um Feuchtebelastung zu reduzieren

Abb. 5.45 Schäden im Sockelbereich eines Containers

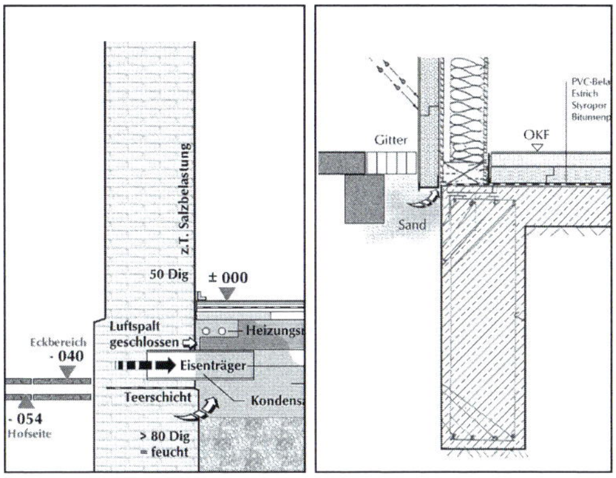

Abb. 5.46 a und b Detailskizzen zu Abb. 5.47 und 5.48

Abb. 5.47 Schaden unter Holzboden

Abb. 5.48 Schaden an Holzrahmen und Estrich

Anmerkungen

Abb. 5.45: Schulcontainer mit erheblichem mikrobiellem Befall im Sockelbereich und in Ständerwänden

Abb. 5.47: Schaden an Holzboden in nicht unterkellertem Raum wegen mehrfacher Mängel: Stirnholzseite mit Kontakt zur Außenwand, Wärmebrücke durch Stahlträgerkonsole, mangelnde Belüftung usw.

Abb. 5.48: Schaden an Holzrahmen und im Estrichrandbereich wegen außen fehlender Abdichtung im Sockelbereich

5.15 Schadenstyp B-3: Erdgeschoss und Obergeschoss/ Terrassen und Balkone

Undichte/mangelhafte Anschlüsse von Terrassen an Gebäude und Undichtheiten an Balkonen

Symptome/Schadensausdehnung

- Auffeuchtungen an der Innenseite der angrenzenden Mauern mit mikrobieller Befallsbildung
- Feuchteschäden an Bodenbelägen und unter dem Estrich, besonders im Anschlussbereich an Außenwände, Fensteranlagen und Terrassentüren

Mögliche Ursachen

- Anschlüsse an Bauwerk undicht/mangelhaft
- Abdichtung mangelhaft/beschädigt
- Aufbau nicht fachgerecht
- mangelhafte Wasserableitung von Niederschlagswasser

Untersuchung/Messtechnik

- Feststellung der sichtbaren Schadensausdehnung
- orientierende Feuchtemessungen
- Öffnung zur Inspektion der Abdichtung und des Konstruktionsaufbaus

Mikrobiologische Untersuchungen

- Materialproben aus dem Bodenbereich im Anschluss an Terrassen/Balkone im Innenbereich

Sanierungsmaßnahmen

- Sofortmaßnahmen sind kaum möglich. In extremen Fällen sollten die betroffenen Räume nicht genutzt werden.
- Nach sorgfältiger Feststellung des Schadensausmaßes sollte das mikrobiell besiedelte Material entfernt werden.
- Abdichtung fachgerecht herstellen, erneuern
- Ablaufmöglichkeiten für Niederschlagswasser schaffen oder bestehende verbessern

Abb. 5.49 Schäden an Balkon und in angrenzenden Bereichen

Abb. 5.50 Verstopfter Ablauf (unter Pfeil) führt zu aufstauendem Wasser

Abb. 5.51 Abdichtung ohne funktionierenden Ablauf

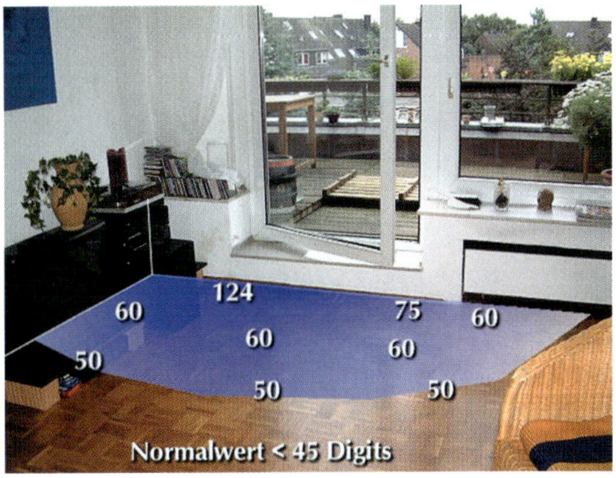

Abb. 5.52 Typische Schadensausdehnung

Anmerkungen

Abb. 5.49: Schäden durch fehlerhafte Ausführung und mangelhafte Wasserableitung (Wanne)

Abb. 5.50: Mörtelsäckchen sind so dicht um den Ablauf verlegt, dass Verstopfung durch einige Blätter erfolgt

Abb. 5.51: Balkonabdichtung ist dicht; leider wurde auch der Ablauf abgedichtet. Wasser staut sich ca. 5 bis 10 cm hoch bis in die Höhe des Notüberlaufes

Abb. 5.52: Balkonabdichtung im Türbereich mangelhaft (messbar feuchter Bereich blau markiert)

5.16 Schadenstyp C: Sanitär- und Nassbereiche

Undichtheiten und andere Mängel im Sanitärbereich

Symptome/Schadensausdehnung

- abplatzende oder hohle Fliesen
- dunklere Fugen im Schadensbereich
- Geruchsbelastungen (muffiger Geruch)
- Feuchtebelastungen unter Duschtassen, Badewannen, Estrichen und an der Rückseite der betroffenen Wände in anderen Räumen, z. B. in angrenzenden Schlafzimmern usw.

Mögliche Ursachen

- schadhafte dauerelastische Abdichtungen an Duschtasse/Badewanne/Ablage
- Rohrdurchführungen durch Fliesen nicht abgedichtet
- Undichtheiten an Wasserleitungen, Abflussrohren oder Belüftungsverbindungen
- Geruchsbelastung durch fehlende/mangelhafte Geruchsverschlüsse, Fußmatten usw.

Untersuchung/Messtechnik

- Suche nach Undichtheiten an Fugen/Rohrdurchführungen usw.
- orientierende Feuchtemessungen im Badezimmer (Wände und Fußboden) und in allen angrenzenden Räumen
- Öffnung der Abmauerung oder der Umrandung zur Inspektion des darunter/dahinter liegenden Bereiches

Mikrobiologische Untersuchungen

- Materialproben aus feuchten bzw. messbar feuchten Bereichen unter/hinter den Fliesen, ggf. aus dem Bereich unter der Duschtasse, Wanne, und aus feuchten Bereichen in angrenzenden Räumen

Sanierungsmaßnahmen

- Sofortmaßnahmen sind kaum möglich. In extremen Fällen sollten die betroffenen Räume nicht genutzt werden.
- Trocknungsmaßnahmen Estrich und Wandbereiche
- da meist ältere Schäden mit mikrobiellem Befall, Fliesen und Putz im Bereich messbarer Feuchte entfernen
- nach Entfernung des Putzes Wand/Fußboden abflämmen oder desinfizieren
- Abdichtungsebene vor Neuaufbau anbringen

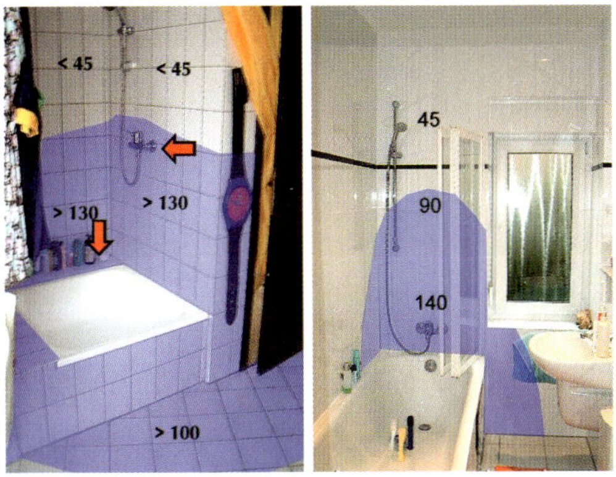

Abb. 5.53 a und b Darstellungen typischer Feuchtebereiche

Abb. 5.54 Schaden unter Duschtasse

Abb. 5.55 Fehlende Abdichtung an der Rohrdurchführung

Abb. 5.56 Daraus resultierendes Schadensbild

Anmerkungen

Abb. 5.53 a und b: Typische Schadensausdehnung bei undichten Fugen und fehlender Abdichtung an Armaturen

Abb. 5.54: Schaden unter Duschtasse: Holzdecke und Wand stark durchfeuchtet und erheblicher Schimmelpilzbefall

Abb. 5.55 und 5.56: Rohrdurchführung nicht abgedichtet und die daraus resultierenden Folgen mit eindringendem Wasser bis unter die Wanne

5.17 Schadenstyp D: Feuchte Schornsteine

Versottung, Undichtheiten im Dachbereich usw.

Symptome/Schadensausdehnung

- Verfärbungen, Wasserränder an der Oberfläche
- Wasserlaufspuren außen
- sich ablösende Tapeten
- mikrobieller Befall
- Feuchte nur im Schornsteinbereich

Mögliche Ursachen

- Versottungsvorgang (benutzter Kamin): Der Kamin wird von innen her durchfeuchtet, z. B. nach dem Einbau einer neuen Heizungsanlage (durch niedrigere Abgastemperaturen).
- Es regnet in den Kamin hinein (stillgelegter Kamin).
- Feuchte läuft auch im Kamin bis in den Keller.
- undichte Stelle zwischen Dach und Kamin
- Kaminabdeckung fehlt.
- Schornsteinmauerwerk nicht schlagregendicht

Untersuchung/Messtechnik

- Inspektion des Schadens im Innen- und Außenbereich (evtl. Schornsteinfeger hinzuziehen)
- Kontrolle hinter Verkleidungen, Schränken usw.
- Feuchtemessungen am Schornstein, ggf. in allen Etagen vom Dachgeschoss bis zum Untergeschoss

Mikrobiologische Untersuchungen

- mikrobielle Analysen zur Entscheidungsfindung, ob Putzentfernung erforderlich ist
- Probenahme im Bereich von erhöhter Feuchte in jeder betroffenen Wohnung

Sanierungsmaßnahmen

- Sofortmaßnahmen bei Schäden in Wohnräumen (Schaden abkleben/abdichten)
- bei mikrobiellem Befall Putzentfernung/-erneuerung
- Undichtheiten gegen das Dach reparieren und durch Abdeckung schützen
- Kamin durch Einblasen trockener Warmluft trocknen
- ggf. Edelstahlrohr einbauen
- ungenutzte Kamine bis unter das Dach abtragen oder gegen Regenwasser durch Abdeckung schützen

Abb. 5.57 a und b Wasserlaufspuren/Schäden an Schornsteinkopf

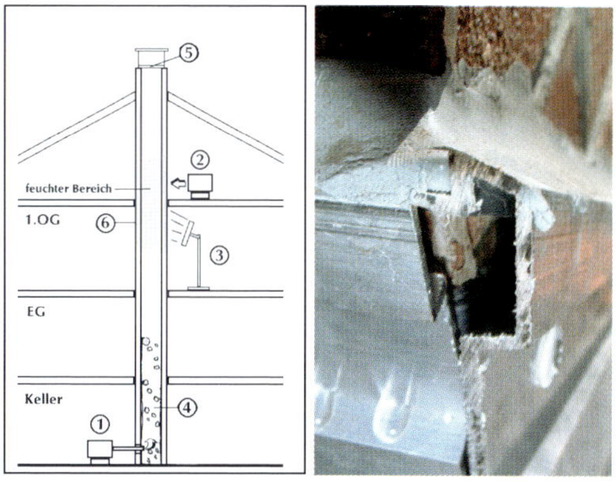

Abb. 5.58 a und b Systemskizze typischer Versottungsbereich/Undichte Schornsteinfassung

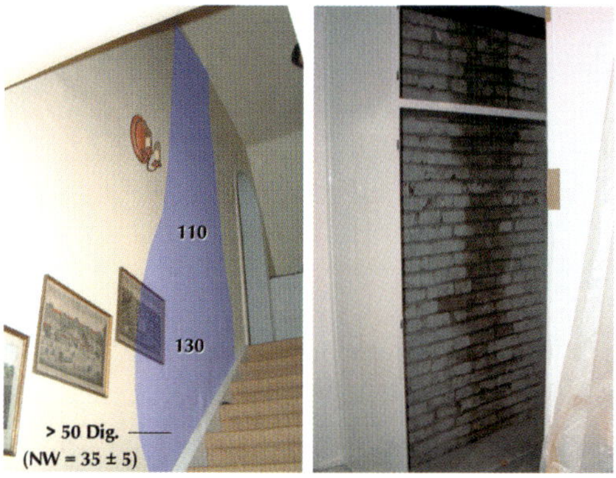

Abb. 5.59 a und b Versottung/1. Obergeschoss: Schimmelpilzbefall hinter Schrank

Abb. 5.60 a und b Revisionsöffnungen – eindringendes Wasser

Anmerkungen

Abb. 5.57 a: Wasserlaufspuren deuten auf undichte Stellen zwischen Schornsteinkopf und Dachabdeckung hin.

Abb. 5.57 b: Typische Schäden an Schornsteinkopf und Dachdurchdringungen, welche zu Feuchteschäden im darunter liegenden Bereich führen

Abb. 5.58 a: Der Versottungsbereich liegt meist in der oberen Hälfte.

Abb. 5.59 a: Messtechnische Darstellung erhöhter Feuchte bei Schornsteinversottung

Abb. 5.59 b: Schimmelpilzbefall hinter der Schrankrückwand, feuchter Schornsteinzug deutlich erkennbar

Abb. 5.60 a: Auslaufendes Wasser im Keller

Abb. 5.60 b: Das Wasser lief durch die Holzdecke bis in die darunter liegenden Ständerwände, wobei mikrobieller Befall der Dämmung und an GK-Platten erfolgte.

5.18 Schadenstyp E: Kondensation/Wärmebrücken

Schäden durch Taupunktunterschreitung im Winter und Belüftungsmängel

Symptome/Schadensausdehnung

- Kondensatausfall und mikrobieller Befall an kühleren und schlecht belüfteten Bereichen, vor allem in Raumecken (oben und unten), an ungedämmten Rollladenkästen, Fensterleibungen usw.

Mögliche Ursachen

- Mängel an der Dämmung, wie z. B. fehlende Stirnflächendämmung an Betondecken
- mangelnde Belüftung der Wand- und Deckenoberfläche, Eckbereiche durch Möblierung
- zu geringe Beheizung und/oder Belüftung der Räume
- diffusionsdichte Beschichtungen/Anstriche

Untersuchung/Messtechnik

- Feststellung der sichtbaren Schadensausdehnung
- orientierende Feuchtemessungen und Tiefenmessungen zur Absicherung der Ursache
- im Winter Messung der Raumklimaparameter über 10 bis 14 Tage mit Datenlogger
- Messung der Oberflächentemperaturen

Mikrobiologische Untersuchungen

- Materialproben aus tieferen Wandschichten zur Klärung, ob tieferer Befall vorliegt, ggf. auch aus dem Fußbodenbereich, wenn ein Schaden in Bodennähe vorliegt

Sanierungsmaßnahmen

- Sofortmaßnahmen bei Schäden in Wohnräumen durch umgehende Entfernung der sichtbar mikrobiell besiedelten Materialien, ggf. auch Putz erneuern bei mikrobiellem Tiefenbefall
- Wärmedämmung in Problembereichen verbessern
- Belüftung der Oberflächen verbessern, Möbel mit Abstand von 5 bis 10 cm vor der Wand aufstellen, Unterlüftung ermöglichen
- Beheizung und Belüftung der Räume verbessern
- Luftfeuchte durch Einbau eines Lüfters im Bad oder durch Abzug in der Küche, der die Luft ins Freie leitet, reduzieren

Abb. 5.61 Positives Beispiel: keine kritischen Wärmebrücken

Abb. 5.62 a und b Kondensat durch Stahlträger (Wärmebrücke) und an Außenecke

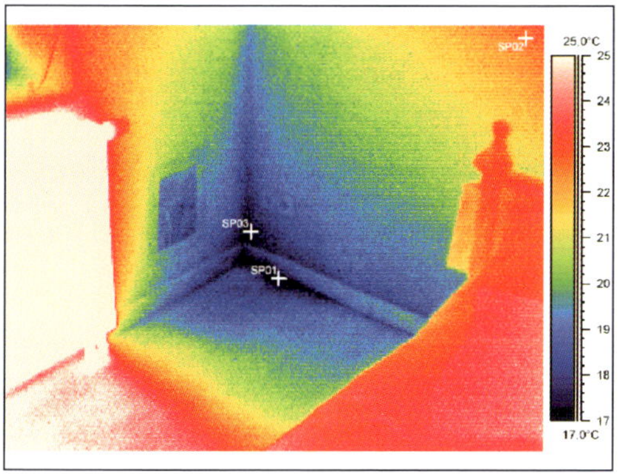

Abb. 5.63 Thermographie Außenecke Boden (Quelle: Reiner Diederen, Thermografie und BlowerDoor Technik, Krefeld)

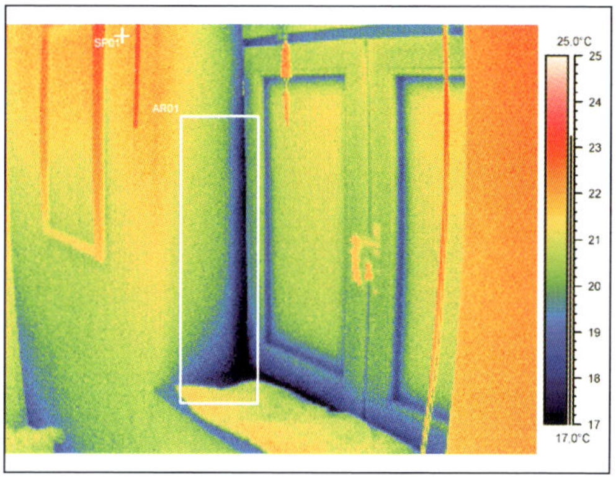

Abb. 5.64 Thermographie Fensterleibung (Quelle: Reiner Diederen, Thermografie und BlowerDoor Technik, Krefeld)

Anmerkungen

Abb. 5.61: Stirnflächen Betondecken, Rollladenkästen und Sockel gut gedämmt, dadurch keine kritischen Wärmebrücken

Abb. 5.62 a: Schimmelpilzbildung durch Kondensation aufgrund eines in der Wand eingebauten Stahlträgers

Abb. 5.62 b: Schimmelpilzbildung in einer Speisekammer aufgrund schlecht gedämmter Außenecke, mangelnder Belüftung und erhöhter Feuchtebelastung durch angrenzende Küche ohne Dunstabzugshaube (Türe meist geöffnet)

Abb. 5.63: Typische Wärmeverteilung an einer 3-dimensionalen Wärmebrücke (Raum nicht unterkellert)

Abb. 5.64: Typische Wärmeverteilung an einer Fensterleibung – Schimmelpilzbildung in kalten Bereichen

5.19 Schadenstyp F: Leckagen, Havarien, Überflutungen

Schäden durch Hochwasser, Rohrbrüche, undichte Leitungen usw.

Symptome/Schadensausdehnung

- komplette Durchfeuchtung aller Bereiche vom Keller bis zum Erdgeschoss
- Schäden am Bodenbelag und unter dem Estrich, hinter Verkleidungen in Schächten usw.
- mikrobieller Befall auch an innen liegenden Wänden
- häufig deutlich muffiger Geruch

Mögliche Ursachen

- Hochwasser
- Rohrbrüche, Schäden an Wasserrohren
- Überflutungen durch überlaufende Badewannen, defekte Waschmaschinen- und Geschirrspülerschläuche
- Trocknung unzureichend oder zu spät begonnen

Untersuchung/Messtechnik

- Feststellung der sichtbaren Schadensausdehnung
- orientierende Feuchtemessungen mit HF-Sonde und Tiefenmessungen
- Öffnen möglicher Befallsbereiche zur Kontrolle und Probenahme
- Leckageortung

Mikrobiologische Untersuchungen

- da meist großflächige Schäden, Materialproben von mehreren Stellen aus den Fußböden (Dämmebene), ggf. hinter Verkleidungen und aus Schächten

Sanierungsmaßnahmen

- in der Regel Sofortmaßnahmen durch Sperren der Räume, da meist massive Schäden
- fachgerechte Trocknung aller Schadensbereiche
- sämtliches mikrobiell befallenes Inventar auslagern und wenn möglich dekontaminieren
- nicht dekontaminierbare/s Bauteile/Baumaterial austauschen
- bei Schaden durch Schmutzwasser evtl. fachgerechte Desinfektion vor Beginn der Sanierung

Abb. 5.65 Hochwasserschaden (Quelle: Hartmut Merten, Dresden)

Abb. 5.66 Schimmelpilzbefall unter PVC-Belag

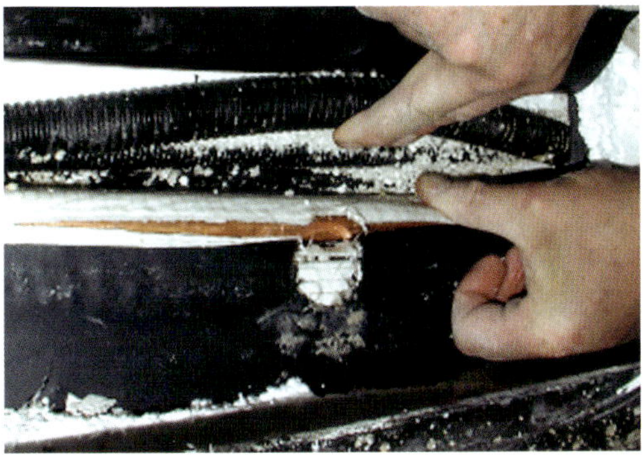

Abb. 5.67 Beschädigtes Wasserrohr in einem Neubau

Abb. 5.68 Ein Rohrbruch ist abzusehen.

Anmerkungen

Abb. 5.65: Bei derartigen Hochwasserschäden sind immer umfangreiche Sanierungsmaßnahmen erforderlich.

Abb. 5.66: Massiver mikrobieller Befall unter PVC-Belag nach Wasserschaden ohne Trocknungsmaßnahme

Abb. 5.67: Beschädigung der Wasserleitung durch nachfolgende handwerkliche Arbeiten

Abb. 5.68: Hier ist es nur noch eine Frage der Zeit, bis die korrodierte Stelle durchbricht.

5.20 Schadenstyp G: Installationsschächte

Undichtheiten und Schäden an Wasser- und Heizleitungen/Abwasserrohren

Symptome/Schadensausdehnung

- Hauptfeuchtebereich im Keller/Untergeschoss
- Durchfeuchtung oft über alle Etagen
- verrostete Putzschienen
- Auftreten von Silberfischchen und anderen Kleintieren

Mögliche Ursachen

- Undichtheiten an Leitungen und Rohren in oder über Schächten, ggf. an Dachdurchdringungen
- Wasser läuft aus angrenzenden Nassräumen (Primärschaden dort) unter den Estrich bis in den Schacht
- Waschmaschinenschaden aus höher gelegener Etage mit Wassereintritt in den Schacht

Untersuchung/Messtechnik

- visuelle Inspektion vom Unter- bis zum Dachgeschoss
- Überprüfung mit Endoskop
- orientierende Feuchtemessungen
- Schachtöffnung zur Inspektion ggf. in mehreren Etagen

Mikrobiologische Untersuchungen

- Materialproben aus Schachtinnenraum
- Luftkeimmessungen im Schacht und als Referenz im Raum

Sanierungsmaßnahmen

- Sofortmaßnahmen bei Schäden in Wohnräumen (Schaden abkleben/binden), insbesondere bei gesundheitlichen Beschwerden der Raumnutzer
- Undichtheit beseitigen
- Bautrocknungsmaßnahmen im Druck-/Zugverfahren
- mikrobielle Sanierungsmaßnahmen abhängig von Befall; bei nicht zugänglichen befallenen Stellen in den Schächten mit Foggen desinfizieren, um erneutem raschem Wachstum vorzubeugen
- zusätzlich bei Bedarf Geruchsbeseitigung/-reduzierung durch Ozon

Abb. 5.69 Typischer Schaden im Untergeschoss

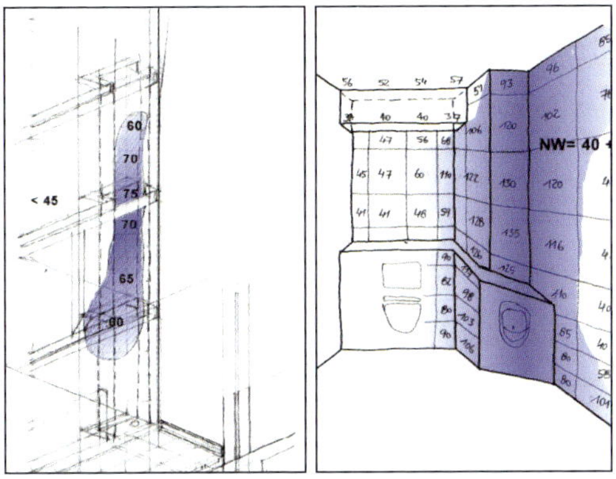

Abb. 5.70 a und b Systemskizzen – typische Feuchteverteilung

Abb. 5.71 a und b Schaden am Schachtsockel und unter dem Estrich/im Deckenbereich

Abb. 5.72 Starker mikrobieller Befall im Schacht

Anmerkungen

Abb. 5.69: Im Installationsschacht angefallenes Wasser lief in einem Umkreis von ca. 2 m unter den Estrich und verursachte mikrobiellen Befall.

Abb. 5.72: Mikrobieller Befall an Gipskarton-Verkleidungsplatten und Bauschuttresten im Schacht – Geruchsbelastung in mehreren Etagen

5.21 Schadenstyp H: Regenrinnen und Regenfallrohre

Schäden, Mängel, Undichtheiten und Verstopfungen

Symptome/Schadensausdehnung

- Durchfeuchtungen der Außenwand oft im Eckbereich von Fußboden bis Decke, häufig auch über mehrere Etagen
- Durchfeuchtungen im Bereich der Traufe oder bei Kniestockausbildung an vertikaler Verkleidung
- Durchfeuchtungen der Außenwände im Erdgeschoss oder Keller, oft im Eckbereich, wo außen das Fallrohr verläuft

Mögliche Ursachen

- Verstopfungen/überlaufende Rinnen
- fehlendes Nackenblech
- falsche Montage: Hinterkante tiefer als Vorderkante
- zu geringe Dimensionierung für starke Regenfälle
- verstopfte Abläufe unter Gelände, dadurch hochstauendes Wasser
- Regenfallrohr nicht an Kanal angeschlossen

Untersuchung/Messtechnik

- Inspektion innen und außen, vor allem auch auf dem Dach
- orientierende Feuchtemessungen
- Kanalanschlüsse freilegen und inspizieren

Mikrobiologische Untersuchungen

- Materialproben aus erhöht feuchten Bereichen von Wand und Fußböden, ggf. aus Hohlräumen im Bereich von Kniestöcken bei ausgebauten Dachgeschossen

Sanierungsmaßnahmen

- Sofortmaßnahmen bei Schäden in Wohnräumen, wenn gesundheitliche Beschwerden vorliegen
- mikrobiell besiedeltes Material beseitigen
- Schäden durch Dachdecker beseitigen lassen
- Sanierung im Innenbereich und mikrobielle Sanierung nach Schadensumfang und Befallsstärke

Abb. 5.73 Wasserschäden aufgrund falsch montierter Rinne

Abb. 5.74 a und b Undichtes Fallrohr/Anschluss mangelhaft

Abb. 5.75 Wasserschaden; Ursache: defektes Fallrohr

Anmerkungen

Abb. 5.73: Bei Verstopfung Überlauf am hinteren Rand, da die Oberkante tiefer liegt als die Oberkante am vorderer Rand – gut erkennbar an den ausgewaschenen Flächen

Abb. 5.74 a: Durchfeuchtung auch im Innenbereich

Abb. 5.75: Schaden im Keller durch schadhaften Anschluss des Regenfallrohrs an den Kanal (Vertikalsperre fehlt ebenfalls)

5.22 Schadenstyp I: Fensterbänke und Rollladen

Mangelhafte Fensterbänke und undichte Rollladenschienen

Symptome/Schadensausdehnung

- erhöhte Feuchte und mikrobieller Befall im Innenbereich an Leibungen, unter inneren Fensterbänken und in Nischen
- mikrobieller Befall unter Fensterrahmen

Mögliche Ursachen

- Undichtheiten in der Abdeckung bei keramischen Belägen und Rollschichten
- Undichtheiten in seitlichen Anschlüssen und Anschlüssen an Fensterrahmen
- Öffnungen an Rollladenschienen (Schlagregen!)

Untersuchung/Messtechnik

- Feststellung der sichtbaren Schadensausdehnung
- orientierende Feuchtemessungen und Tiefenmessungen
- Fensterbänke entfernen zur Untersuchung darunter liegender Bereiche und der Bereiche unter dem Fensterrahmen

Mikrobiologische Untersuchungen

- wenn erforderlich, Materialproben aus Bereichen erhöhter Feuchte (meist unterhalb der Fenster oder hinter Verkleidungen von Fensternischen)

Sanierungsmaßnahmen

- da meist kleinere Schadensausdehnung, als Sofortmaßnahme das befallene Material entfernen
- dichte Fensterbänke einbauen
- Rollladenschienen im unteren Bereich sicher abdichten
- Fensterbänke konstruktiv so planen, dass auch bei Schlagregen kein Wasser eindringen kann und eine saubere Abdichtung möglich ist

Abb. 5.76 Salzbildung unter der Fensterbank

Abb. 5.77 a und b Undichte Stellen im Fensterbereich

Abb. 5.78 a und b Schaden im Bereich der Heizkörpernische durch Feuchte von außen

Abb. 5.79 Schadensbild im Innenbereich

Anmerkungen

Abb. 5.77 a und b: Nicht fachgerecht ausgeführter und nicht abgedichteter unterer Abschluss der Rollladenschienen – typische Mängel, über welche Wasser in die Konstruktion eindringt

Abb. 5.78 a: Sichtbarer Schimmelpilzbefall in Nische durch Undichtheit außen

Abb. 5.78 b: Wassereintritt über Fugen

Abb. 5.79: Typisches Schadensbild bei Wassereintritt über mangelhaft abgedichtete Rollladenschiene

5.23 Schadenstyp J: Fassaden/Mauerwerk, Putz

Schäden an Fassaden, Fugendurchlässigkeiten

Symptome/Schadensausdehnung

- partielle Durchfeuchtungen des Mauerwerks/der Gebäudehülle
- Putzschäden, Risse und Abplatzungen
- Risse, Blasenbildung und Abplatzungen an Farbbeschichtungen und Durchfeuchtung dahinter liegender Bereiche

Mögliche Ursachen

- Rissbildungen durch Setzungen, Temperaturspannungen, fehlende Dehnungsfugen oder mangelhafte Auflagerausbildung
- zu hohe Fugendurchlässigkeit, Mängel an Verfugung
- Anschlüsse von Simsen, Friesen undicht
- mangelhafte Verankerung des Verblendmauerwerks
- ungeeignete diffusionsdichte Farbbeschichtungen

Untersuchung/Messtechnik

- Feststellung der sichtbaren Schadensausdehnung
- orientierende Feuchtemessungen und Tiefenmessungen
- Karsten'sches Prüfröhrchen zur Ermittlung des Wassereindringverhaltens
- Bauteilöffnung zur Inspektion

Mikrobiologische Untersuchungen

- Materialproben von Wand und Boden in Bereichen erhöhter Feuchte (im Innenbereich)

Sanierungsmaßnahmen

- Sofortmaßnahmen je nach Schaden bei gesundheitlichen Beschwerden
- mikrobiell besiedelte Materialien entfernen
- Risssanierung
- Beseitigung konstruktiver Fehler
- Sanierung/Erneuerung der Verfugung
- hydrophobieren
- Farbbeschichtung entfernen und durch diffusionsfähige Anstriche (z. B. Silicatanstriche) ersetzen

Abb. 5.80 Offene Fassade nach Abbruch

Abb. 5.81 Verfugung mangelhaft und offen

Abb. 5.82 Rissbildung nach Anstrich

Abb. 5.83 Schaden an Natursteinsims

Anmerkungen

Abb. 5.80: Starke Durchfeuchtung nach Abbruch des Nachbargebäudes durch ungeschützte Wand

Abb. 5.81: Über offene Fugen dringt Wasser ein.

Abb. 5.82: Risse im Putz nach Beschichtung mit praktisch diffusionsdichter Farbe

Abb. 5.83: Stark geschädigter Natursteinsims, dadurch eindringendes Wasser in dahinter liegender Mauer

5.24 Schadenstyp K: Fassaden/Wärmedämmverbundsysteme

Schäden durch Rissbildung, Planungs-, Ausführungs- und Materialfehler

Symptome/Schadensausdehnung

- Durch-/Hinterfeuchtung des Wärmedämmverbundsystems
- Schäden im Sockelbereich
- Rissbildungen
- Abplatzungen oder Hohlstellen

Mögliche Ursachen

- Dämmplattenverlegung mangelhaft durch fehlende/zu geringe Anker, Abstände zwischen den Platten, mangelnde Haftung auf dem Untergrund usw.
- Armierungsgewebe falsch eingebettet
- zu geringe Schichtdicken von Spachtelung/Putz
- Leibungen nicht in die Dämmung einbezogen
- Sockelbereich nicht fachgerecht ausgebildet

Untersuchung/Messtechnik

- Feststellung der sichtbaren Schadensausdehnung
- orientierende Feuchtemessungen und Tiefenmessungen
- Kontrollöffnungen bis Wandoberfläche
- Hersteller hinzuziehen

Mikrobiologische Untersuchungen

- Wandmaterial im Bereich erhöhter Feuchte sowie im Bereich außen sichtbarer Schäden an der Innenseite der Wände, ggf. im Bereich hinter Verkleidungen oder aus Zwischenräumen bei Ständerkonstruktionen
- evtl. Luftkeimmessung in der Konstruktion mit Referenzmessungen im Raum und außen

Sanierungsmaßnahmen

- Sockelausbildung sanieren/erneuern
- Randausbildungen, Tropfkanten, Abdeckungen fachgerecht herstellen
- weitere Maßnahmen je nach Schadensursache

Abb. 5.84 Schäden im Sockelbereich

Abb. 5.85 Starke Rissbildung an der Giebelwand

Abb. 5.86 Detail: Abdichtung zwischen Fensterbänken

Abb. 5.87 Detail: Rissbildung

Anmerkungen

Abb. 5.84: Wahrscheinlich mangelnde Befestigung der Dämmelemente

Abb. 5.85: Hinterlaufendes Wasser

Abb. 5.86: Die Abdeckung bzw. Abdichtung der Oberkante der Dämmung wurde nicht ausgeführt, dadurch starker Wassereintritt hinter die Dämmebene

Abb. 5.87: Rissbildung trotz Armierung aufgrund offener Plattenstöße an den Dämmplatten (Überdeckung der Wärmedämmung mit Dünnschichtputz)

5.25 Schadenstyp L: Gebäudehülle nicht luftdicht

Mängel an Luftdichtheitsausführung nach DIN 4108-7

Symptome/Schadensausdehnung

- Durchfeuchtung und mikrobieller Befall über/hinter der Dampfsperre, vor allem in Dämmmaterialien und Beplankungen bei Leichtbauwänden
- in älteren Fertighäusern häufig starker muffiger Geruch

Mögliche Ursachen

- Undichtheiten im Bereich der Kamine, Entlüftungsleitungen, Antennen, Fensteranschlüsse, Elektrodosen, des Putzanschlusses an der Decke, der Folienanschlüsse, Folienüberlappungen und -durchdringungen und Vorwandinstallationen (Folien nicht fachgerecht und damit nicht luftdicht verklebt)

Untersuchung/Messtechnik

- Feststellung der sichtbaren Schadensausdehnung
- Blower-Door-Prüfverfahren mit Benebelung
- Kontrollöffnungen zur Feststellung von Feuchteschäden und mikrobiellem Befall

Mikrobiologische Untersuchungen

- Dämmstoff
- Gipskartonplatten bei Verkleidungen am Kniestock und in der Dachschräge sowie bei Leichtbauwänden
- Luftkeimmessung in der Konstruktion bei Leichtbauwänden sowie Referenzmessungen im Raum und außen

Sanierungsmaßnahmen

- technische Sofortmaßnahmen meist nicht möglich, evtl. Abdichtung zugänglicher Öffnungen
- luftdichte Verklebung, besonders an kritischen Punkten, wie Rohrdurchführungen usw.
- Steckdosen und Einbauleuchten luftdicht ausführen
- befallene Dämmung austauschen
- Bei extrem ausgedehnten Schäden (vor allem in älteren Fertighäusern) ist eine Sanierung oft nicht wirtschaftlich.

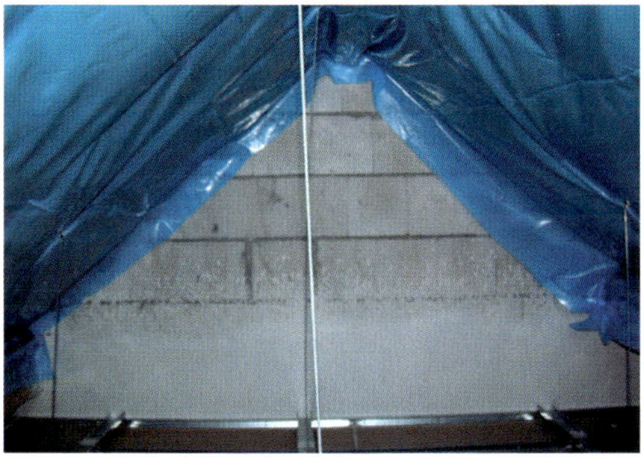

Abb. 5.88 Ausbildung ohne Verklebung an einer Giebelwand

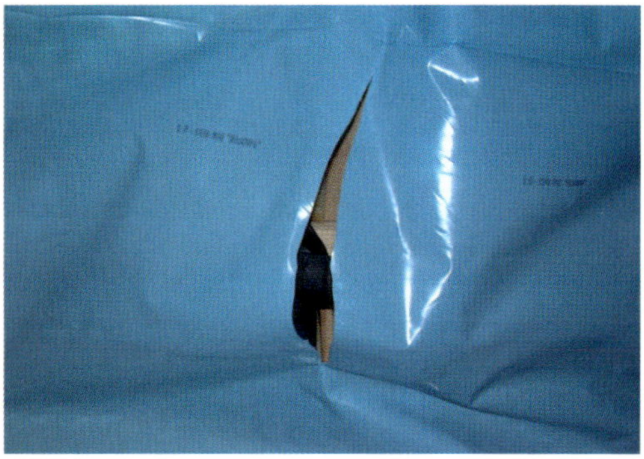

Abb. 5.89 Öffnung der Folie, um dahinter etwas nachzusehen, wurde nicht wieder verschlossen

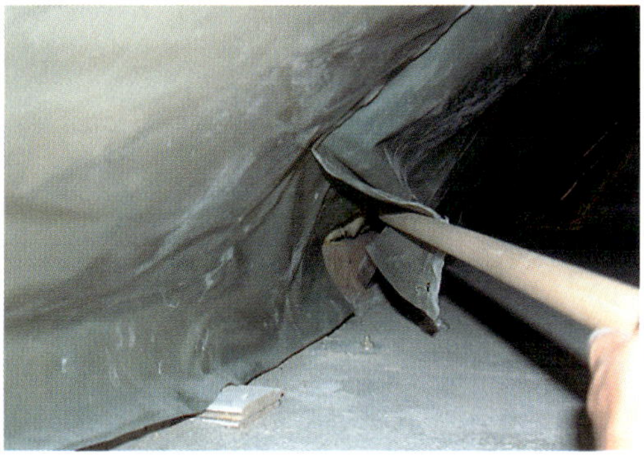

Abb. 5.90 Undichtheit durch Tackern

Abb. 5.91 Typischer Mangel an Entlüftungsrohr

Anmerkungen

Abb. 5.88: Folien nur an Sparren festgetackert, Verklebung fehlt, dadurch durchgehend undicht

Abb. 5.89: Typische Schäden durch nachfolgende handwerkliche Arbeiten, derartige Schlitze werden meist nicht wieder zugeklebt

Abb. 5.90: Vor allem in nicht einsehbaren Bereichen wird oft nicht fachgerecht gearbeitet.

Abb. 5.91: Hier muss kontrolliert werden, bevor der Trockenbauer kommt!

5.26 Schadenstyp M-1: Dächer/Flachdächer

Konstruktions- und Ausführungsmängel sowie Alterungsschäden

Symptome/Schadensausdehnung

- Feuchteflecken an der Decke, bei Betondecken häufig im Bereich von Dachdurchdringungen, wie Kaminen, Lichtkuppeln, Entlüftungsrohren usw.
- Geruchsauffälligkeiten (muffiger Geruch)

Mögliche Ursachen

- Undichtheiten an der Abdichtung
- mangelnde Entwässerung durch verstopfte Rinnen und Abläufe, zu geringes Gefälle usw.
- Kondensatbildung durch Konstruktions-, Material- und Ausführungsfehler
- mangelhafte Ausbildung der Randanschlüsse, Anschlüsse an Lichtkuppeln, Kamine usw.

Untersuchung/Messtechnik

- Feststellung der sichtbaren Schadensausdehnung, auch das Dach von außen inspizieren
- Bauteilöffnung zur Inspektion der Abdichtung und Verhältnisse im Dachaufbau

Mikrobiologische Untersuchungen

- Dämmstoffe, Schalung, Verkleidungen
- evtl. Luftkeimmessung in der Dachkonstruktion sowie Referenzmessungen im Gebäude und außen

Sanierungsmaßnahmen

- technische Sofortmaßnahmen kaum möglich
- bei kompletter Durchfeuchtung der Dämmung oder mikrobiellem Befall der Schalung Austausch des gesamten Dachaufbaus
- Nachbesserungen, wie Aufkleben neuer Bahnen usw., sind meist nicht sinnvoll, da keine Beseitigung des eingedrungenen Wassers und des mikrobiellen Befalls möglich ist.
- Rinnen und Abläufe reinigen

Abb. 5.92 Verstopfte Dachabläufe führen zu derartigen Biotopen und dauerhaften Wasserbelastungen.

Abb. 5.93 Mangelhafte Ausbildung des Dachrandanschlusses

Abb. 5.94 Schimmelpilzbefall im Bereich des Dachablaufs

Abb. 5.95 Schimmel, Schwamm und Pilzwachstum

Anmerkungen

Abb. 5.92: Ein dauerhafter Tümpel lockt Enten an.

Abb. 5.93: Abdichtungsbahnen nicht bis an die Oberkante des Dachrandprofils hochgezogen, dadurch unterlaufendes Wasser im gesamten Randbereich

Abb. 5.94: Schimmelpilzbefall durch Undichtheiten am Dachrand eines Flachdaches

Abb. 5.95: Aufgrund von Undichtheiten und Kondensatbildung erheblicher mikrobieller Befall, Schwammbildung und Pilzwachstum

5.27 Schadenstyp M-2: Dächer/geneigte Dächer

Ausführungsfehler und Schäden an Satteldächern, Schäden durch nachträgliche Dämmung

Symptome/Schadensausdehnung

- Feuchteflecken im Innenbereich
- Kondensatbildung auf der Dachunterseite, über Verkleidungen, in Randbereichen
- Feuchteschäden im Bereich von Durchdringungen, wie Kaminen, Abluftrohren, Antennen usw.

Mögliche Ursachen

- nicht fachgerechte Eindeckung, dadurch eindringendes Wasser bei Schlagregen, Sturm, Schneefall usw.
- undichte Anschlüsse an Kamine usw.
- fehlende oder mangelhafte Dämmung
- Umbau von Speichern zu Wohnraum ohne Beachtung der neuen Anforderungen

Untersuchung/Messtechnik

- Feststellung der sichtbaren Schadensausdehnung
- Bauteilöffnung zur Inspektion der Konstruktion von außen durch Abdecken einiger Dachpfannen oder von innen durch Öffnen von Verkleidungen

Mikrobiologische Untersuchungen

- Dämmstoffe, Schalung, Verkleidungen
- Luftkeimmessung in der Dachkonstruktion und als Referenz im Dachgeschoss und im Außenbereich

Sanierungsmaßnahmen

- technische Sofortmaßnahmen meist nicht möglich
- durch Feuchte und Mikroorganismen geschädigtes/befallenes Material austauschen
- Eindeckung fachgerecht herstellen einschließlich der Randanschlüsse, Firstausbildung
- Abdichtung an Kaminen und anderen Durchdringungen fachgerecht herstellen/sanieren
- bei konstruktiv falschen Aufbauten Eindeckung entfernen, Aufbau fachgerecht herstellen und neu eindecken
- Lücken in Wärmedämmung schließen

Abb. 5.96 „Natürliche Thermographie"

Abb. 5.97 Schäden an Pfetten durch Wasserbelastung

Abb. 5.98 Schadensbild innen: partielle Undichtheit

Abb. 5.99 Strohabdichtung

Anmerkungen

Abb. 5.96: Deutlich erkennbare Bereiche fehlender oder mangelhafter Wärmedämmung

Abb. 5.97: Holzzerstörung an Pfetten und mikrobieller Befall an Mineralwolledämmung durch Wasserbelastung

Abb. 5.98: Schäden durch Undichtheiten an Anschlüssen der Dachgaube an die Dachfläche

Abb. 5.99: Stroh war als Dämmung geeignet, als das Dach durchlüftet wurde, ist aber nicht mehr geeignet, wenn darunter Wohnräume geschaffen werden. Dann ist ein fachgerechter Aufbau mit geeigneter Dämmung, Unterspannbahn usw. erforderlich.

5.28 Schadenstyp N: Neubaufeuchte

Schäden durch hohe Wasserbelastung im Rohbau, zu kurze Austrocknung und mangelnde Belüftung

Symptome/Schadensausdehnung

- hohe Luftfeuchte und mikrobieller Befall an Wänden, in Böden, in Schächten usw.
- Geruchsbelastungen und mikrobielle Raumluftbelastungen
- flächig in den Fußböden messbar erhöhte Feuchte

Mögliche Ursachen

- Wassereinbrüche/Überflutungen in der Bauphase
- über mehrere Tage vorliegende sehr hohe Luftfeuchte nach Putzarbeiten oder Estrichverlegung aufgrund mangelnder Belüftung (geschlossene Fenster)
- zu kurze Austrocknungszeiten vor Verlegung von Estrichen, Anbringen von Wandverkleidungen usw.
- Einbau mikrobiell vorbelasteten Materials

Untersuchung/Messtechnik

- Feststellung der sichtbaren Schadensausdehnung, Inspektion vor allem hinter Fußleisten
- ggf. Bauteilöffnungen zur Inspektion nicht einsehbarer Bereiche
- Recherche der Bauzeiten/Vorgänge auf der Baustelle
- orientierende Feuchtemessungen und Tiefenmessungen, insbesondere in den Fußböden

Mikrobiologische Untersuchungen

- Materialproben aus dem Fußbodenbereich (Dämmlage, Trennpappe, Randstreifen untere Hälfte) bei messbar erhöhter Feuchte
- Luftkeimmessung zwischen Trennwänden bei Reihenhausbebauung und als Referenz Messungen im Gebäude und außen

Sanierungsmaßnahmen

- Einzig mögliche Sofortmaßnahmen wären umgehende Trocknung oder Sperren der Räume.
- Entscheidung, ob Material wegen Mikroorganismen zu entfernen ist, analytisch sorgfältig absichern, da meist hohe Kosten
- zur Prävention: Wassereinbrüche/Überflutungen während Bauphase vermeiden oder sofort Wasser beseitigen und keine feuchten oder erkennbar verschmutzten Materialien einbauen

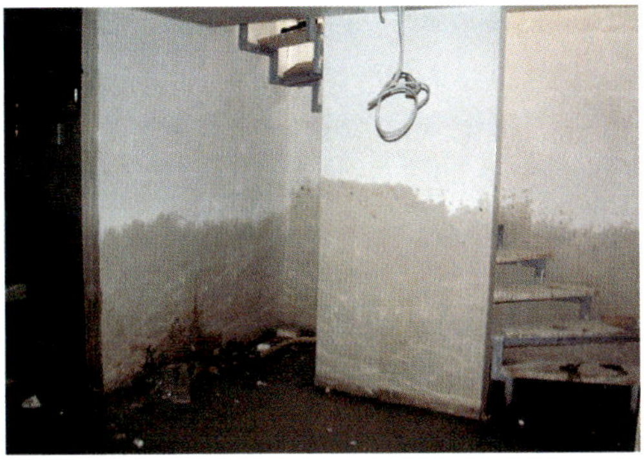

Abb. 5.100 Ideale Grundlage für mikrobiellen Befall

Abb. 5.101 Wasser dringt durch offenen Schacht ein.

Abb. 5.102 Künstliche Mineralfasern sollten nach dem Einbau nicht so feucht werden.

Abb. 5.103 Derart „gelagertes" Material wird noch verbaut!

Anmerkungen

Abb. 5.100: Hier wurde Wasser, das über Lichtschächte eingedrungen war, wochenlang nicht entfernt.

Abb. 5.101: Wasser läuft über oben offenen Schacht in den Keller, vermeidbar durch Abdeckung

Abb. 5.102: Derart feuchtebelastete künstliche Mineralfasern werden fast immer mikrobiell befallen und dann nicht ausgetauscht.

Abb. 5.103: Auch die Paletten verhindern hier nicht die Durchfeuchtung. Lagerung sollte so nie erfolgen!

6 Bewertung von Feuchte- und mikrobiellen Schäden

6.1 Ziel der Bewertung – Was ist zu bewerten?

Bei der Bewertung von Feuchteschäden und mikrobiellen Schäden ist zunächst die Aufgabenstellung zu klären, d. h. es muss als Erstes festgelegt werden, was bewertet werden soll. Es ist ein entscheidender Unterschied, ob es sich um Schäden mit einer ausschließlich optischen Beeinträchtigung handelt, ob eine massive Materialschädigung zu erwarten ist, evtl. mit statischen Problemen, ob eine Geruchsbelastung vorhanden ist oder ob gesundheitliche Beschwerden vorliegen und der begründete Verdacht besteht, dass sie in Zusammenhang mit Feuchte- und mikrobiellen Schäden stehen.

6.2 Optische Schäden

Am einfachsten ist die Bewertung von optischen Schäden, da in diesem Fall die Schäden immer visuell wahrgenommen werden. Die Ursache des Schadens ist festzustellen und anschließend sind die Maßnahmen zur Beseitigung des optischen Problems festzulegen.

Abb. 6.1 a–d Typische Beispiele für optische Beeinträchtigung

Typische Beispiele für optische Schäden sind Flechten oder Algen auf Fassadenflächen, Feuchteflecken ohne Schimmelbefall, Rostflecken und evtl. auch Schimmelflecken in Räumen, die nicht oder nur sehr selten und kurzzeitig genutzt werden.

Auch kleinere Schimmelflecken, die entsprechend den Leitfäden des UBA (UBA 1) oder des LGA Baden-Württemberg (LGA 1) als Schäden der Kategorie 1 eingestuft werden, können als optisches Problem angesehen werden, da mikrobielle Schäden sehr kleiner Ausdehnung für gesunde Personen keine gesundheitliche Gefährdung bedeuten. Es ist zwar nicht sicher auszuschließen, dass sehr sensibilisierte Personen, wie z. B. Schimmelpilzallergiker, auch von diesen Schäden beeinträchtigt werden, aber zu erwarten ist dies im Normalfall nicht. Allerdings muss sichergestellt sein, dass neben den kleinen sichtbaren Schimmelflecken kein weiterer nicht sichtbarer, tiefer gehender oder versteckter Befall vorliegt.

Die Bewertung einer rein optischen Beeinträchtigung kann sich auf Dokumentation und Beschreibung des Schadens mit Nennung der Ursache beschränken.

6.3 Materialschädigung mit Funktionsbeeinträchtigung

Bei optisch erkennbaren Schäden an Materialien ist neben der gesundheitlichen Problematik und der Belastung durch unangenehme Gerüche an dieser Stelle in manchen Fällen zusätzlich mit Funktionsbeeinträchtigungen zu rechnen. Es kann z. B. durch Feuchte in Dämmmaterialien die Dämmwirkung vermindert (5 % erhöhte Feuchte in Mauerwerk = 50 % verminderte Dämmwirkung) und auch die statischen Eigenschaften von Bauteilen können massiv beeinträchtigt werden.

Wenn statisch belastete Bauteile durch Feuchte geschädigt sind, z. B. Stahlbauteile durch Korrosion oder tragende Balken durch Holz zerstörende Pilze, kann eine akute Gefährdung vorliegen.

Wie man anhand des Beispiels in Abb. 6.3 sieht, können durch Feuchte verursachte Schäden an Gebäuden sehr problematisch sein, da diese Schäden oft nicht oder zu spät erkannt werden und dann unbemerkt eine akute Gefährdung besteht. Deshalb sollten bereits bei dem geringsten Verdacht, dass eine Funktionsbeeinträchtigung statischer Bauteile möglich ist, unverzüglich Fachleute für Statik, Bauwerkstoffe oder für Holz zerstörende Pilze eingeschaltet werden. Wenn eine akute Gefährdung zu befürchten ist, sollte das entsprechende Gebäude vorsorglich sofort gesperrt werden.

Abb. 6.2 und 6.3 Am 21.5.1980 stürzte das Dach der Kongresshalle in Berlin an der Gebäudevorderseite ein und ein Journalist wurde unter den herabstürzenden Trümmern begraben. Als Ursache wurden konstruktive Mängel ermittelt, die zur Korrosion und schließlich zum Versagen tragender Stahlteile führten. (Quelle Abb. 6.2: panta rhei systems gmbh, Quelle Abb. 6.3: Landesarchiv Berlin/Fotograf: Ludwig Ehlers)

6.4 Geruchsbelastung

In fast allen Beweisfeststellungsfragen bei gerichtlichen Auseinandersetzungen zwischen Mietern und Vermietern oder Käufern und Verkäufern wird nur nach der gesundheitlichen Gefährdung gefragt. Allerdings ist auch eine Belastung durch unangenehmen Geruch häufig bereits unzumutbar. Selbst wenn keine Stoffe auftreten oder nachgewiesen werden können, die giftig sind oder auf andere Weise das Immunsystem bekanntermaßen negativ beeinflussen können, ist eine Geruchsbelastung auch ein gesundheitliches Problem. Denn da, wo man sich wegen eines inakzeptablen Geruchs nicht wohlfühlt, werden sich ggf. Stress-Symptome einstellen, die zweifelsfrei ein medizinisches Problem darstellen.

Es ist sehr schwierig, eine gemeldete Geruchsbelastung zu bewerten, da viele Geruchsstoffe nur schwer oder gar nicht zu messen sind. Der Sachverständige muss sich deshalb meist auf die eigene Wahrnehmung stützen. Diese ist nicht zufrieden stellend objektivierbar, denn das Geruchsempfinden ist von Mensch zu Mensch völlig unterschiedlich ausgeprägt. So haben Frauen im Allgemeinen ein stärker ausgeprägtes Geruchsempfinden als Männer (Schlachta, 2000). Auch beurteilen verschiedene Personen Gerüche unterschiedlich als angenehm, neutral oder unangenehm und einige nehmen einen besonders starken Geruch wahr, wo andere gar nichts riechen. Darüber hinaus gibt es zeitliche Schwankungen, z. B. senkt Hunger die Geruchsschwelle, während Sättigung diese ansteigen lässt (Plattig, 1999).

Zur Erfassung von Gerüchen wurden zwar Regeln aufgestellt (u. a. VDI-Richtlinien 3881, 3882, 3883, 3940), allerdings gelten diese technischen Regeln nicht bei mikrobiellen Innenraumquellen, sondern sie wurden zur Feststellung von Geruchsemissionen aus Produkten oder zur Bewertung von Gerüchen erstellt, die von Produktionsbereichen ausgehen. Derartige Untersuchungen sind sehr aufwändig und somit kostspielig und wären bei mikrobiellen Schäden in Wohnungen schon aus finanziellen Gründen nicht vertretbar. So wird ein geschultes Probandenkollektiv von mindestens 4 Personen, bei Grundsatzuntersuchungen von 8 bis 15 Personen gefordert.

Der Sachverständige sollte bei der Untersuchung von Feuchteschäden und mikrobiellen Schäden die beschriebene Geruchswahrnehmung dokumentieren und ebenso wie das eigene Geruchsempfinden bei der Bewertung würdigen.

Wenn ein mikrobieller Geruch wahrgenommen wird, muss davon ausgegangen werden, dass eine entsprechende Quelle, d. h. ein mikrobieller Befall, vorliegt, die entfernt werden muss. Materialien, die die Geruchsbelastung verursachen oder zur Geruchsbelastung beitragen, sollten aus Innenräumen entfernt werden (siehe auch Kap. 3.1.2).

6.5 Gesundheitliche Aspekte

Aufgrund praktischer Erfahrungen und wissenschaftlicher Studien ist bekannt, dass mikrobielle Schäden gesundheitliche Beschwerden verursachen können. Das heißt Mikroorganismen können krank machen und mikrobielle Schäden müssen deshalb saniert werden. Es ist aber bis heute nicht zufriedenstellend geklärt, wann welche Mikroorganismen krank machen und wodurch.

Wenn aber nicht sicher ist, welche Symptome durch welche mikrobiellen Stoffe ausgelöst werden oder werden können, kann die tatsächliche Gesundheitsgefährdung nicht messtechnisch belegt, sondern nur anhand von Indizien in lediglich sehr grober Näherung abgeleitet werden.

Selbst nach der Untersuchung von mehr als 1.000 Wohnungen, durchgeführt vom Institut für Innenraumdiagnostik, mit mikrobiellen Schäden und gleichzeitig kranken Bewohnern ist es nicht gelungen, die Anzahl und Stärke der Symptome in einen klaren Zusammenhang zu bringen mit der festgestellten Schadensgröße und/oder der Art der mikrobiellen Besiedlung. Es gibt genügend Fälle, in denen mittelgroße bzw. nicht allzu große Schäden festgestellt wurden und über massive gesundheitliche Beschwerden berichtet wurde, die nach Sanierung abgeklungen sind. Ebenso kommen auch ausgedehnte Schäden vor, bei denen die Exponierten nur leichte Symptome oder auch gar keine Beschwerden hatten.

Dies ist nur erklärbar, wenn nicht alle Mikroorganismen krank machen können oder krank machende Stoffe freisetzen oder wenn die Personen sehr unterschiedlich empfindlich reagieren. Man muss davon ausgehen, dass beides eine Rolle spielt.

Ein typisches Beispiel ist der oft genannte Schimmelpilz *Stachybotrys chartarum*, dessen Gefährdungspotential an dem stark giftigen Satratoxin festgemacht wird, das dieser Pilz produzieren kann. Bei wissenschaftlichen Arbeiten zeigte sich jedoch, dass nur einige Stämme dieser Art imstande sind, dieses Gift zu produzieren und dieses auch nur unter bestimmten Bedingungen.

Hinweise darauf, dass potentielle Mykotoxinbildner vor allem unter „Stressbedingungen" Toxine produzieren, ergaben sich aufgrund von Laborversuchen mit einem Pilzstamm der *Aspergillus-ustus*-Gruppe. Der aus einem Bürogebäude isolierte Pilzstamm war dann in besonderem Maße in der Lage, ein Mykotoxin zu produzieren, wenn er auf 10 °C gekühlt oder wenn seinem Nährboden mit Paraffin ein Stoff zugesetzt wurde, den er nicht zur Aufnahme von Nährstoffen zersetzen kann (Lorenz/Trautmann/Dill/Gareis, 2003).

Viele offene Fragen verursachen die Bakterien, die in der Mehrzahl der Fälle neben den Schimmelpilzen in hohen Mengen die durch Feuchte geschädigten Baumaterialien besiedeln. Die meisten dieser Bakterien können mit bezahlbarem Aufwand nicht identifiziert werden. Es gibt aber bereits klare Hinweise, dass einige Bakterien Giftstoffe produzieren und/oder freisetzen können, wie *Streptomyces griseus* die antibiotische Verbindung Valinomycin, oder die sog. Gram negativen Bakterien Endotoxine. Auch besteht der Anfangsverdacht, dass manche „Gebäude-Bakterien" in seltenen Fällen Infektionen verursachen können. So wurden Actinomyceten der Gattungen *Nocardia, Nocardiopsis* oder *Mycobacterium* nachgewiesen, denen fakultativ infektiöse Arten angehören (siehe Lorenz/Trautmann/Dill, 2003).

In diesem Buch können allerdings nicht die gesundheitlichen Aspekte im Detail diskutiert werden, da es sich auf die Sanierung von Schäden konzentriert (Interessierte können u. a. in Hankammer/Lorenz, 2003, nachlesen).

Da aus den genannten Gründen das Ausmaß der Gefährdung derzeit nicht unmittelbar durch Messung bzw. Analyse krank machender Substanzen ermittelt werden kann, erfordert die Beurteilung von Schäden im Hinblick auf die gesundheitliche Relevanz eine gesamtheitliche Betrachtung.

In vielen Fällen sind Kompromisse zu akzeptieren und es muss zugegeben werden, dass es bei Sachverständigen je nach Praxiserfahrung unterschiedliche Standpunkte gibt, bei denen oft nicht sachlich zu entscheiden ist, wer Recht hat.

Tendenziell kann man 2 Richtungen einschlagen. Man kann im Zweifelsfall sehr vorsichtig bewerten, um keine unnötigen Sanierungsmaßnahmen verantworten zu müssen, und nimmt dann in Kauf, dass Exponierte weiterhin unter Beschwerden leiden oder Beschwerden entwickeln. Oder man stuft die mögliche Gesundheitsgefährdung als bedeutsamer ein als evtl. unnötige Sanierungskosten.

Die ersten Leitfäden des LGA Baden-Württemberg und des UBA wählen tendenziell den zweiten Weg (LGA 1, UBA 1). In beiden Leitfäden wird deutlich dargestellt, dass das Vorsorge- und Minimierungsgebot anzuwenden ist (siehe auch Kap. 2).

In diesen Leitfäden werden die mikrobiellen Schäden in 3 Kategorien eingeteilt:

Tabelle 6.1: **Einteilung in Risikogruppen nach Empfehlungen in LGA 1 und UBA 1**

Kategorie 1	**Kategorie 2**	**Kategorie 3**
Normalzustand und geringfügiger Schaden	geringer bis mittlerer Schaden	großer Schaden
keine bzw. sehr geringe Biomasse (z. B. geringe Oberflächenschäden < 20 cm²)	Die Freisetzung von Pilzbestandteilen sollte unterbunden und die Ursache mittelfristig ermittelt und saniert werden. Mittlere Biomasse, oberflächliche Ausdehnung < 0,5 m², tiefere Schichten sind nur lokal begrenzt betroffen.	Die Freisetzung von Pilzbestandteilen sollte sofort unterbunden werden, die Ursache des Schadens ist unverzüglich zu ermitteln und zu beseitigen. Die Betroffenen sind auf geeignete Art und Weise zu informieren, eine umweltmedizinische Betreuung sollte erfolgen. Nach abgeschlossener Sanierung hat eine Kontrolluntersuchung stattzufinden. Große Biomasse, große flächige Ausdehnung > 0,5 m², auch tiefere Schichten können betroffen sein.
Beim Auftreten von Schimmelpilzen, denen eine besondere gesundheitliche Bedeutung zugeordnet wird, sollte die nächsthöhere Kategorie gewählt werden. Auch wird empfohlen, dass der Sachverständige bei einem aktiven Befall prüft, ob die Kategorie um einen Wert erhöht wird.		

Im Hinblick auf die Entscheidung, ob Material entfernt werden muss und ob Sofortmaßnahmen erforderlich sind, spielt die Ausdehnung des Schadens eine untergeordnete Rolle, denn mikrobiell besiedeltes Material sollte immer entfernt werden, egal ob es sich um eine kleine oder große Ausdehnung handelt. Die Sofortmaßnahmen sollten sich in erster Linie danach richten, ob und wie intensiv Personen exponiert sein können und wie gesund diese Personen sind. Das Schadensausmaß kann insbesondere dann entscheidend sein, wenn der Aufwand zum Rückbau erheblich ist oder auch wenn der Laborbefund nicht eindeutig ist.

In den Fällen, in denen keine besonderen Risikogruppen exponiert werden und keine anderen Besonderheiten zu berücksichtigen sind, sind die Empfehlungen des UBA und der LGA Baden-Württemberg bei der Bewertung sehr gut anwendbar. Es ist jedoch an dieser Stelle davor zu warnen, stur das Schadenskategorie-Schema der Leitfäden LGA 1 und UBA 1 anzuwenden. Wer mikrobielle Schäden mit dem Zollstock misst und bei einem 0,49 m² großen Schimmelfleck noch kein Problem sieht, aber ab einem 0,51 m² großen Schimmelfleck Räume oder ganze Gebäudeteile sperren lässt, der hat nicht ansatzweise verstanden, wie die Empfehlungen in den Leitfäden gemeint sind.

Zusammenfassend ist zu sagen, dass Schimmelpilzschäden wegen der möglichen gesundheitlichen Beeinträchtigung weder verharmlost werden dürfen noch dass ein Anlass zur Panik oder zu unüberlegtem Aktionismus besteht, denn eine **akute** Gesundheitsgefährdung ist weitgehend auszuschließen (siehe Kap. 2).

Bei einer anstehenden Sanierung sind die gesundheitlichen Aspekte im Hinblick auf folgende Punkte zu bewerten:

- Wie dringlich sind die Maßnahmen, bzw. sind **Sofortmaßnahmen erforderlich**?
- Wie groß ist der **erforderliche Sanierungsumfang**? Muss nur getrocknet werden oder ist auch Material zu entfernen?
- Welche Maßnahmen zum **Umgebungsschutz** sind erforderlich?
- Welche Maßnahmen zum **Arbeitsschutz** sind erforderlich?

6.6 Dringlichkeit der Maßnahmen – Sofortmaßnahmen

In manchen Fällen, nämlich wenn besonders gefährdete Personen exponiert werden können oder wenn die exponierten Personen massive gesundheitliche Beschwerden berichten, sind Sofortmaßnahmen durchzuführen.

Im Zweifelsfall sind Sofortmaßnahmen durchzuführen und nicht die Ergebnisse einer gutachterlichen Untersuchung abzuwarten, denn es kann ein fragwürdiger Eindruck erweckt werden, wenn der Gutachter nach 3 Monaten oder mehr Bearbeitungszeit im Gutachten feststellt, dass die betroffenen Räume nicht mehr betreten werden dürfen. Die Untersuchungszeit kann aber entgegen der Erwartungshaltung mancher Auftraggeber nicht beliebig verkürzt werden, wenn eine qualitativ hochwertige Arbeit erwartet wird.

Welche **Sofortmaßnahmen** durchzuführen sind, ist individuell zu entscheiden. Die Durchführung von Maßnahmen ist in Kap. 9.1 beschrieben.

Das Ziel von Sofortmaßnahmen ist immer entweder die **Verminderung** oder die **Verhinderung** der Exposition von Betroffenen.

Besteht die reale Möglichkeit, dass es zu Infektionen kommt (bei exponierten Personen mit geschwächtem Immunsystem und fakultativ infektiösen Keimen), dann sollten Maßnahmen zur Expositionsverhinderung durchgeführt werden. In allen anderen Fällen sind Maßnahmen zur Verminderung ausreichend. Wenn die Sanierung umgehend erfolgen soll, sind nur Maßnahmen mit geringem Aufwand sinnvoll. Sollte aber die Sanierung erst mittel- bis langfristig möglich sein, sind auch Sofortmaßnahmen mit größerem Aufwand, z. B. Abschottung, Unterdruck (siehe Kap. 9.1), vertretbar.

Neben technischen Sofortmaßnahmen können auch organisatorische Maßnahmen durchgeführt werden, z. B. können einzelne Personen mit Symptomen aus dem betroffenen Bereich herausgenommen werden. Auch die ärztliche Beratung oder Beobachtung kann eine Sofortmaßnahme darstellen.

Wann Sofortmaßnahmen erforderlich oder zu empfehlen sind, könnte z. B. anhand des folgenden Schemas entschieden werden:

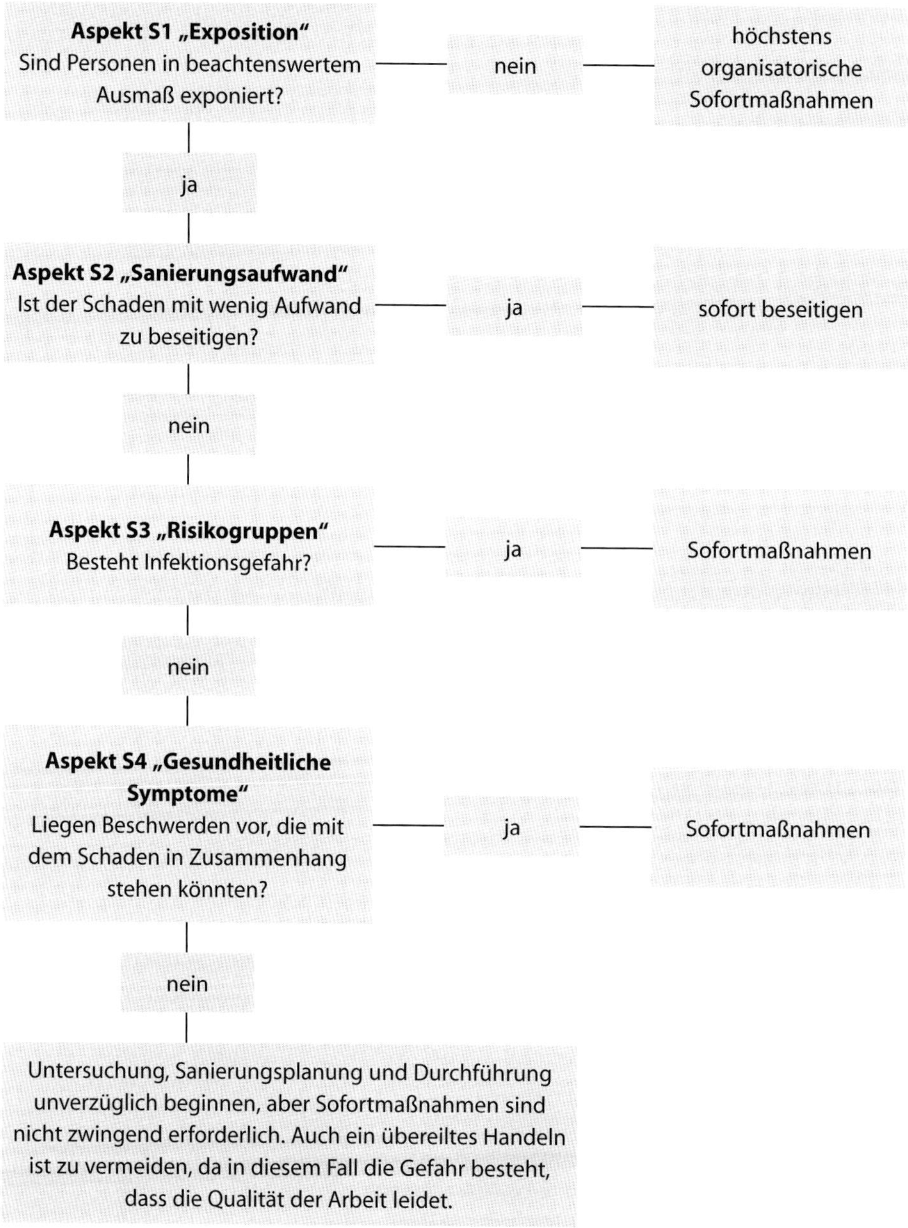

S: Sofortmaßnahme

Abb. 6.4 Ablaufschema zur Entscheidung über Sofortmaßnahmen

6.6.1 Aspekt S1 „Exposition"

Bei Schäden in nicht oder nur sporadisch und dann auch nur kurze Zeit genutzten Räumen, d. h. wenn keine Personen nennenswert exponiert werden können, sind Sofortmaßnahmen in den meisten Fällen nicht notwendig. In der Hauptsache dürfte es sich hierbei um Lager- und Archivräume handeln.

Die Dauer der Exposition kann wie folgt klassifiziert werden:

- Langzeitexposition: > 1 Stunde am Tag,
- Kurzzeitexposition: bis maximal 1 Stunde am Tag,
- sporadische Exposition: 5 bis maximal 15 Minuten am Tag.

Bei massiven mikrobiellen Schäden (Kategorie 3 nach UBA 1 oder LGA 1) in Nutzräumen, wie Archiven, Lagern usw., könnten folgende organisatorische Maßnahmen ergriffen werden:

- Aufenthaltsdauer auf das unbedingt Notwendige begrenzen,
- Betreten der Räume nur noch durch eingewiesene, gesunde Personen; empfindliche Personen bzw. Allergiker oder aus anderen Gründen gefährdete Personen, wie Schwangere, Asthmatiker, Rheumatiker, sollten sich diesen Räumen fern halten
- Die befugten Personen sollten beim Betreten der Räume Atemschutzmasken (Feinstaubmasken, mindestens Filterklasse P2) und spezielle Arbeitskleidung (z. B. Einmal-Schutzanzüge) tragen.
- Nicht mikrobiell besiedelte Gegenstände, die aus diesen Räumen geholt werden, sind zu reinigen, bevor sie in andere Räume gebracht werden (siehe Kap. 9.2.3).
- Gegenstände, die mit Mikroorganismen besiedelt sind, sollten entsorgt oder zumindest nicht in andere Räume gebracht werden, bevor der Befall nicht fachmännisch beseitigt wurde.

6.6.2 Aspekt S2 „Sanierungsaufwand"

Es macht keinen Sinn, länger darüber nachzudenken, wie schnell gehandelt werden muss, wenn die Behebung des Problems schnell erfolgen kann. Deshalb sollten kleine Schimmelpilzschäden, die mit wenig Aufwand entfernt werden können, auch sofort entfernt werden.

Die Einschätzung, was wenig Aufwand ist und was nicht, wird individuell unterschiedlich ausfallen. In erster Näherung kann man sagen, dass es sich dann um nur geringen Aufwand handelt, wenn die Entfernung des mikrobiell besiedelten Materials weniger als einen halben Arbeitstag dauert, von nur einer Person vorgenommen werden kann und kein Spezialwerkzeug erfordert. Fast alle sichtbaren Oberflächenschäden sind demnach mit geringem Aufwand zu beseitigen.

Es sollte jedoch zweifelsfrei feststehen, dass die Ursache ebenfalls beseitigt wurde und dass keine weiteren nicht sichtbaren oder versteckten Schäden vorliegen. Beides wird bei sehr kleinen visuell sichtbaren Schäden leider manches Mal vernachlässigt. Die Folge ist, dass der Schaden erneut auftritt und/oder dass die Geruchs- bzw. Gesundheitsprobleme nicht beseitigt wurden.

Deshalb sind neben der sofortigen Entfernung des mikrobiellen Schadens auch Maßnahmen zur Ursachenbeseitigung erforderlich und das Schadensausmaß ist stets fachmännisch zu klären, wie es in Kap. 3 beschrieben ist. Stellt sich heraus, dass der sichtbare Schimmelpilzbefall nur die „Spitze des Eisberges“ ist, dann handelt es sich auch nicht um einen kleinen, leicht zu entfernenden Schaden.

Wie man kleine Schäden richtig beseitigt, ist in Kap. 8 beschrieben.

6.6.3 Aspekt S3 „Risikogruppen"

Es gibt praktisch nur 2 fakultativ pathogene Pilzarten, die mit Feuchteschäden in Zusammenhang gebracht werden, und zwar *Aspergillus fumigatus* und *Aspergillus flavus*. In gemäßigten Klimazonen tritt *Aspergillus flavus* jedoch als Besiedler von Gebäudeteilen und Einrichtungsgegenständen, im Unterschied zu tropischen Ländern, so gut wie nicht auf. *Aspergillus fumigatus* wird in feuchten Baumaterialien nur selten nachgewiesen und wenn, dann meist in geringen Mengen. Allerdings kann es nicht ausgeschlossen werden, dass er bei Feuchteschäden auftritt, und in Risikobereichen sollte dies auch mit berücksichtigt werden. Häufiger ist *Aspergillus fumigatus* in Blumenerde, Gartenerde und vor allem in Komposthaufen zu finden.

Es ist zu beachten, dass der **Begriff „pathogen“** (krank machend) **in der Regel nicht ganz korrekt verwendet wird**, denn es wird zumeist nur die Gefahr einer Infektion damit bezeichnet. Andere krank machende Effekte (wie z. B. eine Allergie) werden bisher bei dieser Einstufung außer Acht gelassen. **Treffender** ist deshalb die Verwendung des **Begriffes „fakultativ infektiös“**.

Völlig ungeklärt ist das Bild bei den Bakterien. Das Auftreten fakultativ infektiöser Actinomyceten ist zwar nicht belegt, aber es gibt Hinweise, dass dies möglich ist (siehe Lorenz/Trautmann/Dill, 2003).

Die Einschränkung „fakultativ“ (bei Möglichkeit) bedeutet im Unterschied zu „obligat“ oder „obligatorisch“ (zwingend), dass diese Mikroorganismen normalerweise zu keinen Infektionen führen, sondern nur in bestimmten Fällen, nämlich bei Personen mit einem kranken, schwachen oder geschwächten Immunsystem (immunsupprimierte Personen). Manchmal wird auch synonym der Begriff „opportunistisch pathogen“ (im Sinne von infektiös) verwendet.

Dies heißt, dass nur prädisponierte Personen gefährdet sind, wie sie in der Regel in Krankenhäusern, Arztpraxen oder Altersheimen anzutreffen sind.

Die Gegenwart entsprechender Risikopersonen ist jedoch auch in Wohnungen nicht auszuschließen, in denen sich ebenfalls Kranke aufhalten können. Bei Schimmelpilzschäden in Wohnräumen sollte deshalb auch danach gefragt werden, ob eine besondere medizinische Situation vorliegt, d. h. Personen mit einer Erkrankung des Immunsystems exponiert sind oder Personen, die gerade einer immunmodulatorischen Therapie unterliegen (siehe auch Kap. 2.2).

Oft werden auch Schulen und Kindergärten als besonders problematische Bereiche eingestuft. Allerdings halten sich in Schulen und Kindergärten in der Regel keine Personen mit einer massiven Immunerkrankung auf, weshalb dort nicht die Maßnahmen wie in Krankenhäusern, Arztpraxen oder Altersheimen, sondern solche wie in Wohnungen erforderlich sind. Es ist jedoch häufig ein hoffnungsloses Unterfangen, den beteiligten Eltern und Lehrern diesen Sachverhalt zu vermitteln. Zu beachten ist bei Schäden in Gebäuden mit Kindern selbstverständlich genauso wie in Wohnräumen, ob bereits gesundheitliche Beschwerden vorliegen.

6.6.4 Aspekt S4 „Gesundheitliche Symptome"

Da die Belastungssituation messtechnisch nicht zufrieden stellend erfasst werden kann, sollte bei der Festlegung der Dringlichkeit und der Notwendigkeit von Maßnahmen die geschilderte und in der Regel nicht objektivierbare gesundheitliche Situation der Personen, die sich in den betroffenen Räumen oder im betroffenen Gebäude aufhalten, ausschlaggebend sein.

Es sollte dokumentiert werden, ob nur leichte oder schwere gesundheitliche Probleme bei oder nach Nutzung der betroffenen Räume vorliegen und wie markant die Häufung dieser Beschwerden ist. Diese Dokumentation sollte von einem qualifizierten Innenraumdiagnostiker gemeinsam mit einem Mediziner erfolgen. Dies kann der behandelnde Arzt sein, soweit er im entsprechenden Bereich qualifiziert ist, der Betriebsarzt oder auch ein Mitarbeiter des Gesundheitsamtes.

Bei mehreren exponierten Personen (Schulklassen, Kindergartengruppen, Büro mit vielen Mitarbeitern) kann das Auftreten von Beschwerden statistisch ausgewertet werden.

Je nach Anzahl der Betroffenen und Stärke der Beschwerden können die Dringlichkeitsstufen DS1 bis DS6 festgelegt werden:

Tabelle 6.2: **Dringlichkeitsstufen für Sofortmaßnahmen**

	keine Beschwerden, nur Geruchsbelästigung	**leichte Befindlichkeitsstörungen**	**gesundheitliche Beschwerden (Atemwege, Hautprobleme usw.)**
nur einzelne Betroffene (< 5 %)	DS1	DS2	DS3
wenige Betroffene (5–10 %)	DS2	DS3	DS4
deutliche statistische Häufung (11–30 %)	DS3	DS4	DS5
viele Betroffene (> 30 %)	DS4	DS5	DS6

DS1: langfristig Handlungsbedarf, Geruchsquelle lokalisieren, abdichten oder beseitigen

DS2: langfristig Handlungsbedarf, Entwicklung beobachten, soweit möglich durch geeignete Maßnahmen Belastung minimieren

DS3: mittelfristig Benutzung möglich, jedoch einzelne Personen wenn möglich in andere Räume umsetzen, durch geeignete Maßnahmen Belastung minimieren

DS4: kurzzeitige bzw. kurzfristige Benutzung möglich, jedoch einzelne Personen in andere Räume umsetzen, durch geeignete Maßnahmen Belastung minimieren

DS5: Räume nur noch sehr eingeschränkt benutzen und während der Benutzung für Minimierung der Belastung sorgen (Fenster weit öffnen, Zwangsbelüftung, Quelle abdichten, Partikel binden)

DS6: Räume ab sofort nicht mehr benutzen

Bei nur einzelnen Betroffenen (Büro mit nur wenigen Mitarbeitern, Wohnungen) sollte das Votum eines Umweltmediziners ausschlaggebend sein.

Diese Empfehlungen sollten unabhängig davon durchgeführt werden, ob ein mikrobieller Schaden der Kategorie 2 oder 3 nach UBA 1 oder LGA 1 vorliegt. Sollten in zeitlichem und örtlichem Zusammenhang mit dem Aufenthalt in Innenräumen relevante gesundheitliche Beschwerden auftreten, dann sollte dies immer zum Handeln veranlassen. Wird allerdings kein Feuchteschaden oder relevanter mikrobieller Befall der Kategorie 2 oder 3 lokalisiert, muss es andere Ursachen für die Beschwerden geben, z. B. chemische Schadstoffquellen, wie Lösemittel, Formaldehyd usw., die ermittelt und beseitigt werden müssen.

6.7 Wie groß ist der erforderliche Sanierungsumfang?

Ziel aller Maßnahmen sollte sein, das Material komplett zu beseitigen, welches in relevanter Größenordnung mikrobiell besiedelt ist und deshalb eine gesundheitlich relevante Schadstoffquelle darstellt. Außerdem muss Material, das zwar feucht, aber nicht mikrobiell besiedelt ist, möglichst rasch getrocknet werden, damit sich zukünftig kein relevanter mikrobieller Befall entwickeln kann.

Wie in Kap. 4.2 bereits ausführlich beschrieben, ist es (noch) nicht hinreichend bekannt, welche Stoffe tatsächlich Beschwerden verursachen und schon gar nicht, welche Dosis für die Beschwerdenverursachung erforderlich ist. Man kann deshalb nur feststellen, ob Material mikrobiell besiedelt ist oder nicht, und nicht, welche Gesundheitsgefährdung konkret von diesem Material ausgeht. Aber auch die Feststellung, ob Material mikrobiell besiedelt ist, ist oft nicht einfach, denn es gibt keine Methode, um in jedem Fall die tatsächliche mikrobielle Belastung von Materialien zweifelsfrei nachzuweisen.

Die standardmäßig verfügbare Methode ist die Analyse der aus einer Materialprobe ausgewaschenen, anzüchtbaren mikrobiellen Partikel. Jeder im Labor anzüchtbare Keim bildet auf dem Labornährboden eine sog. Kolonie. Die Anzahl der auf dem Labornährboden keimenden mikrobiellen Partikel wird deshalb in Kolonie bildenden Einheiten (KBE) angegeben. Einerseits können bei einer insgesamt großen mikrobiellen Biomasse (bestehend aus Pilzmyzel, Sporenträgern, lebenden anzüchtbaren und nicht anzüchtbaren Pilzsporen, abgestorbenen Pilzsporen, anzüchtbaren und nicht anzüchtbaren Bakterienkeimen, bakteriellen Zellbestandteilen) verhältnismäßig geringe Mengen anzüchtbarer Sporen bzw. Keime im Material vorhanden sein. Andererseits kann es sein, dass verhältnismäßig viele Sporen oder Keime im Material vorhanden sind, aber die mikrobielle Biomasse insgesamt verhältnismäßig gering ist. Zusätzlich kann es bei unfachmännischen Probenahmen sein, dass stark mit Anflugsporen kontaminiertes Material untersucht wird und aufgrund der Ergebnisse ein mikrobieller Befall angenommen wird, obwohl das Probenmaterial nur kontaminiert war. Letzteres kann durch eine fachmännische Probenahme vermieden werden. Mit den übrigen Unsicherheiten muss der Sachverständige, der Schimmelpilzschäden untersucht, allerdings leben. Er kann sie nicht umgehen, aber er muss sie kennen, um letztendlich mit seiner Bewertung der Realität so nahe wie möglich zu kommen.

Da mikrobieller Befall in Materialien nicht grundsätzlich mit dem bloßen Auge erkennbar ist, gibt es auch keine Methode, um die Ausdehnung von Schäden ohne großen Probenaufwand zweifelsfrei festzustellen. Aber es ist dem Auftraggeber aus finanziellen Gründen nicht zumutbar, dass von jedem Verdachtsmaterial rasterartig etliche Proben untersucht werden. Der Sachverständige muss deshalb oft anhand fachmännisch ausgewählter exemplarischer Proben ausgedehnte Schäden bewerten.

Aufgrund der beschriebenen Unsicherheiten müssen bei der Bewertung von mikrobiellen Schäden mehrere Informationen verarbeitet werden, um die Ausdehnung des Schadens abzuschätzen und auch, um festzulegen, wo welche Materialien zu entfernen sind oder ob andere Maßnahmen ausreichen.

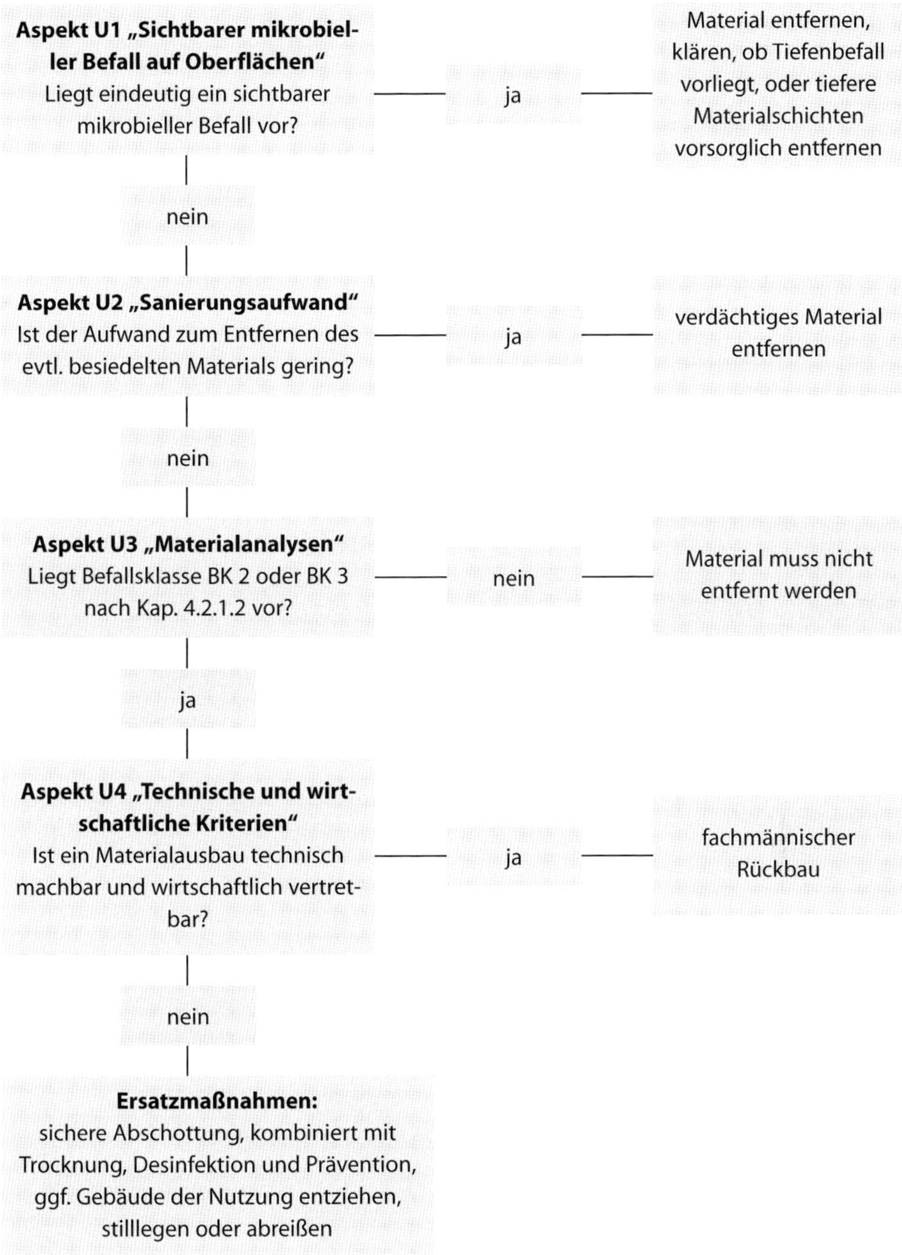

U: Umfang der Sanierung

Abb. 6.5 Ablaufschema zur Festlegung des Umfanges der Sanierung

6.7.1 Aspekt U1 „Sichtbarer mikrobieller Befall auf Oberflächen"

Um zu entscheiden, ob ein sichtbar mikrobiell besiedeltes Material zu entfernen ist, benötigt man keine Materialanalysen. Es ist für den Handwerker nicht erforderlich, dass er die Arten kennt, die im Schadensbereich vorliegen. Wenn er vorsorglich die üblichen Maßnahmen zum Arbeitsschutz und Umgebungsschutz durchführt, kann auf Analysen verzichtet und umgehend mit der Sanierung begonnen werden. Vorsorgliche, evtl. unnötig vorgenommene Schutzmaßnahmen können geringere Mehrkosten verursachen als die mikrobiologische Untersuchung des Schadens.

Ist es nicht sicher, ob ein Tiefenbefall vorliegt, oder gibt es Hinweise, dass die Ausdehnung in der Fläche weit über die sichtbar besiedelte Fläche hinausgeht (siehe Kap. 3.2), dann ist entweder das Verdachtsmaterial vorsorglich zu entfernen oder Laboranalysen sind durchzuführen, um zu klären, ob dies notwendig ist (siehe auch Aspekt U2).

6.7.2 Aspekt U2 „Sanierungsaufwand"

Ist Material messbar feucht, riecht es muffig oder gibt es andere Anzeichen für eine Schädigung durch Feuchte, kann es bei kleineren Schäden aus wirtschaftlicher Sicht günstiger sein, das Material auszutauschen ohne zu wissen, ob tatsächlich ein mikrobieller Befall vorliegt und dies nötig gewesen wäre.

Beispiel

Kosten für Materialaustausch:	500 Euro
Kosten für Untersuchung des Schadens:	400 Euro

Fall 1: keine Analyse, sondern vorsorgliches Entfernen Gesamtkosten = Sanierungskosten	= 500 Euro
Fall 2: Materialanalyse, Material muss entfernt werden Gesamtkosten = Kosten für Analyse und Sanierung	= 900 Euro
Fall 3: Materialanalyse, Material muss nicht entfernt werden Gesamtkosten = Analysekosten	= 400 Euro

Allerdings sind dann, wenn Verdachtsmaterialien vorsorglich entfernt werden, die Maßnahmen zum Arbeitsschutz so zu wählen, als ob ein mikrobieller Befall vorläge. Dies betrifft jedoch keine kleinen Schäden, bei denen nicht mit einer nennenswerten Staubfreisetzung bei der Sanierung zu rechnen ist.

In Risikobereichen sollten Maßnahmen zum Umgebungsschutz durchgeführt werden. In diesen Fällen sind mikrobiologische Analysen und evtl. vorsorgliche Abschottungs- und/oder Desinfektionsmaßnahmen zur Beseitigung der möglichen Infektionsgefahr in der Regel unumgänglich.

6.7.3 Aspekt U3 „Materialanalysen"

Wie das Ergebnis einer Materialanalyse zu beurteilen und einzustufen ist, wurde in Kap. 4.2.1.2 beschrieben.

Ist aufgrund der mikrobiologischen Analyse, des Geruchs und des Zustandes des Probenmaterials oder des Schadensalters von keinem relevanten mikrobiellen Befall auszugehen (Befallsklasse BK 1), dann muss das Material nicht entfernt werden.

Sollten jedoch BK 2 oder BK 3 vorliegen, sind weitere Kriterien zu berücksichtigen, wie die Ausdehnung des Schadens, der erforderliche Aufwand und der gesundheitliche Zustand der Bewohner bzw. exponierten Personen.

6.7.4 Aspekt U4 „Technische und wirtschaftliche Kriterien"

Ob Material, das in relevantem Maße mikrobiell besiedelt ist (BK 3) oder bei dem ein relevanter mikrobieller Befall nicht auszuschließen ist (BK 2), entfernt werden sollte, ist eine schwierige Entscheidung, da es gegenläufige Beurteilungskriterien gibt.

Ein mikrobieller Befall mit sehr geringer Ausdehnung enthält insgesamt eine nur geringe mikrobielle Biomasse und die Materialentfernung wäre in diesem Fall nicht so wichtig wie bei einem großflächigen Schaden. Andererseits ist der Sanierungsaufwand bei kleinen Schäden in der Regel gering, weshalb man im Zweifelsfall das Entfernen des Materials problemlos empfehlen kann. Bei ausgedehnten Schäden ist von einer insgesamt größeren Biomasse auszugehen, weshalb das Material entfernt werden sollte. Hier wiederum fällt es nicht leicht, den Materialaustausch zu fordern, wenn die Kosten erheblich sind, vor allem im Zweifelsfall (BK 2).

Die abschließende Empfehlung erfordert Fachkenntnisse, die nicht in ein Schema gepresst werden können. Denn jeder Fall stellt sich anders dar und es sind ggf. spezielle Kriterien bei der Bewertung zu berücksichtigen, die für den Einzelfall gelten, aber nicht verallgemeinert werden können. Deshalb ist das nachfolgende Bewertungsschema als Orientierungshilfe zu verstehen und darf nicht ungeprüft 1 : 1 in die Praxis übernommen werden.

Tabelle 6.3: **Bewertungsschema als Orientierungshilfe zur Bewertung von mikrobiellen Schäden unter Berücksichtigung der Laborergebnisse von Materialanalysen (Befallsklassen BK) und des Schadensausmaßes (Schadenskategorien SK nach UBA 1/LGA 1)**

Befallsklasse nach Kap. 4.2.1.2	**Schadenskategorie[1] nach UBA 1/LGA 1**	**Empfehlung**
BK 2	SK 2	Im Allgemeinen reicht das Trocknen aus (ggf. desinfizieren). Ist der Aufwand gering[2], dann sollte das Material vorsorglich entfernt werden.
BK 2 BK 3	SK 3 SK 2	Das Material sollte entfernt werden. Ist der Aufwand erheblich oder gibt es technische Schwierigkeiten, können unter Berücksichtigung aller Aspekte, wie z. B. ob die Betroffenen unter Symptomen leiden oder nicht, andere Maßnahmen, wie Abschottung und/oder Dekontamination[3], durchgeführt werden. Die Entscheidung sollte ein qualifizierter Sachverständiger treffen.

Fortsetzung Tabelle 6.3:

Befallsklasse nach Kap. 4.2.1.2	**Schadenskategorie[1] nach UBA 1/LGA 1**	**Empfehlung**
BK 3	SK 3	Das Material muss entfernt werden. Nur in sehr wenigen Fällen, in denen dies technisch kaum machbar ist, und auch, wenn die Kosten in keinem Verhältnis zum Wert des Objektes stehen (siehe Kap. 6.9.2), sind alternative Maßnahmen zuzulassen.

[1] SK 1: Oberflächliche Schäden mit nur sehr geringer Ausdehnung können immer ohne großen Aufwand entfernt werden und dies sollte dann auch geschehen (siehe Aspekt U2).

[2] Siehe Kap. 8

[3] Siehe Kap. 13

6.8 Maßnahmen zum Umgebungs- und zum Arbeitsschutz

Umgebungsschutz ist bei der Sanierung grundsätzlich zu beachten.

Zum Umgebungsschutz gehören folgende Maßnahmen:

- durch Reinigen kontaminierter mobiler Gegenstände das **Verschleppen verhindern**,
- durch Absaugen oder Binden von Stäuben, Abschottung des Sanierungsbereiches und Verpacken des Bauschuttes die **Freisetzung oder Umverteilung von Staub und Schmutz verhindern oder vermindern**,
- **unnötige Exposition Dritter vermeiden**,
- durch Reinigen der sanierten Räume nach erfolgtem Rückbau einen **nicht über eine normale Hintergrundbelastung hinausgehend belasteten Ausgangszustand** für den Wiederaufbau schaffen.

Der Sachverständige oder der Bauleiter muss im Zuge seiner Schadensbewertung festlegen, welcher Aufwand für den Umgebungsschutz zu betreiben ist. Ein zu großer Aufwand kostet unnötig Geld. Geht man jedoch zu leger vor, sind die Maßnahmen meist wirkungslos.

Es ist darauf zu achten, dass bei der Verwendung von Desinfektionsmitteln Unbeteiligte nicht damit in Kontakt kommen.

Welche Maßnahmen zum Umgebungsschutz wann und wie durchzuführen sind, kann Kap. 9 entnommen werden.

Die Grundlagen zum Arbeitsschutz, die Erstellung einer Gefährdungsbeurteilung in Abhängigkeit von der Schadensgröße, aber insbesondere von der zu erwartenden Staubfreisetzung, die aus Arbeitsschutzgründen zu empfehlenden Techniken und die Möglichkeiten des persönlichen Schutzes werden in Kap. 11 behandelt.

6.9 Sonderthemen bei der Festlegung der erforderlichen Maßnahmen

6.9.1 Schäden durch Abwasser/Oberflächenwasser

Eine besondere Gefährdungssituation kann vorliegen, wenn der Feuchteschaden durch Abwasser oder auch durch Hochwasser verursacht wurde. Denn in diesem Fall ist zusätzlich mit der Gegenwart von Mikroorganismen zu rechnen, die sonst nicht in feuchten Baumaterialien anzutreffen sind. Eine Auflistung der zu erwartenden zusätzlichen Mikroorganismen kann der TRBA 220 („Sicherheit und Gesundheit bei Tätigkeiten mit biologischen Arbeitsstoffen in abwassertechnischen Anlagen") entnommen werden. Im Leitfaden LGA 2 wurde diese Liste mit weiteren häufig in Abwasser vorkommenden Mikroorganismen ergänzt (siehe Kapitel 2.3).

In Kap. 3.1.2 des Leitfadens LGA 2, Seite 14, wird hierzu angemerkt:

„Viele Mikroorganismen können Infektionen bei Aufnahme über den Mund verursachen. Einige Mikroorganismen können auch auf dem Luftweg über Aerosole, die teilweise über mehrere Stunden in der Luft verbleiben können, übertragen werden (z. B. Enteroviren). Deshalb ist bei erheblichem Abwasserkontakt meist von einer Schutzstufe 2 (von 4 Schutzstufen) nach Biostoffverordnung bei Gefährdung durch toxisch wirkende Arbeitsstoffe auszugehen."

Bei stark durch verunreinigtes Abwasser kontaminierten Bereichen kann es sinnvoll sein, vor Beginn der Arbeiten Desinfektionsmaßnahmen durchzuführen, um die Infektionsgefahr zu beseitigen oder zu reduzieren.

6.9.2 Die Sanierungskosten sind größer oder gleich dem Wert des Objektes

Auch wenn die Frage nur selten im Raum steht, ob sich die Sanierung noch lohnt oder ob ein Abriss die wirtschaftlichere Variante darstellt, ist diese Möglichkeit nicht ganz auszuschließen.

Ein typisches Beispiel für meist nicht wirtschaftlich zu sanierende Gebäude sind Containerbauten, die häufig zur Erweiterung der Nutzfläche von Schulen oder Kindergärten errichtet wurden. Die Gebäudehülle dieser Bauten ist oft nach einer Nutzung von 15 bis 25 Jahren geschädigt. Es dringt dann Feuchte in die Dämmung ein oder durch zunehmende Undichtheiten gelangt feuchte Luft in die Dämmmaterialien und es kommt zu Kondensationsschäden. Ähnliches gilt für manche Fertighäuser, die nach 20 bis 30 Jahren Nutzung mit ausgedehnten mikrobiellen Schäden in den Außenwänden, Dachdämmungen und Fußböden kaum noch wirtschaftlich saniert werden können. Sanierungen sind in diesen Fällen nur teure Übergangslösungen mit der ständigen Gefahr, dass die Schäden erneut auftreten.

Auch bei Altbauten mit Renovierungsstau kann man den Sinn einer Sanierung aus wirtschaftlicher Sicht manchmal in Frage stellen.

6.9.3 Denkmalschutz, Baugenehmigungen

Sonderprobleme treten dann auf, wenn Vorgaben zum Denkmalschutz zu berücksichtigen sind.

Nicht nur Fassadenarbeiten, wie das Anbringen einer außen liegenden Wärmedämmung, sondern auch bereits Öffnungen zum Einbau von Ventilatoren sind bei denkmalgeschützten Gebäuden problematisch.

Des Weiteren kann die zuständige Behörde auch die Verwendung moderner Materialien bei der Sanierung untersagen. Dies kann bei Gebäuden, bei denen auch die Inneneinrichtung, z. B. alte Parkettböden, unter Denkmalschutz steht, zu besonderen Schwierigkeiten führen. In diesen Fällen ist es unerlässlich, das Sanierungskonzept gemeinsam mit der zuständigen Denkmalschutzbehörde zu erstellen.

Bei der Untersuchung von denkmalgeschützten Gebäuden im Zusammenhang mit Feuchteschäden darf nicht vergessen werden, dass bereits die Probenahme eine nicht zulässige Veränderung bedeuten könnte. Werden durch die Probenahme sichtbare Schäden verursacht, sollte diese vorher mit der zuständigen Behörde abgestimmt werden.

Abb. 6.6 Bohrkerne in einer Fassade eines denkmalgeschützten Gebäudes – unzulässige optische Beeinträchtigung?

Probleme kann auch die Sanierung von Gebäuden bereiten, die zwar keine Baudenkmäler darstellen, aber auf Grundstücken stehen, für die es keine Baugenehmigung mehr gibt.

Beispiel

In einem Einfamilienhaus am Niederrhein wurde wegen gesundheitlicher Beschwerden bei den Bewohnern nach versteckten mikrobiellen Schäden gesucht. Fündig wurde man mit Einsatz eines Schimmelpilz-Spürhundes unter dem Wohnzimmerfußboden. Ein bereits vor längerer Zeit errichteter Anbau an das bereits deutlich mehr als 100 Jahre alte Haupthaus war auf einer alten Jauchegrube errichtet worden. Die Jauche war damals nicht entfernt, sondern die Grube mit Bauschutt verfüllt und darauf der Anbau errichtet worden. Im und unter dem Fußboden des Wohnzimmers wurden mittels mikrobiologischer Analysen hohe Konzentrationen von Pilzen und Bakterien nachgewiesen.
Der Besitzer wollte die alte Grube versiegeln, das Gebäude abreißen und im Abstand von 20 m auf dem gleichen Grundstück ein neues Wohnhaus errichten. Erst nachdem mehrere Sachverständige und Behörden das Problem diskutiert und bewertet hatten, wurde diese Ersatzmaßnahme schließlich genehmigt.

6.9.4 Die Sanierung ist aus technischen Gründen schwierig

Eine Sanierung kann dann einen größeren technischen Aufwand erforderlich machen, wenn das Bauteil nicht oder nur schwer zugänglich ist oder der laufende Betrieb nicht unterbrochen werden kann.

Problematisch ist z. B. die Abdichtung von Kellerwänden, die von außen nicht zugänglich sind, etwa wenn ein Altbau mit einem nicht unterkellerten Anbau erweitert wurde. In diesem Fall sind nur Maßnahmen mit großem technischem Aufwand möglich, wie z. B. eine Flächeninjektion der gesamten Wand.

Bei Feuchteschäden in gewerblich genutzten Gebäuden kann es wirtschaftlich sein, einen größeren technischen Aufwand zu betreiben, wenn hierdurch der fortlaufende Betrieb nicht unterbrochen werden muss. Es kann z. B. sinnvoll sein, Fußböden in genutzten Bereichen über die Betondecken vom Keller aus technisch zu trocknen.

6.9.5 Der Schaden bezieht sich primär auf mobile Gegenstände

In feuchten und kühlen Räumen gelagerte Gegenstände können mikrobiell besiedelt werden, z. B. in Kellern gelagerte Kartons, Schuhe oder Kleidung.

In diesem Fall reicht es aus, soweit die Räume an sich keine mikrobiellen Schäden aufweisen, die besiedelten Gegenstände zu entsorgen und die Stellen, mit denen diese Gegenstände Kontakt hatten (z. B. die Stelle des Fußbodens, auf der die Kartons standen), sachgerecht zu reinigen und ggf. zu desinfizieren.

In Lagerräumen oder Archiven kommt es immer wieder dazu, dass Dokumente verschimmeln, die nicht entsorgt werden dürfen.

Abb. 6.7 Sichtbar mit Schimmelpilzen besiedelte Aktenordner in einem Archiv

Als Sofortmaßnahme sollten die Räume gesperrt und keine Dokumente daraus mehr in andere Räume, z. B. in die Büroräume, gebracht werden. Da die Reinigung der Dokumente eine schwierige Aufgabe ist, die aus Gründen des Arbeitsschutzes, des Umgebungsschutzes und wegen der einzusetzenden Techniken nicht vor Ort erledigt werden kann, sollte ein auf die Reinigung von mikrobiell besiedelten Gegenständen spezialisierter Fachbetrieb die Dokumente übernehmen und fachgerecht dekontaminieren. Parallel dazu könnten die Archivräume saniert werden. Vor allem sollten Maßnahmen zur Ursachenbeseitigung durchgeführt werden, die darin bestehen können, dass die Räume zur Lagerung von Dokumenten für ungeeignet erklärt und besser geeignete Räume ausgewählt oder errichtet werden.

7 Sanierungskonzept/Planung der Arbeiten bei Feuchte- und mikrobiellen Schäden

7.1 Festlegung des Sanierungskonzepts

Bei allen Sanierungsmaßnahmen ist es erforderlich, dass diese geplant werden. Die Planung umfasst mindestens die Festlegung durch den Auftraggeber, wer mit den Arbeiten zu beauftragen ist. Bei Schäden größeren Ausmaßes kann es erforderlich sein, mit dem Sanierungskonzept, evtl. der Leitung der Maßnahme und deren Abnahme einen Dritten zu beauftragen.

Auch die Festlegung, ob Sofortmaßnahmen durchgeführt werden sollen und wenn ja, welche, ist eine Planungsaufgabe, die vom Auftraggeber häufig nicht selbst durchgeführt werden kann, die aber für einen qualifizierten Sachverständigen oder eine qualifizierte Fachfirma häufig nur Minuten in Anspruch nimmt.

7.2 Beauftragung von Sanierungsarbeiten

7.2.1 Werkvertragliche Regelungen für die Durchführung von Schimmelpilzsanierungsmaßnahmen

Im Werkvertragsrecht nach dem Bürgerlichen Gesetzbuch (BGB) besteht die Pflicht des Auftragnehmers in der Herstellung eines Werks bzw. in der Herbeiführung eines Erfolgs:

Bürgerliches Gesetzbuch (BGB) i. d. F. 2002:

„§ 631 Vertragstypische Pflichten beim Werkvertrag

(1) Durch den Werkvertrag wird der Unternehmer zur Herstellung des versprochenen Werkes, der Besteller zur Entrichtung der vereinbarten Vergütung verpflichtet.

(2) Gegenstand des Werkvertrages kann sowohl die Herstellung oder Veränderung einer Sache als ein anderer durch Arbeit oder Dienstleistung herbeizuführender Erfolg sein.“

Hieraus ergibt sich für den Empfänger einer Werkleistung in Form einer Schimmelpilzbeseitigung, ähnlich wie bei den Abbrucharbeiten, zunächst objektiv die Erwartungshaltung dahin gehend, dass die zu beseitigende Sache bei der Abnahme der Leistungen nicht mehr da ist. Eine völlige Freiheit von Mikroorganismen ist aber in normalen Gebäuden praktisch nicht sicherzustellen, da die Sporen einiger Pilze und auch Bakterien in der Außenluft ubiquitär, also allgegenwärtig sind und daher bei jedem Lüftungsvorgang erneut in das Gebäude eindringen werden. Die Beseitigung eines mikrobiellen Befalls kann daher in der Regel nur die Schaffung des Normalzustandes zum Ziel haben. Hierauf sollte bei einer entsprechenden vertraglichen Vereinbarung zwischen Auftragnehmer und Auftraggeber geachtet werden. Andernfalls könnte der Auftraggeber ggf. ein Zurückbehaltungsrecht für den Werklohn geltend machen, wenn die Luftuntersuchung im Nachgang zu einer Sanierung noch mikrobielle Keime oder sterile mikrobielle Partikel ergibt.

Für den Werkvertrag nach der Vergabe- und Vertragsordnung für Bauleistungen (VOB) gilt hinsichtlich des geschuldeten Erfolgs das Gleiche wie für den BGB-Werkvertrag. Besonderheiten ergeben sich hier lediglich für Aufmaß und Abrechnung, wenn die Sanierungsleistungen nicht als selbstständige Leistungen beauftragt werden, sondern im Zusammenhang z. B. mit Maler- und Tapezierarbeiten, weil in den Allgemeinen Technischen Vertragsbedingungen für Bauleistungen der VOB/C gewerkespezifische Abrechnungsmodalitäten festgelegt sind (siehe Kap. 16).

7.2.2 Ausschreibung und Vergabe

Die Ausschreibung und Vergabe von Leistungen der Schimmelpilzsanierung können von Architekten und Ingenieuren nicht unter den Vergütungsvoraussetzungen des § 15 der Honorarordnung für Architekten und Ingenieure (HOAI), Leistungsphasen 6 und 7, durchgeführt werden, weil die Dekontaminierungsarbeiten nicht zu den anrechenbaren Kosten gemäß § 10 HOAI zählen. Es handelt sich daher in der Regel um hinzutretende Besondere Leistungen, die im Sinne von § 5 Abs. 4 HOAI separat berechnet werden können, wenn sie im Verhältnis zu den Grundleistungen einen nicht unwesentlichen Arbeits- und Zeitaufwand verursachen:

Honorarordnung für Architekten und Ingenieure (HOAI) i. d. F. 1995:

„Teil I: Allgemeine Vorschriften

§ 5 Berechnung des Honorars in besonderen Fällen

(…)

(4) Für Besondere Leistungen, die zu den Grundleistungen hinzutreten, darf ein Honorar nur berechnet werden, wenn die Leistungen im Verhältnis zu den Grundleistungen einen nicht unwesentlichen Arbeits- und Zeitaufwand verursachen und das Honorar schriftlich vereinbart worden ist. Das Honorar ist in angemessenem Verhältnis zu dem Honorar für die Grundleistungen zu berechnen, mit der die Besondere Leistung nach Art und Umfang vergleichbar ist. Ist die Besondere Leistung nicht mit einer Grundleistung vergleichbar, so ist das Honorar als Zeithonorar nach § 6 zu berechnen. (…)“

Das Honorar für die Besonderen Leistungen ist bei Auftragserteilung schriftlich zu vereinbaren. Notwendig sind die Unterschriften des Auftraggebers und des Architekten auf einem gemeinsamen Dokument, damit das vereinbarte Honorar und nicht nur der Umfang der geschuldeten Leistung verbindlich wird.

Die Schriftform wird im Bürgerlichen Gesetzbuch geregelt:

Bürgerliches Gesetzbuch (BGB) i. d. F. 2002:

„§ 126 Schriftform

(1) Ist durch Gesetz schriftliche Form vorgeschrieben, so muss die Urkunde von dem Aussteller eigenhändig durch Namensunterschrift oder mittels notariell beglaubigten Handzeichens unterzeichnet werden.

(2) Bei einem Vertrag muss die Unterzeichnung der Parteien auf derselben Urkunde erfolgen. Werden über den Vertrag mehrere gleichlautende Urkunden aufgenommen, so genügt es, wenn jede Partei die für die andere Partei bestimmte Urkunde unterzeichnet.

(…)“

7.3 Leitung und Aufsicht der Arbeiten

Arbeiten zur Beseitigung mikrobiologischer Schäden mit einem gewissen Grad an Komplexizität, vor allem in Risikobereichen oder wenn mehrere Gewerke zu beteiligen sind, sollten unter der Regie einer fachlich geeigneten Leitung durchgeführt werden. Fachlich geeignet ist, wer:

- eine Ingenieurausbildung in den Fachrichtungen Bauingenieurwesen oder Architektur oder
- eine Ausbildung zum Bautechniker oder
- eine Meisterprüfung in einem Bauhaupt- oder -nebengewerk abgeschlossen hat

und

- den Nachweis der besonderen Sachkunde für die Sanierung von Schimmelpilzschäden (z. B. entsprechenden Sachkundenachweis durch den BSS e. V.) sowie
- den Nachweis der besonderen Sachkunde als Sanierungskoordinator erbracht hat.

Der Leitende übernimmt insbesondere folgende Aufgaben:

- Umsetzung des vorgegebenen Sanierungskonzepts mit Einweisung aller Beteiligten durch Bekanntgabe und Erläuterung der erstellten Betriebsanweisung,
- spezielle Einweisung im Hinblick auf Anforderungen des Arbeitsschutzes und des Umgebungsschutzes unter Beachtung der bauordnungsrechtlichen Belange,
- zeitliche Planung der Arbeiten (Bauzeitenplan) und Überwachung des zeitlichen Ablaufes,
- Einweisung in die einzelnen Sanierungsabschnitte und Zwischenabnahmen.

Der Leitende stellt sicher, dass bei den Arbeiten zur Beseitigung von mikrobiell belasteten Baustoffen mindestens eine Arbeitskraft ständig zugegen ist, die den Nachweis der besonderen Sachkunde bereits erbracht hat, und die beschäftigten Arbeiter eingewiesen werden. Außerdem stellt er sicher, dass die erforderlichen Materialien und Geräte einschließlich der erforderlichen persönlichen Schutzausrüstung (PSA) vor Ort verfügbar sind und auch eingesetzt werden.

7.4 Einzelschritte bei der Sanierung von Innenräumen

Die verschiedenen Maßnahmen zur Beseitigung eines Schimmelpilzbefalls müssen sowohl im Einklang miteinander als auch in einer konsequent logischen Reihenfolge stehen. Die Beseitigung von Symptomen ist nicht hilfreich, solange die dem Befall zugrunde liegenden Ursachen noch bestehen. Die Entfernung eines Befalls unter erheblicher Staubentwicklung gefährdet die Einsatzkräfte und führt zu dem Risiko einer Verschleppung, bei der saubere Zonen erstmalig kontaminiert werden. Nach der Beseitigung der Ursachen von Durchfeuchtungen muss sichergestellt werden, dass eine hinreichende Austrocknung und Dekontamination erfolgt ist, bevor mit der Wiederherstellung des ursprünglichen Zustandes begonnen wird. Andernfalls besteht die Gefahr eines erneuten Befalls von bereits sanierten Flächen.

Die sinnvolle Reihenfolge bei einer Schimmelpilzsanierung in Innenräumen lässt sich in folgende Schritte aufgliedern:

1. Feststellung des Schadensausmaßes und der Ursache
2. Bewertung des Schadens mit Erstellen der Gefährdungsbeurteilung (Arbeitsschutz und Umgebungsschutz)
3. Information der Betroffenen
4. ggf. Sofortmaßnahmen
5. falls Ursache nicht zweifelsfrei feststellbar war, umfangreichere Untersuchungen zur eindeutigen Ursachenklärung
6. Sanierungskonzept mit Erstellen der Arbeits- bzw. Betriebsanweisung, ggf. Ausschreibung der Arbeiten, Festlegung der Auftragnehmer
7. ggf. Abschottung des Sanierungsbereiches
8. Ursachenbeseitigung
9. physische Entfernung des mikrobiell befallenen Materials
10. Bauteiltrocknung
11. Beseitigung der durch mikrobielle Partikel entstandenen Kontamination (Feinreinigung)
12. ggf. Beseitigung der Geruchsbelastung
13. Abnahme der Arbeiten zur mikrobiellen Sanierung (ab hier keine Schimmelpilzsanierung, sondern eine normale Baumaßnahme)
14. präventive Maßnahmen zur Verhinderung eines erneuten Befalls (siehe auch 3. Schritt).

Die Reihenfolge der Arbeiten, insbesondere 7. bis 14. Schritt, kann sich nicht zwingend nach einem vorgegebenen Schema richten. Diese ist für jeden Sanierungsfall neu festzulegen. So wird man z. B. bei einem Rohrbruch in der Trinkwasserversorgungsleitung als Erstes die Ursache beseitigen, d. h. das Rohr abdichten, und dann sofort mit der Trocknung beginnen. Bei einem Abwasserschaden mit Austritt von fäkalienhaltigem Abwasser kann es erforderlich sein, den Schadensbereich ggf. als Erstes abzuschotten oder zu desinfizieren. Bei einem mikrobiellen Befall durch Kondensation an baulichen Wärmebrücken wird man die Ursachenbeseitigung, z. B. durch Anbringen einer Fassadendämmung, erst als letzten Schritt durchführen, wobei diese gleichzeitig präventive Maßnahme keinen unmittelbaren Bestandteil der Schimmelpilzsanierung darstellt und auch mit zeitlichem Abstand von jeder Fachfirma durchgeführt werden kann, die im Bereich Wärmedämmverbundsysteme qualifiziert ist.

8 Sanierung von Kleinschäden

Laut UBA 1 und LGA 1 fallen Schäden mit einer Ausdehnung von bis zu 20 cm^2, die sich auf die Oberfläche beschränken, d. h. bei denen kein Tiefenbefall vorliegt, und die deshalb eine geringe mikrobielle Biomasse beinhalten, in Kategorie 1 und werden als „Normalzustand bzw. geringfügiger Schaden“ bezeichnet. Es ist auch in der Tat nicht davon auszugehen, dass derart kleine „Schimmelflecken“ ein reales gesundheitliches Problem verursachen, ausgenommen evtl. bei Kontakt mit einer Person, die eine starke Schimmelpilzallergie entwickelt hat.

Dennoch ist es mit Sicherheit allein aus optischen Gründen ein Anliegen der Betroffenen, dass ein solcher Schaden entfernt wird. Auf jeden Fall sollte ein Kleinschaden der Anlass sein, dass die Ursache geklärt und beseitigt wird, um der möglichen zukünftigen Ausweitung und Entstehung eines größeren Schadens vorzubeugen.

Zur Sanierung derartiger Schäden sind nach UBA 1 und LGA 1 keine speziellen Maßnahmen erforderlich. Hiermit sind in erster Linie der Umgebungsschutz und der Arbeitsschutz gemeint. Dies bedeutet jedoch nicht, dass der Schaden ignoriert werden sollte und keine Ursachenklärung und -beseitigung bzw. präventive Maßnahmen erfolgen sollten.

Da keine besonderen Maßnahmen zum Arbeitsschutz und zum Umgebungsschutz erforderlich sind, kann ein Kleinschaden vom Laien beseitigt werden. In vielen Fällen wird er nicht in der Lage sein, die Ursache eindeutig zu klären und zu beseitigen. Hierzu wäre deshalb ein Fachmann hinzuzuziehen.

Die nachfolgenden Empfehlungen betreffen sowohl Handwerker als auch Eigentümer, wenn Letztere derartige Kleinschäden, wie typische Kondensationsschäden an Fensterleibungen, in Raumecken oder im Bereich anderer Wärmebrücken, in Eigenleistung sanieren.

Abb. 8.1 a und b Typische Kleinschäden – links auf/an Tapete und rechts auf gestrichener Putzoberfläche

Auch wenn bei der Beseitigung kleiner Schäden keine besonderen Maßnahmen erforderlich sind, sind einige Empfehlungen auszusprechen, deren Einhaltung keinen Mehraufwand und keine spürbaren Kosten verursacht, die aber eine unnötige Belastung der Sanierer verhindert.

Folgende Hinweise sollten bei der Sanierung von Kleinschäden beachtet werden:

- Es ist sicherzustellen, dass der **Schaden** tatsächlich **nur die Oberfläche betrifft** und nicht die „Spitze des Eisbergs" darstellt, ggf. ist ein Fachmann zur Klärung hinzuzuziehen.
- Sollte die **Ursache** nicht klar sein, ist diese durch einen Fachmann klären zu lassen.
- **Schimmelpilzbefall** darf **nie trocken abgebürstet werden** (unnötig hohe Belastung).
- Vor der Materialentfernung sind die **Partikel** durch **Befeuchten** oder andere Maßnahmen zu binden.
- Entferntes Material ist **vor Ort** zu **verpacken** und mit dem Hausmüll zu entsorgen.
- Auch bei der Sanierung von Kleinschäden sollten **Schutzhandschuhe** getragen werden.
- Bei Arbeiten über Kopf sollte eine **Schutzbrille** getragen werden.

8.1 Vorgehensweise bei der Sanierung von Kleinschäden

Da bei Kleinschäden meist keine mikrobiellen Analysen vorliegen, ist nicht bekannt, ob aus gesundheitlicher Sicht besonders zu beachtende Mikroorganismen vorhanden sind, wie z. B. *Stachybotrys chartarum*, und deshalb sollte jeder durch einfache Maßnahmen vermeidbaren Umverteilung und Belastung entgegengewirkt werden.

Die Vorgehensweise kann in Kurzform wie folgt dargestellt werden:

- Ursache ermitteln und beseitigen,
- Umgebung abdecken,
- Partikel binden, um Staubfreisetzung zu minimieren,
- befallenes Material entfernen und direkt verpacken und entsorgen,
- ggf. trocknen,
- nachreinigen.

8.1.1 Ursache ermitteln und beseitigen

Es gilt wie für jeden mikrobiellen Befall: Ohne Ursachenermittlung gibt es keine sichere Vermeidung von Schimmelpilzbefall. Als Ursachen für oberflächliche Schäden ohne Tiefenbefall kommen weitgehend Kondensationsschäden in Frage, z. B. hervorgerufen durch unzureichendes Heizen und/oder Lüften oder durch bauliche Wärmebrücken, evtl. liegen aber auch kleinere Undichtheiten am Fenster vor (siehe Abb. 8.1).

Auch wenn die Ursache auf den ersten Blick offensichtlich scheint, kann es sein, dass sich mehrere Ursachen überlagern. Wenn z. B. nach einem veränderten Lüftungsverhalten, da die Ursache darin gesehen wurde, der Befall erneut auftritt, sollte spätestens dann ein Fachmann die Ursache klären.

8.1.2 Abdecken

Es ist zu empfehlen, dass der direkte Arbeitsbereich (Fensterbank, Boden usw.) abgedeckt wird, z. B. mit einer Kunststofffolie, die wie bei Malerarbeiten mit Klebestreifen fixiert wird, damit sie nicht verrutscht. Wenn keine Kunststofffolie vorhanden ist, kann das Abdecken auch mit Zeitungen erfolgen, was allerdings nicht so günstig ist, da diese leicht reißen.

Es entstehen hierbei quasi **keine Kosten** und der **Zeitaufwand** beträgt **nur wenige Minuten.**

8.1.3 Partikel binden

Beim Abreißen von schimmeligen Tapeten von der Wand kann eine erhebliche Freisetzung von Sporen erfolgen, die auch bei einem Kleinschaden für den Sanierer eine kurzzeitig hohe Belastung bedeuten könnte.

Erheblich reduziert werden kann diese Belastung durch Befeuchten der Oberfläche, z. B. durch Einsprühen mit einem Wasserzerstäuber. Danach wird die noch feuchte Tapete abgezogen.

Da Tapeten vor dem Entfernen üblicherweise ohnehin befeuchtet werden, um sie leichter von der Wand lösen zu können, bedeutet diese Empfehlung **keine Mehrarbeit und auch keine Mehrkosten.**

Auf keinen Fall sollte ein mikrobieller Befall trocken abgebürstet werden, da hierbei die Freisetzung von mikrobiellen Partikeln am größten ist.

Eine weitere Möglichkeit ist das Binden der mikrobiellen Partikel mit einer Farbe oder auch mit Haarlack oder Haarspray.

Es sollte darauf geachtet werden, dass der Pinsel, mit dem der Befall eingestrichen wird, nicht in ein großes Gebinde getaucht wird, da Mikroorganismen sich auch in Farben ansiedeln können. Besser ist es, vorher etwas Farbe in ein kleines Gefäß umzufüllen. Der Pinsel sollte am Ende der Arbeiten entsorgt oder zumindest gründlich gereinigt werden. Will man ganz vorsichtig arbeiten und sicher sein, dass alle Keime abgetötet werden, kann man den Pinsel nach dem Reinigen einige Stunden (z. B. über Nacht) in ein Glas mit 70 %igem Alkohol (entspricht ungefähr $^3/_4$ Spiritus + $^1/_4$ Wasser) stellen.

Das Binden mit Farbe oder Haarspray kann bei kleineren, evtl. auch mittelgroßen Schäden durch die Nutzer der Räume auch als Sofortmaßnahme durchgeführt werden, z. B. zur Überbrückung der Zeit, bis der Handwerker zur Sanierung oder der Gutachter zur Ursachenklärung kommt.

Wenn nicht ausgeschlossen werden kann, dass sich der Schaden in dieser Zeit aufgrund erhöhter Feuchte weiter ausdehnt, kann als Übergangsmaßnahme der Befall auch desinfiziert werden. Dies sollte jedoch nur eine Notmaßnahme sein, wenn es nicht möglich ist, Ursache, Feuchte und Befall umgehend zu beseitigen.

Sollte sich nach der Entfernung von sichtbar befallenem Oberflächenmaterial zeigen, dass auch die darunter liegende Schicht einen Befall oder andere Anzeichen für einen tiefer gehenden Schaden aufweist, z. B. der Wandputz unter der Tapete, dann ist zu klären, ob entgegen der ersten Annahme ein Tiefenbefall vorliegt und ob deshalb auch die obere Putzschicht oder ggf. der gesamte Putz zu entfernen ist.

8.1.4 Entsorgung

Zur Entsorgung der zu entfernenden befallenen Materialien ist es vorteilhaft, direkt im Sanierungsbereich vorher ein ausreichend großes, verschließbares Behältnis bereitzuhalten, z. B. eine dichte Mülltüte. Die mikrobiell besiedelten Materialien sollten sofort nach dem Entfernen darin verpackt werden. Nach Beendigung der Arbeiten sollten auch die Abdeckfolien vorsichtig zusammengefaltet und ebenfalls sofort verpackt werden. Das Behältnis sollte schließlich verschlossen werden, z. B. durch Verknoten oder Zukleben der Mülltüte. Danach kann alles problemlos in den Mülleimer gegeben und zusammen mit dem Hausmüll entsorgt werden.

Es ist eine Unsitte, Material abzureißen und auf den Boden zu werfen, um es erst später wieder aufzusammeln. In diesem Fall können mit den verschmutzten Schuhen auch Räume betreten werden, die von der Sanierung gar nicht betroffen sind. Auch dieses kann verhindert werden, wenn die entfernten Materialien (teils feuchte und klebrige Tapetenstücke) erst gar nicht zu Boden fallen, sondern gleich verpackt werden. Allerdings gilt diese Empfehlung nicht nur speziell für Schimmelpilzsanierungen, sondern für alle Renovierungsarbeiten.

Insgesamt wird sich durch sauberes Arbeiten kein erhöhter Zeitaufwand ergeben, sondern eher eine Zeiteinsparung.

8.1.5 Trocknung

Die Ursache von mikrobiellem Befall ist immer Feuchte. Nach der Entfernung des befallenen Materials sollte der Bereich, in dem neu tapeziert oder auf andere Weise beschichtet wird, trocken sein, damit der Befall nicht nach kurzer Zeit erneut auftritt.

Nach Beseitigung der Ursache kann die Trocknung durch Belüften erfolgen. Die Dauer ist abhängig vom Feuchtegehalt und kann einige Tage oder 1 bis 2 Wochen dauern. Durch den Einsatz kleiner Heizlüfter, Infrarotstrahler oder Gebläse kann der Prozess beschleunigt werden. Beim Einsatz von Heizlüftern im Fensterbereich sollte darauf geachtet werden, dass die Fensterrahmen, besonders bei Kunststofffenstern, nicht zu heiß angeblasen werden, da dies zu Schäden führen kann.

8.1.6 Feinreinigung

Wurden kleine Schäden wie oben beschrieben entfernt (befeuchten, direkt verpacken), ist sehr wahrscheinlich keine spezielle Feinreinigung erforderlich. Vorsorglich sollte der Raum nach Abschluss der Sanierungsmaßnahmen jedoch in der Art eines üblichen gründlichen Hausputzes gereinigt werden.

Es reicht aus, die waagerechten glatten Flächen feucht abzuwischen und die Böden je nach Belag abzusaugen oder feucht zu wischen. Empfehlenswert ist der Einsatz eines Staubsaugers mit einem HEPA-Filter (HEPA – High Efficiency Particulate Air, siehe auch Kap. 12.7.2).

8.2 Arbeitsschutz bei der Sanierung von Kleinschäden

Bei der Beseitigung von kleinen Schäden sind bei der Anwendung von Techniken, mit denen die Staubfreisetzung gering gehalten wird, persönliche Schutzmaßnahmen nicht erforderlich, aber da sie keinen erheblichen Aufwand erfordern, sind folgende Maßnahmen dennoch zu empfehlen:

- beim Entfernen des Materials Arbeits- oder Haushaltshandschuhe tragen,
- bei Arbeiten über Kopf Schutzbrille tragen, um zu verhindern, dass Partikel ins Auge gelangen. Diese Maßnahme ist auch bei Sanierungsarbeiten ohne Schimmelpilzbefall sinnvoll.

8.3 Materialien und Zubehör für die Sanierung von Kleinschäden

Zur Beseitigung von Kleinschäden werden folgendes Material und Zubehör benötigt:

- Abdeckfolie, z. B. Baufolie,
- Wasserzerstäuber zum Befeuchten des befallenen Materials,
- dichte, reißfeste Kunststofftüte (z. B. Müllbeutel) zur Entsorgung des Materials,
- Arbeitshandschuhe oder Haushaltshandschuhe, ggf. Schutzbrille.

Je nach Problemstellung kann es sein, dass weitere Materialien oder Geräte sinnvoll sind, z. B. ein Heizlüfter zum Trocknen.

9 Schutz der Gebäude-/Raumnutzer (Umgebungsschutz)

Die Maßnahmen zum Schutz der Umgebung, also von Personen, die sich im Schadensbereich oder in der Nähe aufhalten (Bewohnern, Schulkindern, Mitarbeitern usw.), können unterteilt werden in

- technische/bauliche Maßnahmen und organisatorische Maßnahmen und
- Sofortmaßnahmen und Maßnahmen während der Sanierungsarbeiten.

In diesem Kapitel werden jeweils zu den Sofortmaßnahmen und den Maßnahmen während der Sanierungsarbeiten die entsprechenden organisatorischen und technischen Maßnahmen dargestellt. Es ist deshalb nicht zu vermeiden, dass sich einzelne Angaben wiederholen.

9.1 Sofortmaßnahmen (Schutzmaßnahmen vor Beginn der eigentlichen Sanierungsarbeiten)

Wird in einem genutzten Gebäude ein mikrobieller Befall festgestellt, so sollten zeitnah Maßnahmen ergriffen werden, damit die Exposition der sich in den Räumen aufhaltenden Personen weitgehend minimiert oder sogar unterbunden wird.

Kann die Sanierung relativ schnell begonnen werden, handelt es sich nicht um einen Risikobereich und wird von den Betroffenen auch keine auffällige Häufung von Symptomen berichtet, ist eine unverzügliche Sanierung des Schadens die beste Sofortmaßnahme (siehe auch Kap. 8). In allen anderen Fällen ist zumindest über Sofortmaßnahmen nachzudenken.

Wann Sofortmaßnahmen erforderlich sind, ist in Kap. 6.6 dargestellt. In diesem Kapitel soll beschrieben werden, wie die Maßnahmen durchzuführen sind.

Organisatorische Sofortmaßnahmen sind:

- Information der Betroffenen,
- Möglichkeit einer arbeitsmedizinischen/umweltmedizinischen Beratung oder Betreuung schaffen und anbieten,
- Umquartieren besonders empfindlicher Personen (Allergiker, Asthmatiker, Personen mit deutlichen Beschwerden in den geschädigten Räumen),
- Aufenthaltsdauer beschränken,
- Räume verstärkt und häufiger reinigen,
- verstärktes Lüften,
- Räume, Gebäudeteile oder Gebäude ganz sperren.

Technische und bauliche Sofortmaßnahmen sind:

- Befall und Raum desinfizieren (nur in Risikobereichen zu empfehlen oder um der Ausbreitung des Schadens entgegenzuwirken),
- den Befall abschotten,
- Räume abschotten,
- Gebäudeteile abschotten,
- den Befall binden,
- Luftreiniger aufstellen,
- durch technische Entlüftung Unterdruck herstellen, um unkontrollierte Verbreitung zu verhindern.

Folgendes sollten **Betroffene** bei **mikrobiellen Schäden** auf jeden Fall **beachten**:

- feuchte, mikrobiell **besiedelte Materialien** (z. B. abgerissene Tapetenstücke) **nicht mit dem Staubsauger aufsaugen**,
- **befallene Möbel** entfernen, jedoch **nicht im Raum ohne Schutzmaßnahmen zerlegen**,
- den **sichtbaren mikrobiellen Befall nicht ohne Schutzmaßnahmen abreißen** (siehe Kap. 8) und auf **keinen Fall trocken abbürsten**,
- **Türen** zu anderen Räumen immer **geschlossen halten**,
- **Kleidung**, Spielzeug usw. in **unbelastete Räume** bringen.

9.1.1 Abschottung der Befallsbereiche/Räume

Unter Abschottung des Befallsbereiches ist die dichte Abdeckung von Schadensbereichen mit Folien zu verstehen. Dies kann nur eine vorübergehende Sofortmaßnahme sein, da hierbei erhöhte Feuchte ggf. mit eingeschlossen wird. Dadurch kommt es in der Regel zu verstärktem mikrobiellem Wachstum hinter der Abschottung. Der Schaden breitet sich evtl. aus und der Sanierungsumfang wird zunehmend größer.

Relativ einfach dagegen kann man einzelne Räume abschotten, indem man die Fugen zwischen Türblatt und Rahmen mit geeignetem Klebeband abklebt. Als Klebeband eignet sich am besten ein nicht zu stark klebendes Band (z. B. Tesa Krepp), um Schäden an Türen und Rahmen zu vermeiden, da beim Entfernen stark haftender Klebebänder häufig Lackschichten beschädigt werden.

Es ist vorteilhaft, wenn die Klebebänder zwischendurch erneuert werden, damit der Kleber nicht in die Oberflächen eindringen und dadurch Verfärbungen verursachen kann.

Bei glatten Böden kann die Fuge an der Unterseite der Türe mit Klebeband abgeklebt werden, bei Teppichböden empfiehlt sich das Verschließen der unteren Fuge mit einem Handtuch oder einem anderen Tuch, das gut in die Fuge gedrückt wird. Dadurch ist eine Umverteilung von Sporen in andere Räume weitestgehend unterbunden.

Wenn es möglich ist, sollte der abgeschottete Raum belüftet oder mit einem Trockengerät entfeuchtet werden. Ansonsten ist damit zu rechnen, dass sich vor Beseitigung der Ursache der Schaden erheblich ausweitet.

9.1.2 Desinfektion

Da die Gefahr, die von Mikroorganismen ausgeht, die in feuchten Baumaterialien wachsen, in der Regel keine Infektionsgefahr ist, wird die Desinfektion in erster Linie aus 2 Gründen als Sofortmaßnahme empfohlen:

Die Desinfektion kann sinnvoll sein, wenn ein weiteres Ausbreiten des Befalls verhindert werden soll, z. B. wenn Fußböden sehr nass sind und die Trocknung mehrere Wochen in Anspruch nimmt. In diesem Fall kann zu Beginn der Trocknung das feuchte Material desinfiziert werden (siehe Kap. 14).

In Risikobereichen (Krankenhäusern, Arztpraxen, Wohnungen von Personen mit einer erheblichen Immunschwäche) besteht eine reale Infektionsgefahr. Deshalb können in diesen Bereichen Desinfektionsmaßnahmen sinnvoll sein. Ob sie erforderlich und welche anzuwenden sind, sollte ein Sachverständiger entscheiden. Wie diese Maßnahmen durchzuführen sind, ist in Kap. 14 beschrieben.

9.1.3 Befall zur Vermeidung weiterer Sporenbelastung binden

Ist es nicht möglich, den Schaden direkt zu sanieren oder durch organisatorische Maßnahmen die Exposition zu vermeiden oder zu vermindern, sollte der mikrobielle Befall vor dem Abdecken gebunden werden, damit es auch beim späteren oder versehentlichen Entfernen der Abdeckung zu keiner unnötig starken Partikelbelastung kommt.

Dies kann z. B. dadurch erreicht werden, dass die Befallsflächen mit einer Dispersionsfarbe oder besser noch, wegen der fungiziden Wirkung aufgrund des hohen pH-Wertes, mit einer Kalk- oder Silicatfarbe überstrichen oder mit einem Lack eingesprüht werden. Bei der Anwendung von Farbe ist darauf zu achten, die benötigte Farbmenge immer in ein gesondertes Gefäß umzufüllen. Wenn der Pinsel, mit dem die mikrobiellen Befallsflächen gestrichen werden, wieder in den Farbeimer getaucht wird, gelangen auch mikrobielle Keime in den Eimer. Die Farbe kann in der Folge besiedelt und der gesamte Farbeimer unbrauchbar werden. Für derartige Arbeiten eingesetzte Pinsel sind nach der Arbeit zu entsorgen oder sehr gründlich zu reinigen.

9.1.4 Aufstellen von Luftreinigern

Ist es organisatorisch und/oder wirtschaftlich nicht möglich, Räume zu sperren und den Befall abzuschotten, dann kann als Notlösung vorübergehend versucht werden, die Belastung mit mikrobiellen Partikeln mit einem Luftreinigungsgerät zu reduzieren. Das eingesetzte Gerät sollte jedoch mit einem HEPA-Filtersystem ausgestattet sein. Zum Teil verfügen derartige Geräte auch über Aktivkohlefilter zur Reduzierung der Geruchsbelastung und anderer flüchtiger Innenraumschadstoffe.

Zu empfehlen ist die Wahl eines Gerätes, das durch ein anerkanntes Institut geprüft wurde. Die Preisunterschiede sind auch bei erfolgreich getesteten Geräten teils erheblich (150 bis 1.250 €). Unterschiede bestehen auch in der Filterausstattung: Günstigere Geräte verfügen nur über HEPA-Partikelfilter, höherwertige sind zusätzlich mit Feinvorfilter und Aktivkohlefilter zur Filterung von gasförmigen Stoffen (MVOC) bzw. Geruchsstoffen ausgestattet.

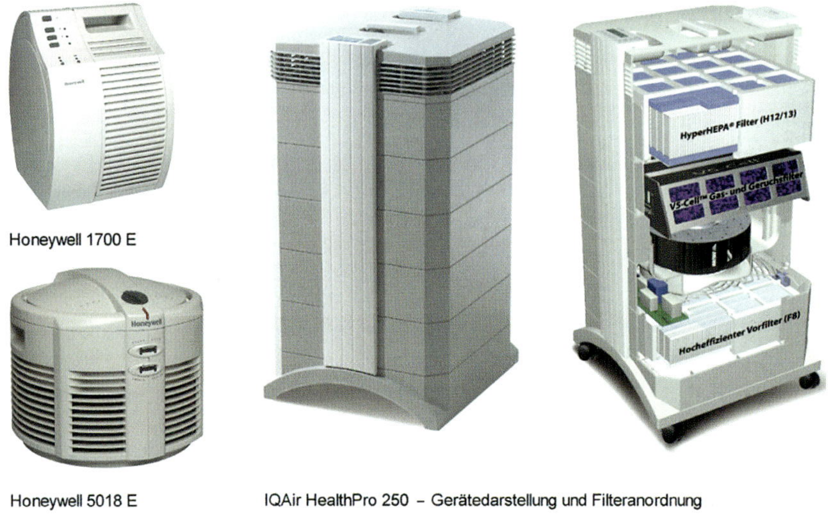

Abb. 9.1 a–d Luftreiniger zur Filterung von Schimmelpilzsporen (Quelle Abb. 9.1 a und b: KAZ Hausgeräte GmbH, Wickede, Abb. 9.1 c und d: INCEN AG, Goldach)

9.1.5 Unterdruck erzeugen

Wie Messungen bereits mehrfach zeigten, kann sich eine Schadstoffquelle im Keller, somit auch ein mikrobieller Befall, durch die in Gebäuden zur meisten Zeit vorherrschende Thermik bis in die oberen Geschosse auswirken.

Oft reicht das Abschotten von Kellerräumen nicht aus, da die Luft über Rohrschächte, Fugen und andere Hohlräume den Weg von unten nach oben findet. Dies kann weitgehend dadurch verhindert werden, dass im Keller mit einer Entlüftungsanlage ein Unterdruck erzeugt wird. Es reicht bei normal großen Kellern meist aus, wenn ein Ventilator mittlerer Leistung, wie er z. B. zur Entlüftung von Badezimmern dient, in das Fenster eingesetzt wird. Am einfachsten ist es, den Ventilator in eine Holzplatte zu montieren und die Holzplatte dicht in einen Fensterrahmen einzubauen. Wichtig ist, dass Fenster und Türen im Keller geschlossen bleiben, damit ein Unterdruck entsteht und die Luft über die Öffnungen zwischen Kellergeschoss und den oberen Etagen nachströmen muss.

Wie aus Abb. 9.2 a ersichtlich, kann sich die mikrobiell belastete Kellerluft ohne Unterdruck im gesamten Gebäude über Fugen, Ritzen, Spalten unter Türen usw. ausbreiten und dadurch auch zu einer Exposition in oberen Etagen sowie, wie verschiedene Praxisfälle bereits zeigten, zu gesundheitlichen Beschwerden führen.

In Abb. 9.2 b wird die Luft aus dem Schadensbereich abgesaugt und in den Außenbereich entsorgt. Es ist ratsam, um die Ausblasung nicht direkt unterhalb von Fenstern vorzunehmen, an der Ausblasöffnung des Ventilators noch ein Kunststoffrohr anzuschließen und dieses ein Stück weit von der Fassade weg zu legen oder sogar über das Dach, wobei im letzteren Fall ein leistungsstarker Ventilator erforderlich ist.

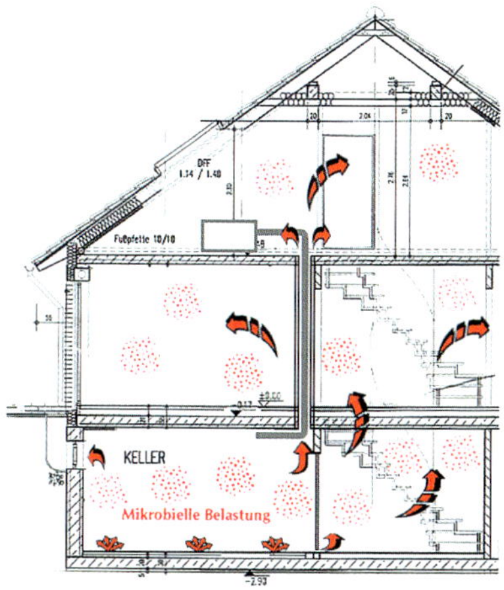

Abb. 9.2 a Sporen-/Partikelverbreitung ohne Unterdruck

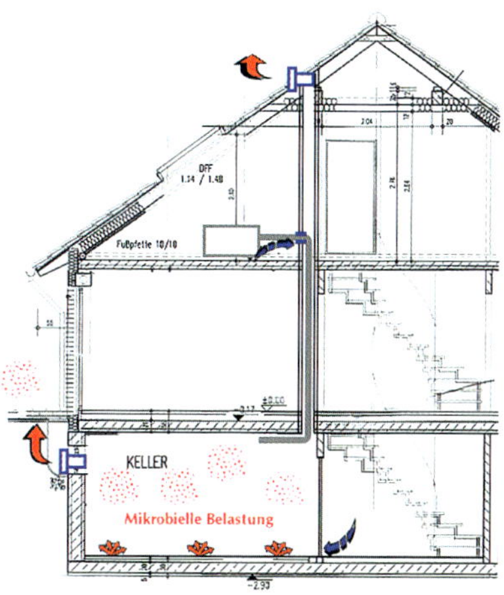

Abb. 9.2 b Sporen-/Partikelverbreitung mit Unterdruck

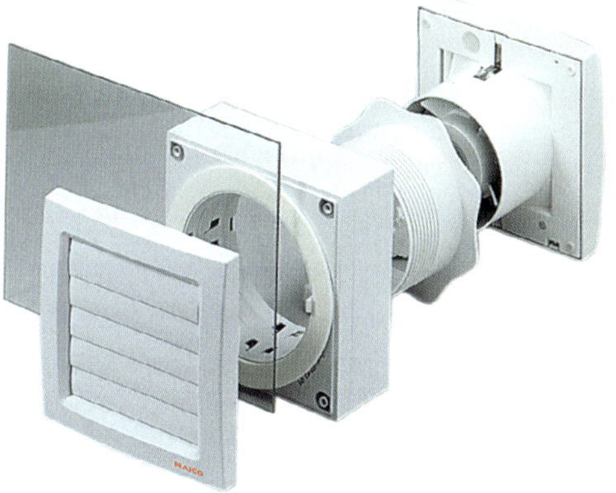

Abb. 9.3 Fenstereinbausatz (Quelle: MAICO Elektroapparate-Fabrik GmbH, Villingen-Schwenningen)

9.1.6 Sofortmaßnahmen bei mikrobiellem Befall in Speisekammern

Bei mikrobiellen Schäden in Speisekammern oder in Kellerräumen, in denen Speisen gelagert werden, sollten folgende Sofortmaßnahmen ergriffen werden, um eine Belastung der Nutzer zu verringern oder zu beseitigen:

- In belasteten Räumen gelagerte Lebensmittel, die nicht in dichten Behältern, wie Dosen oder Gläsern, aufbewahrt wurden, sollten entsorgt werden.
- Konserven, Gläser, Flaschen usw., d. h. dichte Gebinde, können durch Abwaschen mit Wasser oder mit Spülmittel gereinigt werden. Ist die Verpackung sichtbar befallen und handelt es sich um ein ansonsten dichtes Behältnis, kann man die verschimmelte Umverpackung oder Banderole entfernen (nicht vergessen, das blanke Behältnis neu zu beschriften).
- Befallene Regale und vor allem Kartonagen aus diesem Bereich sind zu entsorgen.

Beispiel 1

Ein Schimmelpilzallergiker, der in einem unterkellerten Einfamilienhaus wohnte, litt unter erheblichen gesundheitlichen Problemen. Bei der Untersuchung des Wohngebäudes und des Kellers konnte kein auffälliger mikrobieller Befall lokalisiert werden. Aufgrund des Hinweises durch den Betroffenen, dass die Lebensmittel in einem Gartenhaus gelagert wurden, das sich ebenfalls auf dem Grundstück befand, wurde dieses Gartenhaus inspiziert und es wurden mehrere mikrobielle Schäden gefunden.
Nachdem der Betroffene das Gartenhaus nicht mehr betrat und er dort keine Lebensmittel mehr lagerte, verbesserte sich sein Zustand innerhalb kurzer Zeit.

Beispiel 2

Vergleichbare Verbesserungen konnten in einem anderen Fall erzielt werden, in dem der Betroffene ursprünglich fast alle Lebensmittel im mikrobiell belasteten Keller lagerte. Auch hier erfolgte eine erhebliche Reduzierung gesundheitlicher Probleme nach Unterbindung dieses Eintragsweges.

9.1.7 Sofortmaßnahmen zur wirtschaftlichen Schadensbegrenzung

Neben den Sofortmaßnahmen zum Schutz von Betroffenen sind manchmal auch Maßnahmen sinnvoll, die ein Ausbreiten des mikrobiellen Schadens und somit auch eine Vergrößerung des wirtschaftlichen Schadens verhindern (siehe auch Kap. 9.1.2).

Möbel sollten von der Wand abgerückt oder in die Raummitte transportiert oder besser noch gereinigt, dicht verpackt und in andere Bereiche gebracht werden. Es ist besonders darauf zu achten, dass diese nicht feucht in dichte Folien eingepackt werden. Sicherheitshalber können ausreichende Mengen Trockenmittel mit verpackt werden. Wie Gegenstände zu reinigen sind, ist in Kap. 13.4 beschrieben.

Primär befallene Einrichtungsgegenstände, d. h. Gegenstände, auf oder in denen Mikroorganismen gewachsen sind, sollten möglichst an Ort und Stelle verpackt und anschließend entsorgt werden. Wertvolle Gegenstände können evtl. von Fachfirmen gereinigt werden.

Kleidung und Wäsche aus belasteten Räumen sollten umgehend aus den Schränken genommen und in Kunststofftüten trocken verpackt werden, damit die noch nicht befallenen Stücke verschont bleiben. Sind die Kleidungs- oder Wäschestücke nur kontaminiert und nicht direkt mikrobiell besiedelt, können diese sofort nach einem normalen Waschen oder einer üblichen chemischen Reinigung wieder benutzt werden. Mikrobiell besiedelte Kleidungs- oder Wäschestücke sind in der Regel zu entsorgen.

Stellt sich nach dem Waschen oder der Reinigung heraus, dass einige Kleidungs- oder Wäschestücke noch muffig riechen oder fallen erst dann Stockflecken auf und ist beides nicht durch erneutes Waschen/Reinigen zu entfernen, sollten diese Stücke entsorgt werden.

9.2 Schutzmaßnahmen während der Sanierungsarbeiten

Der Schutz der Nutzer und der Umgebung ist ein sehr wichtiger Aspekt bei der Planung der Sanierungsarbeiten. Mit Umgebung ist sowohl die direkte Umgebung der zu sanierenden Räume gemeint als auch die äußere Umgebung, z. B. wenn umfangreiche Abbruch- oder Sandstrahlarbeiten durchgeführt werden sollen, bei denen es zu einer erheblichen Staubentwicklung kommen kann, und sich in der Nachbarschaft evtl. sogar ein Krankenhaus oder Altersheim befindet.

Auch während der Sanierung können sowohl organisatorische als auch technische/bauliche Maßnahmen zum Umgebungsschutz durchgeführt werden.

Organisatorische Maßnahmen während der Sanierungsarbeiten sind:

- Information der Bewohner, ggf. der Nachbarschaft,
- Nennung einer Anlaufstelle/eines Ansprechpartners, falls es zu Problemen kommt,
- Sperren der Sanierungsbereiche für Unbefugte,
- Baustelle häufig reinigen lassen, insbesondere gegen Ende des Arbeitstages,
- Räume, Gebäudeteile oder Gebäude während der Sanierungsarbeiten nicht nutzen,
- ausgebaute Materialien nicht offen liegen lassen, sondern direkt nach Ausbau dicht verpacken und möglichst umgehend entsorgen.

Technische und bauliche Maßnahmen während der Sanierungsarbeiten sind:

- Freisetzung von Staub während der Sanierung durch Befeuchten, direkte Absaugung, ggf. Abschottung vermindern oder verhindern,
- fachgerechte Feinreinigung nach Abschluss des Rückbaus.

9.2.1 Freisetzung von Staub während der Sanierung vermindern/verhindern

Bei der Sanierung werden in der Regel Materialien entfernt und dabei werden dann auch immer Staub und Aerosole freigesetzt.

Die wichtigsten und effektivsten Maßnahmen sind, Arbeitstechniken einzusetzen, mit denen möglichst wenig Staub freigesetzt wird, und direkt an der Entstehungsstelle den Staub abzusaugen. Am besten erfolgen beide gleichzeitig.

Diese Maßnahmen werden in Kap. 13.1.4 behandelt.

In den Leitfäden LGA 2 und UBA 2 werden in gleich lautenden Tabellen Arbeitstechniken aufgezeigt, die zu einer hohen und einer geringen Freisetzung von Stäuben und Aerosolen führen.

Zusätzlich sollte dann, wenn an der Sanierung unbeteiligte Personen mit dem Staub belastet werden könnten, der zu sanierende Bereich so abgeschottet werden, dass die Emissionen nicht ungehindert in die nicht zu sanierenden Bereiche gelangen. Wie viel Aufwand hierbei zu betreiben ist, ob die Freisetzung nur zu minimieren oder zu verhindern ist, ist weniger von der Schadensgröße abhängig als von der Umgebung.

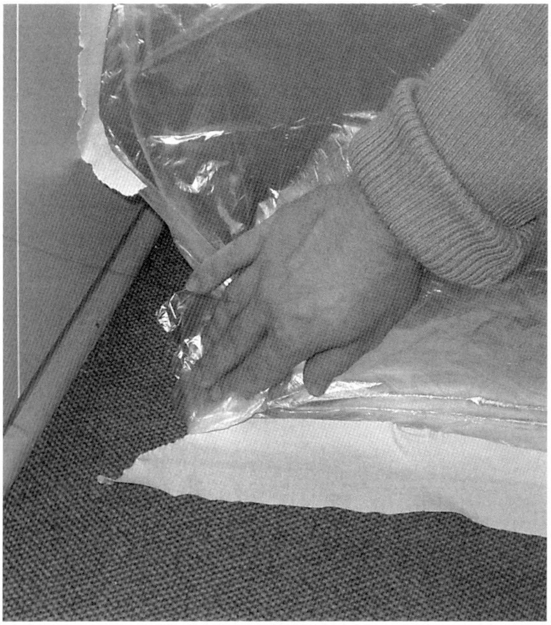

Abb. 9.4 a Nicht fachgerechte Abschottung des Sanierungsbereichs

Abb. 9.4 b Fachgerechte Abschottung des Sanierungsbereichs

Mindestens sind immer folgende Maßnahmen zu ergreifen:

- Türen geschlossen halten, ggf. abkleben,
- Raum soweit möglich belüften, entweder durch offene Fenster oder durch Absaugung (Abluft nicht unterhalb von Fenstern der Nachbarräume oder von oberen Wohnetagen ins Freie leiten),
- Abfälle an Ort und Stelle in dichte, reißfeste Behälter verpacken.

In Risikobereichen (Krankenhäusern, Arztpraxen, Wohnungen/Wohnräumen immunkranker Personen) sind **zusätzlich folgende Maßnahmen** erforderlich:

- Schleuse errichten, Unterdruck erzeugen durch Absaugen der Luft, die gefiltert ins Freie zu führen ist,
- ggf. spezielle Messungen zur Überwachung der Abschottungsmaßnahmen.

Beispiel

Bei der Sanierung eines stark durch Feuchte geschädigten und massiv mit Mikroorganismen besiedelten Kellers in einem Verwaltungsgebäude wurde mit großem Aufwand der Keller zum Erdgeschoss abgeschottet und alle beteiligen Personen wurden in Arbeitsschutz und Umgebungsschutz eingewiesen. Es wurde festgelegt, dass über einen Lichtschacht, über den man mit einer Leiter in den Keller gelangen konnte, der mikrobiell besiedelte abgeschlagene Putz direkt ins Freie transportiert wird.

Die Handwerker füllten den Putz in Eimer, transportierten diese über den Schacht ins Freie und schütteten den Inhalt mit viel Schwung in einen Baucontainer. Da die Sanierung an heißen Sommertagen durchgeführt wurde, standen im 1. Obergeschoss die Fenster der dort benutzten Büroräume offen. Die beim Einfüllen des belasteten Bauschutts in den Container entstehenden Staubwolken zogen an der Fassade entlang nach oben und schließlich auch in die genutzten Büroräume. Verständlicherweise und zu Recht gab es sofort lautstarke Proteste der Mitarbeiter, die zum Teil Hustenanfälle bekamen und auf deren Akten und Möbeln sich in kurzer Zeit eine Staubschicht ansammelte.

9.2.2 Unnötige Exposition vermeiden

Bei kleinen Schäden der Kategorie SK 1 und 2 nach UBA 1/LGA 1 reicht es meist aus, wenn durch geeignete Maßnahmen die Freisetzung mikrobieller Stoffe minimiert wird. Hierzu gehören der Einsatz von Methoden, bei denen die Staubfreisetzung gering ist, ggf. das Binden der mikrobiellen Partikel vor dem Entfernen durch Befeuchten, Abkleben usw., sofortiges dichtes Verpacken der ausgebauten Materialien vor Ort und in Risikobereichen ggf. die Desinfektionsbehandlung des befallenen Materials vor dem Entfernen.

Bei Schäden der Kategorie SK 3 sollte sichergestellt werden, dass sich Personen, die nicht unmittelbar an der Sanierung beteiligt sind, nicht im Sanierungsbereich aufhalten. Dies gilt generell, aber in verstärktem Maße für Personen, die nicht gesund sind bzw. die besonders empfindlich reagieren könnten.

9.2.3 Verschleppung verhindern

Es sollte vermieden werden, belastetes Material durch andere Räume zu transportieren, um eine Verschleppung zu vermeiden oder zu minimieren. Eine Entsorgung über Fenster oder Terrassen ist in den meisten Fällen problemlos möglich.

Bevor Gegenstände in andere Bereiche transportiert werden, müssen diese gereinigt werden. Je nach Schadensgröße und -alter sind 3 Stufen der Dekontamination oder Reinigung möglich:

- Stufe 1: alle erkennbaren Staubablagerungen feucht abwischen, wie bei einem gründlichen Hausputz Teppiche und Polster absaugen;
- Stufe 2: alle glatten Oberflächen feucht abwischen und textile Oberflächen sehr gründlich absaugen, Textilien soweit möglich waschen, Polster mit Schaum reinigen;
- Stufe 3: Dekontamination, ggf. Desinfektion der Räume und Gegenstände durch Fachfirma mit Spezialmethoden.

Tabelle 9.1: **Zuordnung von Reinigungs- und Dekontaminationsmaßnahmestufen zu Schadensfällen**

Schadensfall	Maßnahme
maximal mittelgroßer Schaden bis Kategorie SK 2 nach UBA 1/LGA 1, keine gesundheitlichen Beschwerden, die auf den Schaden zurückzuführen sind	Stufe 1
großer Schaden der Kategorie SK 3 nach UBA 1/LGA 1 mit (anzunehmender) Freisetzung größerer Mengen mikrobieller Partikel und/oder leichte gesundheitliche Beschwerden der Betroffenen, die nach medizinischer Einschätzung im Zusammenhang mit dem Schaden stehen	Stufe 2
Verwendung der Gegenstände in Risikobereichen[1] und/oder massive gesundheitliche Beschwerden der Betroffenen, die nach medizinischer Einschätzung im Zusammenhang mit dem Schaden stehen	Stufe 3

[1] Krankenhäuser, bestimmte Arztpraxen, Wohnungen immunsupprimierter Personen

Es ist zu beachten, dass ausschließlich kontaminierte Gegenstände gemeint sind und nicht mikrobiell befallene Gegenstände. Letztere sind entweder zu entsorgen oder, wenn sie unersetzlich sind, einer speziellen Behandlung zu unterziehen, die von einem Fachmann konzipiert werden sollte.

9.2.4 Reinigung nach erfolgtem Rückbau

Nach Entfernen und Entsorgen des auszubauenden Materials sollten als Nächstes die Staubablagerungen entfernt werden. Es kann ansonsten zu einer unnötigen und leicht vermeidbaren Belastung mit mikrobiellen Partikeln bei den weiteren Arbeiten kommen und es besteht eine Verschleppungsgefahr.

Die Staubablagerungen werden keimungsfähige Partikel enthalten. Kommen beim Wiederaufbau entsprechend kontaminierte Oberflächen mit frischen und meist feuchten Materialien in Kontakt, kann es relativ schnell wieder zu mikrobieller Aktivität kommen.

Es ist zu unterscheiden zwischen der Dekontamination von durch Staub verunreinigten Oberflächen und der Dekontamination der freigelegten Oberflächen im Schadensbereich. Im ersten Fall sind lose mikrobielle Partikel auf den Oberflächen als Staubablagerung vorhanden (Kontamination bzw. sekundärer Schimmelpilzbefall entsprechend Definition nach UBA 2). Im zweiten Fall ist damit zu rechnen, dass mikrobielle Strukturen in den oberflächennahen Schichten vorhanden sind, die während des Schadensereignisses an dieser Stelle gewachsen sind (mikrobieller Befall bzw. primärer Befall nach UBA 2).

Die kontaminierten Oberflächen müssen nur gut gereinigt werden, d. h. der abgelagerte Staub muss entfernt werden. Dies kann durch sorgfältiges Absaugen geschehen. Der Einsatz von Desinfektionsmitteln ist bei der Reinigung von Einrichtungsgegenständen überflüssig, soweit die Gegenstände trocken sind und trocken bleiben. Ausnahmen können die Sanierung in Risikobereichen und nicht zugängliche verunreinigte Oberflächen sein, die nicht gereinigt werden können.

Bei Schäden in Risikobereichen ist zu empfehlen, dass der Sanierungsbereich nach der Beseitigung massiver mikrobieller Schäden und nach der Feinreinigung vor Entfernung der Abschottung mit einem Desinfektionsmittel gefoggt wird, um jegliches Infektionsrisiko zu beseitigen (siehe Kap. 14.1.4). In allen anderen Fällen ist dies nicht notwendig.

Oberflächen, die evtl. besiedelt wurden und/oder die in unmittelbarem Kontakt mit mikrobiellen Schäden standen, sollten nicht nur gereinigt, sondern desinfiziert werden, da mit dem Material fest verbundene mikrobielle Bestandteile vorhanden sein können. Beim Auftragen von feuchtem Wandputz oder bei dem Vergießen von Nassestrich kann es in Gegenwart größerer Mengen keimungsfähigen Materials aufgrund der Feuchte der neuen Materialien ansonsten relativ schnell zu mikrobieller Aktivität kommen. Wirkungsvolle Methoden zur Desinfektion sind in Kap. 14.1 dargestellt.

9.3 Praktische Durchführung von Maßnahmen zum Umgebungsschutz

9.3.1 Abschottungen/Schleusen

Bei der Sanierung eines ausgedehnten Schadens ist der Einbau von Abschottungen oder die Einrichtung von sog. Schwarzbereichen und Schleusen zu empfehlen, um den Arbeitsbereich sauber abzugrenzen und eine Umverteilung der mikrobiellen Partikel zu verhindern bzw. zu minimieren. Schwarzbereiche sind nur für die Zeit der mikrobiellen Sanierungsarbeiten vorzusehen. Nach der Feinreinigung können diese aufgehoben und es kann normal weitergearbeitet werden.

Einfache Abschottungen wie in Abb. 9.5 sind allerdings auch bei mittleren Schäden zu empfehlen, zumal diese relativ leicht und kostengünstig herzustellen sind.

Es kann hierdurch verhindert werden, dass nach Sanierungsarbeiten in nur einem Raum oder einer Etage, z. B. im Keller, anschließend das gesamte Haus einer Grundreinigung unterzogen werden muss, ganz abgesehen davon, dass Staub grundsätzlich nie überall beseitigt werden kann, da er sich auch auf und hinter Einbauschränken usw. ablagert.

Abb. 9.5 Abschottung des mikrobiellen Sanierungsbereichs in einem Partykeller

Derartige Abschottungen können auf einfache Weise mit Holzlattengerüsten und stabilen Baufolien hergestellt werden. Die Folien sind an den Wandanschlüssen mit geeigneten Klebebändern luftdicht zu verkleben. Es ist darauf zu achten, dass die Zugänge auch wirklich dicht bleiben. Sehr gut geeignet sind z. B. Reißverschlusstüren, wie sie bei der Asbestsanierung eingesetzt werden. Diese können nach gründlicher Reinigung auch wieder verwendet werden.

Der Materialaufwand umfasst für eine Abschottung wie in Abb. 9.5 dargestellt ca. 20 lfd. M. Dachlatten, 20 m^2 dicke Baufolie, 12 einfache Metallwinkel plus Holzschrauben, Tesa Krepp, Gewebeklebeband, Tackerklammern und eine Folientüre.

Der Zeitaufwand zur Erstellung beträgt ca. 30 bis 45 Minuten bei 2 Arbeitskräften.

Diese Abschottungen sind nach Abschluss der Arbeiten vor dem Abbau gründlich zu reinigen und ggf. zu desinfizieren, damit es bei der Aufbewahrung zu keinem mikrobiellen Befall kommt.

An den Zugangstüren sollten, speziell bei breiteren Spalten an der Unterseite, angefeuchtete Tücher vorgelegt werden, um auch diese Verteilungsmöglichkeit zu unterbinden. Hier herrscht oft starke Zugluft, wodurch erhebliche Mengen belasteter Stäube in andere Räume verteilt werden.

9.3.2 Abdeckmaßnahmen

Besser als umfangreiche Reinigungs- bzw. Dekontaminationsmaßnahmen sind Maßnahmen, mit denen von vorneherein eine Kontamination verhindert wird. Dies kann auf einfache Weise durch sorgfältiges Abdecken erreicht werden. Abgedeckt werden sollten in erster Linie Fußböden, Inventar, aber auch Wand-, Boden- und Deckenanschlüsse.

Zu verwenden sind starke reißfeste Folien, die überlappend und lückenlos verklebt werden sollten. Wenn dies nicht möglich ist, können die Folien mittels Holzlatten fixiert werden.

Die Abdeckfolien sind nach Abschluss der Arbeiten vorsichtig zu entfernen, einzuschlagen und in Müllsäcke zu verpacken. Diese sind zu verschließen und direkt zu entsorgen.

9.3.2.1 Bodenbereich

Grundsätzlich sollten alle Böden in zu sanierenden Räumen, wenn sie nicht mit saniert werden oder keine geschlossenen Beläge, wie z. B. PVC-Böden, aufweisen, vollflächig mit starken Baufolien abgeklebt werden. Es ist darauf zu achten, dass die Folien sowohl untereinander als auch im Randbereich gegen Fußleisten oder Wände gut verklebt werden.

Im direkten Sanierungsbereich sollten diese Folien, wenn z. B. Putz abgeschlagen wird, durch eine zweite Lage Folie und Weichfaserplatten oder andere geeignete Platten zum Schutz empfindlicher Bodenbeläge, wie Parkett usw., abgedeckt werden. Hierdurch wird außerdem verhindert, dass die Folien beschädigt werden.

9.3.2.2 Möbel und andere Gegenstände

Die zu sanierenden Räume sollten komplett ausgeräumt werden. Ist dies nicht möglich, sollten bis zum Abschluss der Schimmelpilzsanierung alle im Raum verbleibenden Möbel und andere Gegenstände durch Folien dicht abgedeckt oder besser noch ganz eingepackt werden, um eine Verunreinigung mit belastetem Staub zu vermeiden. Denn je nach Oberflächenbeschaffenheit sind Sekundärbelastungen teilweise nur schwer und mit relativ hohem Aufwand zu beseitigen, wie bei Büchern, Vorhängen, Musikinstrumenten usw.

9.3.3 Ablüften und Filtern von Stäuben mit Unterdruck- und Umluftfiltergeräten

Abbrucharbeiten sollten immer möglichst staubarm durchgeführt werden. Das staubarme Arbeiten ist aber nicht nur zum Umgebungsschutz notwendig, sondern ist der wichtigste Punkt des Arbeitsschutzes. Die entsprechenden Techniken sind in Kap. 13.1.4 behandelt.

Während der Arbeiten ist es grundsätzlich zu empfehlen, die Räume gut zu belüften, um anfallende Stäube direkt in den Außenbereich zu entsorgen. Ist dies aufgrund von Witterungsbedingungen (starker Wind, Schlagregen usw.) nicht möglich, sind Stäube möglichst an der Entstehungsstelle abzusaugen. Bei geöffneten Fenstern ist immer auf die Windrichtung zu achten und vor allem darauf, dass keine unmittelbar daneben liegenden Fenster geöffnet sind, über welche die in den Außenbereich abgelüfteten Stäube sofort wieder eindringen können. Dies betrifft sowohl die eigenen Fenster als auch die der Nachbarn. Hier sollten ggf. die Nachbarn informiert werden, um unnötige Belastungen zu vermeiden. Meistens entstehen hierdurch keine Probleme, da die Dauer der stark Staub entwickelnden Arbeiten überwiegend relativ kurz ist.

9.3.3.1 Unterdruckgeräte

Unterdruckgeräte werden auch bei der Asbestsanierung eingesetzt und sind deshalb zur Reduzierung sehr feiner luftgetragener Partikel ausgelegt (dies gilt auch für Umluftfiltergeräte).

Bei Unterdruckgeräten wird die Abluft gefiltert und in den Außenbereich geblasen.

Abb. 9.6 a–c Unterdruckgeräte verschiedener Bauart und im Einsatz an einer Schleuse (Quelle Abb. 9.6 b und c: deconta GmbH, Isselburg)

In Abb. 9.6 b und c sind Unterdruckgeräte zum Beseitigen und Filtern (3-stufige Filtereinheit) kontaminierter Raumluft zu sehen. Lüfter und Filter sind entweder getrennt (Abb. 9.6 c) oder in einem Gerät kombiniert (Abb. 9.6 b). Die CE-gekennzeichneten Geräte entsprechen der TRGS 519. Die eingebauten Schwebstofffilter entsprechen den Anforderungen gemäß DIN EN 1822, Klasse H13.

Die Luftleistungen bei derartigen Unterdruckgeräten liegen zwischen 2.000 und 20.000 m^3/h und sind entsprechend dem Einsatzzweck und dem Umfang der Staubbildung zu wählen.

Beachtet werden sollte das Gewicht, da die Geräte abhängig von der Leistung zwischen ca. 30 und 360 kg wiegen. Oft ist es aus Transportgründen sinnvoller, 2 kleinere Geräte einzusetzen als ein größeres.

9.3.3.2 Umluftfiltergeräte

Bei Geräten mit Umluftbetrieb und HEPA-Filtern erfolgt keine Ausblasung in den Außenbereich. Die Luft wird gefiltert und nur im Raum umgewälzt.

Bei Schimmelpilzschäden sind diese Geräte eine ausreichend wirkungsvolle Alternative zu den Unterdruckgeräten. Außerdem können die Geräte über das Arbeitsende hinaus über Nacht weiter laufen und so die Raumluft kontinuierlich filtern.

Nach einer Feinreinigung kann das Gerät noch einige Stunden laufen, um die noch vorhandenen Schwebstaubanteile zu entfernen.

Die Vorfilter sollten nach jedem Einsatz gewechselt werden. Der HEPA-Filter sollte in regelmäßigen Abständen, sicherheitshalber nach jedem Einsatz bei einer Schimmelpilzsanierung, gereinigt werden. Filter-Kontrolllampen zeigen an, wann ein Filterwechsel während des Einsatzes erforderlich wird.

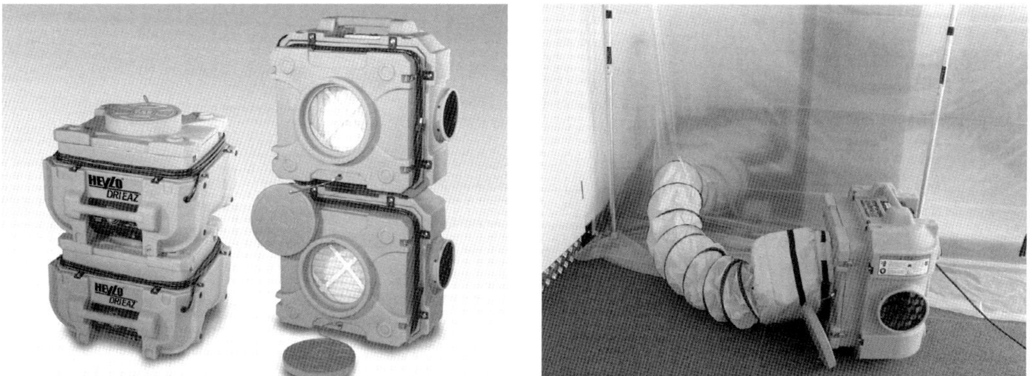

Abb. 9.7 a und b Neueste Generation von Umluftgeräten: DriEaz-HEPA500 von Heylo mit HEPA-Filter; die Geräte sind stapelbar und im Umluft- sowie im Unterdruckbetrieb zu betreiben, wie im rechten Bild im Bereich einer Einhausung zu sehen ist (Quelle: HEYLO Energietechnik GmbH, Achim)

9.3.4 Vermeidung der Umverteilung von Sporen/kontaminierten Stäuben

Die Umverteilung bzw. Verschleppung von Sporen oder kontaminierten Stäuben in angrenzende oder andere Gebäudebereiche ist grundsätzlich so weit wie möglich zu unterbinden oder zu reduzieren.

Die wichtigste Maßnahme ist das Abkleben oder Abschotten des Sanierungsbereiches. Wenn keine Schleusen gebaut werden sollen, dann sollten zumindest die Türen zum Sanierungsbereich während der Arbeiten, bei denen Staub freigesetzt wird, gut abgeklebt werden, wobei vor allem auf die unteren Schlitze zwischen Türblatt und Boden zu achten ist. Hier können auch feuchte Tücher vorgelegt werden.

Für die Handwerker sollten Laufwege festgelegt werden, die vorher mit Folie oder Baupappe abgedeckt wurden. Geeignete Fußabstreifer sollten zur Verfügung stehen (und auch genutzt werden!), da es über Schuhsohlen zur massiven Verschleppung aus dem Arbeitsbereich kommen kann.

Die Lauf- und Entsorgungswege für belastetes Material sollten, wenn möglich, nicht durch Wohnräume oder andere dauernd genutzte Räume, wie Büros usw., führen.

Bei Sanierungen in Kellern ist der direkte Zugang ins Freie oft über Kellertreppen möglich, bei Räumen im Erdgeschoss meist über Fenster oder Terrassentüren. Die Entsorgung von in Mülltüten verpackten Materialien kann in vielen Fällen (ausgenommen bei Sanierungen ab ca. dem 5. Stockwerk) über die Fenster erfolgen. Ein Seil mit einem Haken reicht aus, um die Tüten direkt im Außenbereich abzuseilen, statt diese durch das ganze Gebäude zu transportieren, wobei es oft zu Schäden an den Tüten und dadurch zu erheblichen Belastungen durch herausfallende Materialien und Stäube kommt.

9.3.5 Lagerung von Lebensmitteln

Grundsätzlich sollten keine Lebensmittel im Sanierungsbereich aufbewahrt werden. Aber auch in angrenzenden Räumen sollten diese nicht offen gelagert werden, da es nicht auszuschließen ist, dass belastete Stäube in diese Bereiche gelangen und es zu einer Kontamination der Lebensmittel kommt.

9.3.6 Verwendung von Desinfektionsmitteln

Auch beim Einsatz von Desinfektionsmitteln ist darauf zu achten, dass Unbeteiligte nicht exponiert werden.

Einige Desinfektionsmittel, die z. B. in Baumärkten erhältlich sind, enthalten problematische Inhaltsstoffe. Es sollte auch aus Arbeitsschutzgründen darauf geachtet werden, dass Mittel verwendet werden, bei denen die Gesundheitsgefährdung so gering wie möglich ist (siehe Kap. 14.2).

9.3.7 Abschalten von Klima- und Belüftungsanlagen

Auch wenn durch die bis zur Sanierung vorliegende Belastung bereits Kontaminationen in den Lüftungskanälen vorliegen, ist es zu vermeiden, dass weitere Belastungen hinzukommen. Während der Sanierungsarbeiten sollten deshalb die Klima- und Belüf-

Abb. 9.8 Verkeimung an und in einem Wärmetauscher eines Großraumbüros

tungsanlagen im betroffenen Bereich abgeschaltet und abgeklebt werden, so dass keine belasteten Stäube in die Anlagen gelangen können.

Ist das Abschalten nicht möglich, sollten diese Anlagen zumindest abgeklebt werden. Bei größeren betroffenen Bereichen muss hierzu ein Lüftungstechniker hinzugezogen werden, da sich nach Verschließen der Ausblas- und Absaugöffnungen erhebliche Zugerscheinungen in anderen Bereichen einstellen können. Der Lüftungstechniker kann dies über die Einstellung der Gesamtluftmenge wieder ausgleichen.

In jedem Falle sollte bei mikrobiellen Belastungen in Räumen, die über eine lüftungstechnische Anlage verfügen, diese auf Verkeimung überprüft werden.

Beispiel

Als Beispiel sei hier ein Fall genannt, in dem nach länger andauernder mikrobieller Belastung der Räume auch erhebliche Belastungen im Bereich der Lüftungszentrale, am Wärmetauscher und in den Kanälen vorlagen. Die gesamte Anlage musste durch eine Fachfirma professionell gereinigt und desinfiziert werden. Um weitere Belastungen nach Wiederinbetriebnahme zu minimieren, wurde zusätzlich noch eine UV-Entkeimung in der Zentrale eingebaut.

10 Ursachenbeseitigung bei Feuchte- und mikrobiellen Schäden

Die Ursachen von Feuchteschäden, die zu einem mikrobiellen Befall führen, sind vielfältig. Rohr- und Leitungsschäden, undichte Dächer, durch Feuchte geschädigte Schornsteine, aber auch Schäden durch mangelhafte Fassaden und unzureichende vertikale und horizontale Gebäudeabdichtungen sind durch einschlägig tätige Fachfirmen des Bauhaupt- und -nebengewerkes zu sanieren. Diese Firmen sind entsprechend ihrer jeweiligen Spezialisierung fachkundig und in der Lage, die Schäden kompetent und nachhaltig zu beheben. Eine ausführliche Beschreibung der technischen Reparaturmethoden ist deshalb in diesem Buch nicht erforderlich. Hinweise finden sich in den Fachbüchern „Schäden an Gebäuden“ (Hankammer, 2004), „Schimmelpilze und Bakterien in Gebäuden“ (Hankammer/Lorenz, 2003) und „Abnahme von Bauleistungen“ (Hankammer, 2004). Der Auftraggeber sollte jedoch darauf achten, dass er nur entsprechend qualifizierte Meisterbetriebe oder zertifizierte Fachfirmen beauftragt.

Es werden an dieser Stelle daher nur die wichtigsten Techniken mit den Vor- und Nachteilen in kurz gehaltener Form aufgeführt.

Aufklärungsbedarf gibt es insbesondere bei der Beseitigung der Ursachen von Kondensationsschäden, weshalb dieser Bereich ausführlicher besprochen wird.

10.1 Planung der erforderlichen Maßnahmen

Für die Planung und Einleitung spezieller Maßnahmen ist die Ermittlung und Überprüfung der jeweiligen Ursache erforderlich. Erst in exakter Kenntnis der Ursache/n können die ursachenspezifischen Maßnahmen eingeleitet werden.

Tabelle 10.1: **Ursachenbeseitigung, getrennt nach Ursachenkategorien**

Ursachenkategorie nach Hankammer/Lorenz, 2003		Detailschaden	Maßnahmen
1	überhöhte Feuchteproduktion	sichtbare mikrobielle Oberflächenschäden, bei Wohnungen bevorzugt im Bereich von Wärmebrücken in Bädern, Küchen oder Schlafzimmern neben den Bädern	Aufklärung der Nutzer, Anbringen von Messeinrichtungen für relative Luftfeuchte und Temperatur, Einbau von Entlüftungsanlagen, Änderung des Wohnverhaltens
2	falsches Lüftungsverhalten	dto.	Aufklärung der Nutzer, Anbringen von Messeinrichtungen für relative Luftfeuchte und Temperatur, Einbau von Entlüftungsanlagen, Änderung des Wohnverhaltens

Fortsetzung Tabelle 10.1:

	Ursachenkategorie nach Hankammer/Lorenz, 2003	**Detailschaden**	**Maßnahmen**
3	permanente „Kipp“-Lüftung	sichtbare mikrobielle Schäden ohne Bauteildurchfeuchtung im Bereich Sturz und Leibung im oberen Bereich	Aufklärung der Nutzer, Anbringen von Messeinrichtungen für relative Luftfeuchte und Temperatur, Änderung des Wohnverhaltens
4	unzureichende Beheizung	wie 1, aber bei Wohnungen bevorzugt in Schlafzimmern, gefolgt von Kinderzimmern	Aufklärung der Nutzer, Anbringen von Messeinrichtungen für relative Luftfeuchte und Temperatur, Änderung des Wohnverhaltens
5	Mobiliar und Vorhänge vor Außenwänden	sichtbarer mikrobieller Befall auf Außenwänden hinter Vorhängen, Schränken, Bett-Kopfteilen usw.	Aufklärung der Nutzer, Entfernung des Mobiliars und der Vorhänge oder Änderung des Wohnverhaltens; alternativ: Herstellung einer Flächenheizung an den Außenwänden oder Installation eines Vorlauf-/Rücklaufstranges im Fußleistenbereich der Außenwand unter Beachtung der Einflüsse auf die Heizkostenabrechnung
6	Funktionsstörungen an Einzelraumlüftern	Kondensationsschäden (sichtbarer Befall auf Oberflächen ohne Bauteildurchfeuchtung), meist in Badezimmern mit Ventilatorlüftung und ohne Fenster	Austausch des Flusenfilters, Erhöhung des Luftvolumenstroms, Verlängerung der Nachlaufzeit der Lüftung oder Installation im Permanentbetrieb, Nachrüsten eines Feuchtesensors
7	raumseitige Wärmedämmungen	keine sichtbaren Schäden auf Oberflächen, meist mikrobieller Befall im Dämmmaterial, bevorzugt in den kühlsten Räumen, z. B. im Schlafzimmer	Austausch der Innendämmung gegen eine Außendämmung oder Sicherstellung einer raumseitigen Dampfdichtheitsebene
8	geringe Wärmedämmung von Außenwänden	sichtbarer mikrobieller Befall ohne Bauteildurchfeuchtung im Bereich der Wärmebrücken	Durchführung von Wärmeschutzmaßnahmen, Wärmedämmverbundsystem oder Vorsatzschale anbringen
9	geometrische Wärmebrücken	dto.	Anbringen einer Außendämmung; alternativ: Anbringen von geeigneten lokalen Innendämmungen
10	Behinderung des Warmluft-Zirkulationsstroms	sichtbarer Befall an den Fensterleibungen oberhalb der Fensterbank infolge von Abkühlung der Fenster und der Leibungen durch auskragende Innenfensterbänke	Fensterbänke austauschen oder mit Konvektionsschlitzen ausrüsten

Fortsetzung Tabelle 10.1:

Ursachenkategorie nach Hankammer/Lorenz, 2003		Detailschaden	Maßnahmen
11	Fenstereinbau bei der Altbaumodernisierung	sichtbarer Befall im Bereich kühler Bauteiloberflächen durch falsches Nutzerverhalten wegen unzureichender Aufklärung über das Erfordernis eines geänderten Lüftungsverhaltens	Aufklärung der Nutzer durch Übergabe einer Lüftungsfibel, beim Fenstereinbau gleichzeitig Ventilatoren im Bad und einen Abzug ins Freie in der Küche installieren
12	Einbaufehler bei Dachflächenfenstern	teils sichtbarer, teils verdeckter Befall durch lückenhaften Anschluss der Unterspannbahn an Dachflächenfenster	fachgerechte Verklebung der Unterspannbahn an der Einbauzarge
		teils sichtbarer, teils verdeckter Befall durch lückenhaften Anschluss der Dampfsperre an Dachflächenfenster	fachgerechte luftdichte Verklebung der Dampfsperre an der Einbauzarge
		teils sichtbarer, teils verdeckter Befall durch lückenhaften Einbau der Wärmedämmung um die Einbauzarge des Dachflächenfensters herum	Nachrüsten der Wärmedämmung um die Einbauzarge herum
		sichtbarer Befall als Folge hygrothermisch bedingter Feuchteschäden im Bereich des Dachflächenfensters wegen fehlerhafter Anordnung der Heizkörper im Raum	Nachrüsten von Heizkörpern unterhalb der Dachflächenfenster
		sichtbarer Befall als Folge hygrothermisch bedingter Feuchteschäden im Bereich des Dachflächenfensters wegen Abdeckung der Warmluft durch waagerechte Fensterbänke	Ausbau der Fensterbänke, Herstellung einer schrägen Verkleidung
13	konstruktive Wärmebrücken	sichtbarer Befall als Folge hygrothermisch bedingter Feuchteschäden infolge von Durchdringungen der wärmedämmenden Gebäudehülle mit wärmeleitfähigen Bauteilen	problemspezifische Ergänzung zusätzlicher Wärmedämmungen
		sichtbarer Befall als Folge hygrothermisch bedingter Feuchteschäden infolge von lückenhaftem Einbau der Wärmedämmung	fachgerechte Ergänzung der Wärmedämmung
		sichtbarer Befall als Folge hygrothermisch bedingter Feuchteschäden durch Hinterspülung der Wärmedämmebene durch Kaltluft von außen	kontaktschlüssiger und hohlraumfreier Anschluss der Wärmedämmebene an die Unterkonstruktion

Fortsetzung Tabelle 10.1:

Ursachenkategorie nach Hankammer/Lorenz, 2003		Detailschaden	Maßnahmen
14	Lüftungsmöglichkeit unterdimensioniert	sichtbarer Befall als Folge hygrothermisch bedingter Feuchteschäden wegen zu geringer Abmessungen der Öffnungsflügel von Fenstern oder von Glasbausteinelementen	Austausch der Fenster; alternativ: zusätzliche Nachrüstung von Einzelraumlüftern
15	Anfangsfeuchte im Neubau	sichtbarer Befall als Folge hygrothermisch bedingter Feuchteschäden wegen erhöhter Neubaufeuchte während der ersten Jahre nach Errichtung	technische Trocknung vor Bezug, schriftliche Information der Eigentümer und der Nutzer über das Erfordernis einer überobligatorischen Beheizung und Belüftung während der Austrocknungsphase
16	horizontale Durchfeuchtung von Außenwänden	sichtbarer Befall durch Feuchteschäden an Außenwänden infolge von Schlagregenpenetration	Erneuerung der Wetterschutzebene/Fassaden, hydrophobieren, Verblendmauerwerksanierung
		sichtbarer Befall durch eindringende Feuchte durch Trennrisse in der Außenwand	fachgerechte Risssanierung, ggf. verpressen
		sichtbarer Befall durch hygroskopische Feuchteaufnahme bei Wänden durch eingelagerte Salze	Trockenlegung, Sanierputzsystem mit Opferschicht zur Salzbindung
		verdeckter Befall durch Konvektionsschäden innerhalb von Wandquerschnitten mit Tauwasserausfall durch mangelnde Luftdichtheit der Gebäudehülle, z. B. bei Installationsschächten und stoßfugenfreiem Mauerwerk	problemspezifische Lösung
		sichtbarer Befall wegen Durchfeuchtungen der Außenwände durch Wurzelschäden an der Vertikalabdichtung	freilegen, Abdichtung ertüchtigen, Wurzelschutz herstellen
17	vertikal aufsteigende Feuchte in Außenwänden	sichtbarer Befall wegen Durchfeuchtung von Wänden aufgrund kapillar aufsteigender Feuchte	nachträglicher Einbau einer Horizontalsperre durch Aufsägen, Eintreiben von Edelstahlblechen oder Bohrlochinjektion
		sichtbarer Befall wegen Durchfeuchtung von Wänden durch unzureichende Abdichtung der Gebäudesohle	Ertüchtigung der Abdichtung

Fortsetzung Tabelle 10.1:

	Ursachenkategorie nach Hankammer/Lorenz, 2003	Detailschaden	Maßnahmen
		sichtbarer Befall wegen Durchfeuchtung von Wänden durch fehlenden Anschluss der Flächenabdichtung auf der Kellersohle an die Horizontalabdichtung unter Wänden	Ertüchtigung der Abdichtung
18	Rohrleitungsschäden, Überflutungen	teils sichtbarer Befall, teils im Decken- oder Fußbodenaufbau verdeckter Befall wegen Durchfeuchtungen von Bauteilen aufgrund von Defekten an Wasser führenden Leitungen, Waschmaschinenschäden, Flutschäden, Löschwasserschäden	Leckageortung, Reparatur der Leckagestelle, technische Trocknung, Untersuchung der Folgeschäden
19	Einbaufehler bei Dusch- und Badewannen	teils sichtbarer Befall, teils im Decken- oder Fußbodenaufbau verdeckter Befall wegen Durchfeuchtungen in der Umgebung von Dusch- und Badewannen wegen fehlerhafter Anschlüsse oder unzureichender Abdichtung zwischen Wannenrand und Begrenzungsbauteil	Ortung und Reparatur der Leckagestelle, technische Trocknung, Untersuchung der Folgeschäden, ggf. Einbau einer fachgerechten Abdichtung
20	Durchfeuchtungen von Schornsteinzügen	sichtbarer Befall an Innenwandputzflächen von Schornsteinzügen wegen Durchfeuchtungen infolge innenseitiger Kondensatbildung von Abgasen	Einbau eines Innenrohres aus Edelstahl oder Kunststoff einschließlich eines Kondensatablaufs
		sichtbarer Befall an Innenwandputzflächen von Schornsteinzügen wegen Defekten an der über dem Dach freiliegenden Außenseite von Schornsteinzügen und Schornsteinköpfen	Ertüchtigung der Schlagregensicherheit des Schornsteinkopfes, ggf. zusätzliche Verkleidung oder Nachrüsten eines Stülpkopffertigteils
21	Dachleckagen	teils sichtbarer, teils in den Deckenquerschnitten verdeckter Befall wegen durch das Dach eintretender Feuchte infolge defekter Flachdachabdichtung	Leckageortung und Reparatur der Fehlstelle
		teils sichtbarer, teils in den Deckenquerschnitten verdeckter Befall wegen durch das Dach eintretender Feuchte infolge defekter Eindeckung	Reparatur der Eindeckung, ggf. Neueindeckung, ggf. Nachrüsten einer Unterspannung/Unterdeckung

Fortsetzung Tabelle 10.1:

Ursachenkategorie nach Hankammer/Lorenz, 2003	**Detailschaden**	**Maßnahmen**
	teils sichtbarer, teils in den Deckenquerschnitten verdeckter Befall wegen durch das Dach eintretender Feuchte infolge defekter oder fehlender Unterspannung/Unterdeckung	Reparatur der Unterspannung/Unterdeckung, ggf. Nachrüsten einer Unterspannung/Unterdeckung
	teils sichtbarer, teils in den Deckenquerschnitten verdeckter Befall wegen im Bauteilquerschnitt austretender Feuchte aufgrund von Konvektionsschäden, verursacht durch Leckagen in der Luftdichtheitsschicht der Gebäudehülle	Reparatur der luftdichten Schicht der Gebäudehülle
	teils sichtbarer, teils in den Deckenquerschnitten verdeckter Befall wegen im Bauteilquerschnitt austretender Feuchte aufgrund fehlender Überlüftungsebene der Wärmedämmung bei diffusionsdichten Unterspannungen/Unterdeckungen	Sicherung der Überlüftung, ggf. Austausch der Unterspannung/Unterdeckung gegen diffusionsoffene Materialien

10.2 Gebäudeabdichtung erdberührter Bauteile

Die folgende Tabellen beschreiben Methoden zur vertikalen und horizontalen Abdichtung erdberührter Außenwände und geben eine Übersicht über deren Vor- und Nachteile.

Tabelle 10.2: **Vertikale Abdichtung erdberührter Außenwände**

Methode	**Beschreibung**	**Vorteile**	**Nachteile**
Bitumenanstrich	Freilegung der Außenwandfläche bis zum Fußpunkt, Pinselauftrag einer streichfähigen Bitumenemulsion, Schichtstärke: 1 mm	preiswerte Methode	nicht in der DIN 18195 „Bauwerksabdichtungen" geregelt, für Beanspruchung durch vorübergehend aufstauendes Sickerwasser ungeeignet
kunststoffmodifizierte Bitumendickbeschichtung (KMB)	Freilegung der Außenwandfläche bis zum Fußpunkt, mehrlagiger Auftrag einer pastösen Bitumenmasse mit Füllkörpern, Trockenschichtstärke 3 bzw. 4 mm	wirtschaftliche Methode, die den Einsatz von Brennern vor Ort erspart, geregelt in der DIN 18195-4 für den Lastfall: „Bodenfeuchtigkeit" und in der DIN 18195-6, Ziffer 9 für den Lastfall: „vorübergehend aufstauendes Sickerwasser"	nicht für drückendes Wasser im Sinne der DIN 18195-6, Ziffer 8 geeignet

Fortsetzung Tabelle 10.2:

Methode	Beschreibung	Vorteile	Nachteile
mineralische Dichtungs-schlämme	Freilegung der Außen-wandfläche bis zum Fuß-punkt, mehrlagiger Auf-trag einer mineralischen Dichtungsschlämme	wirtschaftliche Methode, die den Einsatz von Bren-nern vor Ort erspart, ge-regelt in der Richtlinie für die Planung und Ausfüh-rung von Abdichtungen mit mineralischen Dich-tungsschlämmen für den Lastfall: „Bodenfeuchte", für den Lastfall: „vorüber-gehend aufstauendes Sickerwasser" und für den Lastfall: „drückendes Was-ser"	nicht in der DIN 18195 geregelt
flexible Dichtungs-schlämme	Freilegung der Außen-wandfläche bis zum Fuß-punkt, mehrlagiger Auf-trag einer flexiblen Dich-tungsschlämme	wirtschaftliche Methode, die den Einsatz von Bren-nern vor Ort erspart, geregelt in der Richtlinie für die Planung und Aus-führung von Abdichtun-gen erdberührter Bautei-le mit flexiblen Dich-tungsschlämmen für den Lastfall: „Bodenfeuchte" und für den Lastfall: „nicht drückendes Was-ser"	nicht in der DIN 18195 geregelt
Bitumen-schweißbahn	Freilegung der Außen-wandfläche bis zum Fuß-punkt, Aufbringen einer senkrechten Außen-wandabdichtung mit Bitumenschweißbahnen	geregelt in der DIN 18195-4 und 18195-6 für alle Lastfälle, bei fachge-rechter Ausführung opti-male Abdichtungseigen-schaften	arbeitsintensiv und kostenaufwändig
Gelschleier-injektion	Durchbohrung der Außenwand mit Injekti-onslanzen, Injektion eines Gels in das Erdreich vor der Außenwand, dadurch Herstellung eines flächigen Injekti-onsschleiers als Flächen-andichtung auf der Außenseite der Außen-wand	keine Freilegung der Außenwand erforderlich, sinnvoll bei überbauten Außenwänden, geregelt im WTA-Merkblatt 4-6-98/D „Nachträgliches Abdichten erdberührter Bauteile" und im WTA-Merkblatt E-4-6-03/D „Nachträgliches Abdich-ten erdberührter Bautei-le"	kostenaufwändiges Ver-fahren, keine unmittelbare Kontrollmöglichkeit des Sanierungserfolges, nicht in der DIN 18195 geregelt
flächen-deckende Bohrloch-injektion	Herstellung eines flächendeckend angeord-neten Bohrlochrasters, Befüllen der Bohrungen mit dem Injektionsmittel	geregelt im WTA-Merk-blatt 4-6-98/D „Nachträg-liches Abdichten erd-berührter Bauteile" und im WTA-Merkblatt E-4-6-03/D „Nachträgliches Abdichten erdberührter Bauteile"	nicht in der DIN 18195 geregelt

Fortsetzung Tabelle 10.2:

Methode	Beschreibung	Vorteile	Nachteile
weiße Wanne aus WU-Beton	Bau eines Wannenkörpers aus wasserundurchlässigem Beton	bei untergeordneter Nutzung keine weitere Abdichtung erforderlich, geregelt in der WU-Richtlinie	praktisch nicht nachträglich herstellbar, bei Wohnraumnutzung weitere Abdichtungsebene erforderlich, um Diffusionsfeuchteeintritt in die Raumluft zu vermeiden, nicht in der DIN 18195 geregelt
Elektro-Osmoseverfahren	Installation eines Gleichstromgerätes zur Bildung von elektrischen Feldern	keine baulichen Maßnahmen erforderlich	nicht in den Regelwerken geregelt, daher keine anerkannte Regel der Technik, keine wissenschaftlichen Untersuchungen zur Wirksamkeit, unmittelbare Erfolge sind bisher nicht belegt und meist nur im Zusammenhang mit flankierenden Maßnahmen

Tabelle 10.3: **Horizontale Abdichtung erdberührter Außenwände**

Methode	Beschreibung	Vorteile	Nachteile
nachträgliches Einziehen einer Abdichtungsbahn	abschnittsweises Auftrennen des Mauerwerks von Hand, segmentiertes Einziehen einer Abdichtungsbahn	gute Kontrollierbarkeit der handwerklichen Ausführung, geregelt in der DIN 18195	arbeits- und kostenaufwändiges Verfahren
Eintreiben von VA-Wellblechen	Eintreiben von VA-Wellblechen im Vibrationsverfahren in die Lagerfugen des Mauerwerks	horizontale Trennung des Mauerwerks ohne tief greifende Eingriffe in die Substanz, von innen und von außen möglich, geregelt im WTA-Merkblatt 4-7-02/D „Nachträgliche mechanische Horizontalsperre"	problematisch im Bereich von rechtwinklig aufeinander treffenden Wänden, kostenaufwändiges Verfahren, nicht in der DIN 18195 geregelt
Aufsägen des Mauerwerks und Einziehen von glatten VA-Blechen	Herstellung eines waagerechten Trennschnitts in den Lagerfugen des Mauerwerks mit einer motorischen Mauersäge, Einziehen von glatten VA-Blechen mit Stoßüberlappung	horizontale Trennung des Mauerwerks ohne tief greifende Eingriffe in die Substanz, geregelt im WTA-Merkblatt 4-7-02/D „Nachträgliche mechanische Horizontalsperre"	kostenaufwändiges Verfahren, nicht in der DIN 18195 geregelt
Kernbohrverfahren	Herstellung einer durchgängigen Kette mit sich überschneidenden Kernbohrungen und Verfüllung mit Dichtmörtel	gute Kontrollierbarkeit der handwerklichen Ausführung, geregelt im WTA-Merkblatt 4-7-02/D „Nachträgliche mechanische Horizontalsperre"	kostenaufwändiges Verfahren, nicht in der DIN 18195 geregelt

Fortsetzung Tabelle 10.3:

Methode	Beschreibung	Vorteile	Nachteile
Bohrloch-injektion mit Paraffin	Herstellung einer waagerecht linear orientierten, meist 2-lagig angeordneten Bohrlochkette, Befüllen der Bohrungen mit Paraffin	preiswertes Verfahren, geregelt im WTA-Merkblatt 4-4-04-D „Mauerwerksinjektion gegen kapillare Feuchtigkeit"	schlechte unmittelbare Kontrollierbarkeit des erzielten Erfolges, Risiko von Hohlstellen im Mauerwerk, in die das Material eindringt, ohne die gewünschte Wirkung zu haben, nicht in der DIN 18195 geregelt
Injektion mit Injektions-mitteln	Herstellung einer waagerecht linear orientierten, meist 2-lagig angeordneten Bohrlochkette, Befüllen der Bohrungen mit dem Injektionsmittel	preiswertes Verfahren, geregelt im WTA-Merkblatt 4-4-04-D „Mauerwerksinjektion gegen kapillare Feuchtigkeit"	schlechte unmittelbare Kontrollierbarkeit des erzielten Erfolges, Risiko von Hohlstellen im Mauerwerk, in die das Material eindringt, ohne die gewünschte Wirkung zu haben, nicht in der DIN 18195 geregelt
Elektro-Osmose-verfahren	Installation eines Gleichstromgerätes zur Bildung von elektrischen Feldern	keine baulichen Maßnahmen erforderlich	nicht in den Regelwerken geregelt, daher keine anerkannte Regel der Technik, keine wissenschaftlichen Untersuchungen zur Wirksamkeit, unmittelbare Erfolge bisher nicht belegt und meist nur im Zusammenhang mit flankierenden Maßnahmen

10.3 Herstellung der Schlagregendichtheit von Fassaden

In der folgenden Tabelle sind Methoden zur Herstellung der Schlagregendichtheit von Fassaden beschrieben sowie deren Vor- und Nachteile dargestellt.

Tabelle 10.4: **Herstellung der Schlagregendichtheit von Fassaden**

Methode	Beschreibung	Vorteile	Nachteile
Beschichtung mit Farbe	Auftrag einer Wasser abweisenden Farbbeschichtung	einfaches Verfahren	Diffusionsdurchgang von innen nach außen wird bei falsch gewähltem Schichtenaufbau nachteilig behindert und es kann zur Anreicherung von Feuchte hinter dem Anstrich kommen, der allmählich zum Abplatzen des Anstrichs führt

Fortsetzung Tabelle 10.4:

Methode	**Beschreibung**	**Vorteile**	**Nachteile**
Verblendfassadensanierung	Ausräumen des Fugennetzes, Herstellen einer neuen, Wasser abweisenden Verfugung, ggf. Hydrophobierung	sicheres Verfahren zur Verbesserung der Schlagregendichtheit	hohe Kosten, handwerkliches Geschick und Präzision beim Ausflexen der Fugen erforderlich
Fassadenverkleidung mit einem Wärmedämmverbundsystem (WDVS)	Montage einer außen liegenden flächendeckenden Wärmedämmung einschließlich einer Außenputzschicht	zusätzlich wärmedämmende Effekte, Entkopplung des Außenputzes von der tragenden Außenwand	anfällig für Befall durch Schimmelpilze, Algen und Flechten
hinterlüftete Fassadenverkleidung	Montage einer Unterkonstruktion auf den Außenwänden, Montage einer Wasser abweisenden Verkleidung	Entkopplung der Funktionsebene des Witterungsschutzes von der Funktionsebene des tragenden Glieds, Diffusionsfähigkeit des Außenwandaufbaus bleibt uneingeschränkt erhalten	keine zusätzliche Wärmedämmung
Überdachung, konstruktiver Feuchteschutz	Herstellung von auskragenden Dachrändern zur Reduzierung der Feuchtebeanspruchung von Bauteilen	Außenwandbauteile werden nur bei Extremwetterlagen durch Feuchte beansprucht	aufwändiges Verfahren mit konstruktiven Eingriffen in die Gebäudesubstanz und in die Gestaltung

10.4 Maßnahmen zur Abwendung hygrothermisch bedingter Feuchteschäden (Kondensationsschäden)

Mikroorganismen wachsen ab einer bestimmten relativen Feuchte. Viele brauchen Werte zwischen 85 und 99 %, einige können schon darunter wachsen (siehe Kap. 3.2, Tab. 3.8). Ausreichend hohe Feuchte kann vorliegen durch Feuchte im Bauteil selbst (zu hohe Materialfeuchte), aber auch dadurch, dass an der Oberfläche eine für mikrobielles Wachstum ausreichend hohe relative Raumluftfeuchte vorliegt.

Zu einer ausreichend hohen relativen Feuchte an der Oberfläche von Bauteilen oder Gegenständen kann es aus folgenden Gründen kommen:

- überhöhte absolute Raumluftfeuchte durch unzureichende Lüftung, unangemessene Raumnutzung (Wäsche trocknen im Schlafzimmer usw.),
- Feuchte aus nicht erkannten Schadensbereichen oder aus Bauteilen mit erhöhter Neubaurestfeuchte,
- niedrige Bauteiloberflächentemperaturen durch unzureichende Beheizung, Abdeckung der Außenbauteile durch Mobiliar, Inventar, Vorhänge oder durch Wärmebrücken.

Meistens liegt ein Zusammenwirken mehrerer Ursachen gleichzeitig vor. Oft ist eine exakte Trennung und Abgrenzung der anteiligen Verursachung schwierig. Obwohl in größeren Wohnanlagen prinzipiell überall gleiche bauliche Voraussetzungen vorliegen, kommt es häufig nur in Einzelwohnungen zu einem hygrothermisch bedingten mikrobiellen Befall.

Die Überschreitung des kritischen Schwellenwertes der relativen Luftfeuchte an Oberflächen für mikrobielles Wachstum erfolgt in vielen Fällen durch ein Zusammenwirken vieler verschiedener Einflüsse, die einzeln betrachtet nur geringfügig außerhalb des üblichen Bereiches liegen. Andererseits kann ein einzelner Parameter, der deutlich über dem normalen Bereich liegt, durch eine Anpassung der übrigen Einflussfaktoren ausgeglichen werden.

Zum Beispiel muss ein großer Kleiderschrank, der nahezu die gesamte Außenwand abdeckt, nicht zwangsläufig zur mikrobiellen Ansiedlung führen, wenn im Raum ständig eine ausreichende Beheizung sichergestellt und die relative Raumluftfeuchte durch aktive Lüftungsinitiativen auf einem niedrigen Wert gehalten wird.

Ebenso kann eine bauzeitbedingt geringe Wärmedämmung der Außenwände ohne weiteres durch ein entsprechend angepasstes Heizungs- und Lüftungsverhalten ausgeglichen werden oder wer nachts gerne kalt schläft, kann tagsüber durch eine entsprechende Beheizung des Raumes dafür sorgen, dass ein hygrothermisch bedingter Schimmelpilzbefall nicht auftritt.

10.4.1 Erhöhung der Oberflächentemperatur

Zur Erhöhung der Oberflächentemperatur kann die Beheizung verstärkt eingesetzt oder die Warmluftströme können optimiert werden.

Die verstärkte Beheizung empfiehlt sich nur als vorübergehende Maßnahme, z. B. zur Beseitigung von Neubaurestfeuchte oder bis zur Durchführung einer technischen Lösung, da es den Nutzern nicht zumutbar und auch nicht im Sinne einer effizienten Energienutzung ist, wenn über lange Zeiträume Wohnungen überheizt werden müssen, um baulich bedingte Wärmebrückeneffekte auszugleichen.

Die Optimierung der Warmluftströme, z. B. durch Beseitigung von Heizkörperabdeckungen, Abrücken von Möbeln von Außenwänden, Belüftungsöffnungen in Schrank-Sockelleisten usw., ist immer zu empfehlen, da diese Maßnahmen in der Regel einfach, schnell und preiswert sind. Wenn Mobiliar ausschließlich an den Außenwänden aufstellbar ist, kommt ggf. die ergänzende Installation einer Flächenheizung auf der Außenwandoberfläche in Betracht. Auch die Installation einer Vor- und Rücklaufleitung des Heizungssystems an der Außenwand direkt oberhalb der Fußleiste kann für eine ausreichende Oberflächentemperatur auf den raumseitigen Wandoberflächen hinter dem Mobiliar sorgen. Zu beachten ist jedoch die korrekte Erfassung des tatsächlichen Wärmeverbrauchs, da diese zusätzlichen Leitungen von Heizkostenverteilern, die an den Heizkörpern sitzen, verbrauchstechnisch nicht erfasst werden.

Dauerhaft erhöht werden kann die Oberflächentemperatur in vielen Fällen nur durch die Installation von Wärmedämmungen. Es ist anzustreben, die Gebäudehülle stets von außen zu dämmen. Wichtig hierbei ist eine fachgerechte Ausführung, insbesondere in den kritischen Eckbereichen, im Bereich von Fenstern oder in anderen Problembereichen, wie im Bereich von Metallteilen oder anderen gut Wärme leitenden Materialien.

Manchmal ist eine Außendämmung jedoch nicht möglich, da entweder die Fassade unter Denkmalschutz steht oder eine Grenzbebauung vorliegt. In diesen Fällen kann nur eine Innendämmung vorgenommen werden. Dabei ist darauf zu achten, dass keine konvektiven Undichtheiten zu dem Eintritt von feuchtwarmer Raumluft in den Konstruktionsaufbau führen können. Die Folge wäre ein unkontrollierter Tauwasserausfall im Bauteilquerschnitt.

Eine unter bestimmten Bedingungen gut geeignete Methode ist die Innendämmung mit Calciumsilicatplatten (siehe Kap. 10.4.3).

10.4.2 Senken der Luftfeuchte

Entsteht die erhöhte Luftfeuchte durch eine zu geringe Lüftung oder zu starke, aber vermeidliche Freisetzung von Feuchte in den Räumen, ist der Nutzer gefragt, dieser Ursache durch ein geändertes Verhalten entgegenzuwirken.

Es ist ein häufiger Streitpunkt zwischen Mieter und Vermieter bei Kondensationsschäden, ob der Nutzer tatsächlich richtig lüftet (und gleichzeitig ausreichend heizt) oder nicht. Die meisten Probleme in Etagenwohnungen können gelöst werden, wenn an den Stellen, an denen die höchste Feuchte unweigerlich entsteht, nämlich in Bad und Küche, Entlüftungsventilatoren eingebaut werden. Diese können mit Feuchtesensoren kombiniert werden, die für ein Anlaufen des Geräts bei Erreichen einer einstellbaren relativen Raumluftfeuchte sorgen und damit eine Steuerungsfunktion für die relative Raumluftfeuchte übernehmen. Häufig dürften der Aufwand und die Kosten hierfür geringer sein als bei einem Dauerstreit.

Problematisch wird die Situation, wenn der Nutzer gezwungen wird, Tätigkeiten in der Wohnung auszuführen, bei denen viel Feuchte freigesetzt wird, die er besser außerhalb der Wohnung durchführen sollte. In erster Linie ist dabei an das Waschen und Trocknen von Kleidung zu denken, wenn im Haus weder ein Raum im Keller noch im Dachboden hierfür zur Verfügung steht. Um die Mieteinnahmen zu erhöhen, werden solche Flächen häufig zu Wohnraum umgewandelt, vor allem im Dachgeschoss.

In Untergeschosswohnungen, in denen es im Sommer zur Kondensation kommt, können Luftentfeuchter das Problem lösen oder entsprechend ausgelegte Klimaanlagen, die im Sommer der Raumluft entfeuchtete Frischluft zuführen. Ein verstärktes Lüften im Sommer über Fenster würde das Problem noch verschärfen. Da der Nutzer jedoch unweigerlich Feuchte und andere Emissionen (z. B. CO_2, Küchengeruch usw.) produziert, ist es auch nicht möglich, im Sommer auf die Raumbelüftung zu verzichten.

10.4.3 Raumseitige Dämmung mit Calciumsilicatplatten

Bei der Sanierung von lokalen Feuchteschäden wird oft Calciumsilicat eingesetzt. Calciumsilicat besteht aus den Rohstoffen Kalk und Sand (Calciumdioxid und Siliciumoxid). Die handelsüblichen Platten sind zellstoffarmiert. Die beiden Hauptrohstoffe reagieren unter Wasserzugabe zu einer Vorstufe des Calciumsilicates. Am Ende des Produktionsprozesses wird das in die Endform gebrachte Material in Autoklaven gehärtet.

Als positiv für die Schimmelpilzsanierung sind folgende herstellerseitig angegebene Materialeigenschaften anzusehen:

- wärmedämmend,
- Kondensationspufferung,
- geringes Gewicht,
- nicht brennbar,
- diffusionsoffen,
- Feuchte regulierend,
- kapillaraktiv,
- alkalisch und somit Schimmelpilz hemmend,
- feuchteformstabil,
- gesundheitlich unbedenklich,
- nicht wasserlöslich.

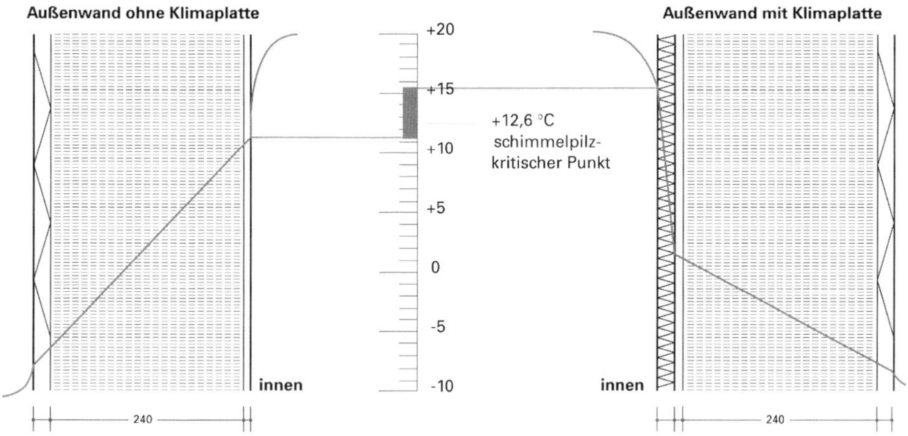

Abb. 10.1 Auswirkung der Dämmeigenschaft von Calciumsilicatplatten (Quelle: Getifix Franchise GmbH, Bremen)

Tabelle 10.5: **Technische Werte von Calciumsilicatplatten (nach Getifix Franchise GmbH, Bremen)**

Eigenschaften	Einheit	Wert
Baustoffklasse nach DIN 4102	–	A1, nicht brennbar
Rohdichte	kg/m³	300 ± 10 %
Druckfestigkeit nach DIN 51067-2	N/mm²	1,75
Wärmeleitfähigkeit nach DIN 5261	W/(m · K)	0,0626
Wasserdampfdiffusionswiderstandszahl nach DIN 52615	–	4,61
Gesamtporosität	Vol.-%	84,2
pH-Wert	–	ca. 10
Formänderung bei Wasserlagerung	Vol.-%	+ 0,149

Fortsetzung Tabelle 10.5:

Eigenschaften	**Einheit**	**Wert**
Formänderung bei Anstieg der relativen Luftfeuchte von 50 auf 90 %	Vol.-%	+ 0,062
Biegefestigkeit (trocken) nach BS 2972: 1989	N/mm^2	0,8
Wasseraufnahmekoeffizient	$kg/(m^2 \cdot h^{0,5})$	77,538 ± 0,70
freie Wassersättigung	kg/m^3	830
Sättigungswert	Vol.-%	83,0
praktischer Feuchtegehalt	Vol.-%	0,46

Calciumsilicatplatten lassen sich als Wand- und Deckenbekleidung innerhalb von Gebäuden einsetzen.

Abb. 10.2 Einbau von Calciumsilicatplatten (Quelle: Calsitherm Silikatbaustoffe GmbH, Paderborn)

Neben einem wärmedämmenden Effekt sorgen die raumseitig diffusionsoffene Struktur und die Sorptionsisotherme dafür, dass Feuchtespitzen der relativen Luftfeuchte durch Adsorption in die Platte aufgenommen und bei entsprechender Belüftung über rasche Desorption wieder an die Umgebung abgegeben werden können. Die Feuchte aus der Raumluft wird während der Entstehungsphase vorübergehend aufgenommen, gespeichert und später wieder abgegeben. Auch während der Speicherphase hemmt das Material über seine alkalischen Eigenschaften das Schimmelpilzwachstum. Allerdings ist die Klimaplatte kein „Perpetuum mobile“. Der Feuchtespeicherung müssen Phasen mit geringer relativer Raumluftfeuchte folgen, damit die Feuchte wieder aus der Platte herausdiffundieren kann. Ein Allheilmittel im Falle dauerhaft zu geringer Belüftung kann die Platte somit nicht sein, da ihre Möglichkeiten der Feuchteaufnahme begrenzt sind.

11 Arbeitsschutz

11.1 Grundlagen

Arbeitsschutzmaßnahmen haben zum Ziel, die Personen zu schützen, die mit gesundheitlich problematischen Stoffen und/oder unfallträchtigen Arbeitstechniken beruflich umgehen müssen:

Arbeitsschutzgesetz (ArbSchG) i. d. F. 1996:

„§ 1 Zielsetzung und Anwendungsbereich

(1) Dieses Gesetz dient dazu, Sicherheit und Gesundheitsschutz der Beschäftigten bei der Arbeit durch Maßnahmen des Arbeitsschutzes zu sichern und zu verbessern. Es gilt in allen Tätigkeitsbereichen.“

Bei der Festlegung von Arbeitsschutzmaßnahmen wird häufig nur an die ausführenden Handwerker gedacht, aber auch die Sachverständigen sind betroffen, z. B. wenn sie das Objekt begehen, Proben nehmen oder Sanierungsmaßnahmen begutachten und abnehmen (siehe auch TRGS 524, Kap. 2.2). Es ist nicht möglich und auch nicht nötig, schon vor dem ersten Betreten eines zu untersuchenden Objektes wie ein Astronaut im hermetisch geschlossenen Schutzanzug aufzutreten. Allerdings sollte der Sachverständige, wenn er Bauteile zur Probenahme öffnet, vorsorglich eine Atemschutzmaske und Handschuhe tragen. Er öffnet häufig Wandverkleidungen oder Estriche und weiß vorher nicht, was ihm nach und bei der Öffnung entgegenströmt. Zwar hat er meist nur einige Minuten Kontakt mit dem Schaden, aber die Konzentration mikrobieller Partikel in der Raumluft kann im Moment der Bauteilöffnung beträchtlich sein.

Die Umgebung spielt beim Arbeitsschutz zunächst nahezu keine Rolle. Die Maßnahmen sind in erster Linie abhängig von der möglichen Exposition der Handwerker und diese ist wiederum abhängig vom Material, mit dem umgegangen wird, von den eingesetzten Techniken und von der Dauer der Arbeiten. Dennoch sind die Arbeitsschutzmaßnahmen und die Umgebungsschutzmaßnahmen nicht isoliert voneinander zu betrachten, denn der Handwerker ist auch dem Gesundheitsschutz Unbeteiligter verpflichtet:

Arbeitsschutzgesetz (ArbSchG) i. d. F. 1996:

„§ 15 Pflichten der Beschäftigten

(1) Die Beschäftigten sind verpflichtet, nach ihren Möglichkeiten sowie gemäß der Unterweisung und Weisung des Arbeitgebers für ihre Sicherheit und Gesundheit bei der Arbeit Sorge zu tragen. Entsprechend Satz 1 haben die Beschäftigten auch für die Sicherheit und Gesundheit der Personen zu sorgen, die von ihren Handlungen oder Unterlassungen bei der Arbeit betroffen sind.“

Bei Sanierungsarbeiten in gewerblich genutzten Räumen sind die Raumnutzer unter Berücksichtigung der Arbeitsstättenverordnung (ArbStättV) vor einer gesundheitlichen Gefährdung zu schützen (siehe auch Kap. 17).

Wie im Folgenden gezeigt wird, schreiben die anzuwendenden Verordnungen zum Arbeitsschutz auch Maßnahmen zur Verhinderung oder Minimierung der Freisetzung von mikrobiellen Stoffen vor, u. a. auch, um Unbeteiligte nicht unnötig zu exponieren.

Eine wesentliche Grundlage des richtigen Arbeitsschutzes ist, wie auch in § 5 ArbSchG deutlich wird, die Unterweisung und Weisung des Arbeitgebers:

Arbeitsschutzgesetz (ArbSchG) i. d. F. 1996:

„§ 5 Beurteilung der Arbeitsbedingungen

(1) Der Arbeitgeber hat durch eine Beurteilung der für die Beschäftigten mit ihrer Arbeit verbundenen Gefährdung zu ermitteln, welche Maßnahmen des Arbeitsschutzes erforderlich sind.“

Bei bestimmten Tätigkeiten und an bestimmten Arbeitsplätzen ist die Gefahr für Leib und Leben sofort erkennbar und es ist dann nicht viel Überzeugungsarbeit erforderlich, um die Mitarbeiter zu bewegen, erhöhten Aufwand für Schutzmaßnahmen zu betreiben und Maßnahmen zu ergreifen, die teils nicht angenehm sind und bei der Arbeit behindern können.

Bei der Sanierung von Schimmelpilzschäden ist die Einsicht, dass Maßnahmen zum Schutz der Arbeiter erforderlich sind, erfahrungsgemäß bei den Arbeitern (noch) nicht entsprechend vorhanden. Mikrobielle Schäden sieht man häufig nicht und spürt in der Regel auch nicht unmittelbar die gesundheitliche Wirkung.

Deshalb haben der Arbeitgeber und der Vorgesetzte eine besondere Verantwortung. Sie sollten die Gefahren kennen und ernst nehmen und – bleibt das Verständnis aus – notfalls die Mitarbeiter mittels klarer Anweisungen zu den erforderlichen Maßnahmen zwingen.

Bei der Festlegung der Maßnahmen sind Ergebnisse der Gefährdungsbeurteilung zu berücksichtigen, aber auch allgemeine Grundsätze:

Arbeitsschutzgesetz (ArbSchG) i. d. F. 1996:

„§ 4 Allgemeine Grundsätze

Der Arbeitgeber hat bei Maßnahmen des Arbeitsschutzes von folgenden allgemeinen Grundsätzen auszugehen:

1. *Die Arbeit ist so zu gestalten, dass eine Gefährdung für Leben und Gesundheit möglichst vermieden und die verbleibende Gefährdung möglichst gering gehalten wird;*
2. *Gefahren sind an ihrer Quelle zu entfernen;*
3. *bei den Maßnahmen sind der Stand der Technik, Arbeitsmedizin und Hygiene sowie sonstige gesicherte arbeitswissenschaftliche Erkenntnisse zu berücksichtigen;*
4. *Maßnahmen sind mit dem Ziel zu planen, Technik, Arbeitsorganisation, sonstige Arbeitsbedingungen, soziale Beziehungen und Einfluss der Umwelt auf den Arbeitsplatz sachgerecht zu verknüpfen;*
5. *individuelle Schutzmaßnahmen sind nachrangig zu anderen Maßnahmen;*
6. *spezielle Gefahren für besonders schutzbedürftige Beschäftigtengruppen sind zu berücksichtigen;*
7. *den Beschäftigten sind geeignete Anweisungen zu erteilen;*

8. *mittelbar oder unmittelbar geschlechtsspezifisch wirkende Regelungen sind nur zulässig, wenn dies aus biologischen Gründen zwingend geboten ist."*

Zur Rangfolge der Schutzmaßnahmen gibt es die Grundregel, zunächst die Gefährdung durch technische Maßnahmen zu minimieren, dann durch organisatorische und schließlich durch persönliche Schutzmaßnahmen. Diese Regel wird auch als „TOP" (technisch, organisatorisch, persönlich) bezeichnet (siehe auch Berufsgenossenschaftliche Information für Sicherheit und Gesundheit bei der Arbeit [BGI] „Handlungsanleitung zur Gefährdungsbeurteilung bei Tätigkeiten mit biologischen Arbeitsstoffen bei der Gebäudesanierung" [BGI 858]). Am einfachsten ist es, mit technischen Mitteln die Gefahr bereits vor der Entstehung zu verhindern oder bei der Entstehung zu minimieren (siehe § 4 Nr. 2 ArbSchG). In einem nächsten Schritt wird eine technisch nicht vermeidbare Exposition durch Kontaktvermeidung (z. B. getrennte Aufbewahrung der kontaminierten Arbeitskleidung) oder Expositionszeitreduzierung (möglichst kurzer Aufenthalt im Gefahrenbereich) minimiert und erst als Letztes mittels persönlicher Schutzausrüstung (PSA) reduziert, da das Tragen von PSA in der Regel sehr lästig ist und bei der Ausführung der Arbeiten deutlich behindert. Außerdem sind beim Einsatz von PSA weitere Regeln zu beachten (siehe auch Kap. 11.4).

11.2 Verordnungen und zugehörige Technische Regeln

Die im Arbeitsschutzgesetz sehr allgemein formulierten Grundsätze werden in gesetzlichen Verordnungen und Technischen Regeln konkretisiert.

11.2.1 Biostoffverordnung

Bei der Sanierung von Schimmelpilzschäden bzw. mikrobiellen Schäden sind die Vorgaben der Biostoffverordnung (BioStoffV) anzuwenden.

Nach § 1 BioStoffV gilt diese Verordnung für Tätigkeiten mit biologischen Arbeitsstoffen einschließlich Tätigkeiten in deren Gefahrenbereich. Ausgenommen sind nur Tätigkeiten entsprechend dem Gentechnikrecht.

In § 2 Abs. 1 BioStoffV werden die biologischen Arbeitsstoffe definiert. Hierzu gehören Mikroorganismen einschließlich gentechnisch veränderter Mikroorganismen, Zellkulturen und humanpathogener Endoparasiten, die beim Menschen Infektionen, sensibilisierende oder toxische Wirkungen hervorrufen können.

In § 2 Abs. 2 BioStoffV sind Mikroorganismen als mikrobiologische Einheiten (zellulär oder nicht zellulär) definiert, die zur Vermehrung oder zur Weitergabe von genetischem Material fähig sind.

Die BioStoffV deckt somit einen weiten Teil der Problematik ab, mit der bei der Sanierung von Schimmelpilzschäden (bei denen neben Schimmelpilzen in der Mehrzahl der Fälle auch Bakterien auftreten) zu rechnen ist. Allerdings fallen Stäube, die keine lebenden oder abgestorbenen mikrobiellen Zellen enthalten, sondern Mykotoxine, Glucane, Endotoxine oder antibiotische Stoffe, die von den Mikroorganismen freigesetzt werden können, bei dieser Definition nicht unter die BioStoffV, denn diese Stoffe sind nicht vermehrungsfähig und sie enthalten kein genetisches Material (siehe auch Kap. 17).

Die BioStoffV unterscheidet zwischen gezielten Tätigkeiten und nicht gezielten Tätigkeiten (§ 2 Abs. 4 und 5). Mit gezielten Tätigkeiten sind in erster Linie Arbeiten gemeint, bei denen Mikroorganismen als Arbeitsmittel eingesetzt werden, z. B. bei der Herstellung von Antibiotika oder wenn Mikroorganismen gezielt gezüchtet werden. Dies trifft für Sanierungsarbeiten nicht zu. Im Folgenden wird deshalb auf die Vorschriften der BioStoffV im Zusammenhang mit gezielten Tätigkeiten nicht eingegangen.

Wesentlich für die Festlegung der erforderlichen Arbeitsschutzmaßnahmen ist die Einteilung der biologischen Arbeitsstoffe in 4 Risikogruppen, wobei die Einteilung ausschließlich auf der Basis des von den Mikroorganismen ausgehenden Infektionsrisikos erfolgt.

Tabelle 11.1: **Risikogruppen nach der BioStoffV**

Risikogruppe	Definition	Pilze und Bakterien, die bei Feuchteschäden auftreten können	Anmerkungen
1	biologische Arbeitsstoffe, bei denen es unwahrscheinlich ist, dass sie beim Menschen eine Krankheit verursachen	alle Pilze und Bakterien, die nicht der Risikogruppe 2 angehören	–
2	biologische Arbeitsstoffe, die eine Krankheit beim Menschen hervorrufen können und eine Gefahr für Beschäftigte darstellen können; eine Verbreitung des Stoffes in der Bevölkerung ist unwahrscheinlich; eine wirksame Vorbeugung oder Behandlung ist normalerweise möglich	*Aspergillus fumigatus*, *Aspergillus flavus*	Viele Actinomyceten gehören in diese Gruppe und es kann nicht ausgeschlossen werden, dass diese bei Feuchteschäden auftreten.
3	biologische Arbeitsstoffe, die eine schwere Krankheit beim Menschen hervorrufen können und eine ernste Gefahr für Beschäftigte darstellen können; eine Verbreitung in der Bevölkerung kann bestehen, doch ist normalerweise eine wirksame Vorbeugung oder Behandlung möglich	keine	bei Feuchteschäden nicht zutreffend Zu dieser Risikogruppe gehören z. B. die Erreger der Tuberkulose (*Mycobacterium tuberculosis*) oder der Lepra (*Mycobacterium leprae*).
4	biologische Arbeitsstoffe, die eine schwere Krankheit beim Menschen hervorrufen und eine ernste Gefahr für Beschäftigte darstellen; die Gefahr einer Verbreitung in der Bevölkerung ist unter Umständen groß; normalerweise ist eine wirksame Vorbeugung oder Behandlung nicht möglich	keine	bei Feuchteschäden nicht zutreffend Zu dieser Risikogruppe gehören z. B. der Ebola-Virus oder der Lassa-Virus.

Bei Schäden in Gebäuden treten fast immer nur Pilze auf, die der Risikogruppe 1 zuzuordnen sind. In nur sehr wenigen Fällen werden auch relevante Mengen von Schimmelpilzen der Risikogruppe 2 nachgewiesen. Dieser Nachweis beschränkt sich genau genommen auf den Pilz *Aspergillus fumigatus*, denn *Aspergillus flavus*, die zweite Art, die häufig im Zusammenhang mit Schimmelpilzschäden erwähnt wird und der Risikogruppe 2 angehört, tritt in unseren Klimazonen so gut wie nicht bei Feuchteschäden in Gebäuden auf.

Noch nicht geklärt ist, ob Actinomyceten auftreten, die der Risikogruppe 2 angehören. Da dies aber auch nicht mit Sicherheit auszuschließen ist, sollte das Auftreten relevanter Mengen dieser Bakterien vorsorglich auf die gleiche Weise beurteilt werden wie das Auftreten der Schimmelpilze der Risikogruppe 2.

Allerdings sollte man die Einstufung in die Risikogruppe 2 dann nicht vornehmen, wenn nur geringe, unwesentliche Mengen dieser Mikroorganismen vorliegen. Denn es ist nicht zumutbar, entsprechende Maßnahmen bei Spuren dieser Mikroorganismen zu fordern, die auch in der Außenluft oder in fast jeder Blumenerde nachzuweisen sind.

Daher wird eine vorsorgliche Einstufung in Risikogruppe 2 bei folgenden Gehalten vorgeschlagen:

- *Aspergillus fumigatus* (oder *Aspergillus flavus*): ab ca. 5.000 KBE/g Material bei einem Schaden der Kategorie SK 3 (UBA 1/LGA 1),
- vorsorglich Actinomyceten: ab ca. 20.000 KBE/g bei einem Schaden der Kategorie SK 3 (UBA 1/LGA 1).

Im Leitfaden UBA 2 wird in Kap. 4.1.3.1 außerdem bei einer Kontamination mit Abwasser davon ausgegangen, dass Krankheitserreger der Risikogruppe 2 auftreten können, und es wird deshalb empfohlen, bei erheblichem Abwasserkontakt Maßnahmen der Schutzstufe 2 (siehe Tabelle 11.2) anzuwenden.

Nach § 6 Abs. 2 BioStoffV sind immer mindestens die allgemeinen Hygienemaßnahmen der Schutzstufe 1 festzulegen und zusätzlich für biologische Arbeitsstoffe der Risikogruppe 2 die Sicherheitsmaßnahmen der Schutzstufe 2 (entsprechend Schutzstufen 3 und 4 bei Arbeitsstoffen der Risikogruppen 3 und 4, die jedoch bei der Sanierung mikrobieller Schäden nicht auftreten).

Ist eine sichere Desinfektion des mikrobiell besiedelten Materials zu Beginn der Sanierung möglich, dann ist wegen der nicht mehr vorhandenen Infektionsgefahr eine Einstufung in die Risikogruppe 2 nicht mehr erforderlich und die Einhaltung der Maßnahmen nach Schutzstufe 1 ist ausreichend.

Die BGI 858 geht grundsätzlich davon aus, dass bei Schimmelpilzschäden die Schutzstufe 1 zutrifft. Begründet wird dies damit, dass die Infektionsgefahr durch Mikroorganismen nach Risikogruppe 2 gering und bei gesunden Personen, was bei Handwerkern zutreffen müsste, ganz auszuschließen ist. Es werden auf der Basis der Kriterien „zu erwartende Staubfreisetzung“ und „Dauer der Tätigkeit“ die Gefährdungsklassen „keine Gefährdung“ (im Folgenden als Gefährdungsklasse 0 bezeichnet), 1, 2 und 3 definiert und die jeweils entsprechenden Schutzmaßnahmen beschrieben (siehe Kap. 11.3.1). Da diese Handlungsanleitung nur die Mindestforderungen enthält, sollten die Empfehlungen nicht ungeprüft schematisch angewendet werden, sondern es ist im Einzelfall zu prüfen, ob auf Grundlage der zutreffenden Verordnungen und Technischen Regeln über die Mindestforderungen hinausgehende Maßnahmen zu ergreifen sind.

In § 7 BioStoffV ist geregelt, dass die Gefährdungsbeurteilung durch den Arbeitgeber zu erfolgen hat. Ziel der Gefährdungsbeurteilung ist die Festlegung der Schutzstufe. Nach § 7 Abs. 2 sind sensibilisierende und toxische Wirkungen zusätzlich bei den zu treffenden Schutzmaßnahmen zu berücksichtigen.

Tabelle 11.2: **Schutzstufen nach der BioStoffV, Maßnahmen und Anwendung**

Schutz-stufe	**Maßnahmen**	**Anwendung**
1	Der Arbeitgeber ist verpflichtet, den Arbeitnehmer in mögliche Gesundheitsgefahren, die Einhaltung getroffener Schutzmaßnahmen und das Tragen persönlicher Schutzausrüstung zu unterweisen. **technische und bauliche Maßnahmen:** • Maßnahmen zur Vermeidung/Reduktion von Aerosolen, Stäuben und Nebel • Waschgelegenheiten • vom Arbeitsplatz getrennte Umkleidemöglichkeiten **organisatorische Maßnahmen:** • Hände waschen vor Eintritt in Pausen oder nach Beendigung der Tätigkeit • Mittel zum hygienischen Reinigen und Trocknen der Hände, ggf. Hautschutz- und Hautpflegemittel zur Verfügung stellen • Möglichkeit der von den Arbeitsstoffen getrennten Aufbewahrung der Pausenverpflegung und zum separaten Essen und Trinken • Arbeitskleidung und persönliche Schutzausrüstung regelmäßig und bei Bedarf reinigen oder wechseln • getrennte Aufbewahrung von Arbeitskleidung und von persönlicher Schutzausrüstung • Arbeitsräume regelmäßig und bei Bedarf mit geeigneten Methoden reinigen • Pausen- und Bereitschaftsräume bzw. Tagesunterkünfte nicht mit stark verschmutzter Arbeitskleidung betreten • Abfälle mit biologischen Arbeitsstoffen in geeigneten Behältnissen sammeln • Mittel zur Wundversorgung bereitstellen **persönliche Schutzausrüstung:** • Hautschutz • Handschutz • Augenschutz/Gesichtsschutz, • Partikelschutzfilter	Mindestanforderungen für den Arbeitsschutz **bei allen Sanierungsarbeiten** nach TRBA 500
2	Das Freiwerden mikrobieller Stoffe muss minimal gehalten werden. verbindlich ist: • Arbeiten mit lebensfähigen Organismen müssen in einem System durchgeführt werden, das den Prozess physisch von der Umwelt trennt (Anmerkung: Alternativ könnte vorher eine Desinfektion durchgeführt werden.)	Anhang III BioStoffV ggf. anzuwenden beim Nachweis relevanter Mengen von *Aspergillus fumigatus* (oder *Aspergillus flavus*), vorsorgliche Anwendung beim Auftreten relevanter Mengen von Actinomyceten

Fortsetzung Tabelle 11.2:

Schutzstufe	Maßnahmen	Anwendung
2	• Tragen von Schutzkleidung • Bereitstellen von Dekontaminations- und Waschanlagen empfohlen ist: • Abgeschlossene Systeme sollten sich in kontrollierten Bereichen befinden. • Anbringen von Biogefahrenzeichen • Der Zugang sollte ausschließlich auf das dafür vorgesehene Personal beschränkt sein. • Der kontrollierte Bereich sollte entsprechend belüftet sein, um die Luftkontamination auf einem Mindeststand zu halten. Entsteht kontaminiertes Abwasser, dann sollte dies durch erprobte Mittel inaktiviert werden.	Anmerkung: Nach BGI 858 sind Maßnahmen der Schutzstufe 2 bei der Sanierung von Schimmelpilzschäden nicht erforderlich.

In der Praxis wird häufig das Problem auftreten, dass der Arbeitgeber die Gefährdungsbeurteilung ohne die Einschaltung eines Sachverständigen, der mit Analysen und/oder Messungen das Ausmaß und die Qualität des Schadens feststellt, nicht erstellen kann.

Die Verpflichtung des Arbeitgebers, sich fachkundige Unterstützung zu holen, ist in § 8 BioStoffV beschrieben. Hier ist festgelegt, dass sich der Arbeitgeber bei der Gefährdungsbeurteilung fachkundig beraten lassen muss, sofern er nicht selbst über die erforderlichen Kenntnisse verfügt.

Es ist aber vor allem aus Kostengründen und um die Sanierung möglichst rasch durchführen zu können, nicht zumutbar, bei jedem Schaden einen Sachverständigen zu beauftragen.

Selbst wenn Messungen und Analysen durch einen qualifizierten Sachverständigen durchgeführt wurden, wird es immer wieder Probleme bei der Einstufung geben, insbesondere da in der BioStoffV zwar vorgegeben ist, dass sensibilisierende und toxische Wirkungen zu berücksichtigen sind, aber die Fragen offen bleiben, wie dieses Potential einzustufen ist und welche Maßnahmen erforderlich sind. Es dürfte auch kaum möglich sein, das sensibilisierende Potential an bestimmten Mikroorganismen festzumachen, sondern es ist davon auszugehen, dass alle Pilze und Bakterien sensibilisieren können und eher das Ausmaß und die Dauer der Exposition von Bedeutung sind.

In § 7 Abs. 3 BioStoffV ist festgelegt, dass dann, wenn eine Tätigkeit keiner Schutzstufe zugeordnet werden kann, nach dem Stand der Technik **Art, Ausmaß und Dauer der Exposition der Beschäftigten** gegenüber biologischen Arbeitsstoffen zu ermitteln sind und die Gefährdung zu beurteilen ist.

Nach § 12 BioStoffV ist vorgeschrieben, dass auf Grundlage der Gefährdungsbeurteilung vor Aufnahme der Tätigkeiten eine arbeitsbereichs- und stoffbezogene Betriebsanweisung zu erstellen ist. Darin ist auf die mit den vorgesehenen Tätigkeiten verbundenen Gefahren für die Beschäftigten hinzuweisen.

In der 2005 neu erschienenen BGI 858 werden insbesondere zur Berücksichtigung der nicht infektiösen Wirkungen Gefährdungsklassen in Abhängigkeit von der Staubentwicklung und der Arbeitsdauer definiert, die relativ problemlos anhand einfacher Kriterien festgelegt werden können. Es werden dort auch praktikable Hinweise gegeben, wie eine Gefährdungsbeurteilung und eine Betriebsanweisung erstellt werden können (siehe Kap. 11.3).

11.2.2 Gefahrstoffverordnung

Nach § 1 Gefahrstoffverordnung (GefStoffV) gilt diese nicht für Stoffe, die biologische Arbeitsstoffe im Sinne des § 2 Abs. 1 der BioStoffV sind.

Wie weiter oben bereits beschrieben, sind allerdings sensibilisierende und toxische mikrobiologische Stoffe, die nicht in Verbindung mit lebenden Keimen oder mit vermehrungsfähigem genetischem Material auftreten, nicht als biologische Arbeitsstoffe definiert. Außerdem sind in den TRGS 907 schimmelpilzhaltiger Staub und strahlenpilzhaltiger Staub (Strahlenpilze: veraltete Bezeichnung für Bakterien der Ordnung *Actinomycetales*) als sensibilisierend eingestuft und in den TRGS 540 ist der Umgang mit den Stoffen nach TRGS 907 geregelt.

Auch wenn es keine einheitliche Meinung gibt, ob die GefStoffV bzw. die zugehörigen TRGS bei der Sanierung von Schimmelpilzschäden anzuwenden sind oder ob ausschließlich die BioStoffV zutrifft, ist die Beachtung der Empfehlungen der GefStoffV und der TRGS aus Arbeitsschutzgründen sinnvoll.

Auf jeden Fall zu beachten sind die TRGS im Hinblick auf den Umgang mit chemischen Desinfektionsmitteln, mit brennbaren Stoffen und mit Brennern beim Abflämmen.

Folgende Technische Regeln liefern wichtige Hinweise zum Arbeitsschutz bei der Sanierung von Schimmelpilzschäden:

- TRGS 440 „Ermitteln und Beurteilen der Gefährdungen durch Gefahrstoffe am Arbeitsplatz",
- TRGS 500 „Schutzmaßnahmen: Mindeststandards",
- TRGS 524 „Sanierung und Arbeiten in kontaminierten Bereichen".

In den TRGS 440 sind die Gefahrstoffe und Arbeitsstoffe definiert, für die die TRGS anzuwenden sind. Daraus geht klar hervor, dass auch Stoffe, die bei einer Sanierung entfernt werden, wenn sie toxisch oder sensibilisierend sind, als Gefahrstoffe unter die Bestimmungen der TRGS fallen.

In den TRGS 500 sind die Schutzmaßnahmen beschrieben, die beim Umgang mit Arbeitsstoffen stets anzuwenden sind, unabhängig davon, ob es sich um Gefahrstoffe handelt.

Es wird hierbei davon ausgegangen, dass

- in Abhängigkeit von der Exposition (Konzentration, Häufigkeit, Art und Dauer) grundsätzlich alle Stoffe eine Gesundheitsgefahr darstellen,
- auch nicht gekennzeichnete Arbeitsstoffe gefährliche Stoffe enthalten oder freisetzen können,

- bei vielen Stoffen die gefährlichen Eigenschaften noch nicht hinreichend bekannt bzw. nicht vollständig geprüft sind,
- die Erkenntnisse zur Wirkungsstärke von Stoffen und zur Belastung, insbesondere zur Aufnahme über die Haut, für eine Gefährdungsabschätzung häufig nicht ausreichen,
- der wissenschaftliche Erkenntnisstand über das Zusammenwirken verschiedener Stoffe unzureichend ist.

In den TRGS 500 wird in Kap. 1 auch ausgeführt, welche Schutzziele den Mindeststandards zugrunde liegen:

- Schutz vor hautreizenden Einwirkungen,
- Schutz vor Augenreizungen,
- Schutz vor Beeinträchtigung der Selbstreinigungskraft der Lunge durch Stäube,
- Schutz vor Hautverfärbungen und Geruchsbelästigungen durch Arbeitsstoffe.

Die in § 3 GefStoffV aufgeführten Vorschriften zur Gestaltung von Arbeitsstätten wurden hauptsächlich für Dauerarbeitsplätze erstellt und sind für Sanierungsarbeiten nur sehr eingeschränkt umsetzbar. Den Arbeitnehmern sollten jedoch, soweit möglich, Wasch- und Umkleidemöglichkeiten außerhalb des Sanierungsbereiches angeboten werden und sie sollten nicht im Sanierungsbereich Pausen machen oder Nahrung zu sich nehmen.

Wichtige Forderungen der TRGS 500 sind auch, dass

- die Freisetzung von Stäuben durch sachgerechte Arbeitstechniken vermieden wird,
- nach Möglichkeit Feucht- oder Nassverfahren angewendet werden, z. B. bei Reinigungs- oder Abbrucharbeiten.

Für Sanierungen und Arbeiten in kontaminierten Bereichen einschließlich Vor- und Nacharbeiten, z. B. bei Bauarbeiten in kontaminierten Bereichen oder beim Abbruch oder bei der Sanierung von Gebäuden, gelten die TRGS 524.

In Kap. 2.2 ist hier definiert, dass die TRGS 524 nicht nur bei Sanierungsarbeiten an sich zutreffen, sondern auch bei:

- der Begehung der Gebäude zur Inspektion,
- der Probenahme,
- der Einrichtung von Baustellen,
- der Reinigung kontaminierter Geräte,
- dem innerbetrieblichen Transport, der Zwischenlagerung und Entsorgung kontaminierter Materialien.

Ein Kernpunkt der TRGS 524 sind die Sicherheitsgrundsätze in Kap. 4.4:

- Exposition vermeiden bzw. minimieren,
- Menge gefahrstoffhaltiger Hilfsmittel vermeiden, ersetzen bzw. minimieren,
- sachgemäßer Umgang mit Gefahrstoffen (einschließlich kontaminierten Abbruch- oder Sanierungsmaterials),
- Beschäftigte ausreichend qualifizieren,
- technische Sicherheit gewährleisten,
- allgemeine Sicherheitsorganisation gewährleisten,

- Brand- und Explosionsschutz gewährleisten (auch explosionsfähige Atmosphäre im Arbeitsbereich vermeiden),
- Hygienemaßnahmen einhalten,
- arbeitsmedizinische Betreuung sicherstellen,
- sachgerechter Einsatz und Umgang mit PSA.

In den TRGS 524 sind in Kap. 4.6.2 die allgemeinen Sicherheitsgrundsätze mit typischen Beispielen aufgeführt. Die folgenden Tabellen geben nicht alle diese Beispiele wieder, sondern nennen nur die Maßnahmen, die bei der Sanierung von mikrobiellen Schäden angewendet werden sollten.

Tabelle 11.3: **Allgemeine Sicherheitsmaßnahmen nach TRGS 524**

Sicherheitsgrundsätze	**Beispiele**
1. Exposition vermeiden bzw. minimieren	Verfahren anwenden, bei denen möglichst wenig Staub oder Aerosole freigesetzt werden wenn möglich, den Staub direkt an der Entstehungsstelle absaugen und Abluft gefiltert ins Freie führen Verhindern der Ausbreitung von Aerosolen und/oder Staub durch Abschotten und Absaugen Arbeitsbereich belüften PSA einsetzen Vermeiden unnötiger Tätigkeiten im Gefahrenbereich
2. Menge gefahrstoffhaltiger Hilfsmittel vermeiden, ersetzen bzw. minimieren	nur Desinfektionsmittel einsetzen, wenn dies erforderlich ist wenn Desinfektionsmittel eingesetzt werden, bei vergleichbarer Wirkung möglichst das weniger gesundheitsschädliche anwenden und die Menge so gering halten wie möglich
3. sachgemäßer Umgang mit Gefahrstoffen (einschließlich kontaminierten Abbruch- oder Sanierungsmaterials)	Betriebsanweisungen erstellen qualifizierte Arbeitskräfte einsetzen geeignete Behältnisse für die Entsorgung bereitstellen Reinigung der Werkzeuge und Arbeitsmittel
4. Beschäftigte ausreichend qualifizieren	Schulung, Weiterbildung, Fachlehrgänge regelmäßige Unterweisung
5. technische Sicherheit gewährleisten	explosionsgeschützte Arbeitsmittel bei Einsatz entsprechender Desinfektionsmittel (z. B. Ethanol) bei Einsatz von Propangasflaschen für ausreichende Belüftung sorgen und vorschriftsgemäße Lagerung der Gasflaschen nach Gebrauch sicherstellen

Fortsetzung Tabelle 11.3:

Sicherheitsgrundsätze	Beispiele
6. allgemeine Sicherheitsorganisation gewährleisten	unbefugten Zutritt vermeiden bei Einsatz von brennbaren Stoffen (z. B. Ethanol) und Arbeiten mit offenen Flammen geeignete Löschmittel vorhalten
7. Brand- und Explosionsschutz gewährleisten	größere Schadensbereiche nicht mit Alkohol desinfizieren und Zündquellen vermeiden Be- und Entlüftung
8. Hygienemaßnahmen einhalten	Trink-, Ess-, Schnupf- und Rauchverbot Hände waschen Einmal-Overalls täglich wechseln und entsorgen
9. arbeitsmedizinische Betreuung sicherstellen	Beratung zur möglichen Gefährdung durch Mikroorganismen und durch Desinfektionsmittel Beratung zur PSA (Belastung, Beanspruchung, Pausenregelung) Beratung zur Hygiene, zum Hautschutz und zur speziellen Ersten Hilfe ggf. arbeitsmedizinische Vorsorgeuntersuchungen
10. sachgerechter Einsatz und Umgang mit PSA	Eignung der Beschäftigten prüfen Unterweisung Pausenregelung und Tragzeitbegrenzung einhalten sachgerechte Wartung, Pflege und Aufbewahrung

Tabelle 11.4: **Personenbezogene Sicherheitsmaßnahmen nach TRGS 524**

Sicherheitsgrundsätze	Beispiele
1. Beschäftigungsbeschränkungen beachten	Jugendliche nicht beschäftigen werdende oder stillende Mütter nicht beschäftigen
2. sachkundiges Personal beschäftigen	Spezielle Zertifizierung zur Sanierung von mikrobiellen Schäden ist unbedingt zu empfehlen.
3. gesundheitlich geeignetes Personal einsetzen	kein Personal mit Allergien oder anderen immunologischen Erkrankungen, chronischen Atemwegserkrankungen, Hauterkrankungen einsetzen Arbeitsmedizinische Erstuntersuchung sowie regelmäßige Nachuntersuchungen sind zu empfehlen.

11.3 Umsetzung der Vorschriften und Regeln in der Praxis

Es ist in der täglichen Praxis nicht möglich, sich jedes Mal im Detail mit allen Gesetzen, Verordnungen und Technischen Regeln auseinander zu setzen, um schließlich die erforderliche Gefährdungsbeurteilung und die Betriebsanweisung zu erstellen.

Es ist für den Praktiker ausreichend, wenn er sich mit der BGI 858 „Handlungsanleitung zur Gefährdungsbeurteilung bei Tätigkeiten mit biologischen Arbeitsstoffen bei der Gebäudesanierung" beschäftigt und die Empfehlungen oder Forderungen dieser Handlungsanleitung befolgt.

Die Ausführungen in Kap. 11.3 beziehen sich deshalb ausschließlich auf die BGI 858 .

11.3.1 Erstellen der Gefährdungsbeurteilung

Das bei der Sanierung von Schimmelpilzschäden betroffene Material enthält Mikroorganismen, neben Pilzen meist auch Bakterien, von denen einige im ungünstigsten Fall Infektionen verursachen können. Die Keime, Zellen und Zellwandbestandteile enthalten Substanzen, die das menschliche Immunsystem aktivieren. Bei wiederholtem Kontakt kann es zu einer Sensibilisierung bis zu einer stark ausgeprägten Allergie kommen.

Eine typische Erkrankung in Arbeitsbereichen, in denen mit mikrobiellen Stoffen umgegangen wird, ist die allergische Alveolitis, eine durch IgG-Antikörper verursachte Entzündung der Lungenbläschen.

Pilze und Bakterien enthalten auch giftige Stoffe und können diese freisetzen. Deshalb kann es auch hierdurch zu Erkrankungen kommen, wie z. B. zur toxischen Alveolitis (siehe Sennekamp, 2004).

In manchen Fällen werden Desinfektionsmittel zum Abtöten der Pilze und Bakterien eingesetzt. Auch hierbei ist auf angepasste Arbeitschutzmaßnahmen zu achten.

Bei kleinen Schäden der SK 1 und 2 nach UBA 1/LGA 1 ist eine Gefährdungsbeurteilung nicht erforderlich. Bei der Sanierung von Schimmelpilzschäden der SK 3 sollte jedoch eine Gefährdungsbeurteilung erstellt werden.

In der BGI 858 werden Gefährdungsklassen auf der Basis der zu erwartenden Sporenkonzentration und der Dauer der Tätigkeit definiert:

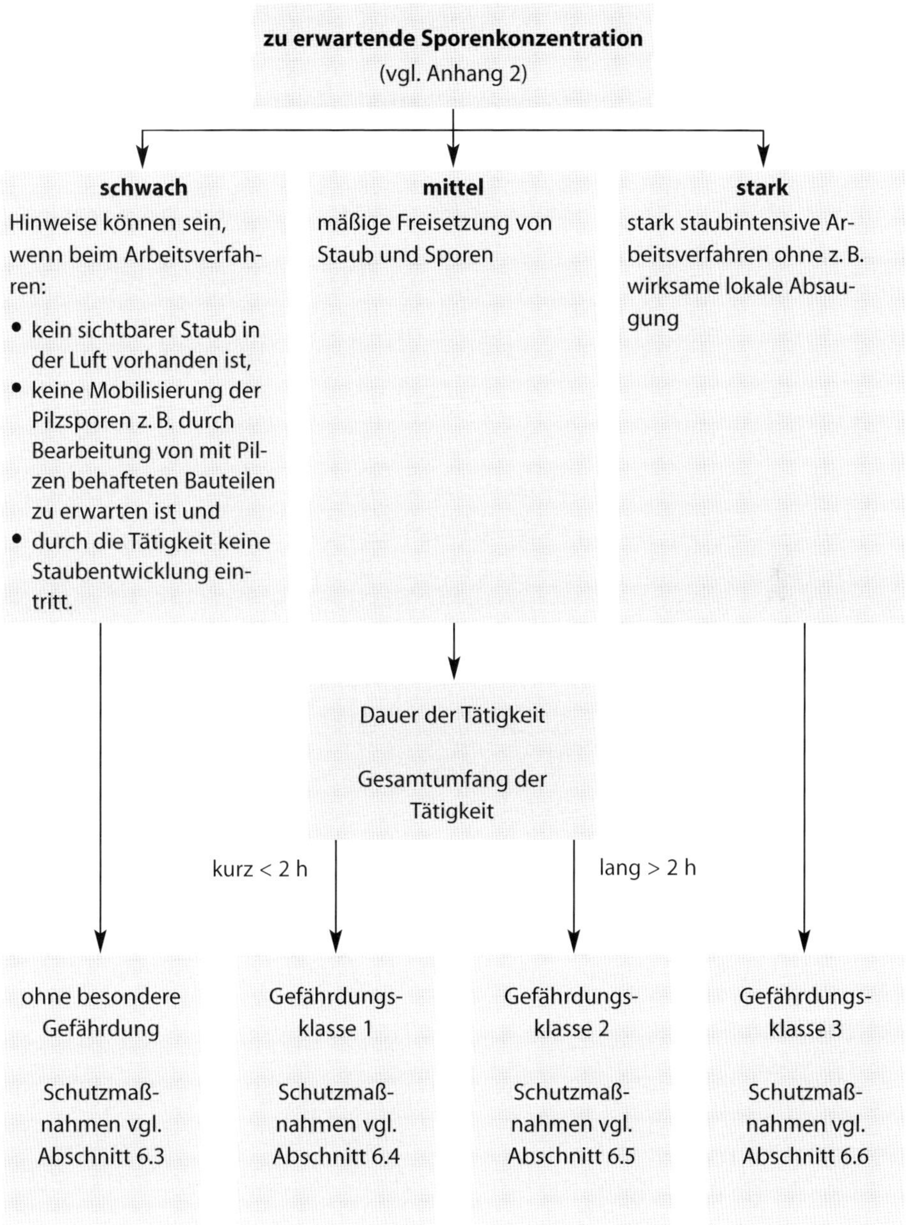

Abb. 11.1 Gefährdungsbeurteilung bei Tätigkeiten mit Schimmelpilzen in Abhängigkeit von der Dauer der Exposition sowie der zu erwartenden Sporenbelastung (Quelle: BGI 858)

Im Anhang 2 der BGI 858 sind Tätigkeiten und die dabei zu erwartende Sporenkonzentration in einer Tabelle aufgelistet:

Tabelle 11.5: **Tätigkeiten und dabei zu erwartende Sporenkonzentration bei Sanierungsarbeiten (BGI 858)**

beispielartige Tätigkeiten	**zu erwartende Sporenkonzentration bei sichtbarem oder begründetem Verdacht auf Schimmelpilzbefall**
Sanierung im Wandbereich	
Fugen, Dichtungen entfernen	schwach
Putz/Mauerwerk trocken entfernen, reinigen	stark
Putz entfernen mit Putzfräse mit integrierter Absaugung oder mit Sprühextraktionsverfahren	mittel
Trockenbauwände entfernen bzw. ausbessern	stark
Entfernung von Trockenbauwänden, die mit Selbstklebefolie abgedeckt sind	schwach
Selbstklebefolie aufbringen	mittel
Selbstklebefolie auf zuvor abgesaugte Trockenbauwand aufbringen	schwach
Sanierung von Lehmziegelbauten	stark
Tapeten trocken entfernen	stark
Tapeten nach Behandlung mit Sporenbinder oder nach Einkleistern entfernen	schwach
Sanierung der Fenster	
Fensterstock ausbauen, abschleifen	mittel
Fensterstock vor Ausbau absaugen und mit Sporenbinder behandeln	schwach
Sanierung im Deckenbereich	
Zwischendecken, abgehängte Decken (ggf. mit Dämmung) entfernen	stark
Schüttmaterial ausbauen (Lehm, Stroh ...)	stark
Sanierung im Fußbodenbereich	
Teppichboden trocken entfernen	mittel
Teppichboden vor dem Entfernen einschäumen	schwach
Parkett, Korkboden, Linoleum entfernen	mittel
Estrich und Dämmung trocken entfernen	stark
ungeeignete Trocknungsverfahren, z. B. Überdruckverfahren	stark

Fortsetzung Tabelle 11.5:

beispielartige Tätigkeiten	**zu erwartende Sporenkonzentration bei sichtbarem oder begründetem Verdacht auf Schimmelpilzbefall**
sonstige Tätigkeiten	
Dämmmaterial aus „nachwachsenden Rohstoffen" (Papier, Zellulose, Schafwolle, Holzfaserplatten usw.) entfernen, sanieren	stark
Dämmmaterial aus künstlichen Mineralfasern ausbauen	stark siehe auch TRGS 521
Entrümpelung	stark
Saunasanierung	stark
Hausschwammsanierung ohne sichtbare Fruchtkörper	schwach
Hausschwammsanierung, Fruchtkörper sichtbar	stark
Archivgut ausräumen	mittel

Im Anhang 2 der BGI 858 wird ausgeführt, dass bei einigen Tätigkeiten mit starker Staubentwicklung die Sporenkonzentration stärker ansteigt als die Staubkonzentration. Des Weiteren ist angeführt, dass bei Exposition am Arbeitsplatz mit weniger als 50.000 KBE/m^3 Schimmelpilzsporen keine Gefährdung der Beschäftigten gegeben ist, und zwar unabhängig von der Dauer der Tätigkeit, wobei dieser Wert auf Erfahrungen aus dem Abfallbereich beruht.

Eine differenzierte Beurteilung nach den vorliegenden Arten wird nicht vorgenommen, sondern lediglich darauf hingewiesen, dass bei begründetem Verdacht auf Toxin produzierende Schimmelpilze, wie *Stachybotrys chartarum*, zumindest von der Gefährdungsklasse 1 auszugehen ist.

Es besteht hierbei allerdings die Gefahr, dass ausschließlich dieser Pilz berücksichtigt wird, der jedoch nur als Beispiel genannt ist.

Anhang 6 der BGI 858 umfasst eine Tabelle, in der die erforderlichen Schutzmaßnahmen in Abhängigkeit von der Gefährdungsklasse aufgelistet sind. Die Angaben in Klammern bezeichnen den jeweiligen Abschnitt der BGI 858, in dem der Punkt erläutert wird.

Tabelle 11.6: **Schutzmaßnahmen, abhängig von der Gefährdungsklasse (BGI 858, Anhang 6)**

Maßnahmen	**keine besondere Gefährdung**	**Gefährdungs-klasse 1**	**Gefährdungs-klasse 2**	**Gefährdungs-klasse 3**
grundsätzlich durchzuführende Maßnahmen:	(6.3) Anforderungen der TRBA 500			
Vermeidung der Kontamination unbelasteter Bereiche:		(6.4.2) Empfehlung z. B.: • Beräumung des näheren Schadensumfeldes	siehe technische Schutzmaßnahmen	
		• Abdeckung von Mobiliar		
		• staubdichte Abtrennung des Arbeitsbereiches		
technische Schutzmaßnahmen:				
Staub- und Aerosolminimierung:			(6.4.1) erforderlich	
Lüftung:			(6.5.1) ausreichende, ggf. technische Be- und Entlüftung	(6.6.1) ausreichende, technische Be- und Entlüftung bei Abluftführung → keine Gefährdung Dritter
Schwarz-Weiß-Trennung:		(6.4.3) Organisation des Arbeitsschutzes getrennte Aufbewahrung der Arbeits- und Straßenkleidung	(6.5.2) • Kennzeichnung des kontaminierten Bereiches, • Übergang vom Schwarz- in den Weißbereich über eine Schwarz-Weiß-Trennung, z. B. durch Abdichtung der Räume • verunreinigte Kleidung nicht im Weißbereich ablegen • Reinigung von Werkzeugen im Schwarzbereich (z. B. absaugen)	(6.6.2) je nach Kontamination über eine Ein- oder Mehrkammerschleuse

Fortsetzung Tabelle 11.6:

Maßnahmen	**keine besondere Gefährdung**	**Gefährdungs-klasse 1**	**Gefährdungs-klasse 2**	**Gefährdungs-klasse 3**
Betriebsanweisung/ Unterweisung			(6.4.4) erforderlich	
PSA:		(6.4.5)	(6.5.3)	(6.6.3)
Atemschutz:		P2-Filter, Empfehlung: TM2P	P2 Empfehlung: P2 mit Gebläse TH2P	TM3P und staubdichte Schutzbrille oder Vollmaske
Augenschutz:		bei Spritzwasserbildung oder Arbeiten über Kopf		erforderlich
Schutzkleidung:		Empfehlung: partikeldichte, luftdurchlässige Einwegschutz-kleidung, Kategorie III, Typ 5 mit Kapuze	partikeldichte, luftdurchlässige Einwegschutzkleidung, Kategorie III, Typ 5 mit Kapuze in Einzelfällen wasserdichte Schutzkleidung	
Handschutz		bei Feuchtarbeit flüssigkeitsdichte Handschuhe		
Fußschutz		Es ist ein der Baustelle entsprechendes Schuhwerk einzusetzen. Dieses muss zusätzlich abwaschbar sein.		

In Anhang 5 der BGI 858 ist folgende Muster-Gefährdungsbeurteilung enthalten. Diese ist erhältlich bei der Bau-Berufsgenossenschaft oder kann beim BSS e.V. unter www.schimmelpilz.tv heruntergeladen werden.

Tabelle 11.7: **Muster-Gefährdungsbeurteilung**

Gefährdungsbeurteilung bei Tätigkeiten mit biologischen Arbeitsstoffen bei der Gebäudesanierung
1. Erfassung des Arbeitsbereiches
1.1 Bau-/Arbeitsstelle:
1.2 Auszuführende Arbeiten:
1.3 Fachliche Beratung:
2. Informationsbeschaffung
verfügbare Vorinformationen, wie z. B. Handlungsanleitung …, Gutachten der Fa. XY vom TT.MM.JJ, Besichtigung vom TT.MM.JJ]

Fortsetzung Tabelle 11.7:

Gefährdungsbeurteilung bei Tätigkeiten mit biologischen Arbeitsstoffen bei der Gebäudesanierung		
3.	**Art der Tätigkeit**	
	nicht gezielte Tätigkeit nach Biostoffverordnung	
4.	**Beurteilung der nicht gezielten Tätigkeit**	
4.1	Gefährdungsbeurteilung bei Tätigkeiten mit Schimmelpilzen in Abhängigkeit der Dauer der Exposition sowie der zu erwartenden Stärke der Exposition	
4.2	Dauer der Tätigkeit:	**kurz/lang**
4.3	Zu erwartende Exposition durch Staubbildung:	**schwach/mittel/stark**
4.4	Daraus resultierende Gefährdungsklasse:	**keine besondere Gefährdung/1/2/3**
5.	**Festlegung der Schutzmaßnahmen**	
5.1	Grundsätzlich erforderliche Maßnahmen	Bemerkungen (z. B. Verantwortlichkeiten, Mängelbeseitigung bis ...)
5.1.1	Waschgelegenheit	
5.1.2	Handreinigung bei Unterbrechung/ Beendigung der Tätigkeit	
5.1.3	Hautschutzplan	
5.1.4	Hautreinigungsmittel	
5.1.5	Hautschutzmittel	
5.1.6	Hautpflegemittel	
5.1.7	Persönliches Handtuch	
5.1.8	Von den Arbeitsstoffen getrennte Aufbewahrung der Nahrungsmittel	
5.1.9	Vom Arbeitsplatz getrennte Umkleidemöglichkeit	
5.1.10	Stark verschmutzte Arbeitskleidung nicht in Pausenräumen oder Tagesunterkünften	
5.1.11	Getrennte Aufbewahrung von Straßen-, Arbeitskleidung und PSA	
5.1.12	Regelmäßige Reinigung der Arbeitskleidung und PSA	
5.1.13	Regelmäßige Reinigung der Arbeitsräume	
5.1.14	Geeignete Abfallbehältnisse	
5.1.15	Mittel zur Wundversorgung	
5.1.16	Betriebsanweisungen und Unterweisung	

Fortsetzung Tabelle 11.7:

Gefährdungsbeurteilung bei Tätigkeiten mit biologischen Arbeitsstoffen bei der Gebäudesanierung		
5.2	Maßnahmen Gefährdungsklasse 1	Bemerkungen (z. B. Verantwortlichkeiten, Mängelbeseitigung bis ...)
5.2.1	Trennung von den unbelasteten Bereichen	
5.2.2	Staubsauger Kategorie H	
5.2.3	Schutzanzug Kategorie III, Typ 5	
5.2.4	Nitrilkautschuk-Handschuhe	
5.2.5	Schutzbrille	
5.2.6	Partikelfiltrierende Halbmaske P2	
5.3	Maßnahmen Gefährdungsklasse 2	Bemerkungen (z. B. Verantwortlichkeiten, Mängelbeseitigung bei ...)
Zusätzlich zu den Maßnahmen der Gefährdungsklasse 1		
5.3.1	Anstelle 5.2.1 Abschottung des Arbeitsbereiches, z. B. durch Abdichtung der Räume	
5.3.2	Ausreichende, ggf. technische Be- und Entlüftung	
5.3.3	Anstelle 5.2.6 Turbohaube (TH2P) oder gebläseunterstützte P2-Maske	
5.3.4	Arbeitsmedizinische Vorsorgeuntersuchung gem. Abschnitt 7 dieser Handlungsanleitung	
5.4	Maßnahmen Gefährdungsklasse 3	
Zusätzlich zu den Maßnahmen der Gefährdungsklasse 1 und 2		
5.4.1	Anstelle 5.3.1 ausreichende, technische Be- und Entlüftung	
5.4.2	Schwarz- Weiß-Anlage je nach Kontamination über eine Ein- oder Mehrkammerschleuse	
5.4.3	Anstelle 5.3.3 TM3P mit staubdichter Schutzbrille oder Vollmaske	
5.4.4	Augenschutz	
Ort,	Datum Name	(Unterschrift)

Fortsetzung Tabelle 11.7:

Gefährdungsbeurteilung bei Tätigkeiten mit biologischen Arbeitsstoffen bei der Gebäudesanierung			
6. Überprüfung der Umsetzung der Schutzmaßnahmen			
Maßnahme	ja	nein	wenn nein, Begründung
7. Sind Erkrankungen/Beeinträchtigungen bei der Arbeit aufgetreten?			
	ja	nein	wenn nein, Begründung
Ort, Datum	Name		(Unterschrift)

11.3.2 Erstellen der Betriebsanweisung

Die Betriebsanweisung muss auf Grundlage der Gefährdungsbeurteilung erfolgen. Die organisatorischen und technischen Maßnahmen sowie die erforderliche PSA sind festzulegen.

Die Betriebsanweisung kann z B. mit Hilfe des Musters in Anhang 4 der BGI 858 erfolgen. Ein entsprechendes Formular ist online beim BSS e. V. (www.schimmelpilz.tv) erhältlich.

Firma: *Putzer GmbH* | Muster-Betriebsanweisung gemäß § 12 BioStoffV und § 14 GefStoffV | Nummer: XX.XX

1. Anwendungsbereich

Entfernen von schimmelpilzbefallenem Putz in Wohnblock XY

2. Gefahren für Mensch und Umwelt

Biologische Arbeitsstoffe:
Nach Wasserschäden in Gebäuden können Wände (Farbanstrich, Tapete, Putz) eine Vielzahl von Schimmelpilzen enthalten. Durch die Staubaufwirbelung bei den Arbeiten können größere Mengen Schimmelpilzsporen in die Luft freigesetzt werden.

Gefahrstoffe:
Beim Entfernen des Putzes kommt es zur Entwicklung schwerlöslicher Stäube.

Gesundheitsgefahren:
- Allergische Atemwegserkrankungen durch Schimmelpilze
- Unspezifische Beeinträchtigungen der Atmungsorgane durch Stäube (z. B. chron. Bronchitis)
- Seltener toxische und infektiöse Wirkungen von Schimmelpilzen, v. a. bei abwehrgeschwächten Personen
- Verschleppung schimmelpilzhaltiger Stäube (z.B. über Kleidung) in andere Bereiche

3. Schutzmaßnahmen und Verhaltensregeln

- Vor dem Entfernen der Raufasertapete mit dem Höchstdrucksprühextraktionsverfahren, diese mit dem Sporenbinder einstreichen.
- Verschleppung schimmelpilzhaltigen Staubs in nicht kontaminierte Bereiche unterbinden
- Abschotten des Schwarzbereichs mit Baufolie und im Sanierungsbereich verbliebene Gegenstände abdecken.
- Zur Reinigung verunreinigter Flächen Industriestaubsauger [Firma ??] mit Filterpatronen der Staubklasse H (gem. DIN EN 60335-2-69) oder vergleichbare Geräte einsetzen.
- Im Schwarzbereich nicht essen, trinken, rauchen, schnupfen; keine Nahrungs- und Genussmittel aufbewahren.
- Beim Verlassen des Schwarzbereichs Schutzkleidung ablegen und -schuhe reinigen

Handschutz:
- Beachtung des Hautschutzplans (Hautschutz, Hautreinigung, Hautpflege)
- Tragen von Nitrilkautschukhandschuhen

Atemschutz:
- Tragen von gebläseunterstützter Halbmaske TM2P. Arbeitstägliche Reinigung des Atemschutzes und Wechsel der Filter.

Schutzkleidung:
- Tragen partikeldichter Einwegschutzkleidung der Kat. III, Typ 5 mit Kapuzen

Schutzschuhe:
- Tragen von abwaschbaren Sicherheitsschuhen der Kat. S3

4. Verhalten bei Störungen und im Gefahrfall **Notruf: ???**

- Bei Beschädigung der Persönlichen Schutzausrüstung diese sofort wechseln
- Bei Betriebsstörungen, Kontamination benachbarter Bereiche Vorgesetzte /Verantwortliche [Name??] informieren

5. Verhalten bei Unfällen – Erste Hilfe **Notruf: ???**

- Bei Auftreten von Unwohlsein, Reizerscheinungen den Vorgesetzten informieren und ggf. den Arzt aufsuchen
- Bei Verschmutzung des Auges dieses mit sauberem Wasser ausspülen
- Bei Verletzung Wunde fachgerecht versorgen. Ersthelfer und bei Bedarf Arzt aufsuchen (Verbandbucheintrag)

6. Instandhaltung, Entsorgung

- Technische Geräte gemäß Betriebsanleitung regelmäßig warten und prüfen
- Persönliche Schutzausrüstungen fachgerecht instandhalten bzw. ggf. entsorgen
- Staubfreier Abtransport des demontierten Materials in bereit gestellten Kunststoffsäcken (z. B. big bags). Säcke nicht luftleer drücken.

Datum: .... Unterschrift: ....

Abb. 11.2 Muster-Betriebsanweisung (Quelle: BGI 858)

11.3.3 Hygiene- und Hautschutzplan

Anhang 3 der BGI 858 enthält folgenden Hygiene- und Hautschutzplan:

Tabelle 11.8: **Hygiene- und Hautschutzplan (BGI 858)**

was	wann	womit	wie	wer
Hautschutz	vor der Arbeit, nach jeder Hautreinigung	Hautcreme aus Tube oder Spender gemäß betriebsärztlicher Empfehlung	Hände und Finger sorgfältig eincremen und einziehen lassen	jeder
Hautreinigung	nach Verschmutzung, vor den Mahlzeiten, nach Arbeitsabschnitten	Wasser, pH-neutrale, hautschonende Seife	Händewaschen, mit Einweghandtüchern abtrocknen	jeder
Hautpflege	nach jeder Arbeitsschicht	Hautcreme aus Tube oder Spender gemäß betriebsärztlicher Empfehlung	Hände und Finger sorgfältig eincremen und einziehen lassen	jeder
Reinigung der wieder verwendbaren Arbeitskleidung	1- bis 2-mal wöchentlich oder nach Kontamination	Waschmaschine bei 60–95 °C, übliches Waschmittel	Nassverfahren	Fa. XY
Atemschutzmasken reinigen/desinfizieren (gemäß Herstellerangaben)	täglich, nach Gebrauch	gemäß Herstellerangaben	Flächendesinfektion, nicht abtrocknen, einwirken lassen	Herr/ Frau XY
Filterwechsel der Atemschutzmaske	nach Erfordernis, mindestens arbeitstäglich			jeder
hygienische Hand- und Hautdesinfektion	nach direktem Kontakt mit fäkalienhaltigen Abwässern ohne sichtbare Verschmutzung	z. B. alkoholisches Händedesinfektionsmittel (gemäß DGHM-Liste)	ca. 3 ml auf trockener Haut verreiben und ca. 30 s einwirken lassen, nicht abtrocknen	jeder

DGHM: Deutsche Gesellschaft für Hygiene und Mikrobiologie

11.4 Persönliche Schutzausrüstung

11.4.1 Grundlegende Anforderungen

11.4.1.1 Betriebssicherheitsverordnung

Die Betriebssicherheitsverordnung (BetrSichV) regelt die Anforderungen an die Arbeitsmittel eines Betriebes.

Betriebssicherheitsverordnung (BetrSichV) i. d. F. 2002:

„Abschnitt 1

Allgemeine Vorschriften

§ 1 Anwendungsbereich

(1) Diese Verordnung gilt für die Bereitstellung von Arbeitsmitteln durch Arbeitgeber sowie für die Benutzung von Arbeitsmitteln durch Beschäftigte bei der Arbeit. (...)“

Die BetrSichV beschränkt sich dabei nicht auf die am Sitz des Betriebes eingesetzten Arbeitsmittel, sondern gilt gerade bei der Durchführung von Bau- und Sanierungsarbeiten auch für die mobil eingesetzten Arbeitsmittel und Geräte. Besonders wichtig ist dies für den Einsatz explosionsgefährdeter Desinfektionsmittel, die nur im Zusammenhang mit explosionsgeschützten elektrischen Geräten verwendet werden dürfen.

11.4.1.2 PSA-Benutzerverordnung

Die PSA-Benutzerverordnung (PSA-BV) regelt die Bereitstellung der PSA.

PSA-Benutzerverordnung (PSA-BV) i. d. F. 1996:

„§ 1 Anwendungsbereich

(1) Diese Verordnung gilt für die Bereitstellung persönlicher Schutzausrüstungen durch Arbeitgeber sowie für die Benutzung persönlicher Schutzausrüstungen durch Beschäftigte bei der Arbeit.
(2) Persönliche Schutzausrüstung im Sinne dieser Verordnung ist jede Ausrüstung, die dazu bestimmt ist, von den Beschäftigten benutzt oder getragen zu werden, um sich gegen eine Gefährdung für ihre Sicherheit und Gesundheit zu schützen, sowie jede mit demselben Ziel verwendete und mit der persönlichen Schutzausrüstung verbundene Zusatzausrüstung.

§ 2 Bereitstellung und Benutzung

(1) Unbeschadet seiner Pflichten nach den §§ 3, 4 und 5 des Arbeitsschutzgesetzes darf der Arbeitgeber nur persönliche Schutzausrüstungen auswählen und den Beschäftigten bereitstellen, die
1. *den Anforderungen der Verordnung über das Inverkehrbringen von persönlichen Schutzausrüstungen entsprechen,*
2. *Schutz gegenüber der zu verhütenden Gefährdung bieten, ohne selbst eine größere Gefährdung mit sich zu bringen,*
3. *für die am Arbeitsplatz gegebenen Bedingungen geeignet sind und*
4. *den ergonomischen Anforderungen und den gesundheitlichen Erfordernissen der Beschäftigten entsprechen.*

(2) Persönliche Schutzausrüstungen müssen den Beschäftigten individuell passen. Sie sind grundsätzlich für den Gebrauch durch eine Person bestimmt. Erfordern die Umstände eine Benutzung durch verschiedene Beschäftigte, hat der Arbeitgeber dafür zu sorgen, dass Gesundheitsgefahren oder hygienische Probleme nicht auftreten. (…)"

11.4.2 Augenschutz

Nach BGI 858 gilt:

„Ist Augenschutz erforderlich, etwa bei der Gefahr von Spritzwasserbildung, Arbeiten über Kopf mit Staubentwicklung usw., so ist mindestens eine Korbbrille zu verwenden.

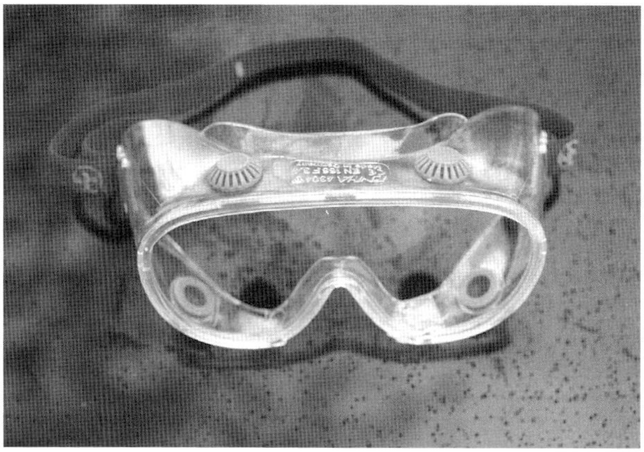

Abb. 11.3 Schutzbrille mit dichtem Anschluss an die Gesichtsform

Der Augenschutz kann auch durch das Tragen einer Vollmaske gewährleistet sein."

11.4.3 Handschutz

Nach BGI 858 gilt:

„Der Handschutz muss abgestimmt auf die mechanische, chemische und biologische Belastung ausgewählt werden.

Bei Feuchtarbeiten sind flüssigkeitsdichte Handschuhe einzusetzen. Handschuhe aus Leder-/Textil-Kombination sowie medizinische Einmalhandschuhe sind ungeeignet. Im Allgemeinen empfiehlt es sich, Handschuhe aus Nitril- bzw. Butylkautschuk zu verwenden. Die Beschäftigten sollen individuell jeweils mehrere Paare geeignete Handschuhe zur Verfügung haben, damit verschmutzte oder feuchte Handschuhe nach Reinigung und Trocknung im Wechsel verwendet werden können. Es können auch Zwirnunterziehhandschuhe verwendet werden."

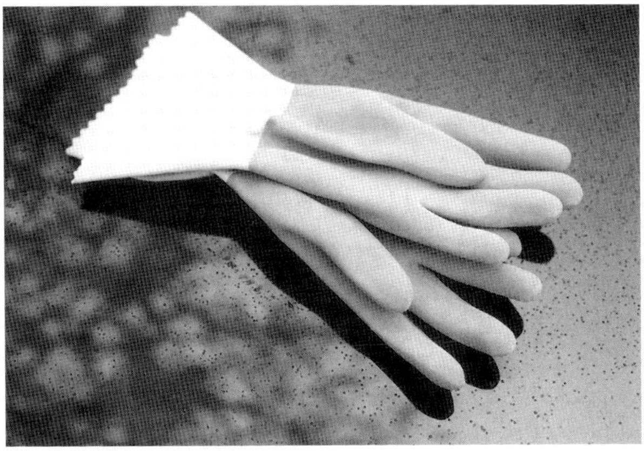

Abb. 11.4 Flüssigkeitsdichte Arbeitshandschuhe mit Stulp

11.4.4 Schutzkleidung

Nach BGI 858 gilt:

„Als Schutz vor Staubbelastung und direktem Hautkontakt ist partikeldichte, luftdurchlässige (sogenannte ‚atmungsaktive') Einwegschutzkleidung, Kategorie III, Typ 5 zu empfehlen. Eine Verschleppung von Stäuben über die Haare ist z. B. durch das Tragen einer Kapuze zu minimieren.

In Einzelfällen kann wasserdichte Schutzkleidung erforderlich sein, z. B. bei Kontakt mit verunreinigten Abwässern.“

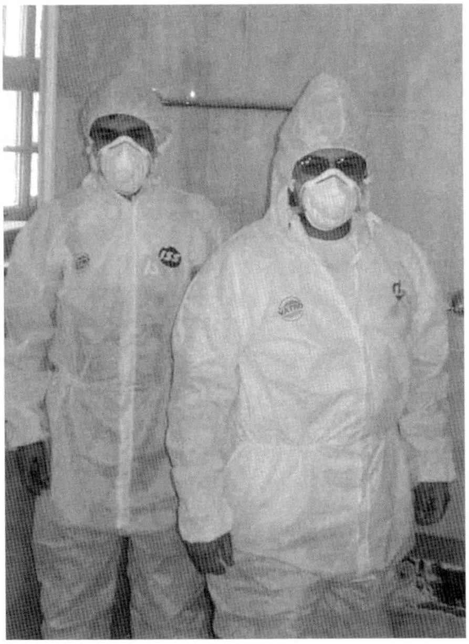

Abb. 11.5 Einweg-Schutzanzüge mit Kapuze

11.4.5 Atemschutz

Nach BGI 858 gilt:

„Bei Tätigkeiten von kurzer Dauer (...) sind Masken mit P2-Filter einzusetzen. Grundsätzlich sind Halbmasken den FFP-Einwegmasken vorzuziehen. Optimal sind gebläseunterstützte Halbmasken mit Partikelfilter TM2P.

Die Filter der Atemschutzmasken bzw. FFP2-Filter sind mindestens arbeitstäglich zu verwerfen.“

Tabelle 11.9: **Begriffsdefinitionen für die Partikelfilter**

Partikelfilterklasse	**Geräteart**	**bis zum Vielfachen des Grenzwertes**	**Einschränkung**	
Partikelfilterklasse P1: geringes Abscheidevermögen	Vollmaske oder Mundstückgarnitur	4	als Atemschutz nicht sinnvoll, da der hohe Filterdurchlass die geringe Maskenleckage wieder aufhebt	nicht gegen Tröpfchenaerosole, Partikel Krebs erzeugender und radioaktiver Stoffe, Mikroorganismen (Viren, Bakterien und Pilze sowie deren Sporen) und Enzyme
	Halb-/ Viertelmaske	4		
Partikelfilterklasse P2: mittleres Abscheidevermögen	Vollmaske oder Mundstückgarnitur	15	nicht gegen Partikel radioaktiver Stoffe, Viren und Enzyme	
	Halb-/ Viertelmaske	10		
Partikelfilterklasse P3: hohes Abscheidevermögen	Vollmaske oder Mundstückgarnitur	300		
	Halb-/ Viertelmaske	30		

11.4.5.1 Einweg-Feinstaubmasken

Feinstaubmasken werden nach DIN EN 149 „Atemschutzgeräte – Filtrierende Halbmasken zum Schutz gegen Partikel – Anforderungen, Prüfung, Kennzeichnung“ eingeteilt in die Klassen FFP1, FFP2 und FFP3. Die Einsatzgebiete dieser Klassen sind die gleichen wie für Halbmasken mit P1-, P2- und P3-Filter angegeben.

Tabelle 11.10: **FFP-Klassen nach DIN EN 149**

Klasse	Schutz gegen
FFP1	ungiftige Stäube und Aerosole auf Wasser- und Ölbasis
FFP2 S/L	gesundheitsschädliche und Krebs erzeugende Stäube, Rauch und Aerosole auf Wasserbasis
FFP3 S/L	Stäube, Rauch und Aerosole auf Wasser- und Ölbasis bis zum 30fachen MAK-Wert
FFP: Filtering Face Piece (bezeichnet Einweg-Feinstaubmasken) S: Solid (Schutz gegen feste Teilchen) L: Liquid (Schutz gegen flüssige Teilchen)	

Atemschutzmasken der Klasse FFP1 und solche mit der Kennzeichnung S dürfen nur gegen Feststoffpartikel (Staub, Rauch) eingesetzt werden, die aus Lösungen oder Dispersionen von Feststoffpartikeln in Wasser beim Zerstäuben entstehen, wenn dabei die Luftverunreinigung lediglich diesen Feststoffpartikeln zuzuschreiben ist.

Bei hohen Staubkonzentrationen, insbesondere mit hohen Feinstaubanteilen, sollten Geräte bevorzugt werden, deren Atemwiderstand durch Staubeinspeicherung nicht schnell anwächst (Kennzeichnung durch D). Allgemein ist zu beachten, dass die Anstrengung beim Atmen mit zunehmender Partikelfilterklasse zunimmt.

Filter, die bei Befall durch Mikroorganismen eingesetzt werden, sollten nur einmal gebraucht werden, da die Mikroorganismen den Filter durchsetzen können.

Filter, deren Leistung durch Alterung bei der Lagerung abnimmt, sollten generell nicht mehr nach Überschreiten dieser Frist verwendet werden.

Eine Farbkennzeichnung ist für partikelfiltrierende Masken nicht vorgesehen.

Für das Aufsetzen der Maske ist generell die Benutzerinformation (Gebrauchsanweisung) zu beachten.

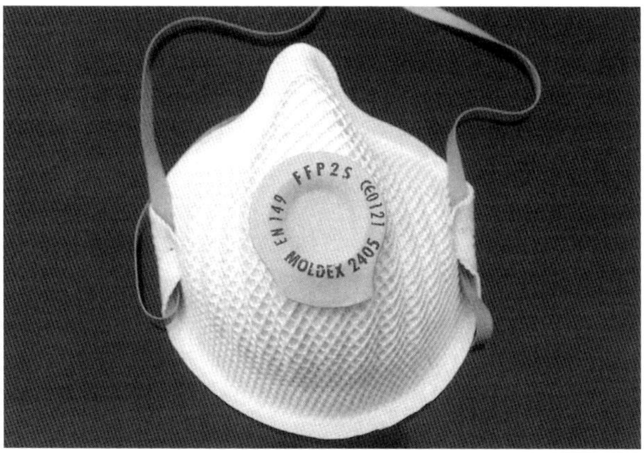

Abb. 11.6 Feinstaubmaske, Klasse FFP2 S

11.4.5.2 Halb- oder Vollmasken mit Filtergeräten

In Kombination mit Halbmasken (DIN EN 140) oder Vollmasken (DIN EN 136) werden Arbeitsschutzfilter gemäß DIN EN 141/143 und DIN EN 148-1 eingesetzt.

Die Einstufung in die Partikelfilterklassen P1, P2 und P3 erfolgt nach Tabelle 11.9. Zusätzlich gibt es Gasfilter und Kombinationsfilter.

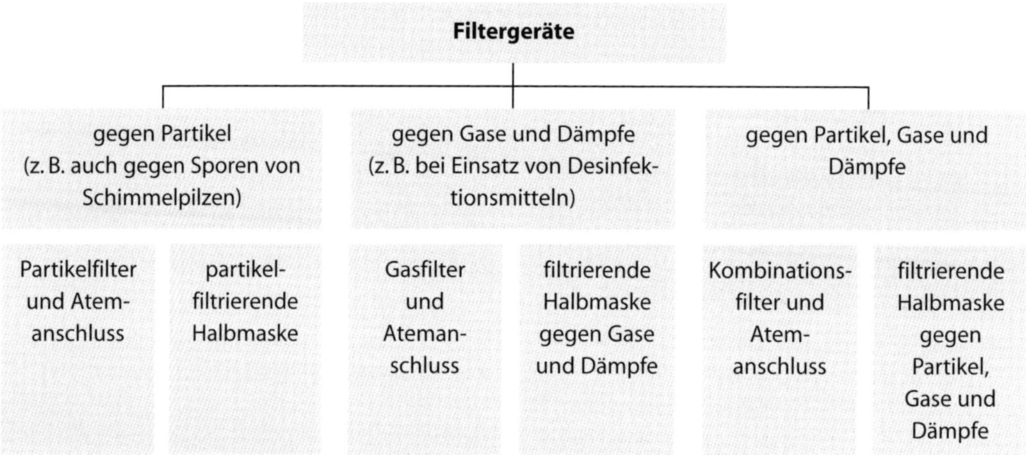

Abb. 11.7 Einsatzbereiche von Filtergeräten

Kombinationsfilter, die bei Produkten verwendet werden müssen, die verschiedene Wirkstoffe aufweisen, müssen entsprechend gekennzeichnet sein. Solche Filter müssen die sicherheitstechnischen Anforderungen für jeden einzelnen entsprechenden Gasfiltertyp der angegebenen Gasfilterklassen erfüllen und können dementsprechend eingesetzt werden.

Gasfilter sollten grundsätzlich nur gegen Gase und Dämpfe eingesetzt werden, die der Geräträger bei Erschöpfung des Filters (Filterdurchbruch) riechen oder schmecken kann. Für den Einsatz von Gasfiltern gegen Gase und Dämpfe, deren Durchbruch der Geräträger nicht feststellen kann, sind betriebsspezifische Einsatzregeln aufzustellen und zu beachten oder aber es sind Isoliergeräte zu benutzen. Ist in Behältern und engen Räumen, z. B. Bunkern, Kesselwagen, Rohrleitungen, Gruben, Kanälen, durch Lüftung nicht sichergestellt, dass die Beschäftigten gegen die Einwirkung von Gasen, Dämpfen, Nebeln oder Stäuben ausreichend geschützt sind, sind Isoliergeräte einzusetzen.

Bestehen Zweifel darüber, welcher Filtertyp unter bestimmten Einsatzbedingungen (z. B. bei Vorliegen von Gasgemischen) genommen werden soll, muss der Filterhersteller gefragt werden.

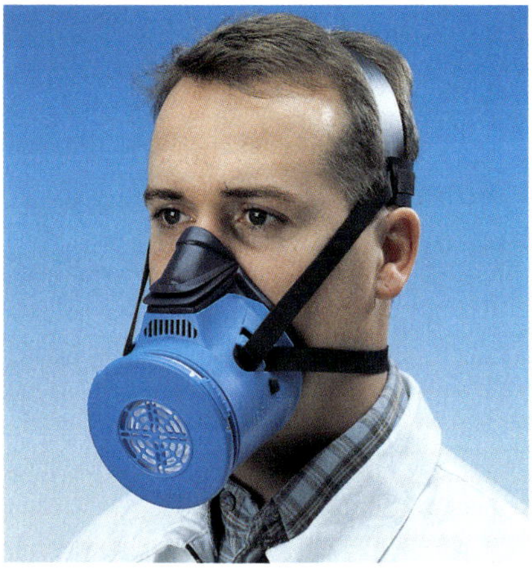

Abb. 11.8 a Halbmaske (Quelle: Dräger Safety AG & Co. KGaA, Lübeck)

Abb. 11.8 b Vollmaske (Quelle: Dräger Safety AG & Co. KGaA, Lübeck)

Tabelle 11.11: **Einteilung der Filtergeräte gegen Gase**

Typ	Kennfarbe	Hauptanwendungsbereich	Klasse	höchstzulässige Gaskonzentration
A	Braun	organische Gase und Dämpfe mit Siedepunkt > 65 °C	1	1.000 ml/m³ (0,1 Vol.-%)
			2	5.000 ml/m³ (0,5 Vol.-%)
			3	10.000 ml/m³ (1,0 Vol.-%)
B	Grau	anorganische Gase und Dämpfe, z. B. Chlor, Hydrogensulfid (Schwefelwasserstoff), Hydrogencyanid (Blausäure) – nicht gegen Kohlenmonoxid	1	1.000 ml/m³ (0,1 Vol.-%)
			2	5.000 ml/m³ (0,5 Vol.-%)
			3	10.000 ml/m³ (1,0 Vol.-%)
E	Gelb	Schwefeldioxid, Hydrogenchlorid (Chlorwasserstoff) und andere saure Gase	1	1.000 ml/m³ (0,1 Vol.-%)
			2	5.000 ml/m³ (0,5 Vol.-%)
			3	10.000 ml/m³ (1,0 Vol.-%)
K	Grün	Ammoniak und organische Ammoniak-Derivate	1	1.000 ml/m³ (0,1 Vol.-%)
			2	5.000 ml/m³ (0,5 Vol.-%)
			3	10.000 ml/m³ (1,0 Vol.-%)
AX	Braun	niedrigsiedende organische Verbindungen (Siedepunkt ≤ 65 °C) der Niedrigsiedergruppen 1 und 2		Größe 1 100 ml/m³ für maximal 40 min Größe 2 500 ml/m³ für maximal 20 min Größe 3 1.000 ml/m³ für maximal 60 min Größe 4 5.000 ml/m³ für maximal 20 min
SX	Violett	wie vom Hersteller festgelegt		5.000 ml/m³ (0,5 Vol.-%)

Fortsetzung Tabelle 11.11:

Typ	Kenn-farbe	Hauptanwendungsbereich	Klasse	höchstzulässige Gaskonzentration
NO-P3	Blau/ Weiß	nitrose Gase, z. B. NO, NO_2, NO_x		siehe BGR 190
Hg-P3	Rot/ Weiß	Quecksilber		siehe BGR 190
CO	Schwarz	Kohlenmonoxid		spezielle Anwendungsrichtlinien
Reaktor meist: Reaktor P3	Orange Orange/ Weiß	radioaktives Iod einschließlich radioaktivem Iodmethan		spezielle Anwendungsrichtlinien

Auch der Einsatz von Desinfektionsmitteln kann für den ausführenden Spezialisten bei der Schimmelpilzsanierung eine Gefährdung bedeuten. Es muss also genau geprüft werden, welche Mittel eingesetzt werden und wie man sich dagegen schützen kann.

Tabelle 11.12: **Filtertypen für den Einsatz bei Anwendung chemischer Schimmelpilzbekämpfungsmittel**

konventionell eingesetzte Mittel zur Schimmelpilzbekämpfung:	
Wasserstoffperoxid	Filter gegen nitrose Gase, z. B. NO, NO_2, NO_x; Typ: NO-P3, Kennfarbe: Blau/Weiß
Isopropylalkohol (auch: 2-Propanol, Isopropanol)	Gasfilter Typ A (organische Gase und Dämpfe mit Siedepunkt > 65 °C), Kennfarbe: Braun
Ethanol	Gasfilter Typ A, Kennfarbe: Braun
von der Industrie angebotene, fertig gemischte Lösungen:	
SANOSIL (bestehend aus Wasserstoffperoxid und Silber [Ag+])	Bei einer Belastung der Umgebungsatmosphäre mit Silber wird ein Filter mit der Typbezeichnung P3 empfohlen; da das Gemisch aber aus 2 Substanzen besteht, bei denen jeweils ein anderer Filtertyp eingesetzt werden soll, muss ein Kombinationsfiltertyp eingesetzt werden, der speziell bei einer Filterherstellerfirma (z. B. Abek) zu erfragen ist.
DRIOX (bestehend aus organischen Peroxiden und Wasserstoffperoxid)	Bei einer Belastung mit organischen Peroxiden wird ein Filter der Klasse B-P2 empfohlen, Kennfarbe: Grau/Weiß; da das Gemisch aber aus 2 Substanzen besteht, bei denen jeweils ein anderer Filtertyp eingesetzt werden soll, muss ein Kombinationsfiltertyp eingesetzt werden, der speziell bei einer Filterherstellerfirma (z. B. Abek) zu erfragen ist.
JATI (bestehend aus Peroxicarbonverbindungen und Wasserstoffperoxid)	Der Hersteller gibt an, dass das Produkt aufgrund seiner MAK-Werte als atemverträglich eingestuft werden kann und dass im Umgang mit dem Produkt keine besonderen Sicherheitsvorschriften beachtet werden müssen.

Fortsetzung Tabelle 11.12:

von der Industrie angebotene, fertig gemischte Lösungen:	
WOFASTERIL (bestehend aus Peroxyessigsäure, Wasserstoffperoxid, Essigsäure sowie aus desensibilisierenden und stabilisierenden Anteilen)	Der Hersteller weist bei Versprühen des Produkts als Aerosol auf das Tragen von Atemschutzmasken mit Filter für Säuren (Filtertyp B) hin. Bei Belastungen mit Peroxyessigsäuren wird im Allgemeinen ein Filter mit der Typbezeichnung B-P2 erforderlich. Außerdem gibt der Hersteller an, dass es in Verbindung mit aktivchlorhaltigen bzw. -abspaltenden Produkten zu einer Entwicklung von Chlorgas kommen kann. Bei Chlor wird ein Filtertyp B-P3 erforderlich.

Isoliergeräte wirken unabhängig von der Umgebungsatmosphäre. Es gibt frei tragbare Geräte mit einer Luftversorgung durch z. B. Behälter, die auf dem Rücken mitgeführt werden. Die Dauer des Einsatzes dieser Geräte ist stark beschränkt. Nicht frei tragbare Geräte, die den Benutzer durch Schläuche mit Sauerstoff versorgen, schränken die Bewegungsfreiheit des Benutzers ein und stellen deshalb eine Belastung für ihn dar. Außerdem haben diese Geräte eine abschreckende Wirkung auf die bisherigen Bewohner der befallenen Wohnung. Der Einsatz von Isoliergeräten bei der Sanierung von Schimmelpilzschäden ist zumeist nicht notwendig bzw. nicht sinnvoll.

11.5 Unfallverhütungsvorschrift „Verwendung von Flüssiggas"

Wenn beim Abflämmen von mikrobiell belasteten Oberflächen Brenner mit Flüssiggasflaschen eingesetzt werden, gilt die Unfallverhütungsvorschrift „Verwendung von Flüssiggas" (BGV D 34). Die dortigen Regelungen sind zu beachten. Eine Besonderheit liegt darin begründet, dass derartige Anlagen normalerweise nicht unterhalb der Erdgleiche betrieben werden dürfen, da die Gase schwerer sind als die Luft und bei Leckagen so zu einer Gefahr werden, weil sie sich auf dem Kellerfußboden unbemerkt ansammeln können.

Unfallverhütungsvorschrift „Verwendung von Flüssiggas" (BGV D 34) i. d. F. 1997:

„§ 1 Geltungsbereich

(1) Diese Unfallverhütungsvorschrift gilt für
1. die Verwendung von Flüssiggas zu Brennzwecken,
2. Flüssiggasanlagen für Brennzwecke, soweit sie aus Druckgasbehältern versorgt werden,
3. Flüssiggasverbrauchsanlagen für Brennzwecke, soweit sie aus Druckbehältern versorgt werden.
(…)

§ 6 Aufstellung von Flüssiggasanlagen

(...)

(6) Der Unternehmer hat dafür zu sorgen, dass Anlagen nach § 1 Abs. 1 Nr. 2 und 3 nicht in Räumen unter Erdgleiche aufgestellt werden. Dies gilt nicht
- *für ortsfeste Verbrauchsanlagen, wenn die Festlegungen des § 31 ‚Aufstellung von ortsfesten Verbrauchsanlagen in Räumen unter Erdgleiche' eingehalten sind,*
- *für in Gebrauch befindliche Druckgasbehälter mit einem Rauminhalt von nicht mehr als 1 Liter,*
- *wenn das Aufstellen von Verbrauchsanlagen, die aus Druckgasbehältern versorgt werden, zur Ausführung von Arbeiten dort vorübergehend notwendig ist und besondere Schutzmaßnahmen getroffen sind."*

Eine Sonderregelung hinsichtlich des Betreibens von Flüssiggasanlagen gilt aber für Bauarbeiten, wenn dabei gewisse sicherheitsrelevante Kriterien eingehalten werden:

Unfallverhütungsvorschrift „Verwendung von Flüssiggas" (BGV D 34) i. d. F. 1997:

„§ 22 Flüssiggasanlagen für Bauarbeiten

(1) Abweichend von § 6 Abs. 6 dürfen für Bauarbeiten Druckgasbehälter und Verbrauchsanlagen in Räumen und Bereichen unter Erdgleiche aufgestellt werden, wenn dies aus betriebstechnischen Gründen notwendig ist und natürliche oder technische Lüftung die Bildung einer gefährlichen explosionsfähigen Atmosphäre sowie die Bildung eines gesundheitsgefährlichen Abgas/Luft-Gemisches und Sauerstoffmangel verhindert und die Flüssiggasanlage unter ständiger Aufsicht steht."

Die Definition des Begriffes „Räume unter Erdgleiche" findet sich in den Technischen Regeln Druckgase (TRG 280):

„2.13 Räume unter Erdgleiche

Räume unter Erdgleiche sind Räume, deren Fußboden allseitig tiefer liegt als die anschließende Geländeoberfläche."

12 Trocknung von Feuchteschäden

„Wasser trocknet auch von allein!“ Diese landläufige Meinung ist zwar prinzipiell richtig, wenn kein neues mehr nachkommt, wie nach einem reparierten Rohrbruch oder Austausch eines geplatzten Waschmaschinenschlauchs. Es werden dabei jedoch oft die sehr langen Trocknungszeiten nicht berücksichtigt. Ist Material zunächst nur feucht und nicht oder nicht nennenswert mikrobiell besiedelt, kann sich dieses rasch ändern, wenn nicht schnell genug getrocknet wird.

Häufig betroffen sind in diesem Zusammenhang Dämmschichten aus Mineralfasermatten im Dachbereich, in Ständerwänden, unter Estrichen, in abgehängten Decken usw. Diese Dämmschichten sind meist beidseitig durch Folien, Betondecken, aufliegende Estriche, Verkleidungen aus Spanplatten, Gipskartonplatten oder Paneele abgeschlossen. Dann ist ohne aktive technische Trocknung nur eine sehr langsame Rücktrocknung möglich und die Gefahr eines mikrobiellen Befalls sehr groß.

Eines der Hauptprobleme der Trocknung ist, dass viele Anbieter nicht über das erforderliche Wissen und die Gerätschaften in ausreichendem Maße verfügen, um den fachlichen Ansprüchen gerecht zu werden.

Freimessungsprotokolle entsprechen nicht in jedem Fall der Realität, wie sich bei Nachmessungen immer wieder zeigt.

Um möglichst geringe Kosten zu erzeugen, wird oft zu kurz getrocknet oder es werden zu wenig oder keine leistungsstarken Trocknungsgeräte eingesetzt. Das falsche Setzen der Bohrungen kann den Trocknungserfolg ebenfalls gefährden.

Es ist auch bei der Trocknung wichtig, den zu trocknenden Bereich fachgerecht abzugrenzen, um die Feuchte dort zu entsorgen, wo sie anfällt.

Aus einer unzulänglichen Bautrocknung resultierende mikrobielle Schäden werden meist erst Monate später erkannt und sind dann bei den Versicherern nur noch schwer durchzusetzen, zumal diese sich auf eine fachgerechte Beseitigung der Feuchte durch die beauftragte Fachfirma verlassen haben.

Selbstverständlich gibt es viele Fachfirmen für Bautrocknung, die verantwortungsbewusst und fachlich qualifiziert Trocknungen durchführen, und dies ist wahrscheinlich die Mehrheit.

12.1 Mikrobielle Aspekte bei der Trocknung von Feuchteschäden

Die Berücksichtigung mikrobieller Belange bei einer Trocknung von Feuchteschäden ist noch nicht die Regel.

Durch die zunehmende Berichterstattung in Presse, Radio und Fernsehen wurde die Bevölkerung im Hinblick auf Schimmelpilzschäden sensibilisiert und Betroffene verlangen immer häufiger, dass auch dieser Aspekt berücksichtigt wird.

Da im Falle eines durch die Gebäudeversicherung abgedeckten Schadens die Versicherungsleistung die Wiederherstellung des ursprünglichen Zustandes beinhaltet, müsste die Beseitigung des durch einen Wasserschaden entstandenen mikrobiellen Befalls im Rahmen der Versicherungsleistung erfolgen.

Wenn zu vermuten ist, dass ein mikrobieller Befall im zu trocknenden Bauteil vorliegt, kann nach heutigem Stand der Technik nur das Unterdruckverfahren unter Einsatz von HEPA-Filtern angewendet werden.

Liegen mikrobielle Partikel im feuchten Material in beachtenswerter Konzentration vor, gelangen diese beim Überdruckverfahren evtl. in erheblichem Maße in die Raumluft und bei nicht luftdicht abgeschotteten Räumen auch in angrenzende Gebäudeteile, in denen bisher keine Belastungen vorlagen.

12.1.1 Problematik der Feststellung mikrobieller Schäden

Mikrobieller Befall von Dämmschichten, z. B. unter Estrichen, ist häufig nicht einfach und direkt feststellbar, sondern es müssen oft Materialproben entnommen und analysiert werden. Diese sind an ein Fachlabor zu schicken, wo sie aufbereitet und die Mikroorganismen 5 bis 10 Tage im Brutschrank inkubiert werden müssen, bevor die Proben ausgewertet werden können. Frühestens dann kann man entscheiden, ob eine Materialtrocknung ausreicht oder ob das Material entfernt werden sollte.

Es ist aber unsinnig, mit dem Beginn der Trocknung des Feuchteschadens 2 bis 3 Wochen zu warten, bis das Laborergebnis vorliegt. Wenn sich herausstellt, dass keine Belastung besteht, ist der Unmut über zusätzliche Kosten und die Zeitverzögerung verständlich. Noch problematischer ist aber, dass sich innerhalb der Wartezeit ein relevanter mikrobieller Befall erst bilden kann. Dann würde die Analyse nicht mehr den tatsächlichen Zustand wiedergeben und es müsste mit höherem Aufwand saniert werden, als dies ursprünglich erforderlich gewesen wäre.

Aus diesem Grund ist bei Verdacht auf einen mikrobiellen Befall folgende Vorgehensweise zu empfehlen:

- sofortiger Beginn der Trocknung unter vorsorglichem Einsatz des Unterdruckverfahrens in Verbindung mit einem HEPA-Filtergerät,
- sofortige Untersuchung von Materialproben mittels Mikroskopie,
- ggf. Desinfektion des feuchten Materials, um einer Ausdehnung und Weiterentwicklung des Schadens vorzubeugen.

Sollte feststehen, dass ein mikrobieller Befall vorliegt, z. B. wenn das Dämmmaterial im Fußboden sichtbar mikrobiell besiedelt ist (siehe Abb. 12.1) oder wenn es sehr muffig riecht, dann sollte von einer technischen Trocknung Abstand genommen und das Material entfernt werden.

Ein sicheres Zeichen für einen vorliegenden Befall stellt eine auffällige muffige Geruchsbildung nach Inbetriebnahme der Überdruckgebläse oder Seitenkanalverdichter dar, mit denen Luft unter den Estrich oder in Hohlräume geblasen wird. Spätestens dann sollte die Trocknungsfirma den Auftraggeber darauf hinweisen, dass zusätzliche Maßnahmen erforderlich sind, und ggf. einen Sachverständigen einschalten, um die Situation abzuklären.

Abb. 12.1 Mikrobiell massiv befallene Dämmplatten aus einem Fußboden unter dem Estrich – hier ist eine Trocknung nicht sinnvoll, sondern es muss der Ausbau erfolgen

Leider sind aber die Nasen der vor Ort tätigen Mitarbeiter nicht zu eichen. Es kann vorkommen, dass diese trotz erheblicher Geruchsbildung nichts riechen konnten oder die Geruchsbildung als normal empfanden.

Problematisch ist es, wenn ein relevanter mikrobieller Befall nicht auszuschließen oder sogar wahrscheinlich ist und der Auftraggeber oder Kunde keine mikrobiologischen Untersuchungen zur Klärung beauftragen will. Hier muss der Bautrockner darauf bestehen, dass der Auftraggeber entsprechend § 8 der Berufsgenossenschaftlichen Regel für Sicherheit und Gesundheit bei der Arbeit „Kontaminierte Bereiche" (BGR 128) eine Erkundungs-, Ermittlungs- und Dokumentationspflicht hinsichtlich der Gefahrstoffe hat. Kommt der Auftragnehmer seiner Bedenken- und Hinweispflicht gegenüber dem Auftraggeber nicht verantwortungsbewusst nach, trifft ihn dafür die Haftung.

12.1.2 Belastete Geräte zur Trocknung

Leider ist teilweise zu beobachten, dass die vor Ort angelieferten Raumlufttrockner nicht nur äußerlich verschmutzt, sondern auch mikrobiell belastet sind. Nach der Inbetriebnahme breitet sich in diesen Fällen in den Räumen ein meist starker muffiger Geruch aus, der vorher nicht vorhanden war. Bereits auf den ersten Blick ist meist erkennbar, dass die Filter nicht gereinigt wurden und innenseitig an der Luftanströmseite noch dichte Staubbeläge vorliegen.

Geräte sind grundsätzlich nach dem Einsatz in mikrobiell belasteten Bereichen gründlich zu reinigen bzw. zu dekontaminieren. Hierzu gehört auf jeden Fall der Austausch oder die fachgerechte Reinigung von Filtermatten (Grob- und Feinfilter).

Schon das Erscheinungsbild und das Auftreten der Firmen oder deren Mitarbeiter lassen oft Rückschlüsse auf die fachliche Qualifikation zu. Wird hierdurch keine Sauberkeit vermittelt, ist höchste Vorsicht geboten.

Es sollte auch darauf geachtet werden, ob beim Transport der Geräte (die meist etwas sperrig sind) Türrahmen oder Möbel beschädigt werden, da dies ebenfalls öfter vorkommt.

12.2 Art des Feuchteschadens

Vor Beginn der Trocknung ist zu unterscheiden zwischen aktuellen und bereits seit längerer Zeit bestehenden Feuchteschäden. Häufig liegt eine Kombination beider Schadensarten vor, wenn z. B. eine Rohrleitung durch Korrosion geschädigt wurde. In diesem Fall trat meist zunächst über lange Zeiträume hinweg relativ wenig Wasser kontinuierlich aufgrund einer minimalen Undichtheit aus und führte zu erhöhter Feuchte in den umliegenden Bauteilen. Da die Korrosion fortschreitet, werden die Undichtheiten langsam größer, bis die Auswirkungen schließlich durch den Austritt großer Wassermengen in kurzen Zeiträumen gut erkennbar werden. Bei derartigen Schäden liegen Durchfeuchtungen oder erhöhte Feuchte in den Bauteilen bereits über Wochen oder Monate unerkannt vor (z. B. bei Leckagen in Leitungen unter Estrichen oder in Installationsschächten), bevor sie sichtbar werden.

12.2.1 Aktuelle Feuchteschäden

Zu den aktuellen Feuchteschäden sind zu zählen:

- Wasserrohrbrüche durch mechanische Beschädigung,
- überlaufende Badewannen,
- Überschwemmungen durch geplatzte Schläuche an Waschmaschinen/Geschirrspülern usw.

Bei frischen Schäden ist eine Materialentfernung normalerweise nicht erforderlich, sondern es reicht aus, den Schaden technisch zu trocknen, soweit unverzüglich damit begonnen wird. Im Zweifelsfall sind aber stets mikrobielle Untersuchungen durchzuführen. Eine Desinfektion zu Beginn der Trocknung könnte die Gefahr, dass während des Trocknungsprozesses Mikroorganismen wachsen, minimieren.

Bei einem Wasserschaden mit Abwasser ist eine sofortige Desinfektion des gesamten betroffenen Bereichs, z. B. durch Foggen, unbedingt zu empfehlen. Enthält das Abwasser Fäkalien, wird der Ausbau der betroffenen Materialien kaum zu umgehen sein.

12.2.2 Seit längerem bestehende Feuchteschäden

Bei länger vorliegenden Feuchteschäden ist in erhöhtem Maße damit zu rechnen, dass bereits mikrobieller Befall vorliegt, auch wenn dieser nicht sichtbar ist. Der mikrobielle Befall kann sich unter Estrichen, in Installationsschächten, hinter Wandverkleidungen, hinter Schränken usw. ausgebildet haben.

Typische Ursachen für Feuchteschäden, die bereits seit längerer Zeit bestehen und oft erst nach Monaten oder Jahren erkennbar werden, sind z. B. Haarrisse an Wasserleitungen, Leckagen durch Korrosion, Undichtheiten an Abflussrohren, Schäden an Regenrinnen/Regenfallrohren, Schäden an Leitungen von Fußbodenheizungen usw.

Im Unterschied zu aktuellen Schäden, deren Ausbreitung meist mit Feuchtemessungen relativ leicht eingegrenzt werden kann, sind bei länger vorliegenden Feuchteschäden Art und Umfang der Ausbreitung des Schadens in vielen Fällen nur durch umfangreiche Untersuchungen zu ermitteln.

Wenn z. B. im Randbereich eines Raumes unter dem Estrich ein Defekt an einem Heizungsrohr vorliegt, wird sich der Feuchteschaden meist im Boden-/Wandbereich zeigen, aber es ist nicht erkennbar, wie weit sich die Feuchte bereits unter dem Estrich

Abb. 12.2 Primärschaden im linken Gebäude, Sekundärschaden im rechten Gebäude (erhöht feuchte Bereiche sind blau hinterlegt)

ausgebreitet hat. Das Wasser kann auch in angrenzende Installationsschächte oder in andere Räume gelaufen sein.

Beispiel

Abb. 12.2 zeigt ein typisches Beispiel eines Langzeitschadens. Ein Kaltwasserrohr in der Küche des Nebengebäudes (links) war seit mindestens einem Jahr undicht, da bereits Schäden am Außenputz vorlagen. Weil die Wohnung nicht bewohnt war, fiel der Schaden dort auch nicht auf. An der rechten Außenseite der Wand lag kein sichtbarer Schaden vor, da diese mit einem 10 cm dicken Wärmedämmverbundsystem verkleidet war. Erst als die Feuchte durch die ca. 60 cm dicke Brandwand und ein Geschoss tiefer in die Wand des rechten Gebäudes eingedrungen war, wurde der Schaden aufgrund von Farbabplatzungen erkennbar. Erste Untersuchungen im rechten Gebäude erbrachten keine Ergebnisse, erst durch Untersuchungen im linken Gebäude konnte die Ursache festgestellt und beseitigt werden. Die Bautrocknung erfolgte mit Mikrowellentrocknern in Verbindung mit Raumlufttrocknern und Ventilatoren.

12.3 Trocknungsgeräte

12.3.1 Kondensattrockner

Anwendung

Kondensattrocker werden zur Entfeuchtung von Raumluft bei Feuchteschäden angewendet, entweder zur direkten Entfeuchtung von Mauerwerk, Verbundestrich (nur ohne sperrende Beläge) oder zur Entfeuchtung der Luft bei in erhöhtem Maße anfallender Luftfeuchte im Rahmen der Dämmschichttrocknung im Unter- und Überdruckverfahren.

Durch den Einsatz von Ventilatoren kann das Trocknungsergebnis bei der Trocknung von Wand- und Bodenflächen verbessert bzw. beschleunigt werden.

Partielle Feuchteschäden, z. B. an Wänden in größeren Räumen, müssen eingehaust werden (siehe Kap. 12.8.1).

Der Einsatz von Kondensattrocknern ist auch sinnvoll in Neubauten, um Baufeuchte auf ein vertretbares Maß zu reduzieren, oder bei Arbeiten, durch die viel Feuchte in den Bau eingebracht wird, wie Putzarbeiten und Estrichverlegung (siehe Kap. 12.9.2).

Hinweise

Es gibt 2 unterschiedliche Ausstattungsvarianten:

Geräte mit Wasserauffangbehältern

Die Auffangbehälter müssen bei entsprechender Füllung geleert werden. Die Geräte schalten sich automatisch aus, wenn ein bestimmter Füllstand des Auffangbehälters erreicht wird. Nachteil dieser Geräte ist, dass speziell bei hoher Feuchte (Anfangszeit der Trocknung) oft Leerlaufzeit anfällt, wenn die Wasserbehälter nicht oft genug geleert werden und die Geräte deshalb abschalten. Die Geräte sind nur zu empfehlen, wenn die Behälter oft genug kontrolliert und geleert werden.

Geräte mit Kondensatpumpe

Diese Geräte haben eine automatische Kondensatpumpe, über die das anfallende Kondensat (Wasser) kontinuierlich abgepumpt wird. Das Wasser kann in größere Behälter bis zu 100 l oder direkt in einen Bodenablauf, eine Hebeanlage, ein Waschbecken usw. gepumpt werden. Auch der kombinierte Einsatz eines Auffangbehälters in Verbindung mit einer handelsüblichen Tauchpumpe, über die das Wasser dann in einen Ablauf oder in den Außenbereich gepumpt wird, ist hiermit möglich.

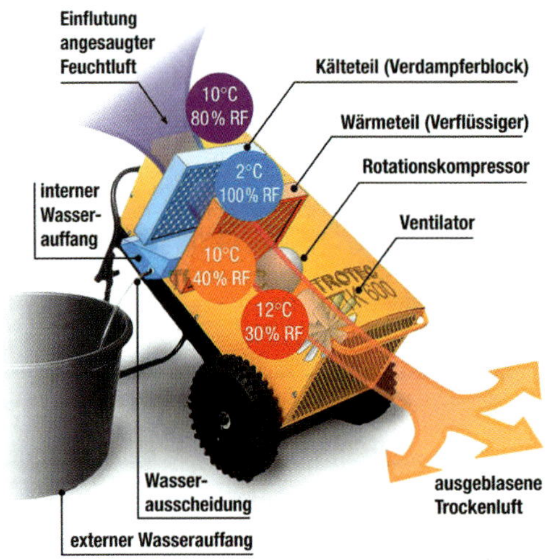

Abb. 12.3 Prinzip Kondensattrockner (Quelle: Trotec oHG, Heinsberg)

Je nach Modell verfügen derartige Trockner über eine Pumpleistung von bis zu 50 m Entfernung mit einem Höhenunterschied von bis zu 4 m. Auf diese Weise kann eine permanente Wasserabfuhr auch stockwerkübergreifend (z. B. aus dem Keller in den Garten) erfolgen.

Um eine Übertrocknung in kritischen Bereichen zu verhindern, z. B. bei speziellen Möbeln, Antiquitäten oder bestimmten Holzarten, deren Materialstruktur bei zu niedriger Raumluftfeuchte Schaden nehmen könnte, sollte der dort eingesetzte Trockner mit einem integrierten Hygrostat ausgestattet sein, wodurch eine Einstellung des Trockners z. B. auf 50 % relative Luftfeuchte möglich ist.

Methode

Feuchte Raumluft wird angesaugt. Ein Teil der enthaltenen Feuchte kondensiert an der Oberfläche eines Kälteteils (Verdampferblocks) und fällt als flüssiges Wasser aus. Danach wird die weitgehend entfeuchtete Luft am Wärmeteil wieder erwärmt und in den Raum ausgeblasen. Das im Gerät entstehende Kondensat wird in einem Auffangbehälter gesammelt und manuell entsorgt oder mittels einer Kondensatpumpe abgepumpt. Das Abpumpen kann in den Außenbereich, einen Ablauf oder in einen großen Auffangbehälter erfolgen, von wo aus das Wasser über eine Zusatzpumpe entsorgt wird.

Vorteile

Die Trocknung mit Kondensattrocknern ist die gängigste und eine kostengünstige Methode. Die Geräte sind allgemein gut verfügbar.

Nachteile

Es ist keine effektive Trocknung bei tieferen Temperaturen als ca. 10 °C möglich.

12.3.2 (Ad-)Sorptionstrockner

Anwendung

Diese Trockner werden zur Entfeuchtung von Raumluft bei Feuchteschäden speziell bei niedrigen Temperaturen, wie z. B. in unbeheizten Kellern, angewendet. Dabei sind Sorptionstrockner effektiver als Kondensattrockner. Sie sind auch bei der Dämmschichttrocknung zur Trocknung der Umluft einzusetzen.

Weiteres Einsatzgebiet ist die Entfeuchtung z. B. in wassertechnischen Einrichtungen und Pumpstationen zur Verhütung von Kondensatbildung auf Leitungen, Vorratsgefäßen und Pumpen sowie zum Schutz von Inventar und feuchteempfindlichen Produktionsanlagen.

Hinweise

Sorptionstrockner haben keine Auffangbehälter, die feuchte Luft wird direkt über Schläuche in den Außenbereich entsorgt. Es muss entsprechend viel nachströmende Luft (Nachströmmöglichkeiten) vorhanden sein.

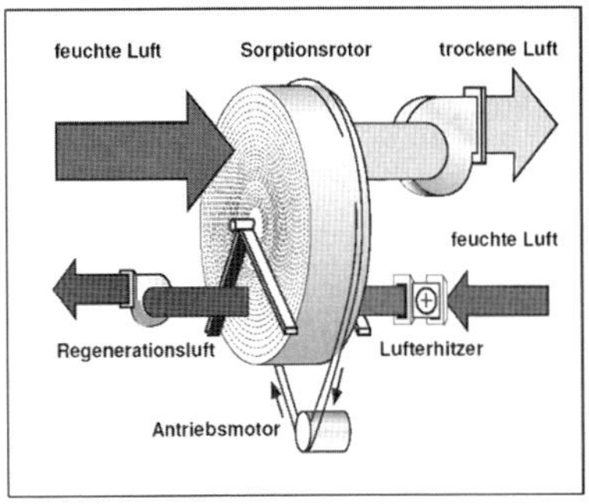

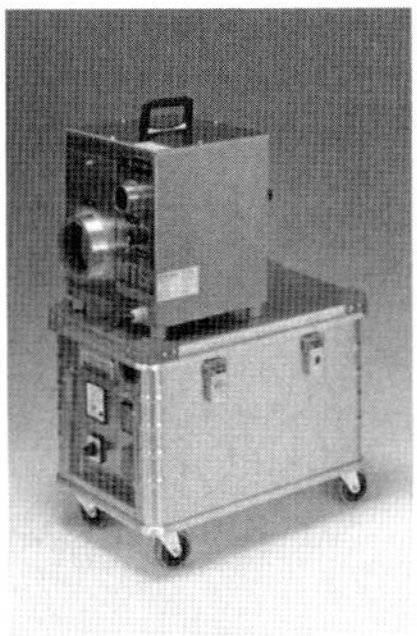

Abb. 12.4 a Prinzip Sorptionstrockner

Abb. 12.4 b Sorptionstrockner 4-Loch

(Quelle Abb. 12.4 a und b: Munters Service GmbH, Hamburg)

Bei dem von Munters erfundenen Prinzip der Sorptions-Luftentfeuchtung wird die feuchte Luft durch einen Rotor geleitet, dessen wabenförmige Struktur eine außerordentlich große Oberfläche bildet. Diese Fläche ist mit einem Sorptionsmittel beschichtet, das der durchgeführten Luft unabhängig von der Temperatur die Feuchte entzieht.

Die so entfeuchtete Luft steht für den Trocknungsprozess zur Verfügung. Währenddessen durchläuft das sog. Trockenrad einen zweiten Sektor, in dem ein weiterer erwärmter Luftstrom dem Rad die Feuchte wieder entzieht und sie aus dem Gehäuse in den Außenbereich abführt.

Vorteile

Sorptionstrockner sind auch bei niedrigen Temperaturen bis ca. –10 °C einsetzbar.

Nachteile

Es besteht die Möglichkeit der Übertrocknung.

12.3.3 Mikrowellentrockner

Anwendung

Bei langsam trocknenden Materialien, Fundamenten und dickerem Kernmauerwerk bietet sich **unter bestimmten Voraussetzungen** der Einsatz von Mikrowellentrocknern in Kombination mit Luftentfeuchtern an. Eine Anwendung ist auch dann angezeigt, wenn eine sehr schnelle Trocknung gewünscht wird oder die Aufstellung normaler Trocknungsgeräte wegen der optischen Beeinträchtigung und Lärmentwicklung über einen längeren Zeitraum nicht akzeptiert wird, wie z. B. in exklusiven Wohn-, Verkaufs- oder Konferenzräumen usw.

Hinweise

Mikrowellentrockner lassen sich nicht uneingeschränkt für alle im Bau verwendeten Aufbau- und Verarbeitungskonfigurationen einsetzen. Falsche oder unsachgemäße Behandlung führt z. B. bei Beton, Estrichen oder Gipsputzen zu irreparablen Schäden. Deshalb und aufgrund des systembedingten Gefährdungspotentials (Mikrowellenstrahlung) darf dieses Verfahren **nur durch kompetente und geschulte Fachleute** eingesetzt werden. Besonders wichtig ist auch die Einhaltung des Strahlenschutzes.

Abb. 12.5 a Auf Schienen fahrbare Mikrowellentrockner können automatisch gesteuert werden, wodurch eine manuelle Umpositionierung entfällt – hier dargestellt an einem Wandpfeiler. Das Schienensystem kann aber auch flächig auf Estrichen eingesetzt werden (Quelle: Speidel System Trocknung GmbH, Hamburg).

Abb. 12.5 b Stationäre Modelle (Trotec) im Einsatz bei einer Wandtrocknung

Methode

Es gibt 2 Methoden der Mikrowellentrocknung: die Methode mit stationären Geräten und die Methode mit auf Schienen fahrbaren Geräten.

Stationäre Geräte müssen durch Mitarbeiter kontinuierlich umgesetzt werden, wohingegen automatisch fahrbare Geräte dies selbst erledigen und ein geringerer Geräteeinsatz erforderlich ist.

Die feuchten Bereiche werden dabei mittels Mikrowellen (elektromagnetischer Wellen) im Inneren erwärmt und es entsteht eine beschleunigte Verdunstung durch Dampfdruckerhöhung in der Bausubstanz. Die entweichende feuchte Luft wird dann z. B. mit Kondensattrocknern entfeuchtet. Wichtig ist, dass eine gut diffusionsfähige Oberfläche vorliegt, damit die Feuchte auch aus tieferen Schichten entsprechend schnell entweichen kann.

Vorteile

Trocknungszeiten können sehr stark verkürzt werden. Bei der Mikrowellentrocknung kann z. B. 30 bis 50 cm dickes Mauerwerk in ca. 2 bis 3 Tagen bis zur Ausgleichsfeuchte getrocknet werden, was bei konventioneller Trocknung mit Raumlufttrocknern 2 bis 3 Wochen dauert.

Bei der Mikrowellentrocknung können außerdem biologische Strukturen, wie mikrobieller Befall, in organischer und anorganischer Bausubstanz weitgehend abgetötet werden.

Nachteile

Bei dem Verfahren entstehen höhere Kosten, es ist nur durch speziell ausgebildetes Fachpersonal durchzuführen und in vielen Bereichen nicht anwendbar (z. B. Alukaschierungen, Wasserleitungen usw.). Außerdem ist eine Abschirmung gegen Strahlungsexposition erforderlich.

12.4 Bauheizer

Anwendung

Bauheizer werden zur Neubautrocknung oder zur Unterstützung bei kälteren Temperaturen angewendet.

12.4.1 Heißluftgeräte

Durch die alleinige Aufstellung von Heißluftgeräten ohne die Möglichkeit der Entsorgung von wassergesättigter Luft durch entsprechende Lüftung der Räume erfolgt keine Trocknungsleistung. Der Einsatz von Heißluftgeräten ist sinnvoll zur Erhöhung der Raumlufttemperatur beim Einsatz von Kondensattrocknern bei niedrigen Außen-/Innentemperaturen, da dadurch die Entfeuchtungsleistung dieser Trockner verbessert wird.

Als problematisch zu bewerten ist der Einsatz von Heißluftgeräten durch Handwerker in geschlossenen Neubauten, wenn die Geräte abends abgestellt werden und keine Belüftung erfolgt. Dann ergibt sich der Effekt, dass die in der wärmeren Raumluft enthaltene höhere Feuchte bei der nächtlichen Abkühlung wieder kondensiert und sich an den kältesten Stellen anlagert. Erfolgt dieser Vorgang mehrmals, können bestimmte Bereiche, die z. B. noch nicht gedämmt sind, erheblich befeuchtet werden. Dies kann vermieden werden, wenn die Handwerker bei Arbeitsende die Räume für 5 bis 10 Minuten gut quer lüften. Hieraus resultiert ein positiver Effekt, da eine Reduzierung der Feuchte und keine Kondensation stattfindet.

12.4.2 Infrarotstrahler

Infrarotstrahler haben sich als Zusatzgeräte bei Einhausungen bewährt, da damit der zentrale Feuchtebereich erwärmt und in Verbindung mit Gebläsen und Raumlufttrocknern die Trocknungsleistung optimiert und verkürzt werden kann.

12.5 Ventilatoren/Gebläse

Anwendung

Ventilatoren werden zur Verbesserung und Beschleunigung der Trocknung aller Bauteile (Boden, Wand und Decke) eingesetzt.

Hinweise

Vor dem Einsatz von Ventilatoren sollten die Räume gut gereinigt, d. h. zumindest mit einem gut funktionsfähigen und mit einem Filter versehenen Baustaubsauger abgesaugt werden. Unterbleibt dies, können durch die aufgewirbelten Stäube Trocknungsgeräte und deren Filter stark verschmutzen oder sogar zugesetzt werden.

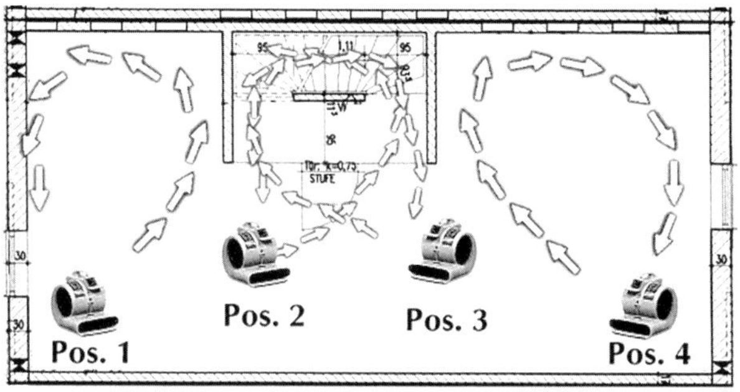

Abb. 12.6 Systemskizze zum Einsatz von Ventilatoren/Gebläsen

Methode

Bei der Anwendung von Ventilatoren erfolgt durch das Anblasen der Bauteile aufgrund der hohen Luftgeschwindigkeit eine erhebliche Verbesserung bzw. Beschleunigung der Trocknung. Dies ist bei der Auslegung der Entfeuchtungskapazität (Liter/Stunde) der Raumlufttrockner zu berücksichtigen.

Durch das Anblasen der Raumecken und die dadurch erreichte Erhöhung der Luftanströmgeschwindigkeit werden auch diese Bereiche genauso schnell getrocknet wie die übrigen Flächen.

Vorteile

Besonders stark durchfeuchtete Bereiche oder Kernbereiche von Feuchteschäden können durch den zusätzlichen Einsatz von Ventilatoren bei der Trocknung mit Kondensattrocknern genauso schnell getrocknet werden wie geringer durchfeuchtete Randbereiche. Außerdem können Trocknungszeiten um bis zu 50 % reduziert werden.

Nachteile

Der Einsatz von Ventilatoren hat abgesehen von einer möglichen Staubaufwirbelung bei unterbliebener Reinigung der Räume keine Nachteile.

12.6 Trocknungsverfahren

12.6.1 Unterdruckverfahren

Anwendung

Das Unterdruckverfahren wird zur Estrich-/Dämmschichttrocknung und zur Trocknung von Hohlräumen angewendet.

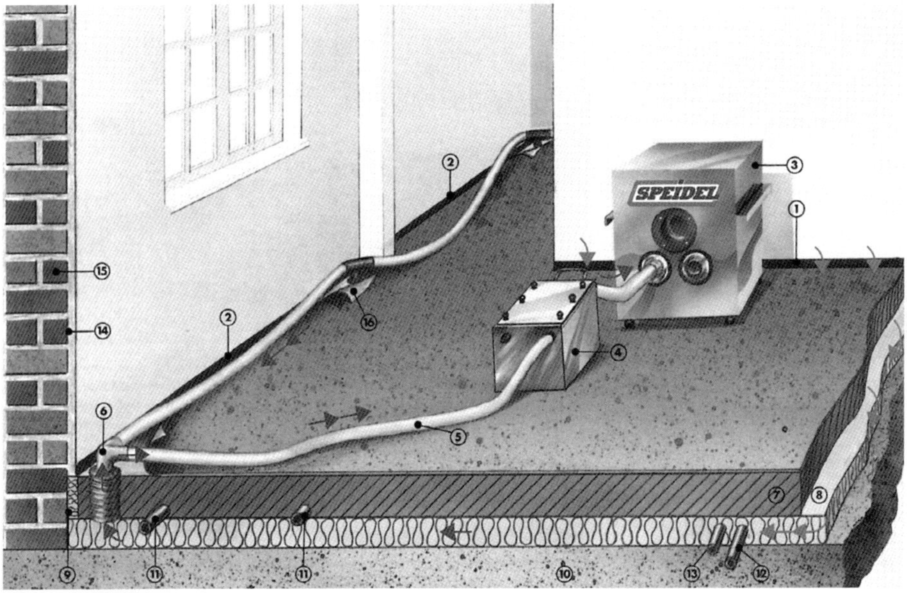

1 offener Randstreifen nimmt trockene Raumluft
2 versiegelter Randstreifen
3 Vakuum-Turbine
4 Vakuum-Wasserabscheider
5 Luftschlauch 12 mm
6 Bodenadapter
7 Estrich
8 Dämmschicht
9 Randstreifen
10 Beton
11 Fußbodenheizung
12 Warmwasser
13 Kaltwasser
14 Wandputz
15 Mauerwerk
16 Teppichboden

Abb. 12.7 Prinzip Unterdruckverfahren (Quelle: Speidel System Trocknung GmbH, Hamburg)

Hinweise

Bohrungen zum Ansaugen der Luft können von oben durch die Estrichplatte oder, wenn möglich (z. B. bei unterkellerten Räumen), auch von unten erfolgen. Bohrungen von unten haben den Vorteil, dass der Bodenbelag nicht zerstört werden muss. Bei sehr teuren Bodenbelägen (Marmor, Natursteinbelägen usw.) ist das Anbohren von unten auch zu empfehlen, wenn darunter normale Wohnräume liegen, da es günstiger ist, nach Abschluss der Trocknung die Löcher in der Decke beizuarbeiten, als den Bodenbelag zu erneuern.

Neben dem Anbohren der Beläge gibt es auch noch die Möglichkeit, die Luft über Schlitzdüsen am Rand der Estrichplatte, über Mikrodüsen in den Fugenkreuzen oder über diagonal einbrachte Bohrungen von angrenzenden Räumen anzusaugen.

Methode

Beim Unterdruckverfahren wird die feuchte Luft über Düsen in Bohrungen, die in den Estrich eingebracht werden, abgesaugt. Gleichzeitig laufende Raumlufttrockner sorgen dafür, dass die über die Randfugen angesaugte Luft den erforderlichen Trocknungsgrad von ca. 30 % Luftfeuchte aufweist.

Beim Unterdruckverfahren können im sog. Schiebe-/Zugverfahren auch Dämmschichten über Schlitzdüsen am Estrichrand – zur Lufteinblasung an einer Raumlängsseite und zur Absaugung an der gegenüberliegenden Raumlängsseite – per Querströmung getrocknet werden. Die Methode mit Schlitzdüsen ist jedoch aufwändiger und kostenintensiver.

Vorteile

Bei Zwischenschaltung von entsprechenden Filtern können ggf. vorhandene Sporen von mikrobiellem Befall, Feinstäube und Mikrofasern ausgefiltert werden, wodurch eine diesbezügliche Raumluftbelastung entfällt (detaillierte Beschreibung siehe Kap. 12.7).

Hinsichtlich der Trocknungsergebnisse ist dieses Verfahren bei richtiger Anwendung wie das bisherige Überdruckverfahren bewährt. Das Unterdruckverfahren wird allerdings noch nicht von allen Trocknungsfirmen angeboten, da hierfür die Anschaffung geeigneter Geräte erforderlich ist.

Nachteile

Das Unterdruckverfahren hat keine Nachteile.

12.6.2 Überdruckverfahren

Anwendung

Das Überdruckverfahren wird zur Estrich-/Dämmschichttrocknung und zur Trocknung von Hohlräumen angewendet.

Hinweise

Für dieses Verfahren sind die gleichen Hinweise zu geben wie für das Unterdruckverfahren mit dem Unterschied, dass bei diesem Verfahren die trockene Luft eingeblasen und nicht wie beim Unterdruckverfahren feuchte Luft angesaugt wird.

Methode

Beim Überdruckverfahren wird trockene Luft (relative Luftfeuchte < 30 %) über Düsen in Bohrungen, die in den Estrich eingebracht werden, mit hohem Druck unter die Estrichplatte eingeblasen. Dort verteilt sie sich, nimmt Wasser auf und die dann feuchte Luft entweicht über die Randstreifen. Die Entsorgung des in der hoch angefeuchteten Luft gebundenen Wassers erfolgt über gleichzeitig laufende Raumlufttrockner. Wichtig ist, dass im Randbereich genügend Entlüftungsmöglichkeiten vorhanden sind und dass vor allem auch die Eckbereiche offen sind.

Bei diesem Verfahren ist der Einsatz von Sorptionstrocknern in Verbindung mit Seitenkanalverdichtern vorteilhaft, da dadurch extrem trockene Luft (relative Luftfeuchte < 5 %) eingeblasen wird, die auch mehr Feuchte binden und entsorgen kann. Es ist dabei zu beachten, dass auch eine Übertrocknung möglich ist, wodurch es zu Rissbildungen kommen kann.

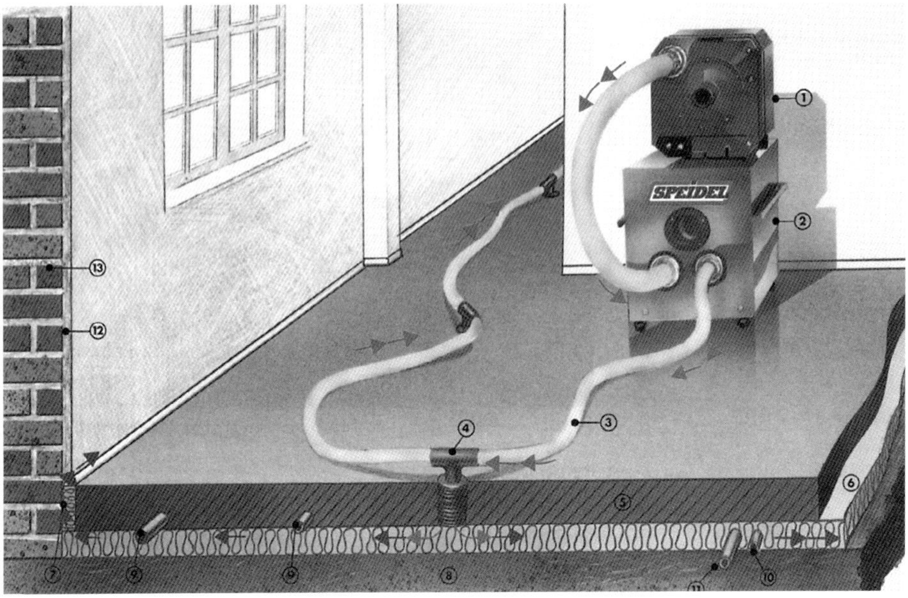

1 Trockner für Prozessluft
2 Luftverdichter
3 Luftschlauch 12 mm
4 Bodenadapter
5 Estrich
6 Dämmschicht
7 Randstreifen
8 Beton
9 Fußbodenheizung
10 Warmwasser
11 Kaltwasser
12 Wandputz
13 Mauerwerk

Abb. 12.8 Prinzip Überdruckverfahren – bei der Dämmschichttrocknung (Quelle: Speidel System Trocknung GmbH, Hamburg)

Vorteile

Das Verfahren wird aktuell von fast allen Trocknungsfirmen angeboten und ist hinsichtlich der Trocknungsergebnisse bei richtiger Anwendung bewährt.

Nachteile

Eventuell vorliegende mikrobielle Belastungen unter dem Estrich im Bereich der Wärmedämmung und/oder Trittschalldämmung werden unkontrolliert über die Randfugen ausgeblasen, wodurch eine erhebliche Raumluftbelastung erfolgen kann. Dies gilt auch für Mikrofasern, wenn Künstliche-Mineralfaser-Matten als Dämmung verwendet wurden, was bei älteren Objekten häufiger der Fall ist.

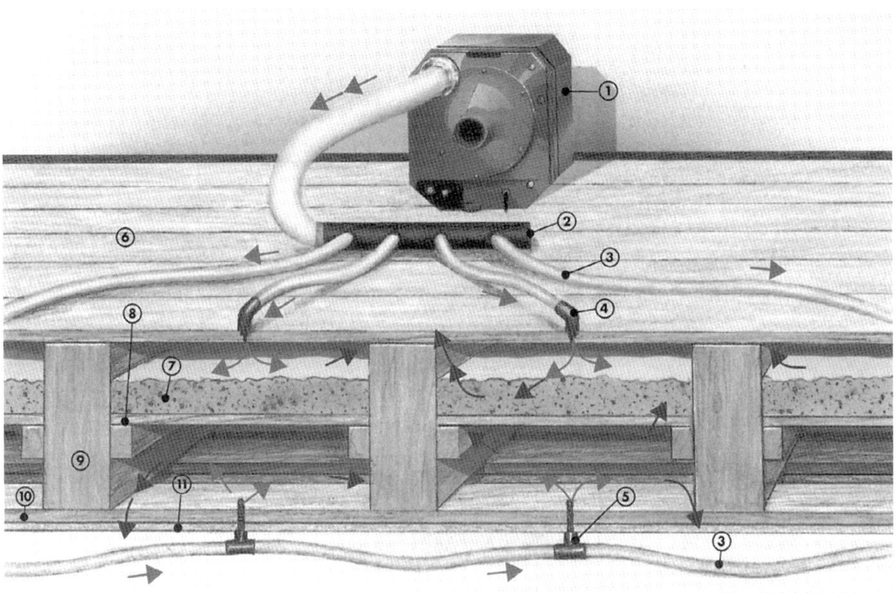

1 Trockner
2 Luftverteiler
3 Luftschlauch, Durchmesser 12 mm
4 Holzbodenadapter
5 Deckendüse
6 Holzfußboden
7 Lehm-/Schlacke-Isolierungen
8 Einschubbrett
9 Holzbalken
10 Holzschalung
11 Gipsputz

Abb. 12.9 Prinzip Überdruckverfahren – bei der Holzdeckentrocknung (Quelle: Speidel System Trocknung GmbH, Hamburg)

12.7 Fein-, Mikro- und HEPA-Filter bei der Bautrocknung

12.7.1 Allgemeine Erläuterungen

Diese Filter werden hauptsächlich bei der Estrich- oder Dämmschichttrocknung von schwimmenden Estrichen, wenn Wasser unter den Estrich eingedrungen ist, eingesetzt.

Fein-, Mikro- oder HEPA-Filter verhindern, dass ggf. vorliegende mikrobielle Partikel bei der Trocknung in die Raumluft gelangen, sich dort umverteilen und zu entsprechenden Raumluftbelastungen führen können. Die Filter werden nach dem Wasserabscheider und vor dem eigentlichen Trocknungsgerät eingebaut, wodurch zusätzlich verhindert wird, dass die teuren Trocknungsgeräte verkeimen und dadurch Belastungen bei nachfolgenden Einsätzen verursachen können.

Bei Verdacht auf mikrobiellen Befall und bei auch nur minimal sichtbarem Befall, selbst wenn sich dieser nur im Bereich der Sockelleisten oder Randfugen zeigt, darf die Bautrocknung ausschließlich im Unterdruckverfahren unter Einsatz von Mikro-/Feinfiltern und/oder HEPA-Filtern durchgeführt werden, unabhängig davon, welche Desinfektionsmaßnahmen oder weiteren Sanierungsmaßnahmen geplant sind oder ausgeführt werden sollen. Dies gilt auch bei Vorliegen von Mineralfaserstaub aus der Dämmschicht des Estrichs.

Wird auf diese Maßnahme verzichtet, kann es zu einer erheblichen Belastung mit Sporen und Keimen der zu trocknenden Räume und bei fehlender Abschottung zu einer Umverteilung im gesamten Objekt kommen, auch wenn mikrobieller Befall nur in kleinen Teilbereichen des zu trocknenden Bodens vorliegt.

Beim Überdruckverfahren können keine Filter eingesetzt werden, da hier die Luft über Bohrungen eingebracht wird und über die Randfugen im gesamten Raum mit mikrobiell belasteten Partikeln und Stäuben austritt. Eine gezielte Filterung ist hier praktisch nicht möglich.

Da mittlerweile fast alle Anbieter von Bautrocknungsgeräten oder Bautrocknungen über Fein- und HEPA-Filter verfügen, ist ihr Einsatz ansonsten immer möglich und sollte aus mikrobiologischer Sicht standardmäßig erfolgen. Leider werden die Kosten dafür von den Versicherungen nicht bzw. nur in besonderen Ausnahmefällen übernommen.

Die Kunden sollten jedoch über die mögliche Gefährdung informiert werden und es ist zu empfehlen, dass sie die relativ geringen Zusatzkosten übernehmen.

12.7.2 Filtertypen/Abscheidegrad

Maßgeblich für die Filtertypen ist der Abscheidegrad bezogen auf die Partikelgröße.

Grundsätzlich erfüllen nur HEPA-Filter die Bedingungen für den Einsatz in mikrobiell belasteten Bereichen, wenn der Abscheidegrad über 99,7 % bei Partikelgrößen unter 2 µm liegt.

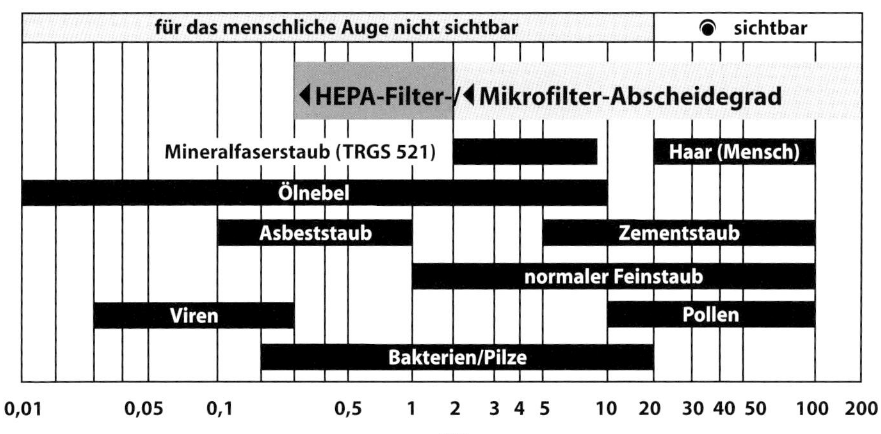

Abb. 12.10 Abscheidegrad der Trotec-Filter (Quelle: Trotec oHG, Heinsberg)

Mikro- oder Feinfilter entsprechen der Filterklasse F7 gemäß DIN EN 779 und wurden speziell für den Einsatz mit Vakuumverdichtern entwickelt. Diese Filter zeichnen sich durch einen hohen **Abscheidegrad** von nominal > **99 % bei 2 µm Partikelgröße** aus (bezogen auf die Trotec-Mikrofilter). Der hohe Abscheidegrad bezieht sich hier jedoch nur auf die Mineralfaserstäube. Hinsichtlich des Abscheidegrades von Sporen muss angemerkt werden, dass es einige wenige Sporen gibt, die kleiner als 2 µm sind und auch diese Feinfilter passieren können.

HEPA-Filter entsprechen der Filterklasse H13 gemäß DIN EN 1822-1 und ermöglichen einen **Abscheidegrad** von nominal > **99,97 % bei 0,3 µm Partikelgröße**. Diese Filterkategorie filtert auch alle Sporen aus und ist für diese Einsatzzwecke uneingeschränkt geeignet.

Durch HEPA-Filter erfolgt eine um eine Zehnerpotenz bessere Abscheidung als durch Mikrofilter, weshalb bei Verdacht auf mikrobiellen Befall immer HEPA-Filter eingesetzt werden sollten, da einige Schimmelpilzsporen im Bereich der Größenordnung unter 2 bis 3 µm liegen.

12.7.3 Zusammenstellung Filterelemente und Trocknungsanlage

Bei Schimmelpilzbefall oder zum Schutz vor Allergenen – z. B. im Fall von allergischen Erkrankungen der Bewohner – muss zusätzlich zum Mikro- oder Feinfilter ein HEPA-Filter eingesetzt werden.

Aus technischen und Kostengründen müssen HEPA-Filter immer zusammen mit Mikrofiltern eingesetzt werden, da ansonsten die HEPA-Filter zu schnell zugesetzt werden – eine Vorfilterung ist zwingend erforderlich!

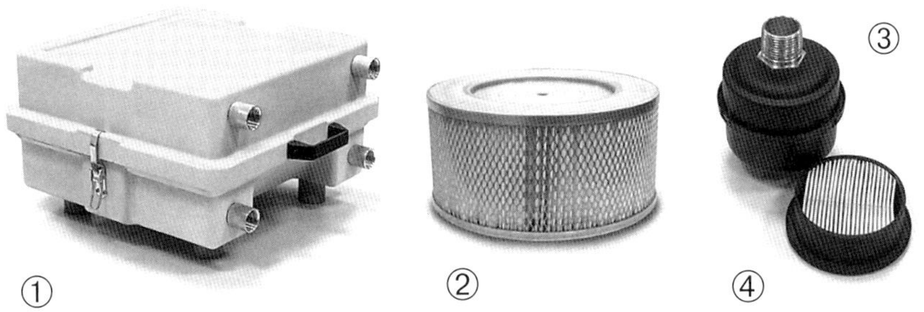

1 Kunststoff-Gehäuse für HEPA-Filter
2 HEPA-Filtereinsatz
3 Mikro-Filtergehäuse aus Metall
4 Mikro-Filtereinsatz

Abb. 12.11 Trotec-Mikro- und -HEPA-Filterelemente: Aufgrund des Bausteinsystems müssen immer nur die Filterelemente und nicht wie bei einigen anderen Modellen die gesamten Filtereinheiten gewechselt werden. Die Filter werden bei der Unterdrucktrocknung immer zwischen Wasserabscheider und Trocknungsaggregat eingebaut. (Quelle: Trotec oHG, Heinsberg)

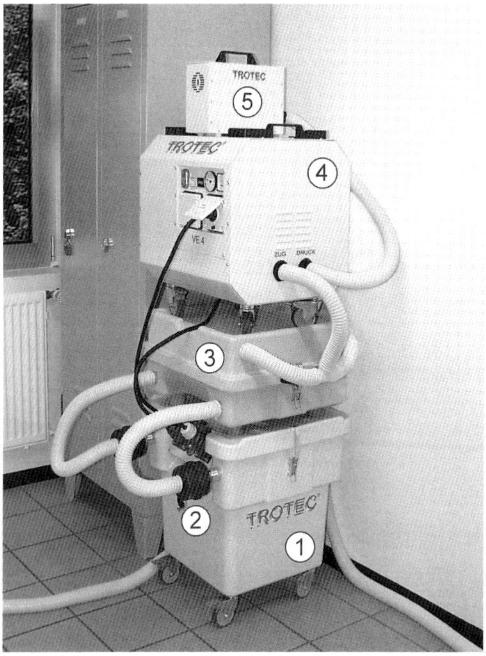

1 Wasserabscheider
2 Mikrofilter
3 HEPA-Filterelement
4 Trocknungsaggregat
5 Schalldämpfer

Abb. 12.12 Komplette Trocknungsanlage für Unterdrucktrocknung zum Einsatz bei mikrobieller Belastung (Quelle: Trotec oHG, Heinsberg)

12.7.4 Hinweise zur Dekontamination der Anlagen

Da die mikrobiell belasteten Partikel über die Ansaugschläuche in den Wasserabscheider gelangen und erst am Ausgang des Abscheiders durch die Mikrofilter weitgehend ausgefiltert werden, sind alle Ansaugschläuche bis zum HEPA-Filter, das Gehäuse des HEPA-Filters und der Wasserabscheider nach dem Einsatz zu dekontaminieren bzw. zu reinigen. Bei den Schläuchen kann die Entsorgung und Erneuerung kostengünstiger sein als die Dekontamination.

Trocknungsaggregat und Schalldämpfer bleiben bei dieser Anordnung unbelastet, da sich diese hinter dem HEPA-Filter befinden. Sie brauchen deshalb keiner besonderen Dekontaminationsmaßnahme unterzogen zu werden.

Unterbleibt die Dekontamination/Reinigung des Wasserabscheiders und der Schläuche (oder die Entsorgung der Schläuche), dann werden die darin befindlichen mikrobiellen Partikel bei der nächsten Trocknungsmaßnahme, wenn kein Filtereinsatz erforderlich ist, zum einen in das Trocknungsaggregat und den Schalldämpfer verteilt, zum anderen aber auch in die Raumluft ausgeblasen.

Nach jedem Einsatz in mikrobiell belasteten Bereichen ist es erforderlich, alle Teile der Trocknungsanlage bis zum HEPA-Filter vor dem nächsten Einsatz zu dekontaminieren/reinigen oder auszutauschen, um eine Belastung der Aggregate und vor allem der Raumluft im nächsten Objekt zu vermeiden.

12.8 Methoden zur Reduzierung der Trocknungszeiten

12.8.1 Einhausen oder Luftkissenverfahren

Partielle Feuchteschäden, z. B. an Wänden in größeren Räumen, müssen eingehaust werden, d. h. mit Lattenkonstruktionen und/oder Folien vom restlichen Raum abgetrennt werden, um die Entfeuchtung auf den Schadensbereich zu konzentrieren.

Es macht z. B. keinen Sinn, in einem 100 m² großen Wohnbereich Raumlufttrockner ohne Einhausung aufzustellen, wenn ein 2 bis 3 m breiter Feuchteschaden aufgrund eines Rohrbruches getrocknet werden soll.

Abb. 12.13 a und b Abgrenzen des zu trocknenden Bereiches durch Einhausen mit Lattenkonstruktion und/oder Folien (Quelle: Munters Service GmbH, Hamburg)

Innerhalb der Einhausung können Raumlufttrockner und Gebläse den betroffenen Boden- oder Wandbereich effektiv trocknen. Andere Wohnbereiche werden nicht beeinträchtigt.

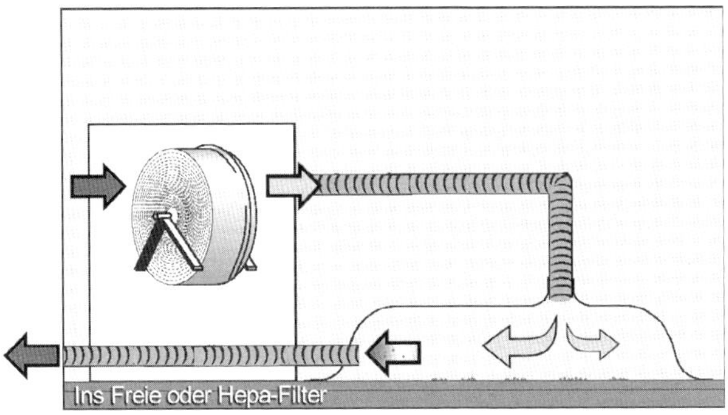

Abb. 12.14 Prinzip Folieneinhausung – Trockene Luft wird hinter das Folienkissen eingeblasen, reichert sich mit der vorliegenden Feuchte an und wird dann entweder direkt ins Freie entsorgt oder mittels HEPA-Filter gefiltert. (Quelle: Munters Service GmbH, Hamburg)

12.8.2 Putzentfernung

Eine erhebliche Beschleunigung der Trocknung bei stark durchfeuchteten Mauerwerkswänden erfolgt durch das Entfernen des Putzes. Oft ist dies unabdingbar, wenn z. B. der Putz mikrobiell befallen ist oder mit filmbildendem diffusionshemmendem Tiefengrund gestrichen wurde, wodurch eine Trocknungsblockade vorliegt.

Beispiel

In einem Fall einer durchfeuchteten Wand war die Feuchte auch nach über 6 Wochen Trocknung nur geringfügig zurückgegangen. Es konnte schließlich durch einfaches Aufspritzen von Wasser auf die auffällig gelblich/braune Putzoberfläche festgestellt werden, dass der Putz stark imprägniert war, da das aufgespritzte Wasser an der Putzoberfläche ablief und nicht aufgesaugt wurde. Durch Abschaben einer dünnen Putzschicht wurde deutlich, dass danach das aufgespritzte Wasser von dem in diesem Falle vorliegenden alten Kalkputz sehr gut angesaugt wurde. Es zeigte sich aber auch, dass beim Entfernen der dünnen Schicht ein sehr auffälliger muffiger Geruch entstand, der auf eine mikrobielle Verkeimung zumindest der oberen Putzschicht hinwies. Es wurde dann entschieden, dass der gesamte Putz abgeschlagen und die freigelegte Wandfläche abgeflämmt werden muss, bevor die Trocknung erneut durchzuführen ist. Nach der Entschichtung trocknete die Wand innerhalb von ca. 14 Tagen.

12.8.3 Gebläseeinsatz und Wärme

Auch durch den Einsatz von Gebläsen oder Ventilatoren kann eine gute Beschleunigung der Trocknung erreicht werden (weitere Angaben siehe Kap. 12.5).

Das Gleiche gilt für den Einsatz von Bauheizern, wie Heißluftgeräten und Infrarotstrahlern (weitere Angaben siehe Kap. 12.4).

12.9 Trocknungsmaßnahmen zur Schadensverhinderung

12.9.1 Trocknungsmaßnahmen im Neubau

Der Einsatz von Trocknungsmaßnahmen, d. h. in diesem Falle von Raumlufttrocknern, ist auch sinnvoll in Neubauten, um zeitweilig in erheblichem Maße anfallende Baufeuchte auf ein vertretbares Maß zu reduzieren. Dies betrifft insbesondere Arbeiten, durch die viel Wasser in den Bau eingebracht wird, wie Putzarbeiten und Estrichverlegung. Die Trocknung dient auch zur Vermeidung von mikrobiellem Befall in Neubauten, der aufgrund der kurzen Bauzeiten und dadurch auch kurzen Trocknungszeiten immer öfter auftritt.

Es besteht sogar die Möglichkeit, Bauzeitverzögerungen bis zu einem gewissen Grad damit aufzuholen, wenn z. B. Zementestriche, die üblicherweise 4 Wochen Trocknungszeit benötigen, durch den Einsatz von Bautrocknern schneller getrocknet werden, so dass die Verlegereife bereits nach 2 Wochen vorliegt, wobei allerdings zu beachten ist, dass anfangs nicht zu stark getrocknet wird, um Rissbildungen zu vermeiden.

Beispiel

In einem Fall einer Kernsanierung in einem Altbau unter Einsatz von Raumlufttrocknern waren sowohl Bodenleger als auch Maler von den nach relativ kurzen Zeiten optimal getrockneten Untergründen begeistert und konnten ihre Arbeiten früher als geplant beginnen.

12.9.2 Trocknungsmaßnahmen bei Estrichverlegung und Putzarbeiten

Der Einsatz von Bautrocknern bei der Estrichverlegung in der kalten Jahreszeit bei Außentemperaturen unter 5 °C ist sogar zwingend erforderlich, wenn die ATV DIN 18353 eingehalten werden soll. Unter 5 °C dürfen keine Fenster mehr geöffnet werden, da tiefere Temperaturen Schäden am Estrich während des Abbindens verursachen würden. Aber wie sollen dann meist hunderte von Litern Wasser aus dem Estrich entsorgt werden? Wenn keine Raumlufttrockner (Einstellung auf 55 % relative Luftfeuchte) und Bauheizer zur Temperierung eingesetzt werden, kann es innerhalb einiger Tage aufgrund des sich als Kondensat auf Oberflächen anlagernden Wassers zu erheblichem mikrobiellem Befall kommen.

Nach VOB/C gilt: „*Der Auftragnehmer hat bei seiner Prüfung Bedenken insbesondere geltend zu machen bei (…) zu hoher Baufeuchtigkeit.*“ Dies trifft u. a. für Estricharbeiten nach ATV DIN 18353, Putz- und Stuckarbeiten nach ATV DIN 18350 und Bodenbelagarbeiten nach ATV DIN 18365 zu.

Ähnliche Schäden wie der nachfolgend geschilderte, der innerhalb einiger Tage nach Durchführung von Putz- und Estricharbeiten auftrat, kommen in der Praxis immer wieder vor. Befallen durch Mikroorganismen werden meist Dachlatten und/oder Gipskartonplatten.

Beispiel 1

Nach der Estrichverlegung kurz vor dem Wochenende in mehreren Häusern wurden alle Fenster und Türen aus Sicherheitsgründen geschlossen und es wurde über das folgende Wochenende nicht gelüftet. Der Vorfall ereignete sich im Hochsommer bei sehr warmem Wetter, wodurch in den Objekten quasi Brutschrankbedingungen vorlagen, die für mikrobielles Wachstum optimal sind. Innerhalb von 4 bis 5 Tagen erfolgte dadurch zum Teil extremer mikrobieller Befall an den offen liegenden Dachlatten (siehe Abb. 12.15).
Bei den Dachlatten lagen bereits vor dem Einbau mikrobielle Belastungen vor, die sich aber unauffällig darstellten und nur als kleine graue oder schwarze Pünktchen erkennbar waren. Durchgeführte Analysen an noch nicht verbauten und auf der Baustelle gelagerten Latten bestätigten, dass bereits mikrobielle Keime vorlagen, aber in sehr geringem Maße.

Die notwendig gewordene Sanierung, d. h. alle betroffenen Dachgeschosse mit Folien abzudecken, die Latten auszubauen, die Unterspannbahnen zu desinfizieren und zu reinigen und neue Latten einzubauen, hätte vermieden werden können durch:

- den Einbau unbelasteter und trockener Holzlatten oder
- den Einsatz von Bautrocknern über ca. 1 Woche.

Abb. 12.15 Massiver bis extremer mikrobieller Befall an Dachlatten

Das Problem ist, dass die meisten Dachlatten mit viel zu hoher Holzfeuchte angeliefert werden, wie dies bei mehrfachen Feuchtemessungen festgestellt wurde. Das liegt daran, dass die Latten nach der Tränkung direkt gebündelt werden und dadurch ein Austrocknen des inneren Bereiches der Bündel fast nicht mehr möglich ist, bis diese auf der Baustelle geöffnet werden. In einem Fall wiesen die Oberflächen der äußeren Latten Holzfeuchtewerte von 12 bis 18 % auf, die innen liegenden Latten jedoch Holzfeuchtewerte von 60 % und mehr. Trockenbauer oder andere Verarbeiter derartiger Latten wären gut beraten, diese bei der Anlieferung mit einem einfachen und preiswerten Feuchtemessgerät wie der Gann Hydromette zu kontrollieren und zu feuchtes Material umgehend an den Lieferanten zu retournieren.

Durch die Tränkung erfolgt auch kein Präventivschutz vor Verkeimung, wie die in Abb. 12.15 dargestellte „grün imprägnierte“ Dachlatte deutlich zeigt.

Beispiel 2

Nach der Verlegung eines Estrichs zeigte sich an den in der Dachschräge angebrachten Gipskartonplatten dunkle Fleckenbildung, die eindeutig als mikrobieller Befall identifiziert werden konnte.
Das „Mysteriöse“ daran war aber, dass der Befall auf den Gipskartonplatten nicht in allen Räumen in gleichmäßiger Form vorlag, sondern nur in bestimmten Bereichen oder Räumen oder sogar nur auf scharf begrenzten rechteckigen Flächen (siehe Abb. 12.16).
Ursache war hier, dass einige der Gipskartonplatten mikrobiell vorbelastet waren, wohingegen die meisten keine Vorbelastung aufwiesen. Dies kann z. B. durch eine nicht sachgerechte Lagerung auf der Baustelle und daraus resultierende Feuchteeinwirkung erfolgt sein. Beim Einbau war diese Vorbelastung nicht oder nur schwer erkennbar, wie auch der Bauherr bestätigte, weshalb die Platten auch eingebaut wurden. Dass hier einzelne Platten innerhalb sonst unauffälliger Flächen Befall aufwiesen, lag wohl daran, dass beim Einbau manchmal passende Stücke gesucht wurden, die dann zufällig aus dem belasteten Stapel stammten.

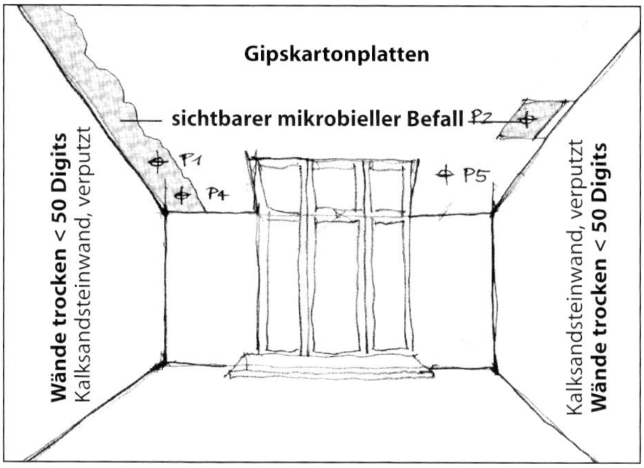

Abb. 12.16 Untersuchungsskizze Ausdehnung mikrobieller Befall

Dieser Befall hätte ebenfalls durch den Einsatz von Bautrocknern vermieden werden können, wobei sicher zu bedenken ist, dass hier teilweise mikrobiell vorbelastetes Material eingebaut wurde. Aber dadurch, dass die Flächen abgespachtelt, tapeziert und an den Übergängen zu den Wänden mit Acryl versiegelt werden, geht von einer derartig minimalen Vorbelastung im Allgemeinen keine weitere Gefährdung aus, wenn die Räume danach trocken bleiben. Problematischer wäre es, wenn sich rückseitig aufgrund von Undichtheiten am Dach massiver Befall bilden würde.

13 Materialentfernung und Dekontamination

Zur Dekontamination gehören nach exakter Definition sowohl die Entfernung des mikrobiell befallenen Materials aus dem unmittelbaren Schadensbereich als auch die Beseitigung der auf den Bauteiloberflächen und auf oder in Einrichtungsgegenständen angesammelten mikrobiellen Partikel. Da jedoch unterschiedliche Arbeitstechniken einzusetzen sind, werden in diesem Kapitel die Materialentfernung und die Entfernung der mikrobiell belasteten Stäube getrennt abgehandelt.

Bei einer Desinfektion anstelle einer Entfernung des befallenen Materials und belasteten Staubes wären zwar die Keime abgetötet, da aber diese beinahe die gleiche Gesundheitsgefährdung bedeuten wie die lebenden Keime wäre diese Maßnahme nicht effektiv. Nur in ganz bestimmten Fällen ist eine Desinfektion erforderlich (siehe Kap. 14).

Erst durch die Entfernung der befallenen Materialien und der vom Schaden stammenden mikrobiellen Partikel können die zu sanierenden Räume und das kontaminierte Inventar wieder in einen normal belasteten Zustand versetzt werden. Die Forderung, einen völlig unbelasteten Zustand herzustellen, ist unrealistisch, da jeder Staub und auch die Außenluft unweigerlich bestimmte Mikroorganismen enthalten.

13.1 Entfernung von mikrobiell befallenem Baumaterial

Es ist bei der Materialentfernung zu unterscheiden, ob nur ein oberflächlicher oder ein Befall tieferer Schichten vorliegt.

13.1.1 Oberflächlicher Befall

Um beim Entfernen des Materials möglichst geringe Mengen von Staub und Sporen freizusetzen, sollten als Erstes die Sporen bzw. Partikel zumindest durch Befeuchten mit Wasser, besser durch Einstreichen mit Kleister oder Farbe oder durch Aufkleben einer Selbstklebefolie gebunden werden.

Leider wird das Abbürsten oder Abspachteln von Schimmelpilzbefall auf mehreren Internetseiten und in verschiedenen Zeitschriften und anderen Magazinen u. a. von Vertreibern von Mitteln zur Schimmelpilzbekämpfung und Saniersystemen empfohlen.

Beim trockenen Abbürsten oder Abspachteln entstehen im direkten Arbeitsbereich extreme und im Raum sehr hohe Sporenbelastungen. Der Ausführende wird dadurch vermeidbaren Sporenbelastungen ausgesetzt und außerdem werden meist auch keine Maßnahmen zum Umgebungsschutz beachtet, so dass eine Kontamination des Inventars und der angrenzenden Räume durch Umverteilung erfolgt.

Werden Mikroorganismen von Laien abgebürstet, werden Kleidung, Haut und Haare stark mit Sporen kontaminiert. Nach Ablegen der Kleidung wird diese gewöhnlich zu der anderen Kleidung in die Wäschetruhe gelegt und die am Körper (besonders in den

Haaren) anhaftenden Sporen werden mit ins Bett genommen, da die meisten nicht daran denken, sich nach einer derartigen Aktion die Haare zu waschen.

13.1.2 Tiefer gehender Befall

Bei Tiefenbefall, z. B. von Wandputz, sind zuerst die Oberflächenbeschichtungen, wie Tapeten oder Verkleidungen, wie zuvor geschildert vorzubehandeln (durch Binden der Partikel) und zu entfernen.

Nachdem dann in den meisten Fällen die Putzmörteloberfläche oder das Mauerwerk freiliegt, sind diese je nach Befallsart und Befallstiefe zu behandeln.

Es sollten hierfür im Zuge der Untersuchung und Vorbereitung entsprechende Analysen durchgeführt werden, um ein sicheres Sanierungskonzept auszuarbeiten. In Frage kommen:

- Entfernen des Putzes und Auskratzen der Fugen mit Hand-Werkzeug,
- Putz abfräsen, Einsatz einer Unterdruck-/Absauganlage,
- Sprüh-Extraktionsverfahren.

Falls die Materialentfernung nicht möglich ist, kommen als Notlösung ggf. in Frage:

- Abbrennen des Putzes,
- Desinfizieren mit geeignetem Desinfektionsmittel.

13.1.3 Entfernung von Fugen und Dichtungen

In der Regel können Fugen und Dichtungen problemlos ohne größere Staubentwicklung entfernt werden. Deshalb sind außer den mindestens erforderlichen Maßnahmen zum Arbeitsschutz (Handschuhe) und zum Umgebungsschutz (Unbeteiligte nicht mit Material in Kontakt kommen lassen und Material verpacken und entsorgen) keine besonderen Maßnahmen erforderlich.

13.1.4 Entfernung von Putz und Wandfarbe

Das Entfernen von Wandputz oder eines Wandanstriches ist häufig eine umfangreiche Maßnahme, d. h. es müssen größere Flächen bearbeitet werden, und außerdem ist mit einer erheblichen Staubbelastung zu rechnen. Deshalb sollte der Putz von großen Flächen nicht im trockenen Zustand ohne spezielle technische Geräte entfernt werden.

13.1.4.1 Entfernung von Wandmaterial mittels Putzfräse

Eine Möglichkeit zur Entfernung von Wandmaterial mit reduzierter Staubbelastung ist der Einsatz einer Putzfräse mit integrierter Absaugung. Die Abtragsstärke ist bei derartigen Fräsen individuell einstellbar, die Oberfläche nach dem Fräsen sehr eben und gleichmäßig.

Geeignet zum Putzabtrag ist z. B. die Putzfräse SAUER DUO-S3. Die Abtragsstärke ist individuell von 0,5 bis 3,5 mm einstellbar. Das Gerät eignet sich auch zum Fräsen und Schleifen von Putz, Farben, Beton, Beschichtungen, Kleberresten, Estrich usw. Ein Bodenführungssystem und verschiedene Fräs- und Schleifköpfe sind als Zubehör lieferbar.

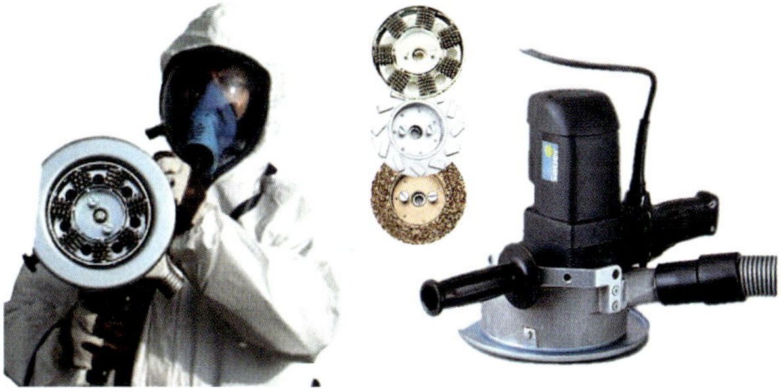

Abb. 13.1 a–c Putzfräse SAUER DUO-S3 (Quelle: Hans Sauer GmbH, Hamburg)

Verfügbar ist auch ein sog. Balancer (Federzug: Auszug 2,5 m, Tragkraft 6 bis 8 kg, passend für DUO-S3), an dem die Maschine bei der Wandbearbeitung gut beweglich aufgehängt werden kann. Das Gewicht der Maschine (5,2 kg) reduziert sich hierdurch fast auf null, wodurch ein weitgehend ermüdungsfreies Arbeiten möglich ist.

Über den vorhandenen Anschluss 36 mm können Absauggeräte, wenn erforderlich mit entsprechenden Filteranlagen, angeschlossen werden.

13.1.4.2 Entfernung von Wandmaterial mittels Sprühextraktion

In der Handlungsanleitung BGI 858 und im Leitfaden LGA 2 (Storch-Hochdruck-Krake) wird die Sprühextraktion als Möglichkeit zur Reduzierung der Staubbelastung empfohlen, da mit dieser Technik die geringste Staub- und Partikelfreisetzung erzielt werden kann. Sie liegt in einem Bereich, in dem auf Atemschutzgeräte verzichtet werden kann. Allerdings werden hierbei die Bauteile teilweise wieder sehr feucht und es sind längere Trocknungszeiten einzuhalten oder technische Trocknungsmaßnahmen erforderlich. Außerdem besteht die Gefahr, wenn Restsporen vorhanden sind, dass das feuchte Material erneut mikrobiell besiedelt wird.

13.1.5 Entfernung von Mauerwerk und Beton

Es ist in der Praxis so gut wie nicht möglich, bei größeren Schäden Teile des Mauerwerks bzw. Betonbauteile zu entfernen.

Bei Ziegelmauerwerk sollte der Putz sorgfältig entfernt und dann sollten die Fugen ausgekratzt werden. Wenn es aus Brandschutzgründen möglich ist, sollte anschließend die Wand abgeflämmt werden. Falls dies nicht möglich ist, ist die Desinfektion zu empfehlen, vor allem wenn wieder feucht angemischte Baustoffe, wie Putz oder Fugenmörtel, angebracht werden. Auch wenn eine Wandverkleidung, z. B. mit Gipskartonplatten, vorgesehen und mit überdurchschnittlicher Feuchte hinter der Verkleidung zu rechnen ist, sollte die Wand desinfiziert werden, um nicht sofort wieder einen Befall aufgrund einer hohen Restkeimbelastung zu bekommen. Allerdings ist es in diesem Fall vorzuziehen, keine Verkleidung zu installieren, sondern z. B. Calciumsilicatplatten aufzubringen (siehe Kap. 10.4.3).

13.1.6 Entfernung von Trockenbauwänden

Bei einem mikrobiellen Befall auf einer Trockenbauwand sollten vor dem Ausbau die mikrobiellen Partikel durch einen bindenden Anstrich oder eine Selbstklebefolie mit der Oberfläche verklebt werden.

Es besteht allerdings die Gefahr, dass auf der Rückseite der Trockenbauwand ein erheblich stärkerer Befall vorliegt als auf der Vorderseite, der vor dem Ausbau nicht gebunden werden kann. Ist ein Befall auf der Rückseite nicht auszuschließen, ist deshalb sehr vorsichtig zu hantieren und es sollten auch präventive Arbeits- und Umgebungsschutzmaßnahmen durchgeführt werden, wie sie für den Fall einer starken Staubfreisetzung empfohlen werden.

Mikrobiell besiedelte Gipskartonplatten, Spanplatten, OSB-Platten (Oriented-Strand-Board-Platten) sowie Hart- und Weichfaserplatten und befallenes Dämmmaterial sind grundsätzlich nicht sanierbar und unter Beachtung der Sicherheitsmaßnahmen abzumontieren und zu entsorgen.

Bei Mineral- oder Glaswolledämmstoffen besteht bei den Arbeiten zusätzlich zur Gefährdung durch Mikroorganismen auch noch die Gefahr durch Faserstäube. Speziell bei Arbeiten über Kopf sollte nur mit geeigneter PSA gearbeitet werden.

Auch der Einsatz von grünen Gipskarton- oder Feuchtraumplatten stellt keine Gewähr dar, dass diese nicht mikrobiell befallen werden. Die grüne Einfärbung dient nur zur Materialunterscheidung von Platten, die gegen Feuchteaufnahme bei geringer Beanspruchung beschichtet sind und laut Hersteller keine fungizide oder bakterizide Ausstattung haben.

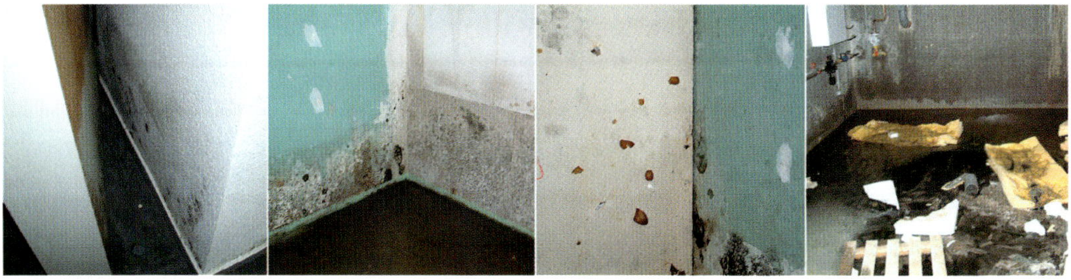

Abb. 13.2 a–d Nicht zu sanierende oder zu dekontaminierende Materialien: Befall an der Hartfaserplatte einer Schrankrückwand (a), grüne Gipskartonplatten mit massivem Schimmelpilz- und Bakterienbefall (b), Pilze auf Gipsputz und Gipskartonplatten (c), falsch gelagertes Material (d)

13.1.7 Ausbau von Fensterstöcken

Hierbei ist keine starke Staubentwicklung zu erwarten. Allerdings ist es besser, wenn vor dem Ausbau die mikrobiellen Partikel an allen zugänglichen Stellen befeuchtet, durch einen Anstrich gebunden oder abgeklebt werden.

13.1.8 Entfernung von Zwischendecken und abgehängten Decken

In diesem Fall sind Umgebungsschutzmaßnahmen unerlässlich und es sollten die Arbeitsschutzmaßnahmen entsprechend Gefährdungsklasse 3 nach BGI 858 durchgeführt werden, denn es ist mit einer starken Staubfreisetzung zu rechnen.

13.1.9 Ausbau von Schüttmaterial (Lehm, Stroh, Schlacke usw.)

Hier gilt das Gleiche wie beim Ausbau von Zwischendecken/abgehängten Decken. Evtl. kann mit einem Saugrohr mit ausreichend großem Querschnitt die lose Schüttung abgesaugt werden.

13.1.10 Entfernung von Fußbodenbelägen

Teppichböden sollten vor dem Entfernen eingeschäumt oder zumindest befeuchtet werden.

Werden Bodenbeläge im trockenen Zustand entfernt, dann sollten wegen der möglichen Staubfreisetzung zumindest die Anforderungen der Gefährdungsklasse 1, ggf. auch 2 eingehalten werden. Entsprechend angepasste Maßnahmen zum Umgebungsschutz sind ebenfalls erforderlich.

Häufig müssen nach Entfernen der Beläge auch die alten Nivelliermassen und Kleberschichten entfernt werden. Wenn diese nicht mit einem Spachtel entfernt werden können, sondern abgeschliffen werden müssen, sind die Anforderungen nach Gefährdungsklasse 3 einzuhalten sowie der entsprechende Umgebungsschutz.

13.1.11 Entfernung von Estrichen und Dämmungen

Der Abbruch des Estrichs erfolgt meist mit dem Pressluft- oder Elektromeißel. Vor allem beim Freilegen von Dämmschichten ist mit einer erheblichen Sporenfreisetzung zu rechnen. Deshalb sind die Anforderungen nach Gefährdungsklasse 3 angemessen. Da bei derartigen Arbeiten die Räume ohnehin nicht nutzbar sind, ist das Sperren und Abschotten problemlos möglich.

Nach Entfernen der Dämmmaterialien sollte die freigelegte Betonplatte abgeflämmt (auf Brandschutz achten!) oder zumindest desinfiziert werden, da mit dem neuen Estrich größere Mengen von Feuchte eingebaut werden, was bei Gegenwart hoher Mengen von Restkeimen zu einem raschen mikrobiellen Befall in der Dämmlage führen kann.

Bei den Dämmmaterialien ist darauf zu achten, dass diese nicht in feuchten schmutzigen Bereichen gelagert wurden, um den Einbau größerer Keimmengen gemeinsam mit dem neuen Material zu vermeiden.

13.1.12 Entfernung von Randstreifen

Insbesondere in Neubauten kommt es zu mikrobiellen Schäden, die sich auf den Randsstreifenbereich beschränken und höchstens wenige Zentimeter unter den Fußboden reichen. Es ist in der Regel nicht vertretbar, bei derartigen Schäden den gesamten Fußboden zu erneuern. Es reicht aus, wenn die Randstreifen entfernt, die Randfugen desinfiziert und nach technischer Trocknung des Fußbodens die Fugen dicht versiegelt werden.

Die Entfernung des Randstreifens sollte von 2 Personen durchgeführt werden, wobei ein Arbeiter den Randstreifen langsam aus der Fuge zieht und der zweite Arbeiter gleichzeitig Randstreifen und offene Fuge mit einem geeigneten Staubsauger (siehe Kap. 13.3) absaugt. Direkt danach, d. h. Raum für Raum, sollte die Fuge mit reichlich Desinfektionsmittel (am besten Wasserstoffperoxid) desinfiziert werden. Die Desinfektion sollte nach einigen Stunden oder am nächsten Tag wiederholt werden.

13.1.13 Entfernung sonstiger Dämmmaterialien

Bei der Freilegung und anschließenden Entfernung von Dämmmaterialien sollten wegen der möglichen Freisetzung von Sporen, ggf. auch Faserpartikeln, die Arbeitsschutzforderungen der Gefährdungsklasse 3 und entsprechende Umgebungsschutzmaßnahmen eingehalten werden. Wichtig ist hierbei vor allem das sofortige Verpacken der ausgebauten Dämmmaterialien Stück um Stück. Es sollte nicht zuerst das gesamte Material ausgebaut, auf den Boden geworfen und am Ende der Arbeiten verpackt werden, sondern das Material sollte direkt an der Ausbaustelle von Wand und/oder Dachschräge in einen reißfesten Behälter verpackt werden.

Dämmungen aus Naturstoffen, wie Kork, Schilfrohr, Schurwolle, Baumwolle, sind häufig nicht mit dem bloßen Auge sichtbar massiv mikrobiell besiedelt, wenn diese längere Zeit unter Einwirkung von Feuchte standen.

Abb. 13.3 a Befallene Mineralwolle

Abb. 13.3 b Befallene OSB-Platte

Abb. 13.3 c Befallene Schilfrohrdämmung

Abb. 13.3 d Befallene Gipskartonplatte

Beispiel

Eine komplette Wohnung war praktisch unbewohnbar geworden, nachdem aus Energieeinspargründen eine ca. 6 cm starke Innendämmung aus Schilfrohrmatten und Lehmstrohputz aufgebracht worden war. Aufgrund der bauphysikalisch falschen Anordnung und Materialwahl sowie zusätzlicher Undichtheiten an den Fugen der äußeren Klinkerwand erfolgte eine so starke Durchfeuchtung, dass die gesamte Dämmung in weiten Bereichen erheblichen bis extremen mikrobiellen Befall aufwies. Die Matten waren in einigen Bereichen beim Ausbau komplett mit schwarzem mikrobiellem Bewuchs versehen. Der Schaden konnte nur durch eine aufwändige Kernsanierung beseitigt werden.

13.2 Maßnahmen, wenn die Materialentfernung nicht möglich ist

13.2.1 Einkapseln

Eine grundsätzliche Möglichkeit ist das dichte Einkapseln des Schadens. Dies ist als endgültige Maßnahme in der Praxis jedoch kaum umsetzbar, denn es müsste sichergestellt werden, dass die Einkapselung dauerhaft dicht bleibt, und alle späteren Mieter, Käufer oder Nutzer müssten darüber informiert werden, dass die Einkapselung nicht geöffnet werden darf.

Selbstverständlich sollten, wenn überhaupt, nur mikrobielle Schäden eingekapselt werden, wenn die Ursachen beseitigt und die Materialien trocken sind.

13.2.2 Abflämmen

Beton- und Ziegelwände können, soweit es aus Brandschutzgründen möglich ist, mit einer offenen Flamme abgeflämmt werden (siehe Kap. 14.1.1).

13.2.3 Schäumen

Hohlräume können mit einem speziellen Schaum, der die Partikel für lange Zeiträume, evtl. sogar dauerhaft bindet, gefüllt werden (siehe Kap. 14.1.6).

13.3 Dekontamination (Feinreinigung) der Innenräume

Nach Entfernung aller mikrobiell besiedelten Materialien ist eine sorgfältige Feinreinigung durchzuführen.

Abb. 13.4 Feinreinigung mit HEPA-Filter-Staubsauger und Schutzausrüstung

Da sich während der gesamten Arbeiten an allen Raumoberflächen (und in Ritzen und Fugen) mikrobiell belastete Stäube ablagern, müssen diese Flächen gereinigt werden, denn auch abgestorbene mikrobielle Sporen können gesundheitliche Beschwerden verursachen.

Die Feinreinigung sollte frühestens 12 Stunden nach Beendigung der Arbeiten durchgeführt werden, da sich erst dann alle Schwebstäube abgelagert haben.

Die Feinreinigung erfolgt vor Abbau der Schleusen und nach Entfernung von Folienabdeckungen. Die Schleusenteile sind vor dem Abbau am besten durch feuchtes Abwischen zu reinigen, da sich an diesen Kunststofffolien meist erhebliche Staubablagerungen (Elektrostatik) befinden, die bei einer Entfernung nach der Feinreinigung die Räume wieder belasten würden. Aus diesem Grund sollten die Schleusenteile auf der Seite des Schwarzbereichs im Zuge der Feinreinigung mit gereinigt werden.

Die beste Methode, Staub zu entfernen, ist das feuchte Abwischen der Oberflächen. Dies ist jedoch nur bei glatten Oberflächen möglich, wie Fensterscheiben, Türen usw.

Zur Reinigung aller nicht glatten Oberflächen müssen Staubsauger der Filterklasse H (genehmigt für alle gefährlichen Stäube, z. B. Krebs erregende Stäube, Stäube mit Krankheitserregern, Bakterien) eingesetzt werden.

Folgende Reihenfolge ist zu empfehlen:

- Abwischen der Abdeckfolien,
- Entfernen der Abdeckfolien,
- feuchtes Abwischen aller glatten Oberflächen einschließlich der Schleusenwand auf Seite des Schwarzbereichs,
- gründliches Absaugen aller Flächen,
- nochmaliges feuchtes Abwischen der glatten Oberflächen.

Beim Absaugen mit dem Staubsauger sollte **von oben nach unten** gearbeitet werden:

- Deckenflächen, Beleuchtungskörper usw.,
- Wandflächen, Tür- und Fensterrahmen einschließlich Glasflächen, Steckdosen, Einrichtung, Heizkörper,
- Bodenflächen.

Ein Beispiel für einen professionellen und preisgünstigen Staubsauger mit HEPA-Filter ist der Staubsauger Alto ATTIX 350 0H. Dieser Sicherheitsstaubsauger der Filterklasse H ist genehmigt für alle gefährlichen Stäube, z. B. Krebs erregende Stäube, Stäube mit Krankheitserregern, Bakterien, aber auch für Asbest usw.

Abb. 13.5 Alto ATTIX 350 0H Sicherheitsstaubsauger der Filterklasse H (Quelle: Nilfisk-Advance AG, Bellenberg)

In besonders problematischen Bereichen kann der Staub auch mittels Anblasen durch Druckluft (Kompressor) und Absaugen der Stäube nach Luftfilterung durch Umluftgeräte mit Entsorgung direkt ins Freie entfernt werden.

Mit dieser Methode können auch sehr effektiv Feinstäube aus allen Bereichen entfernt werden, wie z. B. Sekundärbelastungen und Stäube aus Bücherregalen, hinter und unter Schränken und aus Randfugen von Bodenbelägen.

Da hierbei gezielt Staub aufgewirbelt wird, widerspricht diese Methode den Regeln des Arbeitsschutzes und sollte deshalb nur in Ausnahmefällen unter umfangreichen Arbeitsschutzmaßnahmen (Gefährdungsklasse 3) angewendet werden.

13.4 Dekontamination von Einrichtung, Ausstattung, Inventar

Nachfolgende Empfehlungen und Hinweise beziehen sich auf direkt belastete bzw. mikrobiell befallene Materialien oder auf Materialien und Gegenstände, die sich über längere Zeit in einem belasteten Raum befunden haben und damit einer verstärkten Sekundärkontamination (Belastung durch Kontakt mit Befallsbereichen oder durch Anflugsporen) ausgesetzt waren.

Für alle Maßnahmen gilt: Die zur Reinigung verwendeten Hilfsmittel, wie Putzlappen, Schwämme, Pinsel usw., sollten während der Reinigung in regelmäßigen Abständen ausgetauscht oder gründlich gereinigt und danach entsorgt werden. Durch eine Wiederverwendung besteht die Gefahr einer Verschleppung von Keimen. Der Aufwand für eine gründliche Desinfektion und Reinigung der Hilfsmittel steht in keinem Verhältnis zum Wert der Gegenstände.

13.4.1 Glatte Flächen

Glatte Fliesen, PVC und kunststoffbeschichtete Oberflächen von nicht direkt mikrobiell besiedeltem Material können relativ einfach durch feuchtes Wischen unter Zugabe eines Haushaltsreinigers gereinigt werden.

13.4.2 Möbel

Bei Möbeln ist grundsätzlich zu unterscheiden zwischen glatten Oberflächen, wie versiegelten Holzflächen, Resopalbeschichtungen, Kunststoffbeschichtungen, und offenen oder porösen Materialien, wie Stoffbezüge, Schaumstoffe usw.

Gesondert zu betrachten sind die bei den meisten Möbeln nicht beschichteten Schnittkanten an der Rückseite oder Unterseite, die in vielen Fällen mikrobiellen Befall aufweisen, z. B. wenn die Möbel sehr dicht vor befallenen Wänden standen oder die Unterkanten von Sockelleisten bei Wasserschäden direkt im Wasser standen. Oft sind diese Kanten durch die erhöhte Feuchtebelastung auch aufgequollen, wodurch mikrobieller Befall noch tiefer eindringen kann.

Die Eindringtiefe bei Möbeln ist auch noch abhängig von der Materialbeschaffenheit, d. h. es bestehen Unterschiede bei weitgehend porösen Spanplatten, Tischlerplatten (verleimten Stabhölzern) und Massivholz. Wesentlich ist auch, ob es sich um Stirnholz oder um Seitenflächen von Holzbalken oder Brettern handelt. Bei antiken oder Landhausmöbeln kommt noch hinzu, dass hier oft tiefe Risse im Holz durch Verwerfungen oder Trocknung vorliegen.

Glatte Möbeloberflächen

Glatte Möbeloberflächen sind in fast allen Fällen gut zu reinigen. Grundsätzlich ist ein feuchtes Abwischen ausreichend, wobei Innenecken, Fugen und Ritzen mit einem Pinsel entstaubt werden können. Dem Wasser kann ein Spülmittel oder Haushaltsreiniger zugegeben werden. Der Einsatz eines Desinfektionsmittels ist nicht erforderlich.

Schnittkanten

Spanplatten, MDF- oder HDF-Platten (Holzfaserplatten) mit nicht verschlossenen oder versiegelten Schnittkanten sollten abhängig von der Befallsstärke entfernt, ersetzt oder folgendermaßen behandelt werden:

Zuerst müssen die Schnittkanten, wenn sie feucht sind, getrocknet werden. Nach Abtrocknung sollten die Kanten mit Aluklebebändern oder Umleimern (z. B. zum Aufbügeln) versiegelt, lackiert oder mit einer Dickschichtlasur gestrichen werden, um die Partikel zu binden. Bei dieser Sanierung wird der mikrobielle Befall eingekapselt oder versiegelt, wodurch eine weitere Belastung durch abgetötete Sporen und Keime unterbunden wird. Derart behandelte Möbel können danach auch wieder problemlos verwendet werden. Will man sicher gehen, dass bei nur leicht erhöhter Feuchte die eingekapselten Sporen nicht erneut auskeimen, kann nach dem Trocknen das befallene Material auch mit einem Desinfektionsmittel vorsorglich behandelt werden.

Schnittkanten von Massivholz sollten bei Oberflächenbefall außerhalb der Wohn- bzw. Nutzräume abgeschliffen werden. Bei tiefer gehendem Befall dürfte mit wenigen Ausnahmen (Antiquität usw.) der Austausch erforderlich sein.

Stoffbezüge

Stoffbezüge von Möbeln aus Baumwolle, Mischgewebe oder synthetischen Geweben sind in Abhängigkeit von der Belastung (direkter Befall oder Sekundärkontamination) folgendermaßen zu behandeln:

Eine direkt befallene Sitzgarnitur, die vor einer stark mikrobiell befallenen Wand gestanden hat, ist in der Regel nicht zu sanieren und muss entsorgt werden, da sich hier die Keime und Sporen im Stoff, in der Polsterung und im Unterbau befinden.

Es wird in derartigen Fällen oft versucht, das Möbelstück durch Oberflächendekontamination zu retten, was aber meist nicht zu einer ausreichenden Sporenreduzierung und Geruchsbeseitigung führt. Wenn eine solche Sitzgarnitur dann wieder benutzt wird, werden bereits durch das Hinsetzen (mehr noch, wenn Kinder darauf herumtoben) Sporen aus dem Material herausgedrückt, die die Nutzer erneut belasten. Häufig fällt den Nutzern die Geruchsbelastung durch diese Möbelstücke erst dann besonders auf, wenn keine andere mikrobielle Quelle mehr vorhanden ist.

Stoffbezüge können nur dann wieder in einen Normalzustand versetzt werden, wenn diese abziehbar sind und chemisch gereinigt oder gewaschen werden können.

Bei belasteten Sitzpolstern können die Bezüge gereinigt werden. Die Polsterung (meist Schaumstoff) sollte aber erneuert werden.

Poröse Materialien – Polsterung aus Schaumstoffen usw.

Belastete Polsterungen von Möbeln oder Matratzen aus Schaumstoffen, Latex, Rosshaar, Baumwolle, Schurwolle usw. sollten entsorgt und erneuert oder durch spezialisierte Fachfirmen dekontaminiert werden.

Durch die hohe Porosität können Sporen tief in das Material eindringen und sind nur durch Fluten des gesamten Materials zu dekontaminieren.

Zu beachten ist, dass belastete Polsterungen zwangsläufig durch das Zusammenpressen bei der Benutzung Keime in verstärktem Maße abgeben. Außerdem sollte man sich bewusst sein, dass man sich auf Polstermöbeln und Matratzen sehr viel und lange aufhält und dadurch diesen Belastungen auch täglich über Stunden ausgesetzt ist.

Beispiel

Im Fall eines Leistungssportlers stellte sich heraus, dass dieser allabendlich starke Hustenanfälle bekam, wenn er sich nach dem Abendessen auf seine Sitzgruppe setzte um fernzusehen. Die Sitzgruppe war wohl bereits bei der Anlieferung mikrobiell belastet gewesen, da sich bei der detaillierten Befragung herausstellte, dass die Hustenanfälle ungefähr zu der Zeit anfingen, in der die neue Sitzgarnitur angeschafft wurde. Eine andere Quelle für eine Belastung lag in der gesamten restlichen Wohnung nicht vor.
Bei derartigen Symptomen ist immer in Betracht zu ziehen, dass die Belastungen nicht ausschließlich mikrobieller Art sein müssen, sondern auch chemisch bedingt sein können.

13.4.3 Stoffe

Hauptsächlich betroffen sind in diesem Bereich Vorhänge und Gardinen. In vielen Fällen sind diese in den Raumecken zusammengezogen. Wenn dann durch mangelnde Belüftung in Verbindung mit Wärmebrücken in diesen Ecken mikrobieller Befall auftritt, greift dieser auch auf Vorhänge über. Zumindest kommt es zu einer erheblichen Belastung durch den direkten Kontakt mit einem dahinter befindlichen Befall.

Zu bedenken ist auch, dass beim abendlichen Zuziehen und morgendlichen Aufziehen dieser Vorhänge eine erhebliche Sporenaufwirbelung und Raumluftbelastung stattfindet.

In den meisten Fällen können Textilien durch chemisches Reinigen oder durch Waschen so gereinigt werden, dass sie danach wieder problemlos verwendet werden können. Bei Stoffbespannungen gilt das Vorgenannte analog. Stoffe können gereinigt werden, Vliese oder andere Unterbaumaterialien sollten jedoch entsorgt und erneuert werden.

Bei direktem Befall ist immer eine Entsorgung und Erneuerung zu empfehlen, da auch bei erfolgreicher Reinigung optische Schäden, z. B. Stockflecken, zurückbleiben.

13.4.4 Kleidung

Es ist zu unterscheiden, ob die Kleidungsstücke selbst befallen sind oder nur in befallenen Kleiderschränken gelagert wurden.

Wie bereits bei den Stoffen dargestellt, können die meisten Belastungen durch chemisches Reinigen oder durch Waschen entfernt werden.

Wichtig ist, wenn ein Befall festgestellt wird, dass die gesamte Kleidung möglichst vorsichtig aus dem Kleiderschrank herausgenommen und in Kartons (z. B. Umzugskartons) oder Plastiksäcke verpackt wird. Liegt im Schrank ein massiver Befall vor, kann es durch das Herausnehmen, Auseinanderfalten und Betrachten zu einer erheblichen Keim-/Sporenbelastung des Raumes kommen, die leicht zu vermeiden ist.

Die Sichtung des Kleiderschrankinhaltes sollte im Freien erfolgen. Dabei können Kleidung und Wäsche auch gut ausgeschüttelt werden, bevor sie chemisch gereinigt oder gewaschen werden. Bei der Arbeit ist zu empfehlen, Einmal-Handschuhe und vorsorglich eine Staubschutzmaske zu tragen.

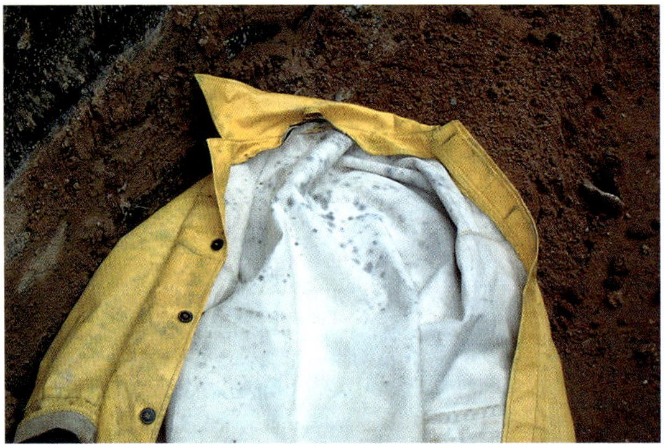

Abb. 13.6 Diese erheblich verschimmelte Jacke eines Bauarbeiters nach ca. einwöchiger Arbeitszeit bei warmem feuchtem Wetter auf einer mikrobiellen Baustelle zeigt deutlich, wie schnell sich Keime an Kleidungsstücken ansiedeln und dort weiter wachsen können. Dass dabei die darunter getragene Kleidung mit belastet und die Belastung dadurch in den häuslichen Bereich verschleppt wird, sollte ebenfalls beachtet werden.

Direkt befallene Kleidung ist in vielen Fällen auch im Material geschädigt (angegriffene oder zerstörte Fasern) und sollte entsorgt werden.

13.4.5 Leder und Schuhe

Befallene Lederkleidung, wie Jacken, Röcke, Hosen, Motorradanzüge und Schuhe, ist, wie die Praxis gezeigt hat, nicht zu dekontaminieren, da der Befall meist in das Material eindringt. Chemische Reinigung oder Waschen ist dann nicht möglich, denn es bleiben sichtbare Flecken oder Geruch zurück.

Eigene Erfahrungen und Versuche zeigten, dass auch durch

- starke Trocknung bei niedriger Luftfeuchte (1 Woche bei 40 °C bei < 20 % relativer Luftfeuchte),
- das Einsprühen mit Alkohol,
- das Aussetzen einer Lederjacke bei extrem tiefen Temperaturen (1 Woche bei –20 bis –35 °C an der Bergstation einer Seilbahn im Außenbereich in fast 3.000 m Höhe),
- das Auslüften über 1 Jahr in gut durchlüftetem Gartenhaus

keine Verbesserung der typischen und massiv vorliegenden Geruchsbelastung erfolgte.

13.4.6 Blumentöpfe

Mikrobiell verdorbene Blumenerde oder auch Hydrokulturgranulat (erkennbar an muffigem Geruch und weißem Schimmelbelag) sollte entsorgt werden.

Die Pflanzen sollten herausgenommen, die Blumenerde (oder das Granulat) komplett entfernt, die Wurzeln mit laufendem Wasser gut abgewaschen und neu eingetopft werden. Die Blumentöpfe, vor allem Tontöpfe, sollten ausgetauscht oder 1 bis 2 Tage in Desinfektionsmittel, z. B. 70 %igem Alkohol „gewässert" werden, da sich die Keime in der porösen Struktur des Materials festsetzen können.

Die Verkeimung erfolgt durch Anflugsporen aus dem Schadensbereich oder auch durch zu häufiges Gießen. Es ist darauf zu achten, dass die Wurzelballen nicht im Wasser stehen und nur so viel gegossen wird, wie unbedingt erforderlich ist.

13.4.7 Bücher, Akten, Dokumente

Befallene Unterlagen oder wichtige Dokumente aus Papier, aber auch wertvolle historische Bücher sollten nicht in Eigenregie oder vor Ort dekontaminiert werden. Hierfür gibt es speziell ausgestattete Unternehmen, die Trocknung, Dekontamination und Wiederaufarbeitung durchführen. Trocknung und Dekontamination werden hierbei in geschlossenen Systemschränken (siehe Abb. 13.7) mit Filtern und entsprechender Belüftung durchgeführt. Zur Dekontamination werden Gase, wie Ethylenoxid, oder Bestrahlungen eingesetzt.

Abb.13.7 Spezialtrockenschränke für feuchte und mikrobiell belastete Bücher und Papierwaren (Quelle: PTS Papier-Trocknungs-Service, Neu-Isenburg)

Nachfolgend werden einige Tipps gegeben, wie einzelne Dokumente behandelt werden können, wenn eine professionelle Behandlung wegen des finanziellen Aufwands nicht in Frage kommt:

- das Dokument im Freien abwischen,
- das Dokument für einige Stunden starker UV-Strahlung aussetzen (Sonne oder UV-Lampe),
- das Dokument mit dem Bügeleisen heiß durchbügeln (dabei zu behandelndes Papier oder Dokument zwischen Alufolien legen),
- das Dokument in eine transparente Schutzhülle (für Aktenordner) einlegen und den oberen Rand luftdicht mit Klebeband abkleben (vorher Luft herausdrücken).

Die letzte Maßnahme ist speziell für Allergiker zu empfehlen, da für sie jeder direkte Kontakt mit belasteten Materialien problematisch sein kann.

13.4.8 Heizkörper

Eine erhebliche Ansammlung von Stäuben, die bei mikrobiellem Befall mit Keimen und Sporen belastet sind, findet sich in Heizkörpern.

Auch wenn hier keine Anwachs- oder Vermehrungsbedingungen vorliegen, so erfolgt doch je nach Thermik beim Betrieb der Heizungen eine erhebliche Umverteilung.

Radiatoren sind im Zuge einer Feinreinigung und durch feuchtes Wischen noch relativ gut zu reinigen.

Konvektoren hingegen sind wahre Staubfänger und Lagerstätten für mikrobielle Keime und Sporen, die sich in Staubvliesen und an Oberflächen an- und einlagern.

Wenn man die obere Abdeckung abnimmt und in einen einige Jahre betriebenen Konvektor hineinsieht oder diesen von unten betrachtet, wird sehr schnell deutlich, dass erhebliche Ablagerungen von Stäuben auch in gut gereinigten Räumen nicht vermeidbar sind.

Eine Dekontamination bzw. Reinigung ist in eingebautem Zustand aufgrund der engen Schlitze, der Vertiefungen und Hinterschneidungen zwischen den Wärmeleitblechen kaum möglich. Außerdem besteht die Gefahr, dass bei einer Reinigung im eingebauten Zustand die Stäube im Raum verteilt werden.

Deshalb ist eine erfolgreiche Dekontamination bzw. Reinigung nur nach dem Ausbau (bei vorhandenen Schiebern unproblematisch) möglich. Dabei sollten die Konvektoren im Freien zuerst mit einem Hochdruckreiniger oder Dampfstrahler gesäubert werden.

Diese Maßnahme ist nicht nur im Zuge einer mikrobiellen Sanierung erforderlich, sondern auch bei Hausstauballergikern oder anderen gesundheitlichen Problemen der Atemwege vor Beginn der Heizperiode zu empfehlen.

13.4.9 Holzbalken

Direkt mikrobiell befallene, aber auch sekundär belastete Holzbalken, wie diese in Fertighäusern, ausgebauten Dachgeschossen usw. vorkommen, sind relativ schwer zu dekontaminieren.

Dies liegt hauptsächlich daran, dass Holzbalken in den meisten Fällen Risse unterschiedlicher Breite und Tiefe aufweisen, vor allem an den Stirnseiten, die schwer zu erreichen sind.

Bei einer fachgerechten Sanierung können die Vertiefungen mit einem Desinfektionsmittel gut eingesprüht werden, wobei es sich empfiehlt, im Bereich direkter Befallsstellen mit Myzelbildung das Desinfektionsmittel mit einer Spritze einzubringen. Hier ist es besonders wichtig, dass das Desinfektionsmittel das Myzel durchdringt und auflöst, da sonst keine umfassende Desinfektion stattfinden kann.

Eine Nachbehandlung mit Lack bzw. Lasur kann in bestimmten Fällen zur Bindung der noch vorhandenen mikrobiellen Sporen/Partikel sinnvoll sein.

13.4.10 Kartons

Kartons aus feuchten und mikrobiell befallenen Kellern sind in den meisten Fällen erheblich belastet und weisen auch den typischen muffigen Geruch auf. Sie sind aufgrund des Materials und des Aufbaus (z. B. Wellpappe) prädestiniert für mikrobiellen Befall. Derartige Kartons sollten in jedem Falle entsorgt und nicht wieder verwendet werden.

Das Gleiche gilt auch für Kartons aus Wohnräumen mit einem erheblichen mikrobiellen Schaden.

Beispiel

Im Fall eines mikrobiellen Befalls in einer Wohnzimmerecke, in der auch eine umfangreiche Schallplattensammlung stand, wiesen alle Schallplattenhüllen einen penetranten muffigen Geruch auf. Auch die Trocknung und ein wochenlanges Auslüften im trockenen, gut durchlüfteten Dachboden brachten keinen spürbaren Erfolg. Die Hüllen konnten auch danach nicht mehr im Wohnzimmer aufbewahrt werden, da sich innerhalb eines Tages bzw. über Nacht im gesamten Raum wieder der penetrante Geruch einstellte.
Einzige Möglichkeit war eine professionelle Dekontamination mit Ethylenoxid oder Ozon.

13.4.11 Elektrogeräte (PC/TV/Radio/Kühlschrank)

Die Hauptprobleme bei Elektrogeräten sind die erhöhte Staubablagerung durch die elektrostatische Aufladung und die Staubablagerung im Innenbereich durch die Belüftung, die zur Kühlung der Transformatoren oder Elektromotoren erforderlich ist.

Bei Computern, Hifi-Verstärkern usw. sorgen Ventilatoren für eine Zwangsbelüftung und entsprechenden Luftdurchsatz, mit dem Stäube in das Gehäuse gelangen, die sich dort ablagern. In mikrobiell belasteten Räumen werden mit dem Staub unweigerlich auch Sporen eingetragen.

Untersuchungen an geöffneten Geräten zeigten, dass bereits nach kurzer Gebrauchsdauer erhebliche Staubansammlungen im inneren Bereich vorliegen. Bei Geräten, die 5 bis 10 Jahre in Gebrauch waren, fanden sich im Inneren Staubpakete und verfilzte Staubvliese.

Für eine optimale Entstaubung derartiger Geräte ist es ratsam, diese zu öffnen (Abdeckung hinten/oben/unten entfernen) und dann im Freien mit Druckluft gut durchzublasen. Während des Anblasens sollten die Geräte mit einem feinen Pinsel abgestaubt werden. Bei diesen stark Staub aufwirbelnden Maßnahmen sollten Handschuhe, vorsorglich auch Atem- und Augenschutz getragen werden, auch wenn die Arbeiten im Freien erfolgen. Dass die Geräte vom Stromnetz getrennt sein müssen, ist selbstverständlich eine Grundvoraussetzung.

Bei vielen Sanierungen wird die Reinigung dieser Geräte nicht durchgeführt, wodurch auch bei einem ansonsten fachmännischen Vorgehen nach der Sanierung weiterhin Sporenbelastungen vorliegen können.

Erhebliche Staubablagerungen finden sich meist auch an den Kühlrippen/-gittern von Kühlschränken, die zur Wärmeabfuhr während des Betriebes gekühlt, d. h. mit Luft umströmt werden müssen. Dabei gelangen ebenfalls Stäube in diesen Bereich und lagern sich dort ab. Liegt im Raum ein mikrobieller Befall vor, sind diese Staubablagerungen zwangsläufig erhöht mit Sporen belastet, von denen auch nach einer Sanierung des Raumes noch über längere Zeit eine Partikelfreisetzung erfolgen kann.

13.4.12 Lüftungsgitter und Dunstabzugshauben

Weitere Staubsammelstellen sind Lüftungsgitter und Ventilatoren von Be- und Entlüftungen. Wer einmal ein Abdeckgitter an einer Entlüftung im Badezimmer oder in anderen Räumen nach einigen Jahren Betrieb entfernt hat, weiß, wie viel Staub, Flusen und andere Verunreinigungen sich hier ansammeln können.

Bei Ventilatoren in Badezimmern ergibt sich die zusätzliche Problematik, dass sich hier ein- oder angelagerte Keime und Sporen durch die kontinuierliche Wiederauffeuchtung (z. B. durch tägliches Duschen bei hoher Luftfeuchte bis zu 90 %) sehr gut halten oder vermehren können.

Durch zu kurze Nachlauf- oder Betriebszeiten werden, besonders bei innen liegenden Bädern ohne Fenster, die Feuchtewerte im Bad nicht so weit reduziert, dass diese dauerhaft im Normalbereich liegen.

Gitter, Rahmen und Ventilator müssen ausgebaut werden, um diese gut reinigen und dekontaminieren zu können. Waschbare Teile sollten unter Verwendung von Reinigungslösungen gut abgewaschen und feucht abgebürstet werden. Ventilatoren sollten mit einem Druckluftgebläse gereinigt und die erreichbaren Oberflächen mit einem feuchten Lappen abgewaschen werden. Es ist darauf zu achten, dass die elektrischen Teile keine Feuchte mehr aufweisen, bevor sie wieder an den Stromkreis angeschlossen werden.

Bei mikrobiellem Befall in Küchen (z. B. hinter Schränken, an Spülen) sind zwangsläufig auch die Filter der Dunstabzugshauben und die Abluftrohre mit Keimen und Sporen belastet, da beim Betrieb dieser Abzugshauben erhebliche Luftmengen aus dem Raum durchgesaugt werden.

Hier sind die Filter auszutauschen und das Gehäuse ist zu reinigen. Eine Desinfektion der Abluftrohre kann nur durch einen Dekontaminationsnebel, der durch einen Fogger erzeugt und in das Abluftrohr eingeblasen wird, erfolgen, obwohl dies in der Regel nicht erforderlich ist.

13.4.13 Teppiche

Auslegeware ist bei direktem Befall, unabhängig davon, ob sie aus synthetischen oder natürlichen Fasern besteht, zu entfernen und zu entsorgen. Dies muss mit einem Sicherheitsabstand von mindestens 1 m vom direkten Befall erfolgen.

Eine Dekontamination ist nur dann zu vertreten, wenn der Befall nur über und hinter der Sockelleiste vorliegt und ansonsten kein direkter Befall vorhanden ist. Dann ist der Teppich mit geeignetem Reinigungsmittel gut zu durchtränken und zu trocknen. Dafür sollte der Bereich mit Zeitungen unterlegt werden (gute Saugwirkung), die nach der Trocknung zu entsorgen sind.

Auch der Fußboden unter dem Belag ist zu reinigen.

Brücken, Bettvorleger und Abtreter können gewaschen oder chemisch gereinigt werden.

Wertvolle Brücken oder Wandteppiche sollten nur durch darauf spezialisierte Fachfirmen dekontaminiert werden, da bei unsachgemäßer Behandlung Verfärbungen und Materialschäden auftreten können.

13.4.14 Bilder

Manche Feuchteschäden werden auch durch Veränderungen an Bildern erkennbar, die an der Wand hängen. Aufgrund der fehlenden oder minimierten Belüftung hinter den Bildern (besonders wenn diese direkt an der Wand anliegen) kann in diesen Bereichen ein Feuchtestau entstehen, wodurch sich die Bilder wölben oder sich auf ihnen ein mikrobieller Befall bildet.

Beispiel

In einem Fall wurde in einem Schlafzimmer an der Rückseite der Badezimmerwand ein Bild aufgehängt, an dem sich nach kurzer Zeit mikrobieller Befall entwickelte. Der Karton des Bildes wölbte sich. Aufgrund einer kleinen Undichtheit an der direkt dahinter liegenden Duscharmatur sickerte täglich etwas Wasser in die Wand ein, das auf der Schlafzimmerseite ausdiffundieren konnte, da hier der Putz nur mit einer diffusionsoffenen Farbe gestrichen war. Durch die unterbundene Ablüftung durch das große Bild direkt an der Wand kam es zu einem Feuchtestau und zum mikrobiellen Befall.

Bei direktem mikrobiellem Befall von hochwertigen Bildern können diese nur durch Experten für Restaurierungen wieder hergestellt werden. Unter anderem muss jeder Einsatz von Reinigungs- oder Desinfektionsmitteln vorher auf Materialverträglichkeit oder Farbveränderungen getestet werden.

Bei einfacheren Bildern können die Rahmen wie in Kap. 13.4.2 beschrieben gereinigt werden. Einlagekartons müssen ausgetauscht, Glasscheiben gut gereinigt und die Bilder wie in Kap. 13.4.7 beschrieben behandelt oder ausgetauscht werden.

Abb. 13.8 Durch Feuchteeinwirkung geschädigtes Bild mit Feuchteverteilung in der dahinter liegenden Wand

Es ist grundsätzlich zu empfehlen, Bilder, besonders an Außenwänden, z. B. mit ca. 5 bis 10 mm dicken Korkscheiben (z. B. von Weinkorken) als Abstandshalter zwischen Bild und Wand aufzuhängen. Dadurch sind zumindest kein direkter Kontakt und eine dauerhaft bessere Hinterlüftung gegeben.

13.4.15 Staubsauger

Staubsauger ohne HEPA-Filter sind zur Beseitigung mikrobiell belasteter Stäube nicht geeignet, da Sporen von Schimmelpilzen und Bakterien kleiner sind als die Filteröffnungen der Staubbeutel. Größere Partikel werden zwar ausgefiltert, aber mikrobielle Keime werden in erheblichem Maße wieder ausgeblasen und nur umverteilt!

In mikrobiell belasteten Räumen eingesetzte Staubsauger sind in jedem Falle erheblich mikrobiell belastet und nur schwer zu reinigen, denn es müssen alle mit Staub kontaminierten Teile einzeln abgewaschen oder mehrfach mit Wasser gespült werden. Es ist zu empfehlen, dass preiswerte Geräte entsorgt und durch geprüfte Staubsauger mit HEPA-Filter (Feinststaubfilter) ersetzt werden.

Bei Weiterverwendung des bisherigen Staubsaugers ohne sorgfältige Reinigung kann es zu einer erheblichen Belastung der Raumluft und der Nutzer bei jedem Staubsaugen kommen.

Oft werden **bei weiterhin bestehenden Beschwerden Nachmessungen der Raumluft** durchgeführt, bei denen **derartige Keimquellen nicht berücksichtigt** werden. Folge kann **eine erneute Sanierung mit hohem Kostenaufwand** sein, obwohl die Ursache der Beschwerden nicht mehr der bereits sanierte primäre Befall ist.

Beispiel 1

Durch einen in allen Bereichen stark verkeimten Staubsauger mit Schimmelpilz- und Bakterienwachstum auf den Stofffiltern einer Büroreinigungsfirma (siehe Abb. 13.9) erfolgte eine tägliche massive Keimbelastung beim morgendlichen Staubsaugen. Auffällig war hier, dass die Angestellten speziell morgens bei Arbeitsbeginn über erhebliche Gesundheitsbeschwerden (Husten, Reizungen der Atemwege, Augenbrennen usw.) klagten, die dann im Laufe des Tages geringer wurden.

In diesem Fall erfolgte die Hauptbelastung der Büroräume durch die täglich in erheblichen Konzentrationen eingebrachten Sporen und Keime, die sich in den Räumen noch dadurch verstärkt vermehrten, dass die Angestellten durch mit Wasser gefüllte und auf den Heizkörpern aufgestellte Papierkörbe provisorische Luftbefeuchter schufen, um den Reizungen der Atemwege entgegenzuwirken. Aber genau diese Papierkörbe waren ideale Brutstätten für die über den Staubsauger in den Raum eingeblasenen Keime, die sich hier in extremer Weise vermehrten und zusätzlich zur Keimbelastung der Luft beitrugen.

Abb. 13.9 Stark verkeimter Staubsauger einer Büroreinigungsfirma, über den täglich eine massive Raumluftbelastung beim morgendlichen Staubsaugen erfolgte

Beispiel 2

In einem anderen Fall wurde eine Innenraumuntersuchung in Auftrag gegeben, da ein Kleinkind fast täglich, und zwar immer am späten Vormittag, starke Hustenanfälle bekam. Wie sich nach einer ersten Begehung und der detaillierten Befragung nach dem Tagesablauf herausstellte, traten die Hustenanfälle immer dann auf, wenn die Mutter den Staubsauger benutzte. Der Staubsauger wies einen stark muffigen Geruch auf und entwickelte beim Einschalten, wie ein Test auf dem Balkon zeigte, eine erhebliche Staubwolke, da die Filterhalterung defekt war. Nach Austausch des Staubsaugers traten die Hustenanfälle beim Kind nicht mehr auf.

Bei Staubsaugern, die, wie in den Beispielen dargestellt, massiv mikrobiell kontaminiert sind und bei oder nach deren Benutzung es zu erheblichen Gesundheitsproblemen kommt, ist die Anschaffung eines neuen Gerätes zu empfehlen.

13.4.16 Betten und Matratzen

Wie eine Studie deutlich zeigt, steht die Belastung von Betten mit Mikroorganismen in direktem Zusammenhang mit der Belastung des Raumes (Horak/Dutkiewicz/Solarz, 1996).

Bei stärkerem und länger vorliegendem Befall in einem Schlafzimmer sollten sowohl Bettdecken, Oberbetten und Kissen als auch Matratzen ausgetauscht werden.

Sollte dies aus wirtschaftlichen Gründen nicht möglich sein, kann eine Dekontamination durch eine Fachfirma erfolgen, wobei auch die Kosten hierfür hoch sein können.

Wie bei allen porösen bzw. luftdurchlässigen Materialien können auch in Betten Sporen und Keime in das Material eindringen. Hinzu kommt, dass in Betten während des Schlafens Feuchte anfällt, wodurch sich Keime ansiedeln und vermehren können. Problematisch ist natürlich auch der direkte Kontakt mit belasteten Materialien.

Früher wurde Bettwäsche häufiger aufgeschüttelt und die Betten wurden nicht gleich morgens mit Tagesdecken abgedeckt, weshalb die über Nacht eingebrachte Feuchte besser ablüften konnte.

Besonders problematisch sind Betten mit unten geschlossenen Bettkästen, die eine Be- und Ablüftung von/nach unten unterbinden. Das gleiche Problem tritt auch dann auf, wenn der Bereich unter dem Bett durch Gegenstände blockiert ist.

Bei mehreren Untersuchungen wurden auch direkt befallene Matratzen vorgefunden. Diese sind in jedem Falle zu entsorgen und können nicht saniert werden.

13.4.17 Spielsachen

Spielsachen, die sich über längere Zeit in einem mikrobiell belasteten Kinderzimmer befanden, müssen gut gereinigt werden. Bei Plastikspielzeug ist dies relativ leicht durch Waschen in der Waschmaschine zu erledigen. Das Spielzeug kann in ein Wäschenetz eingepackt, mit Sodalauge im Vorwaschgang und danach mit Waschmittel im Hauptwaschgang gewaschen werden.

Problematischer ist die Reinigung von Kuscheltieren oder Stoffpuppen. Diese sollten chemisch gereinigt und danach zur Ablüftung der Lösemittel mindestens eine Woche im Freien gut ausgelüftet werden.

Alle anderen Spielsachen sollten im Freien gut abgestaubt oder mit einem Druckluftgebläse entstaubt und danach zumindest mit einer Reinigungslösung (Spülmittel oder Haushaltsreiniger) feucht abgewischt werden.

Weisen Spielsachen auch nach dem Reinigen oder Waschen noch einen auffälligen muffigen Geruch auf, dann sollten sie entsorgt werden. In wirklichen Problemfällen kann bei Stofftieren oder Puppen auch das Innenleben, d. h. das Füllmaterial, ausgetauscht und der Bezug entsprechend desinfiziert und gereinigt werden.

13.4.18 Fensterrahmen

Auch an und in Fensterrahmen kann erheblicher mikrobieller Befall auftreten (siehe Abb. 13.10 und 13.11). Ursachen sind Mängel bei der Herstellung und Undichtheiten im Bereich der Eckverbindungen, falsch oder mangelhaft eingebaute Dichtungen, aber auch mangelhafte Pflege und Reinigung.

Ein solcher Befall betrifft meist Kunststoff- und Metallfenster. Bei Holzfenstern tritt, wenn überhaupt, nur oberflächlicher Befall auf, da diese keine Hohlräume haben.

Bei jedem Öffnen eines derart mikrobiell belasteten Fensters wie in Abb. 13.10 und 13.11 werden durch die Zugluft erhebliche Mengen von Sporen/Keimen in den Raum transportiert. Bei einem Befall wie in Abb. 13.10 und 13.11 ist nicht nur die Oberfläche des Rahmens belastet, sondern sind auch die Hohlkammern innerhalb des Fensterflügels und des Rahmenprofils betroffen.

Eine Dekontamination ist nur mit erheblichem Aufwand möglich. Ein Füllen mit Desinfektionsmittelschaum und Reinigen mit Dampfstrahler über eingebrachte Bohrungen kann eine weitgehende Reduzierung des Befalls erbringen. Stark befallene Fensterkonstruktionen können jedoch nur ausgetauscht werden, wenn ein Normalzustand wieder hergestellt werden soll.

Abb. 13.10 a und b Mikrobieller Befall im Bereich der Entwässerungsöffnungen an einem Kunststofffenster und Systemschnitt

Abb. 13.11 Dasselbe Fenster wie in Abb. 13.10 im Blendrahmenbereich; das Fenster war ca. 2 Jahre lang nicht mehr geöffnet, sondern nur gekippt worden, da die Fensterbank als Ablage genutzt wurde

13.4.19 Spülkästen

Die Bedingungen in einem Spülkasten (besonders in gut geheizten Bädern) sind bei vorhandenem Nährboden für Mikroorganismen ideal, da innerhalb der Spülkästen immer sehr hohe Luftfeuchten und keine Zugluft/Belüftung vorliegen.

Die Sporen gelangen entweder über vorbelastete Elemente oder Gleitmittel in die Spülkästen oder werden über die Nachströmluft (bei jedem Spülen) über die Fugen an der Drückergarnitur angesaugt. Eine Belastung über das Zulaufwasser konnte in 2 überprüften Fällen ausgeschlossen werden, da die Wasseranschlüsse (flexible Zuleitungen, Muffen usw.) keine Belastung mit den im Spülkasten gefundenen Keimen aufwiesen.

Die routinemäßige Nachprüfung bei mehreren Spülkästen zeigte, dass es sich hier um relativ selten vorkommende Primärquellen handelt, die aber aufgrund der massiven Keimbelastung erhebliche Raumluftbelastungen verursachen können. Auffällig war in 3 untersuchten Fällen, dass der Befall in den Bereichen am stärksten war, in denen an der Mechanik Graphitfett oder andere Gleitmittel vorhanden waren.

Abb. 13.12 Starker mikrobieller Befall in einem WC-Spülkasten

Beispiel

Aufgrund immer wieder auftretender schwarzer Flocken in einem WC-Becken wurden alle möglichen Herde überprüft, wozu auch der in der Wand eingebaute Spülkasten gehörte. Nach Entfernung der Drückergarnitur zeigte sich der in Abb. 13.12 erkennbare umfangreiche Befall. Der mikrobielle Befall und die im WC-Becken auftretenden Flocken enthielten *Exophilia sp.*, *Fusarium sp.* und *Bacillus spp.*

Die Dekontamination, Desinfektion und Reinigung ist relativ schwierig. Die am stärksten belasteten Teile sollten ausgetauscht werden. Die gesamte Kammer ist durch mehrfaches Einsprühen oder Ausschäumen mit einem Desinfektionsmittel zu desinfizieren und danach am besten mit einem Dampfstrahlgerät unter Verwendung eines Reinigungsmittels zu reinigen.

Zu beachten ist, dass auch das Ablaufrohr vom Spülkasten zum WC-Becken mikrobiell belastet ist und in die Dekontaminations- und Reinigungsarbeiten einzubeziehen ist. Hier ist es am effektivsten, das Ablaufrohr am unteren Ende zu verschließen, das Rohr für einige Stunden mit einem Desinfektionsmittel zu füllen und danach mit Heißdampf zu reinigen.

13.4.20 Armaturen, Abflussrohre und Syphons

Bei mikrobiellem Befall in Feuchträumen, wie Badezimmern, Duschen, Waschräumen usw., können auch Armaturen, Abflussrohre, Verschlussdeckel und verschiedene andere Teile mikrobiellen Befall aufweisen. Wird dieser Befall nicht beseitigt, kann auch bei fachgerechter Sanierung des Feuchte- oder Wasserschadens keine normale Keimbelastung der Raumluft erreicht werden, da auch diese Quellen Sporen in erheblichem Maße an die Raumluft abgeben und die Grundlage für erneuten Befall darstellen können.

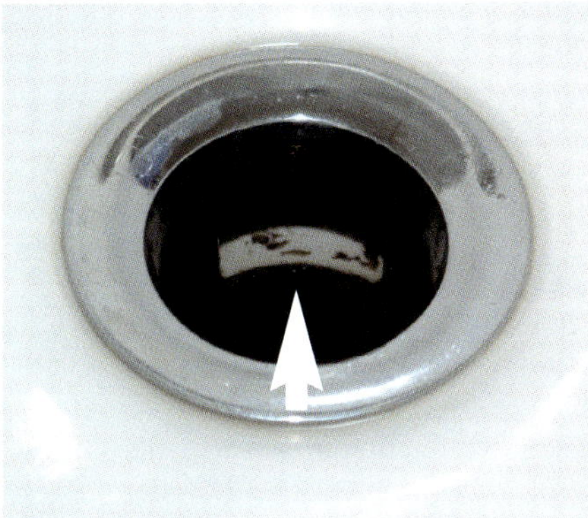

Abb. 13.13 a Flächiger mikrobieller Befall in einem Ablauf an einem Waschbecken

Abb. 13.13 b Stark verkeimter Deckel einer Nachströmöffnung an einer Badewanne

Abb. 13.13 c Stark verkeimter Anschluss einer Nachströmöffnung an einer Badewanne

Abb. 13.13 d Verkeimung in einer Armatur an einem Waschbecken

Derart verkeimte bzw. befallene Teile wie in Abb. 13.13 müssen entweder ausgetauscht oder sehr gut dekontaminiert, desinfiziert und gereinigt werden, um weitere Raumluftbelastungen und Umverteilungen von Keimen zu unterbinden. Dabei sind die Methoden wie zur Reinigung von Spülkästen anzuwenden.

Das Gleiche gilt auch für Hohlprofile aus Aluminium oder Kunststoffen an Duschen.

13.4.21 Rollladen – eingebaute Bandaufwickler

Eine besondere Art von mikrobiellem Befall stellt Schimmelpilz- und Bakterienbefall innerhalb der in Außenwänden eingebauten Bandaufwickler von Rollladen dar. Dabei wird der Befall meist dadurch auffällig, dass die Bänder den Geruch des Befalls annehmen und die Hände nach der Betätigung leicht muffig riechen.

Ein Befall in diesen, vor allem bei älteren Modellen, meist aus Metall hergestellten Einbauelementen mit Kunststoffabdeckungen ist aber auch nicht ungewöhnlich, besonders wenn, wie bei vielen älteren Bauten, nur einschalige ungedämmte Außenwände vorliegen. Da diese Bandrollenbehälter ca. 10 bis 15 cm tief in die Wand eingesetzt werden, entsteht eine Wärmebrücke, an der sich Kondensat bilden kann, das wiederum mikrobiellen Befall ermöglicht. Die Position direkt neben ungedämmten Leibungen verstärkt die Wärmebrücke oft noch. Kästen in Badezimmern oder Küchen sind aufgrund der höheren Feuchtebelastung stärker gefährdet als Kästen in anderen Räumen.

Es ist ohne großen Aufwand möglich, die Bänder auszutauschen und die Kästen gut zu reinigen. Da in den Kästen die Gefahr besteht, dass es erneut zu einem Kondensationsproblem kommt, zumindest bei niedrigen Außentemperaturen, können die Kästen auch mit einem Desinfektionsmittel zur Prävention behandelt werden. Ganz zu beseitigen ist dieses Problem aber nur dadurch, dass entweder eine grundsätzliche Verbesserung der gesamten Wärmedämmung durch ein außen aufgebrachtes Wärmedämmverbundsystem erfolgt oder dass die Einbaukästen mit Dämmmaterial gefüllt oder ausgeschäumt und durch aufgesetzte Rollladengurthalter ersetzt werden.

13.4.22 Kanalisation/Geruchsverschlüsse

Einen Sonderfall stellen auch massiv mikrobiell belastete Abwasserrohre dar.

Beispiel 1

Aufgetreten war ein derartiger Fall in einem Haus, das nur zeitweise bewohnt wurde (Feriendomizil). Hier hatte sich in den gesamten Abwasserrohren mikrobieller Befall ausgebildet, der zu teilweise erheblichen Belastungen der Raumluft und zu zeitweise extremen Geruchsbelastungen führte.
Dass die Raumluft- und Geruchsbelastungen nur zeitweise auftraten, lag daran, dass bei längerer Nichtbenutzung der Badewanne, Dusche oder des Waschbeckens die Geruchsverschlüsse bzw. Syphons austrocknen und dadurch eine direkte Verbindung des Kanalsystems zu den Innenräumen vorlag. Geruchsverschlüsse an Badewannen, Duschen und Waschbecken trocknen meist schneller aus als bei WCs und Bodenabläufen, da die geruchsverschließende Wassermenge dort geringer ist (siehe Abb. 13.14 und 13.15).

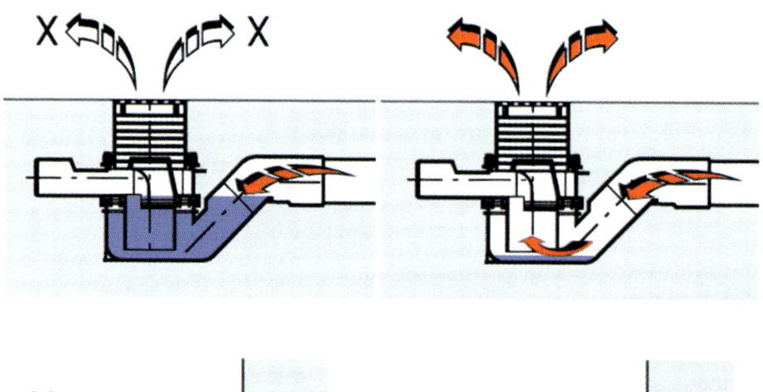

Abb. 13.14 a Bodenablauf mit Geruchsverschluss durch Wasserfüllung

Abb. 13.14 b Bei Austrocknung des Wassers können Kanalgeruch, Sporen und Keime ungehindert in die Räume gelangen.

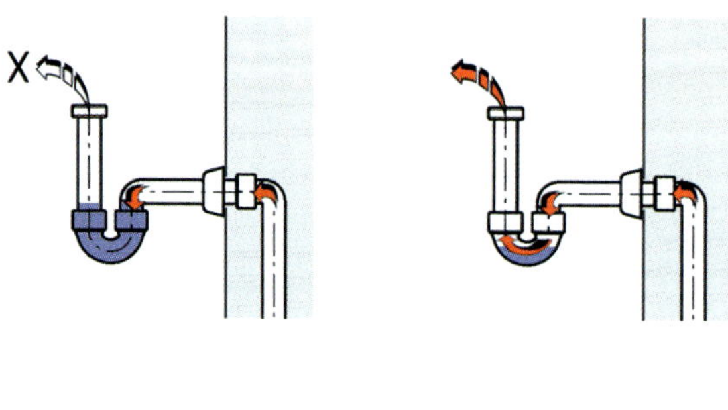

Abb. 13.15 a und b Das gleiche Beispiel wie in Abb. 13.14, jedoch bei Geruchsverschluss durch Syphon an einem Waschbecken

Beispiel 2

In einem anderen Fall wurde das Wasser aus den Geruchsverschlüssen durch Sogwirkung aus dem Abwassersystem des angrenzenden Hauses abgesaugt, wenn dort viel Wasser eingeleitet wurde, da nicht genügend Nachströmluft aufgrund einer fehlenden Kanalentlüftung vorhanden war.

Nach Reinigung sollte das hauseigene System durch zusätzliche Geruchsverschlüsse am Hauptkanal abgesichert werden. Bei längerer Abwesenheit ist zu überlegen, ob durch eine Bewässerungssteuerung (z. B. programmierbare Gartenbewässerungssysteme) im Abstand von 2 bis 3 Wochen so viel Wasser in eine der Senken im Keller eingeleitet wird, dass dort immer genügend geruchsverschließendes Wasser vorliegt, um eine Austrocknung und erneute Belastung der Räume mit Keimen und Geruch zu unterbinden.

13.4.23 Mikrobielle Spezialreinigungen für Inventar

Für umfangreiche Reinigungsarbeiten an mikrobiell primär oder sekundär belastetem Inventar aller Art können bzw. sollten Fachfirmen eingesetzt werden, die über das erforderliche Fachwissen, geschultes Personal, geeignete Räume mit Absauganlagen und Maschinen verfügen.

Entsprechende Fachfirmen bieten auf den jeweiligen Schaden bezogene Schimmelpilzsanierungen des Inventars, wie chemiefreie Sonderreinigungen, chemiefreie Entkeimungen, Tiefenreinigungen (für Elektrogeräte, Polstermöbel, Teppiche, Teppichböden, Vertikaljalousien, Großraumbestuhlungen, Büromöbel usw.) und Geruchsneutralisierungen, an.

Vor Durchführung der Arbeiten sollten unter Einbeziehung von Toxikologen/Mikrobiologen/Baubiologen grundlegende Analysen zur Belastungssituation erstellt werden, aus denen sich dann die Behandlungswege ableiten lassen. Danach ist die Frage nach der Erhaltung der Gegenstände zu klären. Es ist u. a. zu prüfen, inwieweit der zu dekontaminierende Gegenstand den schadenbedingten Reinigungsmethoden standhält und ob die Dekontamination wirtschaftlich sinnvoll ist.

Erst danach wird mit den eigentlichen Arbeiten begonnen. Nach einer Testdekontamination wird der behandelte Gegenstand labortechnisch überprüft, um die Wirksamkeit

Abb. 13.16 Spezialreinigungsraum für Inventar und Hausrat (Quelle: Hygiene gegen Allergie von Tülff GmbH, Kaufingen)

der Maßnahmen zu bestätigen. Erst nach erfolgreicher Musterreinigung von repräsentativen Gegenständen des Hausrats beginnt die Arbeit am gesamten Volumen.

Bei umfangreicheren Sanierungen sollten Zwischen- und Endkontrollen erfolgen.

13.5 Geruchsbeseitigung

Bei mikrobiellen Schäden, besonders wenn diese seit längerer Zeit bestehen, erfolgt auch eine Sekundärbelastung durch Geruchsstoffe (MVOC, siehe Kap. 3.1.2), die von Textilien, Tapeten, Polstern, Dämmstoffen usw. adsorbiert und als Sekundärquellen wieder abgegeben werden.

Zur Geruchsbeseitigung werden verschiedene Systeme angewendet:

- Oxidation mit Ozon, Singulett-Sauerstoff,
- Einkapseln durch Makromoleküle,
- Adsorption, z. B. an Aktivkohle,
- Neutralisation durch Biozide,
- Ausheizen,
- Überdecken durch andere Gerüche.

Anwendungen erfolgen durch Ozongeneratoren oder Plasmafeldionisatoren, Foggen oder Einsprühen. Es sollte jedoch immer darauf geachtet werden, dass keine für Innenräume dauerhaft problematischen Substanzen freigesetzt und die jeweils gültigen Vorschriften zum Arbeitsschutz und zu den jeweils eingesetzten Mitteln eingehalten werden.

Nachfolgend sollen nur die gängigsten Methoden beschrieben werden, wobei die Ozonbehandlung in diesem Bereich als Standardmethode eingesetzt wird.

13.5.1 Oxidation

13.5.1.1 Oxidation mit Ozon

Ozongeneratoren gehören bereits seit langem zur Standardausrüstung bei der Geruchsbeseitigung im Zuge von Brand- und Wasserschadenssanierungen.

Geruchsmoleküle werden durch die besondere Form des 3-wertigen Sauerstoffs Ozon (O_3) über den Weg der Oxidation schnell und effektiv abgebaut.

Ozon (O_3) ist ein aus 3 Sauerstoffatomen bestehendes, instabiles Molekül. Es ist ein starkes Oxidationsmittel und bei Zimmertemperatur und normalem Luftdruck gasförmig. Aufgrund seiner oxidierenden Wirkung ist es für den Menschen giftig (MAK-Wert = 0,2 mg/m^3). Der Geruch ist charakteristisch stechend-scharf.

Ozon wird mit entsprechenden Generatoren aus dem in der Raumluft enthaltenen Sauerstoff gewonnen. Die im Gerät erzeugten Sauerstoff-Radikale bewirken durch den oxidativen Abbau von luftgetragenen und ortsfesten Schadstoffen (z. B. in Boden, Wand, Decke) eine Geruchsneutralisation.

Hersteller und Anwender berichten auch über keimtötende Wirkung, allerdings konnte bei eigenen Tests mit sehr hohen Ozonkonzentrationen über 24 Stunden keine Desinfektion festgestellt werden. Derzeit kann deshalb die Desinfektionswirkung auf Schimmelpilze und Bakterien weder bestätigt noch ausgeschlossen werden.

Es ist vorstellbar, dass der Widerspruch dadurch zustande kommt, dass vegetativ aktive Mikroorganismen abgetötet werden, während verkapselte Dauerformen nicht mit der Umgebung biochemisch wechselwirken und deshalb nicht durch Ozon beeinträchtigt werden.

Die geruchsbeseitigende Wirkung von Ozon ist nach den praktischen Erfahrungen in vielen Fällen gegeben. Das Ozon baut sich dabei selbst ab, ohne unmittelbar schädliche Rückstände zu hinterlassen. Allerdings besteht ein noch nicht zufrieden stellend geklärtes Problem darin, dass bei der chemischen Umwandlung von Geruchsstoffen und anderen VOC durch Ozon unweigerlich andere neue Verbindungen entstehen. So ist zu erwarten, dass aus langkettigen Kohlenwasserstoffmolekülen kurzkettige entstehen, die zwar einerseits leichter flüchtig sind, aber andererseits nach der Ozonbehandlung in nicht kontrollierbarer Weise für unbestimmte Zeit die Räume belasten können. Es gibt auch Hinweise, dass Einrichtungsgegenstände nach einer Ozonbehandlung Schäden aufwiesen.

Die erforderliche Einsatzdauer von Ozon zur Geruchsbeseitigung beträgt je nach Konzentration und Problemstellung zwischen 1 und 12 Stunden. Bei extremen Geruchsbelastungen kann es erforderlich sein, die Behandlung in Abständen von einigen Tagen oder auch Wochen mehrfach zu wiederholen. Der normale Abbau des Ozons dauert im Allgemeinen ca. 1 bis 3 Stunden. Danach können die Räume wieder betreten werden.

Es gibt die Möglichkeit, das Ozon nach der vorgesehenen Einwirkzeit durch das Gerät im Sauerstoffregenerationsmodus anzusaugen und aktiv in Sauerstoff zu regenerieren (z. B. Trotec Supercracker). In diesem Modus lassen sich deutlich schnellere Behandlungszeiten realisieren. Durch den aktiven Abbau des Ozons können die Räume wieder schneller betreten und genutzt werden.

Beim Einsatz hoher Ozonkonzentrationen in Innenräumen ist darauf zu achten, dass diese gegenüber anderen Räumen gut abgeschottet werden, da Ozon als Gas auch durch Türfugen usw. umverteilt wird, wodurch es zu einer Gesundheitsgefährdung in angrenzenden Räumen kommen kann.

Zu beachten ist auch, dass durch sehr hohe Ozonkonzentrationen über längere Zeit schädigende Wirkungen auf Pflanzen, verschiedene Kunststoffe und Metalle auftreten können. Eigene Versuche ergaben, dass weichmacherhaltige PVC-Kunststoffe verspröden.

Pflanzen und andere gefährdete Gegenstände sollten deshalb grundsätzlich während einer Ozonbehandlung aus den Räumen ausgelagert werden.

Durch Geruch belastete Möbel, Kleidung, Vorhänge usw. können durch eine entsprechende Ozonbehandlung in einem gut abgeschlossenen Raum ebenfalls weitgehend von dem unangenehmen Geruch befreit werden. Es ist allerdings anzuraten, dass vorher mit dem Anbieter geklärt wird, ob es zu Materialschäden kommen kann. Nach der Behandlung sollte der Raum ausreichend lange und gut belüftet werden, bevor er wieder genutzt wird und die Gegenstände in Gebrauch genommen werden.

Es sind die jeweils nationalen Gesetze/Verordnungen, Unfallverhütungsvorschriften sowie die Sicherheitsmerkblätter für den Betrieb von Ozongeneratoren in geschlossenen Räumen zu beachten. Der zulässige definierte Mittelwert bei Ozon (über 8 Stunden) liegt bei 0,2 mg/m^3 = 200 $\mu g/m^3$ (MAK-Wert).

Stärkere Ozongeneratoren sind für den gewerblichen Einsatz konzipiert und **dürfen ausschließlich durch geschultes und zur Nutzung autorisiertes Personal eingesetzt werden**, da bei unsachgemäßer Anwendung gesundheitliche Probleme auftreten können.

Die Räume müssen bei einer Ozonisierung mit höheren Ozonkonzentrationen gesichert und dürfen nicht betreten werden. Vor der Nutzung der Räume müssen diese entsprechend gelüftet und Kontrollmessungen durchgeführt werden, um die Freigabe zu bestätigen.

13.5.1.2 Oxidation mit Singulett-Sauerstoff

Eine im Vergleich zur Ozonbehandlung milde Variante der Geruchsstoffoxidation stellt der Einsatz von Singulett-Sauerstoff dar.

Singulett-Sauerstoff wird mit Plasmafeldionisatoren (PFI) erzeugt, wobei mit weit niedrigerem Energieeintrag gearbeitet wird als bei der Ozonerzeugung. Aus der aufzubereitenden Luft werden durch Ionisation Singulett-Sauerstoff und nur als Nebenprodukt geringe Mengen Ozon erzeugt. Plasmafeldionisatoren erlauben bei Betrieb in belüfteten Räumen und einem Abstand von ca. 2 m zur Ionenquelle auch die zeitweilige Anwesenheit von Personen. Singulett-Sauerstoff ist wie Ozon ein starkes Oxidationsmittel, aber ungiftig – fachlich richtige Anwendung vorausgesetzt.

Beim Einsatz in bewohnten Objekten ist die Geruchsbeseitigung mit Singulett-Sauerstoff zu bevorzugen. Aber auch hier ist der dauerhafte Aufenthalt von Personen in den jeweils behandelten Räumen nicht zu empfehlen. Bei längerem Einsatz sollten zwischendurch die behandelten Räume immer wieder gut gelüftet werden.

Es sind jedoch in keinem Fall die erhöhten Schutzmaßnahmen wie beim Einsatz von Ozongeneratoren erforderlich.

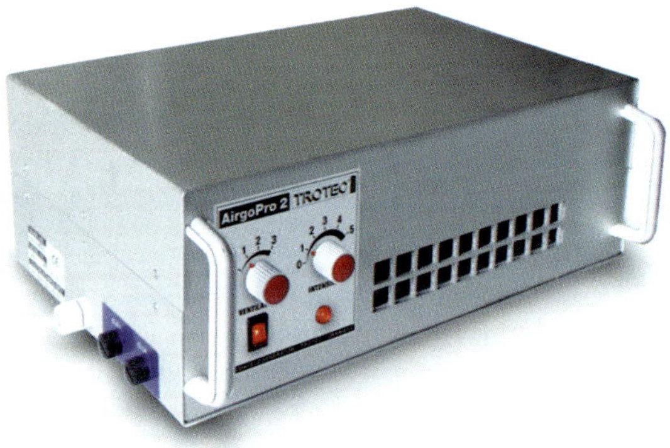

Abb. 13.17 Plasmafeldionisator zur Erzeugung von Singulett-Sauerstoff (Quelle: Trotec oHG, Heinsberg)

13.5.2 Einkapseln von Geruchsmolekülen

Auf dem Markt werden unterschiedliche Mittel zur Geruchsbeseitigung angeboten. Beispielartig soll hier Makromol 1 vorgestellt werden. Laut Herstellerangaben handelt es sich hierbei um eine Komposition aus organischen Wirkstoffen zur Luftreinigung.

Die Zusammensetzung enthält die Inhaltsstoffe gemäß EEG-Richtlinien (890/542/EEG):

- Pflanzenextrakte und natürliche Duftstoffe: 5 bis 15 %,
- 1,2 Propylenglykol: 1 bis 15 %,
- Konservierungsmittel: < 1 %.

Ein Teil der Wirkstoffe besteht aus Makromolekülen, welche Geruchsmoleküle absorbieren. Das Ergebnis ist laut Hersteller gaschromatographisch nachgewiesen, wobei kritisch anzumerken ist, dass viele Geruchsstoffe stark polar sind und mit der Gaschromatographie nicht oder kaum erfasst werden können.

Eingesetzt wird das Mittel u. a. zur Beseitigung von Gerüchen bei der Estrich-Dämmschichttrocknung und der Hohlraumtrocknung.

Leider gibt es keine Angabe zum eingesetzten Konservierungsmittel, so dass das Produkt nicht uneingeschränkt empfohlen werden kann.

13.5.3 Ausheizen

Eine weitere Methode zur Geruchsreduzierung stellt das Ausheizen dar, wobei die Raumluft auf ca. 35 bis 40 °C erwärmt wird. Durch die Erwärmung der Materialien im Raum wird die Emission organischer Verbindungen und somit auch der Geruchsstoffe aktiviert, d. h. diese gehen in die Raumluft über. Durch das nachfolgende Belüften der Räume können sie dann in den Außenbereich entsorgt werden. Aufheizen und Lüften sollten mehrfach wiederholt werden, da nur hierdurch eine entsprechende Geruchsreduzierung erfolgt. Intervalle von 2 bis 3 Stunden Aufheizen und jeweils ca. 15 Minuten Ablüften erbrachten bei mehrtägiger Durchführung akzeptable bis gute Ergebnisse.

14 Desinfektion bei mikrobiellen Schäden

Die Desinfektion, d. h. das Abtöten und Entfernen von Keimen, ist in der Regel nicht erforderlich, da im Normalfall keine Infektionsgefahr besteht. Die gesundheitliche Gefährdung durch die mikrobiellen Partikel geht sowohl von lebenden als auch von abgestorbenen Partikeln aus.

Prinzipiell gilt der Grundsatz, dass der Ausbau und die Entsorgung von mikrobiell befallenen Baustoffen die sicherste Methode einer Sanierung darstellt. Aus wirtschaftlichen Erwägungen wird jedoch oft nach Alternativen gesucht. Die Desinfektion ist eine dieser Alternativen. Zwischen dem Auftraggeber, dem Sanierungsplaner und dem Auftragnehmer sollte vertraglich vereinbart werden, wer das Risiko des Gelingens einer kostengünstigeren Sanierungsalternative trägt.

In folgenden Ausnahmefällen kann eine Desinfektion sinnvoll sein:

- Es ist nicht möglich, die Feuchte im Schadensbereich in kurzer Zeit zu entfernen, und es soll verhindert werden, dass der noch geringe mikrobielle Befall sich weiterentwickelt oder räumlich ausdehnt.
- Es handelt sich um Schäden in Risikobereichen, wo die Infektionsgefahr stärker im Vordergrund steht, z. B. bei Schäden in Krankenhäusern.
- Beim Wiederaufbau muss feuchtes Material auf nicht mit vertretbarem Aufwand entfernbare und/oder nur schlecht dekontaminierbare Bauteile aufgebracht werden und es soll verhindert werden, dass sofort wieder mikrobielle Aktivität einsetzt.
- Der Schadensbereich ist auch in Zukunft gefährdet in der Weise, dass zeitweise für mikrobielles Wachstum ausreichend hohe Feuchte auftreten könnte, ohne dass dies durch technische oder organisatorische Maßnahmen zu verhindern ist.

Im letzten Fall wären Mittel einzusetzen, die über einen längeren Zeitraum eine fungizide bzw. keimtötende Wirkung zeigen.

Das Problem, das seit vielen Jahren besteht, ist, dass es keine speziell für die Desinfektion von mikrobiellem Befall in Gebäuden empfohlene oder zugelassene Mittel oder Methoden gibt.

Als Anhaltspunkt wird immer wieder die Desinfektionsmittelliste des Robert Koch Instituts (RKI) herangezogen, wobei sich diese aber speziell auf geprüfte und anerkannte Mittel und Verfahren für Entseuchungen gemäß § 18 Infektionsschutzgesetz bezieht.

Diese Liste enthält auch außer den Methoden „Verbrennen“ und „Kalkmilch“ Desinfektionsmittel mit chlororganischen oder anorganischen Substanzen mit aktivem Chlor-m-Kresol und Benzyldimethyldodecylammoniumbromid, die für Innenräume hinsichtlich der chemischen Belastung problematisch sind.

Wichtigster Grundsatz beim Einsatz von Desinfektionsmitteln ist es, keine zusätzlichen gesundheitsgefährdenden Innenraumbelastungen zu verursachen, weder während der Verarbeitung noch für den Zeitraum danach. Diese Prämisse stellt eine der Hauptforderungen an ein geeignetes Desinfektionsmittel (DIM) zur mikrobiellen Desinfektion bei mikrobiellem Befall in Gebäuden dar. Außerdem sollte das Mittel auch eine möglichst große Bandbreite hinsichtlich der Wirkung gegen Schimmelpilz- und Bakterienkeime aufweisen und zu einem vertretbaren Preis in kleineren und großen Mengen problemlos marktverfügbar sein.

Wenn diese Forderungen alle erfüllt werden, bleiben nur wenige geeignete Mittel. Neben dem bewährten hochprozentigen Alkohol und neben Wasserstoffperoxid haben sich in den letzten Jahren einige neue Mittel am Markt etabliert, die allerdings weitgehend auf der Basis von Wasserstoffperoxid wirken.

Zu unterscheiden ist zwischen Desinfektionsmitteln für den Hausgebrauch und solchen für professionelle Anwendungen. Gerade der Laie besorgt sich sein „Anti-Schimmel-Mittel" meist im Baumarkt, ohne auf Inhaltsstoffe und die daraus resultierende gesundheitliche Problematik zu achten. Für ihn ist nur die Wirksamkeit hinsichtlich der Schimmelpilzabtötung wichtig. Leider gibt es für derartige Produkte keine Zulassungspflicht, wodurch sich viele gesundheitlich problematische und auch teilweise nicht besonders wirksame Mittel auf dem Markt befinden.

Im professionellen Bereich gibt es hinsichtlich Arbeitsschutz, Betriebsanweisung usw. einige Vorschriften, die bei der Anwendung zu beachten sind.

In den nachfolgenden Empfehlungen sind Desinfektionsmittel genannt, die sich bei der Anwendung in der Praxis bewährt haben.

Grundsätzlich ist festzustellen, dass auch **die beste Desinfektion keine Ursachenbeseitigung darstellt**. Erst durch eine fachgerechte Ursachenermittlung und -beseitigung, nachfolgende Bautrocknung, Dekontamination und Durchführung geeigneter Sanierungsmaßnahmen wird erneuter Befall dauerhaft und sicher verhindert.

14.1 Methoden zur Desinfektion

14.1.1 Abbrennen/Abflämmen

Das Abbrennen von belasteten Flächen ist eine der sichersten Methoden, mikrobiellen Befall auf Oberflächen und im oberflächennahen Bereich abzutöten und gleichzeitig zu beseitigen, wenn dies richtig ausgeführt wird. Hierzu ist ein langsames mehrfaches Abflämmen mit der offenen Gasflamme, wie sie von Dachdeckern verwendet wird, erforderlich. Für Randbereiche oder Fugen sollten entsprechend kleinere Düsen eingesetzt werden, da die große Flamme in Schlitzen und Ecken oft wegen Sauerstoffmangel ausgeht.

Im Bereich der Flammenspitze liegen **Temperaturen von ca. 1.000 bis 1.500 °C** vor, wodurch alle auf und an der Oberfläche vorhandenen Mikroorganismen sofort abgetötet und verbrannt werden.

Bei dieser Methode erfolgt nicht nur eine Desinfektion, sondern sogar eine Sterilisation der richtig behandelten Flächen. Durch die extremen Temperaturen der offenen Flamme werden auch Zellhüllen, Mykotoxine und alle sensibilisierenden und allergisierenden Bestandteile komplett zerstört.

Abb. 14.1 Abbrennen mit der offenen Gasflamme

Beim Abbrennen ist die Flamme mehrfach langsam über die gleichen Stellen zu führen, um auch bis in ca. 1 cm Tiefe die zur Abtötung erforderlichen Temperaturen zu erreichen.

Diese Methode dient auch sehr gut zur Vorbereitung einer ggf. erforderlichen oder präventiven Desinfektion mit flüssigen Mitteln, da durch das Abbrennen die Baustoffe weiter getrocknet werden, wodurch das Saugverhalten und dadurch die Eindringtiefe verbessert wird.

Starke Hitze ist das weitaus zuverlässigste Mittel zur Abtötung von Mikroorganismen, vorausgesetzt, dass der zu behandelnde Bereich einer Hitzeeinwirkung zugänglich ist und diese verträgt.

Zu beachten ist, dass einige Putze durch das Erhitzen mit der Flamme abplatzen können, besonders wenn die Fläche zu schnell zu stark erhitzt und nicht vorgewärmt wird. Das Tragen einer geeigneten Schutzbrille ist unbedingt erforderlich. Es soll auch auf die Helmpflicht auf Baustellen hingewiesen werden.

Vor dem Abbrennen von Putzflächen an Decken sind in jedem Fall Probeflächen zu erhitzen, um die Reaktion des Putzes zu testen. Klingt die testweise abgebrannte Fläche danach hohl, muss eine andere Vorgehensweise gewählt werden. Dies ist z. B. bei noch zu feuchten oder lange unter Feuchteeinwirkung stehenden Putzen der Fall. Auch eingebettete Rabitzgewebe (z. B. unter deckengleichen Stahlträgern) können beim Abbrennen zum Abplatzen ganzer Putzflächen führen.

Vor der Durchführung von Abbrennarbeiten sind alle unter Putz oder in abgedeckten Schächten vorhandenen Kabel und Leitungsführungen (Gas, Wasser usw.) zu ermitteln und gut sichtbar zu markieren.

Zu empfehlen ist die Aufteilung der zu bearbeitenden Flächen mit einem Baubleistift, mit Kreide oder einer Schlagschnur in ca. 30 bis 50 cm große Streifen oder Quadrate, die dann nach und nach gut abgebrannt werden können, ohne dass dabei die Übersicht verloren geht, wo schon gebrannt wurde. Abgebrannte Flächen sollten dann durch den Ausführenden immer direkt markiert werden.

Zur Kontrolle von Abbrennarbeiten auf der Baustelle kann folgende Methode dienen: Mit einem Akkubohrer werden ca. 3 mm große Löcher in die Fugen und Ziegel der abzubrennenden Fläche gebohrt. Die Löcher werden so tief gebohrt, dass ein Streichholz (ohne Zündkopf) flächenbündig hineinpasst. Die sichtbare Bruchfläche des Streichholzes wird dünn mit etwas feuchtem Staub oder Mörtel abgedeckt. Die Kontrollpunkte werden am Boden mit einem Strich markiert und die Höhe der Kontrollpunkte dazugeschrieben. Bei fachgerechtem Abbrennen mit entsprechend langen Hitzeeinwirkzeiten verkohlen diese Streichhölzer bis ca. 2 bis 3 mm hinter die Oberfläche.

Beim Abbrennen neuerer Putze kann es durch chemische Mörtelzusatzstoffe zu Innenraumbelastungen kommen, die möglicherweise als problematisch einzustufen sind. Diese Belastungen können daraus resultieren, dass Beton- oder Mörtelzusatzstoffe durch die starke Erhitzung umgewandelt oder verändert werden und ausgasen.

Bisher liegen hierzu aber noch keine detaillierten Untersuchungen vor.

Auszuschließen ist dieser Effekt bei älteren Kalk- oder Kalkzementputzen, da diese keine Zusatzstoffe enthalten.

14.1.2 Einsprühen mit Desinfektionsmitteln

Das Einsprühen mit geeigneten Desinfektionsmitteln und ggf. das nachfolgende Binden des abgetöteten Befalls kann bei nur oberflächlichem (nicht bei tiefer gehendem) Befall eingesetzt werden, z. B. zur Behandlung entschichteter Putzoberflächen, Mauerwerk, Holzbalken usw.

Zum Sprühen geeignet sind marktübliche Pumpsprühbehälter, wobei bei größeren Flächen solche mit kleinen elektrischen Pumpen zu empfehlen sind, die u. a. im Gartenfachhandel angeboten werden.

Beim Sprühen von Desinfektionsmitteln sind unbedingt die erforderlichen Arbeitsschutzmaßnahmen einzuhalten, da durch die Aerosolbildung (Bildung kleinster lungengängiger Tröpfchen, die auch einige Zeit in der Luft schweben) eine Gesundheitsgefährdung entstehen kann.

Beim Versprühen von 70 %igem Alkohol besteht außerdem eine erhöhte Entzündungs-/Explosionsgefahr. Bei der Anwendung von Wasserstoffperoxidlösungen besteht u. a. die Gefahr irreversibler Augenschäden, wenn ohne Schutzbrille gearbeitet wird.

Unabhängig vom eingesetzten Mittel ist immer für eine möglichst gute Belüftung der Räume, wenn irgend möglich für Querlüftung, zu sorgen.

Nach den Sprüharbeiten sind die behandelten Räume ebenfalls gut zu belüften und für mindestens 15 bis 30 Minuten zu schließen, bis sich die Aerosole abgesetzt haben oder abgelüftet wurden und sich die Konzentration der Desinfektionsmittel in der Raumluft so weit reduziert hat, dass die Räume wieder ohne Arbeitsschutzausrüstung betreten werden können. An den Zugangstüren sind entsprechende Hinweisschilder anzubringen und die Räume sind abzusperren.

Abb. 14.2 Komplette PSA beim Sprühen von einem Desinfektionsmittel (hier Wasserstoffperoxidlösung) mit Arbeitsschutzanzug, Handschuhen und Vollmaske mit Atemschutzfilter

Beim Sprühen von hochprozentigem Alkohol ist eine Explosion fast nicht zu vermeiden, wenn hier direkt nach dem Versprühen nicht gelüftet wird und ein anderer Handwerker ein Funken bildendes Gerät (fast alle Elektromotoren, wie in Bohrmaschinen usw., aber auch Mobiltelefone und die im Raum installierten Lichtschalter) in Betrieb nimmt oder sich eine Zigarette anzündet.

Wichtig beim Einsprühen von mikrobiellem Befall ist auch die Wahl des Desinfektionsmittels, die einzusetzende Menge, Konzentration und die Anzahl der Sprühvorgänge.

Bei saugenden Materialien, wie Putz, Klinkersteinen usw., wird bei leichterem Befall die Fläche einmal bis an die Sättigungsgrenze, d. h. bis die Flüssigkeit nicht mehr vom Baustoff aufgenommen wird und abläuft, eingesprüht. Bei stärkerem Befall ist zu empfehlen, die Flächen nach Abtrocknung des ersten Sprüheinsatzes noch ein zweites Mal ebenfalls sättigend einzusprühen.

Je nach Materialbeschaffenheit und Saugverhalten der zu behandelnden Flächen werden dabei Mengen von ca. 0,1 bis 0,5 l/m^2 eingesetzt.

Abhängig vom Desinfektionsmittel (z. B. bei entzündungsgefährdeten Mitteln) und der Schadensgröße ist in Fällen, in denen keine professionelle Firma tätig ist und die erforderlichen Arbeitsschutzmaßnahmen wahrscheinlich nicht eingehalten werden, nur das satte Einstreichen der befallenen Flächen zu empfehlen.

Häufigste Ursache einer nicht erfolgreichen Desinfektion ist die nicht gleichmäßige und nicht in den erforderlichen Mengen aufgebrachte Desinfektionsmittelmenge.

Sinnvoll bzw. hilfreich wäre es, den Flüssigkeiten Farbstoffe (z. B. aus der Lebensmittelchemie) beizusetzen, die bei nachfolgenden Arbeiten, wie Neuverputzen oder Tapezieren, nicht durchschlagen, um die Maßnahme (gleichmäßiger Auftrag) besser kontrollieren zu können.

Eine weitere Möglichkeit wäre der Zusatz von Fluoreszenzfarbstoffen, wodurch dann mit UV-Lampen die Verteilung und aufgetragene Menge kontrolliert werden könnte. Leider stehen derartige Zusätze noch nicht zur Verfügung.

14.1.3 Abwaschen mit Desinfektionsmitteln

Glatte Flächen können durch Einstreichen, Einsprühen und nachfolgendes Abwaschen mit geeigneten Mitteln desinfiziert werden. Auch hierbei sind, vor allem bei umfangreichen Arbeiten, die erforderlichen Arbeitsschutzmaßnahmen unbedingt einzuhalten.

Wird z. B. mit höherprozentigem Wasserstoffperoxid (> 5 %) gearbeitet, kann es durch starke Oxidationswirkung u. a. zu Hautveränderungen (Weißverfärbungen) kommen, wenn keine Handschuhe verwendet werden.

14.1.4 Foggen

Beim Foggen (vernebeln) werden spezielle Geräte, sog. „Fogger", eingesetzt, durch die das Desinfektionsmittel in einen feinen Aerosolnebel umgewandelt wird.

Besonders gut geeignet ist der Einsatz dieser Methode zur Desinfektion von Sekundärkontaminationen in nicht oder schlecht zugänglichen Bereichen. Dies ist z. B. der Fall bei der Sanierung von Kellerräumen, in denen viele Installationsleitungen vorliegen. Geeignet ist diese Methode auch zur Behandlung von geringen oder Sekundärbelastungen bei der Dämmschichttrocknung, in Installationsschächten, Be- und Entlüftungsrohren usw.

Mit geeigneten Foggern können ganze Räume mit Desinfektionsmittelnebel gefüllt werden, wobei sich die Aerosole auf allen Oberflächen als feiner Film niederschlagen. Dies hat den Vorteil, dass u. a. in der Raumluft schwebende und an schlecht oder nicht erreichbaren Oberflächen anhaftende Sporen und Keime abgetötet werden können.

Es gibt bisher in der **praktischen Anwendung sehr gute Erfahrungen** mit der **Desinfektionswirkung**, andererseits **fehlt** noch eine **fachlich fundierte Studie zur Wirkung**, so dass diese Maßnahme derzeit nur für auf diesem Gebiet qualifizierte Fachleute (Sachkundenachweis) zu empfehlen ist.

Es sollte deshalb **stets geprüft werden**, ob stattdessen die bekanntermaßen wirksame **Wischdesinfektion anwendbar ist** (insbesondere bei kleineren Flächen).

Bei den Modellen Patriot™ und Neutralizer™ entsteht ein sehr feiner schwebfähiger Nebel, wohingegen die Modelle Cyclone Ultra Flex™ und Hurricane etwas größere und nicht so schwebfähige Tröpfchen erzeugen, dafür aber optimal zur Aufbringung von sehr dünnen Wirkstofffilmen auf Oberflächen geeignet sind.

Puls-Jet- oder andere Thermofogger dürfen niemals zur Vernebelung von Alkohol verwendet werden, da durch die Erhitzung hohe Explosionsgefahr besteht.

Die Tröpfchengrößen der Modelle betragen:

Patriot™:	0,5 bis 50 μm,
Neutralizer™:	0,5 bis 25 μm,
Cyclone Ultra Flex™:	5,0 bis 50 μm,
Hurricane:	5,0 bis 50 μm.

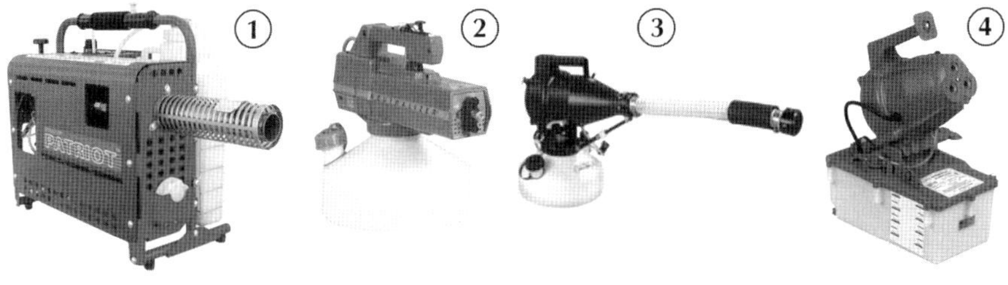

Abb. 14.3 a Modell Patriot™ – ein netzunabhängiger, benzinbetriebener Puls-Jet-Fogger mit hoher Leistung zur Erzeugung eines sehr feinen Trockennebels

Abb. 14.3 b Modell Neutralizer™ – ein netzbetriebener Thermofogger zur Erzeugung von feinem Trockennebel; nur bedingt geeignet zum Foggen von wasserstoffperoxidhaltigen Desinfektionsmitteln (Wirkstoffe können abgebaut oder zerstört werden)

Abb. 14.3 c Modell Cyclone Ultra Flex™ – ein netzbetriebener ULV-Sprayer zur Flächenbehandlung mit Feuchtnebel. Er erzeugt über Vernebelungsdüsen einen feinen, gut dosierbaren Strahl, mit dem eine sehr gleichmäßige Wirkstoffaufbringung auf Oberflächen möglich ist.

Abb. 14.3 d Modell Hurricane – ein ULV-Sprayer mit 3 Strahldüsen zur schnellen, direkten Flächenbehandlung, auch zum Foggen von Räumen geeignet

(Quelle Abb. 14.3 a–d: www.pro-fog.de)

Die einzusetzenden Mittel verschiedener Hersteller sind meist zum Einsatz in Foggern optimiert. Hierzu werden sog. Trägerstoffe, wie z. B. Propylenglykol und Glycerin, zugesetzt.

Bei dieser Methode ist die Beachtung von Schutzmaßnahmen besonders wichtig, da dabei in der gesamten Raumluft sehr hohe Aerosolkonzentrationen vorliegen. Foggen sollte nur mit geeignetem Schutzanzug in Verbindung mit einer Atemschutzmaske durchgeführt werden. Nach dem Foggen sind die eingenebelten Bereiche je nach eingesetztem Mittel für 30 Minuten bis zu mehreren Stunden komplett zu sperren, bis sich der Nebel abgesetzt hat oder die Räume gut belüftet wurden.

Das Aerosol kann auch über Unterdruckgeräte in den Unterboden eingeblasen werden, wodurch dieser in den vom Luftstrom durchströmten Bereichen desinfiziert werden kann. Hierzu liegen jedoch bisher noch keine weiter gehenden Untersuchungen oder Erfahrungswerte hinsichtlich der anzuwendenden Mengen oder der Wirksamkeit im gesamten Bodenbereich vor. Die Methode stellt aber eine Möglichkeit dar, bei unklaren Befallsdiagnosen zumindest eine präventive Desinfektion ohne größeren Kostenaufwand durchzuführen.

Da durch Puls-Jet-Fogger eine starke Lärmbelastung und Nebelbildung erfolgt, sollten folgende Maßnahmen beachtet werden:

- Betroffene Nachbarn und Anlieger und vor allem die zuständige örtliche Feuerwehr sollten über die kurze Lärmbelastung und Nebelbildung informiert werden, da es sonst passieren kann, dass der Nebel für Rauch gehalten wird und plötzlich die Feuerwehr vor der Türe steht (so starke Nebelbildung ist jedoch sehr selten).
- Vorhandene Rauchmelder müssen während des Foggens und so lange der Nebel vorliegt deaktiviert werden.

- Lüftungsanlagen müssen abgeschaltet werden.
- Abhängig vom vernebelten Mittel sollten die Räume entsprechend lange gesperrt und an den Zugangstüren mit Hinweisschildern versehen werden.

Anwendungstechnik für Hohlraumfoggen

Ein Problem beim Foggen von Hohlräumen ist es, einen stabilen, dichten Nebel mit feinen, lange Zeit schwebenden Tröpfchen zu erzeugen, damit es nicht zu lokalem Niederschlag von Flüssigkeit kommt und gleichzeitig andere Bereiche von dem Desinfektionsmittel nicht erreicht werden.

Gelöst werden konnte diese Problem im Rahmen einer Kooperation zwischen BBI Lassl, Krefeld, OTI/Nilges, Krefeld, und JES Entfeuchtungssysteme, Laatzen, dadurch, dass zwischen Fogger und Seitenkanalverdichter ein Sammelbehälter angeordnet wurde.

Aufgrund umfangreicher Anwendungen kann bestätigt werden, dass mit der nachfolgend beschriebenen und dargestellten Anordnung sehr gute Bedingungen und Eintragsmengen erreicht werden. Beim Einblasen in die Dämmschichtebene kann gut beobachtet werden, wie der Nebel an den Randfugen wieder austritt. Installationsschächte sollten von unten oder oben so lange gefüllt werden, bis am anderen Ende ebenfalls deutlicher Nebelaustritt erkennbar ist.

Benötigt werden hierzu ein Puls-Jet-Fogger, ein Sammelbehälter für den Nebel (Aluminiumkiste, ca. 80 x 40 x 40 cm), ein Seitenkanalverdichter und die dazugehörigen Schläuche. Über den Fogger wird der Nebel in den Sammelbehälter eingeblasen, an den über einen Schlauch der Seitenkanalverdichter angeschlossen wird, um den Nebel aus dem Sammelbehälter in den Verdichter zu saugen. Über den Verdichter wird dann der angesaugte Nebel über Schläuche in die Dämmschicht unter dem Estrich oder in andere Hohlräume eingeblasen.

Beim Einblasen mit Puls-Jet-Foggern entstehen an der Austrittsöffnung des Foggers sehr hohe Temperaturen, wodurch es bei fehlerhafter Aufstellung und Handhabung dazu kommen kann, dass sich der Sammelbehälter sehr stark erhitzt. Daher sollten keinesfalls brennbare Sammelbehälter verwendet werden.

Zu Beginn des Foggens ist zu beachten, dass das Endrohr des Foggers erst dann in die Kiste gesteckt wird, wenn bereits die Nebelerzeugung erfolgt. Am Ende des Foggens sollte das Rohr herausgezogen werden, wenn noch Nebelerzeugung stattfindet. Gleich danach kann die Wirkstoffzufuhr am Fogger auf Entlüften bzw. abgestellt werden.

Auch hinsichtlich des Trägermittels bei der Nebelerzeugung sind verschiedene Punkte zu beachten. So sollte die zugesetzte Menge möglichst gering sein und sich im Bereich von ca. 15 % bewegen. Beim Trägermittel muss es sich um unbedenkliche Substanzen, wie z. B. reines Propylenglykol oder Mischungen aus Propylenglykol und Glycerin, handeln.

Nach dem Foggen sollte der dabei verwendete Seitenkanalverdichter noch einige Zeit laufen, um mögliche Rückstände des Trägermittels auszublasen.

Es muss auch noch darauf hingewiesen werden, dass im Sammelbehälter ein Teil des Trägermittels ausfällt und über Fugen in der Aluminiumkiste auf den darunter liegenden Boden durchsickern kann. Deshalb sollte der Sammelbehälter auf einer mit einem dickeren Tuch abgedeckten stabilen Folie aufgestellt werden.

1 Fogger zur Nebelerzeugung (hier IGEBA TF 35)
2 Konsole zur besseren Positionierung und Wirkstoffausnutzung (Tank)
3 Sammelbehälter aus Aluminium mit Öffnung für Fogger und Anschlüssen für Schläuche zum Seitenkanalverdichter
4 Seitenkanalverdichter

Abb. 14.4 Foggeranlage zur Desinfektionsnebelerzeugung

Abb. 14.5 a Nebelaustritt aus Schlauchende (Schlauchlänge ca. 8 m)
Abb. 14.5 b Einblasen von Desinfektionsnebel in abgehängte Decke
Abb. 14.5 c Einblasen von Desinfektionsnebel in Installationsschacht
Abb. 14.5 d Nebelaustritt unter Küchenzeile nach Einblasen in Installationsschacht

In jedem Fall sollte das System vor ersten Anwendungen im Freien getestet werden, um mögliche Probleme beim Kunden auszuschließen.

Es soll nochmals darauf hingewiesen werden, dass es sich hier um eine noch in der Erprobungsphase befindliche Systemkonfiguration handelt, die sich zwar schon im praktischen Einsatz hinsichtlich der Qualität der Nebelerzeugung bewährt hat, aber noch keine „Serienreife“ aufweist.

14.1.5 Fluten von Randfugen

Desinfektionsmittel wird in die Randfuge bei schwimmenden Estrichen mit einem Becher eingebracht, um dort vorliegenden, nicht entfernbaren mikrobiellen Befall oder Reste des Befalls zu desinfizieren.

Gut geeignet ist diese Methode bei mikrobiellen Schäden im Sockelbereich, wenn durch Beprobung nachgewiesen ist, dass sich der Befall nur im Randbereich des Estrichs befindet.

Vor dem Fluten sind alle Randstreifen und Verschmutzungen aus den Randfugen zu entfernen. Dann sollten die Fugen mit einer Sprühdüse gut eingesprüht werden, um eine optimale Benetzung der Seitenflanken zu erreichen. Danach wird das Desinfektionsmittel in die Randfuge eingefüllt, z. B. mit einem Schnabelbecher. Nach 1 bis 2 Tagen kann die Randfuge z. B. mit Perlite aufgefüllt und mit einem Vorlegeband aus Schaumstoff abgedeckt werden, wodurch auch abgetötete Sporen nicht mehr in den Raum gelangen können.

Versiegeln ist zu empfehlen, wenn der gesamte Bereich ausreichend getrocknet ist, so dass mikrobielles Wachstum nicht mehr möglich ist.

Nicht geeignet ist diese Methode, wenn sich der Befall in relevanter Weise in der Dämmschicht unter dem Estrich gebildet hat.

14.1.6 Schaumbehandlung

In einigen Fällen ist es erforderlich, Hohlräume zu desinfizieren, die durch Einsprühen nicht erreicht werden können.

In diesen Fällen empfiehlt sich der Einsatz von verschäumten Desinfektionsmitteln, mit denen auch kleinere Hohlräume gut ausgefüllt und desinfiziert werden können.

Schäume stellen auch die beste Möglichkeit dar, verschiedene Sekundärkontaminationen, wie in Nachströmöffnungen an Waschbecken, Badewannen usw., aber auch Kanalrohre zu desinfizieren.

Da diese sinnvolle und in vielen Fällen erforderliche Methode bisher nicht oder nur in Einzelfällen testweise eingesetzt wurde, stehen hierzu leider noch keine speziell für diese Einsatzzwecke getesteten marktverfügbaren Produkte und Geräte zur Verfügung.

In einem unter dem Titel „Schaum gegen Schwamm“ veröffentlichten Artikel (Schulte, 2002) wird eine derartige Methode zur Hausschwammsanierung beschrieben:

Eine Schaumbehandlung gegen Hausschwamm wurde in einem österreichischen Kirchengebäude durchgeführt. In einem ca. 10 m^3 großen Hohlraum unter dem Volksaltar lag massiver Hausschwammbefall vor. Da der Bereich durch Öffnen zerstört worden wäre, wurde die beschriebene Spezialmethode gewählt, um die denkmalgeschützte

a

b

c

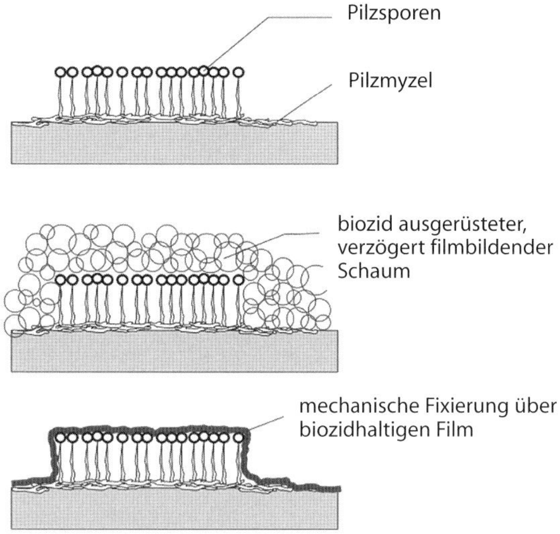

a freier Sporenrasen mit Pilzmyzel
b Sporenrasen, von Schaum überdeckt
c Filmbildung durch kollabierten Schaum und Mantelung des Sporenrasens

Abb. 14.6 a–c Wirkungsprinzip des Schaumverfahrens (Quelle: Michael Römer, Wilhelmshaven)

Bausubstanz zu erhalten. Dabei wurden insgesamt 60 l eines flüssigen Stoffes zur Hausschwammbekämpfung über 6 Stunden lang per Schaumgerät in den Hohlraum gepumpt und dieser dadurch vollständig beschäumt. Der Echte Hausschwamm konnte dauerhaft vernichtet und die Bausubstanz des Volksaltars gerettet werden.

Es ist nahe liegend, dass diese Methode nicht nur bei Hausschwamm, sondern auch bei Schimmelpilz- und Bakterienbefall funktioniert.

Eine weitere Möglichkeit der Schaumbehandlung von mikrobiellem Befall in Hohlräumen wurde von Römer entwickelt. Diese Methode ist auch darauf ausgerichtet, den mikrobiellen Befall zu desinfizieren. Die wesentliche Komponente der Entwicklung ist aber, dass der mikrobielle Befall gebunden wird.

Bei diesem System werden Hohlräume angebohrt und mit einem geeigneten Schutzmittel ausgeschäumt. Der Schutzmittelschaum setzt sich nach einiger Zeit an den Oberflächen ab und hinterlässt im Hohlraum allseitig einen dünnen Film, der über die Bindemittelkomponente den Schimmelpilzrasen mechanisch bindet und über die Biozidkomponente das Pilzgewebe und auskeimende Sporen abtötet.

Das einzusetzende Schutzmittel ist wasserbasiert und setzt sich wie folgt zusammen:

- schimmelpilzwidriges Biozid,
- Filmbildner (modifizierte Acrylharze),
- Schaumbildner,
- Indikatorfarbstoff (optional).

Filmbildner, Schaumbildner und Indikatorfarbstoff stellen rein formulierungstechnische Details dar, über welche die gewünschten Schaumeigenschaften ganz gezielt eingestellt werden. Zugunsten der toxikologischen Unbedenklichkeit wird auf den Einsatz hochwirksamer Biozide verzichtet. Für den beabsichtigten Zweck reichen auch weniger schnell wirkende Biozide aus, da **das Hauptziel die Einbindung der allergen wirkenden Biomasse der Schimmelpilze** ist.

In der praktischen Ausführung können so auch Hohlräume erreicht werden, die ansonsten erheblichen Aus- und Einbauaufwand erfordern.

Das System ist noch nicht marktverfügbar und es ist noch zu klären, wie lange der Schaum stabil bleibt, d. h. eine echte Langzeitwirkung aufweist.

14.1.7 Einsatz von UV-Lampen

Denkbar ist auch der Einsatz starker UV-Lampen zur Desinfekton von Anflugsporen auf Oberflächen nach oder während der Sanierungsarbeiten.

In bestimmten Fällen ist ein Einsatz bei Sanierungsarbeiten in Risikobereichen (Krankenhäusern usw.) sinnvoll. Die UV-Lampen können z. B. in Schleusen zur Verhinderung von Verschleppungen lebender Keime angebracht werden.

Den Angaben des Herstellers sterilAir zufolge steht die Wirksamkeit einer UV-Entkeimung bei der Inaktivierung von Mikroorganismen in direktem Zusammenhang mit der angewandten Dosis (Zeit x Intensität). Dabei sind hohe Intensitäten während einer kurzen Zeit und geringe Intensitäten über einen langen Zeitraum in ihrer Desinfektionswirkung quasi gleich.

Ultraviolette Strahlen, deren Fähigkeit, Bakterienkeime, Schimmelpilzsporen und Viren abzutöten, seit langem bekannt ist, finden erneut Einzug in vielen Bereichen, z. B. bei der Entkeimung in Klimaanlagen/Belüftungsanlagen oder der Wasserentkeimung. Diese Methode kann **ohne die Gefahr einer Resistenzbildung, ohne Geruchsemission, ohne Additive** angewendet werden und ist **luftwiderstandslos** und **hoch effektiv**.

Zulässig ist der Einsatz nur in abgesicherten Räumen, da bei zu starker Annäherung an die Lampen innerhalb sehr kurzer Zeit Hautverbrennungen die Folge sein können. Beim Einsatz der Lampe sind auch entsprechende Schutzmaßnahmen, wie das Tragen einer Schutzbrille, unbedingt zu beachten.

Es empfiehlt sich für den mobilen Einsatz, die Lampenfassung auf einem stabilen Stativ zu montieren (Schraubgewinde ist vorhanden).

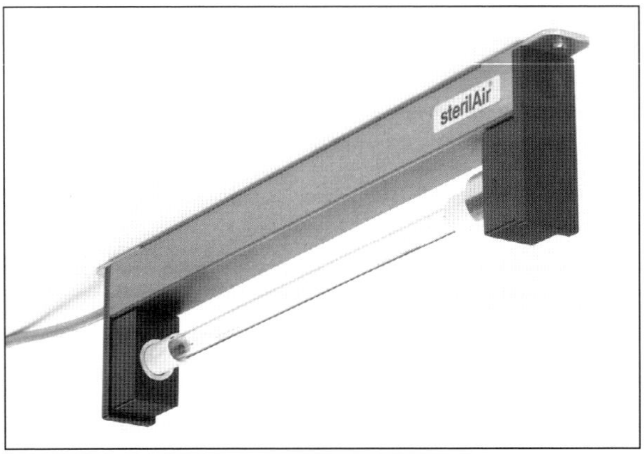

Abb. 14.7 UV-C-Entkeimungslampe sterilAir D 2036-2S (Quelle: sterilAir AG, Weinfelden, Schweiz)

Die Strahlungsleistung der D-2000-Systeme ist äußerst hoch. Sie wirkt nicht nur auf das umgebende Raumluftvolumen, sondern auch auf Oberflächen. UV-empfindliche Gegenstände, Produkte und Pflanzen müssen vor der direkten Bestrahlung geschützt werden. Außerdem besteht die Gefahr des Ausbleichens von Oberflächen. Auch Personen dürfen sich nicht längere Zeit ohne Schutz in dem Bereich aufhalten. Arbeitsschutzmaßnahmen beim Umgang mit starker UV-Strahlung (Schutzbrille, Absicherung der Räume usw.) sind unbedingt zu beachten! Es bestehen Verbrennungsgefahr für die Haut und die Gefahr von Augenschäden!

Eingesetzt werden derartige UV-Lampensysteme zur:

- Luftstromdesinfektion (modulare Einheiten und Systemkomponenten zur Entkeimung konditionierter Luftströme),
- Raumluftentkeimung in Innenräumen (kompakte Fertigsysteme zur Luftentkeimung in umschlossenen Räumen, z. B. in Krankenhäusern, Labors, Kühl- und Lagerräumen),
- Oberflächendesinfektion (durch die direkte und intensiv gerichtete UV-C-Bestrahlung lassen sich auch hitzeempfindliche Oberflächen zuverlässig desinfizieren).

14.1.8 Einsatz von Heißdampf

Desinfektionsverfahren mit Heißdampf/Trockendampf werden in verschiedenen Variationen im medizinischen Bereich eingesetzt, vor allem in geschlossenen Systemen. Das Robert Koch Institut fordert für die Anwendung Einwirkzeiten von 5 bis 15 Minuten.

In einer Durchführungsbestimmung zur Desinfektion bei anzeigepflichtigen Tierseuchen stellt das Bundesministerium für Gesundheit und Konsumentenschutz fest, dass die Verwendung von Dampfstrahlgeräten (gespannter Dampf von ca. 140 °C bei 4 bis 8 bar Druck) vorwiegend eine Reinigungswirkung hat, da mit zunehmendem Abstand zwischen der Düse und der zu desinfizierenden Fläche die Temperatur rasch abfällt, und eine Desinfektion nur erreicht wird, wenn über längere Zeit (mindestens 10 Minuten lang) auf den Flächen eine Temperatur von wenigstens 60 °C konstant gehalten werden kann.

Bei der praktischen Durchführung auf der Baustelle ist es kaum möglich, die genannten erforderlichen Einwirkzeiten einzuhalten und die Flächen lückenlos zu behandeln.

Außerdem ist zu bezweifeln, ob damit auch die erforderliche Eindringtiefe bei Putz oder Ziegeln erreicht wird. Eine weitere Problematik besteht darin, dass kaum zu kontrollieren ist, ob auch alle Oberflächen lückenlos behandelt wurden.

Ein dänisches Unternehmen bietet unter dem Namen micro-clean® ein Gerät zur Bearbeitung von Oberflächen mit Heißdampf und direkter Absaugung an. Wie aus Abb. 14.8 ersichtlich ist, können immer nur sehr kleine Bereiche behandelt werden, woraus bei richtiger Ausführung ein erheblicher Zeitaufwand resultiert.

Bei der Behandlung großer Flächen im Baubereich ist ein verhältnismäßig hoher Personalaufwand erforderlich und es erfolgt eine Auffeuchtung der behandelten Flächen.

Abb. 14.8 Bearbeitung einer Oberfläche mit Heißdampf (Quelle: Micro Clean A/S, Vedbæk, Dänemark)

Die Heißdampf-Reinigungstechnik arbeitet mit 20 bis 300 bar und ausschließlich mit Wasser bei Temperaturen von 30 bis 150 °C. Es gibt verschiedene Düsen je nach Anwendungsgebiet.

Bei diesem Verfahren ist zu vermuten, dass beim Behandeln der mikrobiell belasteten Oberflächen in den angestrahlten Randbereichen nicht abgetötete Keime aufgewirbelt werden und in die Raumluft übergehen, wodurch noch zusätzlich eine Umluftanlage mit HEPA-Filter einzusetzen ist.

Alle bekannten **Heißdampfmethoden** weisen **keine Vorteile** gegenüber den Abbrenn- oder Sprühverfahren auf und **können zur Desinfektion in Innenräumen** bei mikrobiellen Schäden **nicht empfohlen werden**.

Sie sind aber sehr **gut geeignet zur Reinigung von mikrobiell oder algenbefallenen Fassaden**, zur Reinigung von Natursteinen, Ziegeln, Dispersionsfarbenentfernung, Fliesenreinigung, Weich- und Hartholzreinigung und in der Brandschadensanierung.

14.2 Desinfektionsmittel

14.2.1 Praxisbewährte Mittel

Bei der Anwendung aller Mittel sind die entsprechenden Angaben der jeweiligen Sicherheitsdatenblätter zu berücksichtigen. Diese können beim Hersteller/Lieferanten angefordert oder im Internet, z. B. aus der GISBAU-Datenbank, heruntergeladen werden. Resultierend aus den Sicherheitsdatenblättern sind Betriebsanweisungen zu erstellen und die erforderlichen Arbeitsschutzmaßnahmen einzuhalten.

Wenn die Mittel, wie im professionellen Bereich, versprüht werden, entstehen durch Aerosolbildung (feine Schwebetröpfchen) immer weit höhere Gefahren, als wenn sie gestrichen werden.

Schimmelpilzwidrige oder -abtötende Wirkstoffe haben im Allgemeinen nur eine begrenzte zeitliche Wirksamkeit. Wenn längere Zeiträume zwischen der ersten Desinfektion und der endgültigen Sanierung (z. B. Beseitigung der Feuchtequelle) liegen, sollte die Desinfektion nach ca. 4 bis 6 Wochen wiederholt werden. Die Intervalle hängen u. a. vom eingesetzten Mittel, Ausmaß der Feuchte und von der Stärke des Befalls ab.

Bei Behandlung von lackierten Flächen, Hölzern usw. ist die Materialverträglichkeit vorher zu prüfen, da bei einigen Mitteln Farbveränderungen, Fleckenbildungen, Ausblühungen oder andere Effekte auftreten können.

14.2.1.1 Alkohole/Spiritus

Hochprozentiger Alkohol (z. B. 70 %iger Ethanol- oder Isopropylalkohol), ggf. Zugabe von 3 % Salicylsäure, ist eines der bewährten und seit langem eingesetzten Desinfektionsmittel. Der Einsatz ist jedoch nur bei kleineren Befallsflächen zu empfehlen, da sonst entsprechende Schutzmaßnahmen zur Vermeidung von Explosionsgefahr (Ex-Ausrüstung der Elektroinstallationen oder während der Arbeiten Strom am Hauptschalter abschalten) getroffen werden müssen.

Spiritus ist vergällter Ethanol und preislich günstiger als die reinen Alkohole, da durch die Vergällung keine Branntweinsteuer anfällt. Die Vergällung erfolgt mit Aceton, Methanol, Butanon, Methylethylketon, Bittersalz usw. ($^1/_4$ Wasser auf $^3/_4$ Spiritus ergibt ca. 70 %igen Ethanol).

Die Vorteile von Alkohol und Spiritus sind ihre gute Wirksamkeit, große Bandbreite, Eindringtiefe, schnelle Flüchtigkeit nach der Anwendung und gute Verfügbarkeit. Reiner Alkohol ist in jeder Apotheke sofort, in Abmischung mit Salicylsäure maximal innerhalb eines Tages verfügbar. Spiritus erhält man in jedem Drogeriemarkt und Baumarkt.

Der Nachteil dieser Mittel besteht vor allem in der hohen Explosionsgefahr, speziell beim Sprühen durch das entstehende Aerosolgemisch, die bestimmte Arbeitsschutzmaßnahmen unabdingbar macht, wie Atemschutz, Augenschutz, das Unterbinden offener Flammen, Rauchverbot, kein Einschalten Funken bildender Maschinen, von Mobiltelefonen und Lichtschaltern im zu sanierenden Raum, gute Belüftung usw. Unfälle wie beim Grillen mit flüssigen Kohleanzündern können auch hier zu schweren Verbrennungen führen, wenn z. B. die Sprühflasche Feuer fängt. Im Privatbereich sollte Alkohol deshalb möglichst nur mit dem Pinsel aufgetragen oder es sollten die vorgenannten Schutzmaßnahmen beachtet werden.

Alkohol und Spiritus bieten außerdem keinen Präventivschutz gegen Wiederanwachsen.

14.2.1.2 Wasserstoffperoxidlösungen

Ein weiteres häufig angewendetes und wirksames Desinfektionsmittel ist eine 5- bis 10 %ige Wasserstoffperoxidlösung, die eine abtötende Wirkung auf die Schimmelpilze und Bakterien und gleichzeitig eine bleichende Wirkung hat.

Die Vorteile der Wasserstoffperoxidlösung sind ihre gute Wirksamkeit, hohe Bandbreite und schnelle Flüchtigkeit nach der Anwendung (Wasserstoffperoxid zersetzt sich in Sauerstoff und Wasser: $H_2O_2 \rightarrow H_2O + O$). Wasserstoffperoxidlösung ist in jeder Apotheke sofort oder kurzfristig verfügbar.

Ein Nachteil dieses Mittels ist die Gesundheitsgefährdung bei der Anwendung, besonders beim Sprühen, durch das entstehende Aerosolgemisch. Beim Auftrag von Kleinmengen mit einem Pinsel besteht keine Gefahr. Bei Hautkontakt findet eine Schädigung des Fettfilms der Haut statt, wodurch sich diese weiß verfärbt, was sich allerdings nach einigen Tagen ohne bleibende Schäden wieder normalisiert. Sehr problematisch sind, besonders bei der Anwendung über Kopf, mögliche irreversible Augenschäden, wenn das Aerosol in die Augen gerät und Netzhautschädigungen verursacht. Atemschutz, Augenschutz, Handschuhe und gute Belüftung der Räume sind hier die wichtigsten zu nennenden Schutzmaßnahmen.

Durch Wasserstoffperoxidlösungen können an Metallen (z. B. Bewehrungseisen) Korrosionsschäden verursacht werden. Dies kann bei zu geringer Betonüberdeckung oder größeren Lunkerstellen (Hohlräumen durch schlechte Verdichtung des Betons) zutreffen.

Als professionelles Produkt ist u. a. SANOSIL Schimmelstopp® erhältlich. Die Lösung enthält zusätzlich noch Silberionen, wodurch ein Präventivschutz über einen gewissen Zeitraum gegeben ist. Das Mittel ist gesundheitlich unbedenklich (Einsatz in Lebensmittelbetrieben usw.). Außerdem liegen entsprechende Prüfzeugnisse zur Wirksamkeit und weltweite Zulassungen vor, was bei kritischen Kunden oft von Vorteil ist. Das Mittel ist direkt und präventiv wirksam gegen Schimmelpilze, Bakterien, Viren usw.

In Ausnahmefällen, wie z. B. bei frisch lackierten weißen Fenstern, können durch die Silberionen Verfärbungen oder Fleckenbildungen auftreten. Vor der Anwendung auf lackierten, lasierten, mit Wachsen und Ölen behandelten Oberflächen ist die Materialverträglichkeit zu prüfen oder die Oberflächen müssen bei der Anwendung mit Folien abgedeckt werden.

Das Produkt wird nicht über den Fachhandel oder Baumärkte, sondern nur über Direktvertrieb angeboten und muss bestellt werden, wobei mit Lieferzeiten von 1 bis 3 Tagen zu rechnen ist.

14.2.1.3 Peroxicarbonsäuren

Eine andere Art mikrobieller Desinfektionsmittel stellen Mittel mit Fruchtsäuren dar. Fruchtsäuren haben neben ihrer antimikrobiellen Wirkung noch eine Reihe anderer erwünschter Effekte in Lebensmitteln, weshalb sie auch diesen zugesetzt werden. Die Fruchtsäuren sind meist Hydroxycarbonsäuren oder Dicarbonsäuren.

Ein Desinfektionsmittel mit Fruchtsäuren ist der JATI-Schimmelpilzentferner. Die laut Anbieter patentierte Wirkstoffformel basiert auf Peroxicarbonsäuren, gebildet aus Aktivsauerstoff und Fruchtsäuren, die auch in der Lebensmittelindustrie als Konservierungsmittel zum Einsatz kommen. Schimmelpilze und Bakterien werden desinfiziert. Das Mittel ist haut- und atemverträglich und enthält weder Chlor noch Hypochlorit, Alkohole, Aldehyde oder quaternäre Ammoniumverbindungen. Einer der besonderen Vorteile ist die stark verzögerte Neubildung von mikrobiellem Befall über längere Zeiträume, wodurch ein sehr guter Präventivschutz erfolgt.

JATI-Schimmelpilzentferner wird für Sanierer ebenfalls nur über Direktvertrieb angeboten. Die Lieferzeiten liegen zwischen 1 und 3 Tagen.

14.2.1.4 Laugen

Laugen sind als Desinfektionsmittel u. a. deshalb gut geeignet, weil die meisten Schimmelpilze und Bakterien nur bis zu pH-Werten von 10 existieren können. Alle nachfolgend genannten Mittel weisen pH-Werte über 10 auf.

Bei mehreren Anwendungen verschiedener Laugen ist aufgefallen, dass sie Geruch weit stärker beseitigten als Alkohol oder Wasserstoffperoxidlösungen.

Problematisch ist, dass es bei Wiederauffeuchtungen in behandelten Bereichen zu Salzausblühungen bauschädigender Salze kommen kann. Bei intensiver Anwendung von Sodalösung, Pottasche usw. kann es auch zu hygroskopischer Wasseraufnahme der behandelten Flächen kommen, wobei Wasser aus der Raumluft aufgenommen wird.

Bei üblichen Anwendungsmengen zwischen 0,2 und 0,4 l/m^2 werden bei 10 %igen Lösungen 20 bis 40 g Salz bildende Bestandteile aufgebracht.

Wenn zu einer starken Lauge eine Säure (Essig, Zitronensäure) hinzugegeben wird, kann es zu einer heftigen Reaktion und zu großer Hitzeentwicklung kommen! Außerdem wird die Lauge gepuffert und die Wirkung geht verloren.

Kalkmilch

Die auch in der Desinfektionsmittelliste des Robert Koch Instituts genannte Kalkmilch (in Wasser aufgeschwämmter gelöschter Kalk) oder Kalkhydratsuspension enthält Calciumhydroxid ($Ca[OH]_2$) in unterschiedlichen Massenanteilen und ist auch zur Desinfektion im Baubereich geeignet. Der pH-Wert beträgt 12,6.

Achtung: Kalkmilch ist eine starke Lauge und kann bei längerem Kontakt Hautschäden und bereits bei kurzem Kontakt ernsthafte Augenschäden verursachen. Die Angaben des Sicherheitsdatenblattes oder der Betriebsanweisung sind in jedem Fall zu beachten, da bereits geringfügige Spritzer besonders in den Augen schwere Schäden verursachen können.

Eigene Anwendungen bei der Sanierung von Fußböden unter Dielenoberböden und nach der Entfernung stark befallener schwimmender Estrichkonstruktionen erbrachten sehr gute Ergebnisse, wohl auch deshalb, da dort vorher vorliegende Sporen und Keime durch den Kalkanstrich gebunden wurden.

Natronlauge (NaOH)

Natronlauge ist die Bezeichnung für eine wässrige, stark alkalische Lösung von Natriumhydroxid (NaOH). Sie ist geeignet zur Desinfektion von Schimmelpilzen, Bakterien (außer Mycobakterien) und Viren. Die Lösung ist 3 bis 5 %ig, ihre Mindesteinwirkungszeit beträgt 2 Stunden. Natronlauge ist auch bei niedriger Temperatur (um den Gefrierpunkt) gut wirksam.

Natronlauge wird als *Natrium causticum* (Ätznatron) oder konzentrierte 32 %ige Lauge in den Handel gebracht und muss entsprechend den Herstellerangaben angemischt oder verdünnt werden. Konzentrierte Natronlauge hat einen pH-Wert von 14. Es ist darauf zu achten, dass der pH-Wert nicht unter 12 absinkt.

Achtung: Konzentrierte Natronlaugen wirken auf der Haut stark ätzend und selbst stark verdünnte Natronlauge kann die Hornhaut der Augen so schädigen, dass es zur Erblindung kommt.

Sodalösung, 5 %ig

Reines, wasserfreies Soda ist ein weißes Pulver, das Haut und Schleimhäute reizt, und besteht chemisch aus Natriumcarbonat. Bei Kontakt mit sulfathaltigen Baustoffen (z. B. gipshaltigem Putz) erfolgt eine Umwandlung zu Natriumsulfat, das als besonders bauschädigendes Salz gilt. Soda ist stark hygroskopisch und nimmt Kristallwasser aus der Luft auf. Der pH-Wert von Soda liegt bei 11,5.

Achtung: Soda neigt zur Staubentwicklung! Der Staub darf nicht eingeatmet werden. Die Arbeiten sollten nur mit Gummihandschuhen und Schutzbrille ausgeführt werden.

Pottasche

Kaliumcarbonat (K_2CO_3) wirkt stark hygroskopisch, d. h. es zieht die Luftfeuchte an. In Wasser löst es sich sehr gut und bildet eine starke Lauge. Der pH-Wert liegt bei ca. 12.

14.2.1.5 2-DKL-Methode

Bei starkem mikrobiellem Befall mit dichtem Myzel an nicht oder nur mit sehr großem Aufwand zugänglichen Stellen, wie z. B. in Fugen von stark zerklüftetem Sichtmauerwerk, bei rissigen Holzoberflächen von Balken, Riegeln, Sparren usw. hat sich folgende Methode als sehr praktikabel herausgestellt (siehe auch Kap. 14.3).

Zuerst wird der Befall **mit 70 %igem Alkohol** eingesprüht (bis das Myzel zusammenfällt) **und direkt danach** wird (feucht in feucht) **mit 5 bis 10 %igem Wasserstoffperoxid** bzw. einem Wasserstoffperoxidprodukt mit präventiv wirkenden Zusätzen nachgesprüht.

Es sollen keine hoch konzentrierten Wasserstoffperoxidlösungen eingesetzt werden, da hierbei starke Reaktionen mit Alkohol oder Salzen möglich sind. Bei geringen Konzentrationen bis zu 10 % besteht jedoch keinerlei Gefahr.

Wie sich bei Untersuchungen unter dem Mikroskop herausgestellt hat, sind mehrere der ansonsten als positiv zu bewertenden Desinfektionsmittel (z. B. Wasserstoffperoxid und starke Laugen) bei dichtem Myzel nicht in der Lage, in das feine und dicht gewobene Myzel einzudringen und dieses zu durchsetzen, wodurch sich der abtötende Effekt nur auf die Oberfläche beschränkt.

Bei allen Tests an Myzelien unterschiedlicher Schimmelpilzkulturen zeigte sich jedoch, dass 70 %iger Alkohol in allen Fällen das Myzel direkt durchdrungen hat und dieses zusammengefallen ist.

Durch die 2-DKL-Methode (Desinfektion nach Lassl) wird einerseits das Myzel durch Alkohol aufgelöst und andererseits durch ein stark oxidierendes, wasserstoffperoxidhaltiges Desinfektionsmittel mit großer Bandbreite eine weitgehende Abtötung des Befalls erreicht.

14.2.2 Weniger/nicht geeignete Mittel

14.2.2.1 Säuren

Essig oder Essigessenz

Schimmelpilzbefall mit den Hausmitteln Essig oder Essigessenz zu behandeln, hat keine sichere Wirkung, da einige Mikroorganismen in saurem Milieu gut weiterwachsen können und das alkalische Milieu z. B. von Putzmörtel dadurch in den neutralen oder sauren Bereich verschoben wird. *Penicillium spp.*, *Aspergillus niger* und *Fusarium spp.* können in pH-Bereichen von 2 noch weiterwachsen (Sedlbauer, 2001).

Außerdem ist die Geruchsbelastung meist derart penetrant, dass auch angrenzende Räume betroffen sind und zum Teil über starke Atemwegsreizungen geklagt wird.

Salzsäure, verdünnt

Von dieser Säure ist in jedem Falle abzuraten, da dadurch fast alle mineralischen Baustoffe angegriffen oder zerstört werden und außerdem eine stark ätzende Wirkung vorliegt. Es entstehen hohe Geruchsbelastung und Verätzungsgefahr bei der Anwendung. Zudem können sich aus der Säure bei der Reaktion mit alkalischen Baumaterialien bauschädigende Salze bilden.

14.2.2.2 Chlorhaltige Mittel

Handelsübliche Produkte mit Aktiv-Chlor oder anderen Chlorverbindungen, wie Chlorbleichlauge (Natriumhypochlorit), haben gegenüber anderen Mitteln erhebliche Nachteile, aber keine erkennbaren Vorteile. Wenn der Sprühnebel solcher Mittel eingeatmet wird, bilden sich im Körper schädliche chlororganische Verbindungen. Daher sind die Sicherheitshinweise unbedingt zu beachten! Chlorhaltige Mittel wirken abtötend auf die Schimmelpilze und haben gleichzeitig noch eine bleichende Wirkung. Auf Metall haben sie Korrosionswirkung! Oft verfügen sie über kein übergreifendes Wirkungsspektrum.

Bei gleichzeitiger Anwendung chlorhaltiger Reinigungsmittel, wie Sanitärreiniger, kann sich auch hochgiftiges und atemwegsverätzendes Chlorgas bilden.

14.2.2.3 Isothiazolinonhaltige Mittel

Einige handelsübliche Mittel enthalten Isothiazolinone in Konzentrationen bis zu 5 %. In Fachkreisen wird derzeit davon ausgegangen, dass diese gesundheitlich bedenklich sind, was sowohl für den Anwender als auch, wegen des relativ hohen Siedepunktes, danach für die Raumbenutzer ein noch nicht abschätzbares Risiko darstellt. Wenn möglich, sollten andere Mittel bevorzugt werden.

14.2.2.4 Quaternäre Ammoniumverbindungen

Mittel, die quaternäre Ammoniumverbindungen (Quats), wie Benzalkoniumchlorid usw., enthalten, wirken meist selektiv. Manche Schimmelpilze werden von diesen nicht abgetötet, sondern verlieren ihre Nahrungskonkurrenten und entwickeln sich umso besser (IHD, 2003).

14.2.2.5 Salmiakgeistlösung

Obwohl oft als Desinfektionsmittel genannt, ist 5 %ige Salmiakgeistlösung (Ammoniaklösung) nicht empfehlenswert, da Ammoniak stark reizend auf die Atemorgane wirkt.

14.3 Eindringverhalten von Desinfektionsmitteln

Bei der Anwendung verschiedener Desinfektionsmittel ist es in mehreren Fällen nicht zu der gewünschten bzw. zu erwartenden Abtötung von Schimmelpilzen gekommen, obwohl die Mittel in den empfohlenen Mengen aufgebracht wurden. Dies traf besonders bei dichteren Myzelien und bei rissigen Materialien, wie Holzbalken, zu.

Als Ursache für den mangelnden Erfolg der Desinfektion wurde ein nicht ausreichendes Eindringverhalten der Desinfektionsmittel vermutet, da besonders in den tieferen Schichten, wie z. B. in Holzrissen, der Befall fast gar nicht abgetötet war.

Vor diesem Hintergrund wurden die nachfolgend dargestellten und erläuterten eigenen Tests zum Eindringverhalten gängiger Desinfektionsmittel bei Vorliegen von gut bzw. stark ausgebildetem und dichtem Myzel durchgeführt.

Dafür wurden auf DG18-Agarschalen entsprechende Schimmelpilzkulturen angezüchtet, bis diese ein weitgehend dichtes Myzel und einen gut ausgebildeten Schimmelpilzbefall aufwiesen.

Danach wurden die Desinfektionsmittel Alkohol, Wasserstoffperoxid und eine Lauge als größere Tropfen jeweils in 2 unterschiedlichen Myzelbereichen aufgebracht und die Reaktionen beobachtet und dokumentiert.

Wie aus Abb. 14.9 ersichtlich, bilden das Wasserstoffperoxid und die Lauge auf dem Myzel einen Tropfen, der aufgrund der Oberflächenspannung nicht in das Myzel eindringt und je nach Myzelbeschaffenheit auch über Stunden darauf liegen bleibt.

Der Kontaktwinkel bei dem Laugentropfen betrug ca. 90°, bei dem Wasserstoffperoxidtropfen ca. 130°. Dies bedeutet, dass das Wasserstoffperoxid und die Lauge das Myzel nicht durchdringen und nur auf der Oberfläche wirken, wodurch der darunter liegende Bereich nicht abgetötet und zersetzt wird.

In Abhängigkeit von der Pilz- bzw. Myzelbeschaffenheit erfolgt teilweise nach längerer Einwirkzeit (> 30 min) bei der Lauge eine Verfärbung des Tropfens und eine Anlösung des Myzels, aber nie die direkte und durchgängige Zersetzung wie bei dem Alkohol. Der Alkohol dringt direkt in das Myzel ein und zersetzt es – das Myzel wird angelöst und fällt in sich zusammen.

Der Test zeigt deutlich, dass das Wasserstoffperoxid und die Lauge bei reiner Oberflächenbenetzung nicht die erforderliche Wirkung, besonders hinsichtlich der Eindringtiefe, bei dichten Myzelien haben. Eine teilweise Verbesserung kann erreicht werden, wenn die Mittel mit einem starken Sprühstrahl aufgebracht werden, wodurch das Myzel mechanisch aufgerissen wird und sich die Eindringmöglichkeit in tiefere Myzelschichten erhöht. Da dies aber in der Regel nur punktuell erfolgt, verbleiben in den meisten Fällen Myzelbestandteile und eingelagerte Sporen, die nicht abgetötet werden.

1 70 %iger Isopropylalkohol (2-Propanol, pH-Wert: 2 bis 3, Zusatz: 3 % Acetylsalicylsäure)
2 7 %iges Wasserstoffperoxid (pH-Wert: 2, Zusatz: 0,01 % Silber)
3 Lauge (Natrium- und Kaliumhydroxid, pH-Wert: 13, Zusatz: Haftvermittler)

Abb. 14.9 Test Eindringtiefe von Desinfektionsmitteln

1 nur Alkohollösung: Die Oberfläche ist abgetrocknet, die Farbe hat sich zu Braun/Schwarz geändert.
2 Durch Zugabe von 70 %igem Alkohol wird das Myzel geöffnet, dadurch erfolgt über Wasserstoffperoxid eine sehr starke Reaktion mit Blasen-/Schaumbildung und Verwirbelungen im Flüssigkeitsgemisch.
3 nur Lauge: Die Oberfläche ist abgetrocknet, tiefer liegende Schichten sind nicht zersetzt. Es hat sich ein gelartiger Film gebildet.

Abb. 14.10 Test Eindringtiefe von Desinfektionsmitteln nach ca. 1 Stunde Einwirkzeit mit zusätzlichen Lösungen

70 %iger Alkohol hingegen dringt direkt nach dem Aufbringen in das Myzel ein und löst dieses weitgehend auf, wodurch auch die tieferen Schichten mit dem Desinfektionsmittel in Kontakt kommen und abgetötet werden können.

Bei einem zweiten Test wurden den auch nach ca. einer Stunde noch auf dem Myzel aufliegenden Wasserstoffperoxid- und Laugentropfen Alkoholtropfen zugesetzt, wobei sich starke Reaktionen mit Bildung von Gasbläschen innerhalb der Tropfen, starke Verwirbelungen und Schaumbildung zeigten.

Ein optimales Ergebnis wurde erzielt, wenn zuerst Alkohol und danach eine Wasserstoffperoxidlösung aufgebracht wurde.

2 Wochen nach der Desinfektion zeigte sich bei den durch Alkohol desinfizierten Agarschalen deutlicher neuer Bewuchs, bei den durch Alkohol und Wasserstoffperoxidlösung mit Silberionen bzw. durch Alkohol und Lauge desinfizierten Agarschalen nur minimaler oder kein neuer Bewuchs. Dies weist darauf hin, dass durch die Kombinationswirkung der Mittel eine bessere Desinfektion erreicht wird als bei der Anwendung von Alkohol als alleinigem Desinfektionsmittel. Derartige Synergiewirkungen sind auch aus der Medizin bekannt und werden dort häufig genutzt.

Tests, Untersuchungen und Dokumentation zum Eindringverhalten erfolgten durch das Ing.-Büro Lassl.

15 Ausführung von Sanierungsarbeiten an Fassaden mit mikrobiellem Befall

15.1 Mikroorganismen auf Fassaden

Die von Wärmedämmverbundfassaden erzielbare hermetische thermische Trennung zwischen dem Hintermauerwerk und der Putzoberfläche bewirkt eine weitgehende Unterbindung des Wärmestroms von der Raumseite zur Fassadenoberfläche. Die verhältnismäßig dünne Putz- und Armierungsschicht kann gleichzeitig nur in geringem Umfang Wärme speichern. Durch die Unterversorgung mit Wärme und die fehlenden Speichermöglichkeiten kühlen die Fassadenoberflächen bei sinkenden Außenlufttemperaturen (z. B. nachts) rasch ab.

Nach den Untersuchungen der Eidgenössischen Materialprüfungs- und Forschungsanstalt Schweiz lagen die Oberflächentemperaturen von Wärmedämmverbundsystemen (WDVS) während des Winterhalbjahres im Zeitraum nach Sonnenuntergang bis zum Sonnenaufgang ca. 2 bis 3 °C unterhalb der Lufttemperatur und ca. 1 °C unterhalb der Taupunkttemperatur. Während einer Zeitspanne von 24 Stunden wurde dort die Taupunkttemperatur etwa 15 Stunden lang unterschritten. Damit waren in diesem Zeitraum die physikalischen Voraussetzungen für einen Tauwasserniederschlag gegeben.

Der Grund dafür, dass die Fassadenoberfläche auf Werte unterhalb der Außenlufttemperatur absinken kann, liegt in der Abgabe von Strahlungswärme durch die Fassade an den Nachthimmel. Diese Strahlungswärmeübertragung würde theoretisch so lange fortgesetzt werden, bis ein vollständiger Austausch stattgefunden hat, wenn die Fassade selbst nicht permanent mit neuer Wärmeenergie aus der Umgebungsluft versorgt werden würde.

Wenn während dieses Vorgangs an der Fassadenoberfläche die Taupunkttemperatur der Umgebungsluft unterschritten wird, bildet sich dort Tauwasser. Die dann frei verfügbare Feuchte an den Bauteiloberflächen verhilft den gängigen Mikroorganismen zu guten Wachstumsvoraussetzungen (Hankammer/Lorenz, 2003). Auch an Dachüberständen und Holzkonstruktionen tritt die Mikroorganismen-Problematik verstärkt auf (Hankammer/Lorenz, 2003).

Ein zusätzlich erhöhtes Feuchteangebot, z. B. oberhalb von angekippten Badezimmerfenstern durch die vorbeiströmende Raumluftfeuchte, fördert die Ansiedlung von Mikroorganismen.

Andererseits unterliegen gerade stark von saurem Regen bewitterte Teile von Fassaden einem gewissen Selbstreinigungseffekt, der dazu führen kann, dass sich Mikroorganismen nur mit erheblicher Verzögerung ansiedeln können bzw. abgetötet werden.

Abb. 15.1 a und b Wasserdampfaustritt oberhalb eines Badezimmerfensters, das permanent gekippt ist, fördert den mikrobiologischen Bewuchs.

Als Produkt aus Verbrennungsprozessen werden Rauchgase und Kraftfahrzeugabgase frei, die in der Atmosphäre oxidieren. Als Folge reichern sich Schwefeldioxid (SO_2) und Stickstoffoxide (NO_X) in der Luft an. Unter der Einwirkung von SO_2-haltiger Luft wird das Wachstum von Schimmelpilzen gehemmt. Künzel beschreibt den unteren Schwellenwert einer freiwillig bioziden Wirkung mit einem SO_2-Gehalt der Luft von 20 $\mu g/m^3$ (Künzel, 2003), d. h. in Gebieten mit reiner Luft besteht ein besonders hohes Risiko der mikrobiologischen Fassadenverunstaltung.

Gleichzeitig führen die oben genannten Komponenten der Abgase zusammen mit Niederschlagswasser zu der Entstehung von saurem Regen, indem sie Schwefelsäure und Salpetersäure bilden:

$$\begin{array}{ccccccc} SO_2 & + & H_2O & + & {}^1/_2\,O_2 & \rightarrow & H_2SO_4 \\ \text{Schwefeldioxid} & + & \text{Wasser} & + & \text{Sauerstoff} & \rightarrow & \text{Schwefelsäure} \end{array}$$

$$\begin{array}{ccccccc} 2\,NO_2 & + & H_2O & + & {}^1/_2\,O_2 & \rightarrow & 2\,HNO_3 \\ \text{Stickstoffdioxid} & + & \text{Wasser} & + & \text{Sauerstoff} & \rightarrow & \text{Salpetersäure} \end{array}$$

Beide Säuren führen wiederum grundsätzlich zum Absterben von Mikroorganismen. Fassaden, die von saurem Regen bewittert werden, sind damit einem geringeren Risiko des Befalls ausgesetzt.

15.1.1 Algen

Algen können als Mikroorganismen auf frei bewitterten Bauteilen ebenso auftreten wie in freier Natur auf Hölzern und Steinen. Die Intensität der Algenbildung steht in Abhängigkeit zur verfügbaren Feuchte des Materials und dessen Oberflächenstruktur. Je stärker die Bewitterung oder Durchfeuchtung eines Stoffes ist, desto größer ist die Chance einer Ansiedlung. In den tief liegenden Kratern innerhalb der Struktur von Putzoberflächen dominiert der Algenbewuchs, da sich dort die Feuchte länger hält als auf den Strukturspitzen.

Algen brauchen Sonnenlicht als Energiequelle. Für das Wachstum werden Feuchte, Mineralstoffe, Spurenelemente und Stickstoffverbindungen (z. B. Nitrate, Ammonium) benötigt. Die stattfindende Photosynthese führt zu einem Kohlenhydrataufbau unter Freisetzung von Sauerstoff.

Abb. 15.2 Algenbildung auf einer nach Osten ausgerichteten Treppenwangenwand

15.1.2 Schimmelpilze

Unter den Mikroorganismen auf Fassaden sind Schimmelpilze der Spezies *Cladosporium sp.* dominant vertreten, aber auch andere Schimmelpilze mit dunklem Myzel (sterile Myzelien), die unter Laborbedingungen keine Sporenträger oder Sporen bilden, kommen häufig vor. Die Erscheinungsform auf Fassaden ist oft schmutzig grau bis schwärzlich mit nach unten orientierten, witterungsbedingten Ablaufspuren.

Schimmelpilze auf Fassaden benötigen ebenso wie Algen und Flechten zunächst hohe Luftfeuchte im Mikroklima unmittelbar oberhalb der Fassadenoberfläche. Abweichend von den Algen, die organische Nährstoffe aus Photosyntheseprodukten gewinnen, sind für die Schimmelpilze Kohlenhydrate essentiell, d. h. sie benötigen Kohlenhydrate aus der Nahrung, um wachsen zu können (Hankammer/Lorenz, 2003).

Auf Fassaden- und Dachoberflächen können Algen und Pilze als artfremde Mikroorganismen in einer Stoffwechselgemeinschaft zum gegenseitigen Nutzen zusammenleben.

Diese Form der Solidargemeinschaft wird Symbiose genannt. Die Algen sind wie alle Pflanzen zur Photosynthese befähigt, bei der unter Mitwirkung ihres Chlorophylls unter Einwirkung des Sonnenlichts Kohlenhydrate entstehen:

$$6\,CO_2 + 12\,H_2O \xrightarrow{\text{Photosythese}} C_6H_{12}O_6 + 6\,O_2 + 6\,H_2O$$

$$\text{Kohlendioxid} + \text{Wasser} \xrightarrow{\text{Photosythese}} \text{Glucose} + \text{Sauerstoff} + \text{Wasser}$$

Die Schimmelpilze stellen Nährsalze zur Verfügung und schützen die Algen vor Austrocknung.

Sofern es sich bei einem bereits eindeutig identifizierten mikrobiologischen Befall **nicht** um eine Algenbildung handelt, sondern um die Ansiedlung von Schimmelpilzen, weist die typische ungleichförmige Intensität des Schadensbildes daher neben unterschiedlichem Feuchteaufkommen auf ein differenziert abgestuftes Nährstoffangebot auf den Fassadenoberflächen hin. Da z. B. Vogelkot sich generell als Nährmaterial für Schimmelpilze und Bakterien eignet, kann eine Fassadenverunreinigung durch Vögel der Schimmelpilzbildung Vorschub leisten (Hankammer, Baugewerbe, 2004).

Auch andere Verunreinigungen auf der Fassade kommen als Ursache für das unregelmäßige Bild eines Schimmelpilzanwuchses in Frage:

- Lösungsmittel und organische Stäube aus Industrie-Emissionen,
- Stäube mit Düngemittelanteilen aus der Landwirtschaft,
- Rückstände aus ungeeigneten Reinigungsmitteln (evtl. aus der Bauzeit),
- partielle Oberflächenrauigkeiten mit erhöhter Staubanlagerung aus der Atmosphäre und dadurch unregelmäßige Biofilmbildung.

Abb. 15.3 Mikrobiologisch befallenes WDVS nach 10 Jahren Nutzungsdauer auf einer Südfassade

Abb. 15.4 Taubenanflug im Dachrandbereich als Indiz für eine fleckige Verschmutzung durch Vogelkot

Abb. 15.5 a und b Schwärzliche Schlierenbildung auf der Oberfläche von WDVS weist auf einen Befall mit Schimmelpilzen hin.

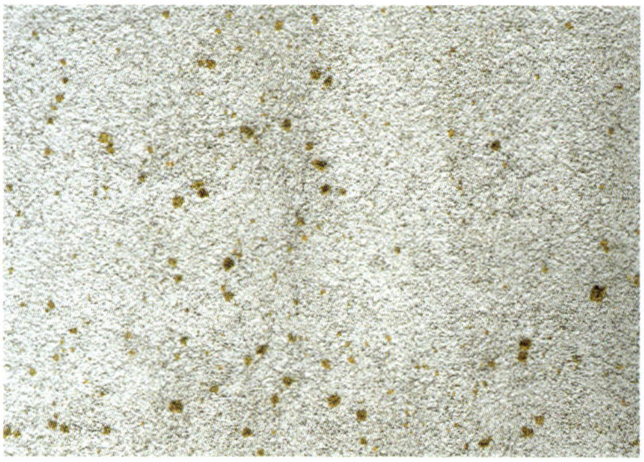

Abb. 15.6 Punktuelle Flechtenbildung auf einer 10 Jahre alten WDVS-Südfassade (Übersicht)

Abb. 15.7 a–c Punktuelle Flechtenbildung auf einer 10 Jahre alten WDVS-Südfassade (Detailansichten)

Abb. 15.8 Flechtenbildung auf der Oberseite eines Gesimsbandes einer WDVS-Fassade

15.1.3 Flechten

Flechten sind Symbiosen aus Algen und Schimmelpilzen. Die äußere Erscheinungsform der Flechten unterscheidet sich wesentlich sowohl von den Algen als auch von den Pilzen. Die Flechten haben eine lindgrüne bis gelbliche Farbgebung und sind häufig als spotartige Primärorganismen auf Fassaden anzutreffen.

15.2 Mikroorganismenbildung als Mangel

Die einschlägigen Mikroorganismen, die sich auf den Fassaden etablieren, sind ubiquitär, d.h. sie sind in der Außenluft allgegenwärtig und lassen sich daher von den Gebäuden nicht fernhalten.

Die zunächst für die Mikroorganismenansiedlung notwendige Tauwasserbildung auf der Außenseite hochgedämmter Fassaden ist unter den vorgenannten Gesichtspunkten unvermeidbar. Daher kann diese Komponente **nicht** als Mangel bewertet werden.

Das Gleiche gilt für die Entstehung von Nährstoffressourcen als erforderliche Sekundärkomponente einer Schimmelpilzansiedlung: Sie lässt sich gewöhnlich nicht bis in den Verantwortungsbereich des Auftragnehmers hinein verfolgen.

Anders verhält es sich mit den Optionen eines künstlichen Selbstschutzes als integrativem Bestandteil der Außenschicht. Ein „natürlicher“ Schimmelpilze und Algen hemmender Effekt wird der Bewitterung durch sauren Regen (SO_2-haltigen Regen) zugeschrieben. Verbesserte Umweltbedingungen wirken sich daher in mikrobiologischer Hinsicht wachstumsfördernd und damit nachteilig für die WDVS-Fassaden aus. In der Entwicklung der Fassadentechnik ist man daher dazu übergegangen, den Reinigungseffekt des sauren Regens durch künstliche Fungizide zu substituieren. Zu diesem Zweck werden den äußeren Schichten des Systemaufbaus (Oberputz und/oder Egalisationsanstrich) werkseitig Substanzen beigefügt, die über eine abtötende Wirkung für Schimmelpilze und/oder Algen verfügen. Dabei führt die toxische Wirkung zu einer umweltrechtlichen Beschränkung des maximal zulässigen Anteils von Fungiziden an den Putzbeschichtungsstoffen.

Von den Herstellern der WDVS wird eine sog. Filmkonservierung empfohlen, die seit 1995 bereits in verschiedene Systeme integriert ist. Bei Verwendung derartiger Systeme kann eine Zusatzvereinbarung zwischen dem Verarbeiter und dem Hersteller abgeschlossen werden, wonach Letzterer eine Zusicherung über die fünfjährige Resistenz gegen Algen- und/oder Pilzbefall bei Neubeschichtung oder Renovierung abgibt.

Die Verwendung von Bioziden in Fassadensystemen bewirkt **keine** andauernde Sicherheit vor einem mikrobiellen Befall. Das Material verhält sich nach dem Funktionsprinzip einer Opferschicht. Durch ständige Bewitterung verbraucht sich der biozide Werkstoffanteil im Laufe der Zeit. Gleichzeitig kann auf der Fassadenoberfläche infolge von Umwelteinflüssen allmählich eine Verschmutzung durch Staubablagerungen entstehen, auf der sich wiederum ein Biofilm einstellt, der den bioziden Werkstoffanteil zur Atmosphäre hin versiegelt. Auf dieser Biofilmschicht kann sich dann eine Ansiedlung von Algen und Pilzen entwickeln.

Unter diesen Voraussetzungen tritt eine Mikroorganismenbildung auf der Fassade bei Einsatz von Bioziden erst mit Zeitverzögerung ein, im Idealfall nicht vor Ablauf des jeweiligen Renovierungsintervalls.

Ob ein Baumangel in der Werkleistung vorliegt, wenn auf einer WDVS-Fassade nicht erst allmählich, sondern schon innerhalb der fünfjährigen Gewährleistungsfrist ein mikrobieller Bewuchs eintritt, wird mit hoher Wahrscheinlichkeit aus juristischer Sicht davon abhängen, ob die Fassadenverunreinigung als »vermeidbare Verschmutzung« bewertet wird. Das Landgericht Frankfurt/Main hat hierzu eine Entscheidung getroffen:

LG Frankfurt/Main, Urteil vom 1.12.1999 – 3-13 O-104/96:

„(...) Jeder Außenputz hat neben seiner bauphysikalischen Funktion auch eine ästhetische. Anderenfalls bedürfte es niemals irgendwelcher Überlegungen über farbliche Gestaltung, Absetzungen (Lisenen) oder sonstige gestalterische Elemente in der Außenhaut eines Gebäudes. Es bedarf deshalb keiner näheren Begründung, dass diese bedeutende weitere Funktion der Außengestaltung durch Mängel im Erscheinungsbild beeinträchtigt sein kann. (...)

Diese Funktion war durch die gräulich-grüne, wie verschmutzt wirkende Fassade an den maßgeblichen Seiten nicht unerheblich gestört. (...)

Die Ursache dieser Erscheinung liegt in einem Algenbewuchs, wie der Sachverständige (...) nachvollziehbar ausgeführt hat. Das Algenwachstum wiederum wird durch die Vollwärmedämmung begünstigt, die die Klägerin auftragsmäßig erbracht hat.

Die Auswirkungen dieses Algenbewuchses auf das Werkvertragsverhältnis zwischen den Parteien hat die Klägerin [die ausführende Firma] zu tragen. Sie [die Klägerin] war verantwortlich für die Erstellung eines Außenputzes, der auch seiner immanenten ästhetischen Funktion entsprechen musste. Dabei kommt es auf eine Unterscheidung danach nicht an, ob sie eben einen entsprechend geeigneten Putz verwenden oder die Beklagte auf das Risiko des ausgeschriebenen Putzsystems hinweisen musste.

Insoweit wird von der Klägerin auch nichts Unmögliches verlangt, denn entgegen ihrer Ansicht ist das Gericht auf der Grundlage des Ergänzungsgutachtens der Überzeugung, dass einem Verputzer-Fachbetrieb im Jahr 1994 das Risiko eines Algenbefalls auf einer Vollwärmeschutzfassade bekannt sein musste. Seit 1984 wurde die Algenproblematik in der Fachliteratur behandelt, seit 1987 hat es Farben und Beschichtungen mit Zusätzen gegen Pilz- und Algenbefall gegeben. Bis zur Leistungserbringung durch die Klägerin stand also ausreichend Zeit zur Verfügung, sich auf diese neue Situation im Fachgebiet der Klägerin einzustellen. Wenn sie dies versäumt hat, hat sie die Konsequenz daraus zu tragen. (...)“

Auch das Oberlandesgericht Koblenz hat entschieden, dass ein Bauunternehmer hinsichtlich des Algenrisikos hinweispflichtig ist:

OLG Koblenz, Urteil vom 14.2.2002 – 5 U 1640/99:

„Leitsätze: (...)

3.) Auf die dem Auftraggeber nicht bekannte Anfälligkeit des gewählten Materials (hier: Bewuchs von Sandstein mit Algen und Moos) muss der Bauunternehmer selbst dann hinweisen, wenn der Bauherr durch einen Architekten vertreten ist. (...)“

Das Risiko einer Ansiedlung von Mikroorganismen auf Fassaden lässt sich nicht nachhaltig vermeiden, aber durch Einsatz von Bioziden wenigstens vorübergehend hemmen. Innerhalb der Gewährleistungsfrist kann die Verantwortung in Anbetracht der oben zitierten Gerichtsurteile dem Verarbeiter angelastet werden. Ausführende Unter-

Abb. 15.9 Zunehmende Schimmelpilz- und Algenbildung unterhalb der Fensterbank wegen fehlender Selbstreinigung

Abb. 15.10 Stark befallener Bereich unterhalb der auskragenden Fensterbank

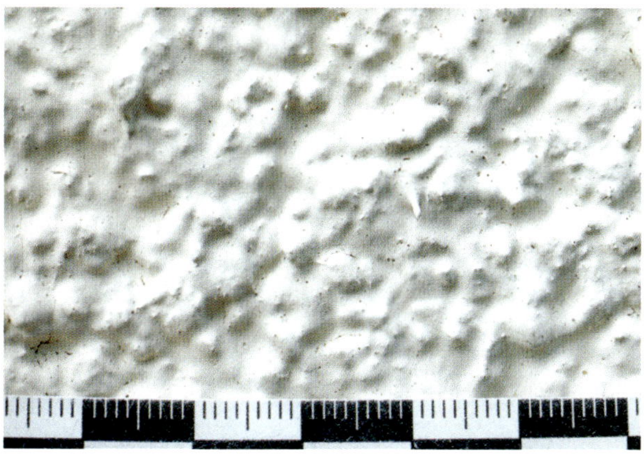

Abb. 15.11 Wenig befallener Pfeilerbereich mit Selbstreinigungseffekt

nehmen sollten daher unter Beachtung der Bedenken- und Hinweispflicht gemäß § 4 Nr. 3 VOB/B auf das Risiko hinweisen und entsprechende Maßnahmen anbieten. Architekten und Ingenieure sollten spätestens bei der Abnahme prüfen, ob die notwendigen konstruktiven und ggf. bioziden Vorkehrungen zur Verhinderung einer vorzeitigen Verschmutzung durch Mikroorganismen getroffen worden sind (Hankammer, Baugewerbe, 2004).

15.3 Beseitigung von mikrobiellen Schäden auf Fassaden

15.3.1 Reinigung von Fassaden

Ein Regelwerk, welches normativ festlegt, welches Reinigungsverfahren bei den unterschiedlichen Verschmutzungsarten anzuwenden ist, gibt es nicht. Fassadenreinigungsarbeiten sind nicht in den ATV der VOB/C geregelt.

In der Praxis wird daher zunächst an einer Probefläche, die an unauffälliger Stelle belegt ist, versuchsweise mit der Reinigungsmethode der Wahl ausprobiert, ob sich der erwünschte Reinigungseffekt einstellt und ob die zu reinigende Oberfläche dabei intakt bleibt. Biozide können zur Vorbeugung gegen einen erneuten Befall ergänzend eingesetzt werden.

15.3.2 Beseitigung von Algen

Solange es sich bei einem mikrobiellen Befall ausschließlich um Algen handelt, lässt sich der grünliche Belag in der Regel mit einem Hochdruckreiniger, ggf. unter Beigabe von Sodapulver aus der Drogerie, ohne mechanischen Aufwand beseitigen.

15.3.3 Beseitigung von Schimmelpilzen

Je nach Alter und Intensität des Befalls ist eine Beseitigung mit hydromechanischen Hilfsmitteln (Hochdruckreiniger im Wirbelstromverfahren) ohne chemische Zusätze möglich. Bei einem hartnäckigen Befall ist die Beimengung von Reinigungszusätzen zu empfehlen (siehe Kap. 15.3.4).

15.3.4 Beseitigung von Flechten

Bei einem hartnäckigen Befall sind zumeist kombinierte Verfahren erforderlich, bei denen sowohl eine hydromechanische Reinigung der Fassade mit einem Hochdruckreiniger im Wirbelstromverfahren durchgeführt wird als auch chemische Beisätze appliziert werden, wie z. B. Chlorbleichlauge. Beim Einsatz von Chemikalien ist darauf zu achten, dass die erforderlichen Arbeitsschutzmaßnahmen entsprechend der Gefahrstoffverordnung bzw. den zutreffenden TRGS eingehalten werden. Angaben hierzu sind den Sicherheitsdatenblättern des jeweiligen Produktes zu entnehmen.

Tabelle 15.1: **Reinigungsverfahren für Fassaden**

Reinigungsverfahren			**Geeignet für:**			
			Putz	**WDVS**		**Mauer-werk**
				Polstyrol	**Mineral -faser**	
1.	**HD-Reinigung (≈ 60–150 bar)**					
1.1	**mit Wasser**	Kaltwasser	X	O	O	X
1.2		Heißwasser (≥ 60 °C)	X	Ø	O	X
1.3		und Reinigungsmitteln				
1.3.1		alkalisch (pH 7–14)	O	O	O	O
1.3.2		sauer (pH 0–7)	O	O	O	O
1.4		und Strahlmitteln	O	O	O	O
1.5	mit organischen Lösungsmitteln		O	Ø	Ø	O
1.6	mit Strahlmitteln		O	O	O	O
2.	**Höchstdruckreinigung (≈ 300–2.500 bar)**		Ø	Ø	Ø	Ø
3.	**ND-Reinigung (≤ 25 bar)**					
3.1		mit Reinigungsmitteln	O	O	O	O
3.2		mit Strahlmitteln	X	X	X	X
4.	**Heißdampfverfahren (≈ 120 °C)**		X	Ø	O	X
5.	**Wirbelstromverfahren**		X	X	X	X
6.	**Trockeneisverfahren**		X	X	X	X

X = geeignet (bei intakter Oberfläche)
O = bedingt geeignet
Ø = ungeeignet

16 Abnahme, Gewährleistung und Aufmaß/Abrechnung bei Schimmelpilzsanierungsmaßnahmen

16.1 Abnahme der Sanierungsmaßnahmen

16.1.1 Grundlagen der Abnahme von Bauleistungen

Die Abnahme wird auch als „Dreh- und Angelpunkt" eines Werkvertrages bezeichnet. Nach der Abnahme sollte das Werk im Wesentlichen hergestellt sein. Der Begriff Abnahme ist ein Vorgang aus dem alltäglichen Leben: Der Lieferant übergibt dem Besteller eine Sache, der Besteller nimmt sie ihm ab.

Die Abnahme von Bauleistungen ist sowohl im Bürgerlichen Gesetzbuch (BGB) als auch in der Vergabe- und Vertragsordnung für Bauleistungen (VOB) geregelt.

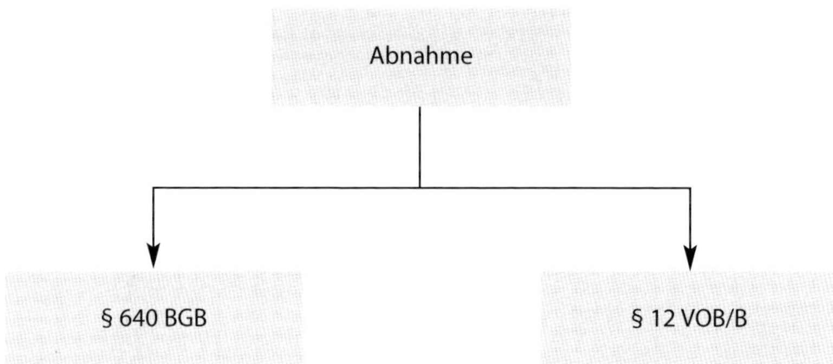

Abb. 16.1 Abnahme von Bauleistungen nach BGB und VOB

16.1.1.1 Abnahme nach dem BGB

Das BGB sieht eine Abnahme nur im Kauf- und Werkvertrag vor. Während im Kaufvertrag die Abnahme der gekauften Sache eine Nebenpflicht des Käufers ist, steigt sie beim Werkvertrag in den Rang einer Hauptpflicht des Bestellers (Bauherrn, Auftraggebers) auf. Das Werkvertragsrecht hat der Abnahme einen eigenen Paragraphen gewidmet.

Bürgerliches Gesetzbuch (BGB) i. d. F. 2002:

„§ 640 Abnahme

(1) Der Besteller ist verpflichtet, das vertragsmäßig hergestellte Werk abzunehmen, sofern nicht nach der Beschaffenheit des Werkes die Abnahme ausgeschlossen ist. Wegen unwesentlicher Mängel kann die Abnahme nicht verweigert werden. Der Abnahme steht es gleich, wenn der Besteller das Werk nicht innerhalb einer ihm vom Unternehmer bestimmten angemessenen Frist abnimmt, obwohl er dazu verpflichtet ist.

(2) Nimmt der Besteller ein mangelhaftes Werk gemäß Absatz 1 Satz 1 ab, obschon er den Mangel kennt, so stehen ihm die in § 634 Nr. 1 bis 3 bezeichneten Rechte nur zu, wenn er sich seine Rechte wegen des Mangels bei der Abnahme vorbehält."

Wesentlich ist, dass der Besteller (Bauherr, Auftraggeber) die Leistung des Unternehmers in der Hauptsache billigt, den Vertrag also für erfüllt erklärt, und den Unternehmer gewissermaßen aus seinen Erfüllungspflichten entlässt. Daher ist ihm die Abnahme zur (Haupt-)Pflicht gemacht worden.

Nach dem Text des § 640 Abs. 1 BGB ist er jedoch nur verpflichtet, das „vertragsmäßig hergestellte" Werk abzunehmen. Dies würde es dem Besteller ermöglichen, die Abnahme selbst bei kleinsten Mängeln zu verweigern. Dem hat auch die Rechtsprechung vorgebeugt, indem sie den Besteller verpflichtet, auch beim Vorliegen von nebensächlichen Schlechterfüllungen das Werk abzunehmen.

Von erheblicher Bedeutung (insbesondere für den Architekten) ist § 640 Abs. 2 BGB. Danach müssen bei Abnahme erkannte Mängel auch bei Abnahme gerügt werden. Anderenfalls verliert der Besteller einen Teil seiner Ansprüche wegen dieser Mängel. Dies betrifft naturgemäß nicht nur die konkret bei der Abnahme erkannten Mängel, sondern auch solche, die bei der Abnahme ohne weiteres erkannt werden können. Die Vorschrift gestattet es also keinem Auftraggeber, zunächst oberflächlich abzunehmen und später detailliert Mängel zu rügen.

Wichtig ist daher, dass der Besteller zunächst den Mangel rügt und Nachbesserung verlangt. Der Unternehmer ist sodann zur Verweigerung der Mängelbeseitigung berechtigt, wenn seine Prüfung auf einen unverhältnismäßig hohen Aufwand zur Beseitigung der Mängel hinweist.

Bürgerliches Gesetzbuch (BGB) i. d. F. 2002:

„§ 633 Sach- und Rechtsmangel

(1) Der Unternehmer hat dem Besteller das Werk frei von Sach- und Rechtsmängeln zu verschaffen.
(2) Das Werk ist frei von Sachmängeln, wenn es die vereinbarte Beschaffenheit hat. Soweit die Beschaffenheit nicht vereinbart ist, ist das Werk frei von Sachmängeln,
1. wenn es sich für die nach dem Vertrag vorausgesetzte, sonst
2. für die gewöhnliche Verwendung eignet und eine Beschaffenheit aufweist, die bei Werken der gleichen Art üblich ist und die der Besteller nach der Art des Werks erwarten kann.
Einem Sachmangel steht es gleich, wenn der Unternehmer ein anderes als das bestellte Werk oder das Werk in zu geringer Menge herstellt.
(3) Das Werk ist frei von Rechtsmängeln, wenn Dritte in Bezug auf das Werk keine oder nur die im Vertrag übernommenen Rechte gegen den Besteller geltend machen können."

Hinsichtlich der Sachmängel muss das Werk somit die im Vertrag vereinbarte Beschaffenheit haben. Ergibt sich aus dem Vertrag nicht, welche Beschaffenheit durch den Auftragnehmer geschuldet wird, gelten die **übliche Art** und die **gewöhnliche Verwendung** als Parameter für die Bewertung.

Bürgerliches Gesetzbuch (BGB) i. d. F. 2002:

„§ 634 Rechte des Bestellers bei Mängeln

Ist das Werk mangelhaft, kann der Besteller, wenn die Voraussetzungen der folgenden Vorschriften vorliegen und soweit nicht ein anderes bestimmt ist,
1. *nach § 635 Nacherfüllung verlangen,*
2. *nach § 637 den Mangel selbst beseitigen und Ersatz der erforderlichen Aufwendungen verlangen,*
3. *nach den §§ 636, 323 und 326 Abs. 5 von dem Vertrag zurücktreten oder nach § 638 die Vergütung mindern und*
4. *nach den §§ 636, 280, 281, 283 und 311a Schadensersatz oder nach § 284 Ersatz vergeblicher Aufwendungen verlangen."*

Neben der Nacherfüllung, früher Nachbesserung, stehen die Minderung, der Rücktritt und der Schadensersatz als Sanktionen zur Verfügung.

Bürgerliches Gesetzbuch (BGB) i. d. F. 2002:

„§ 635 Nacherfüllung

(1) Verlangt der Besteller Nacherfüllung, so kann der Unternehmer nach seiner Wahl den Mangel beseitigen oder ein neues Werk herstellen.
(2) Der Unternehmer hat die zum Zwecke der Nacherfüllung erforderlichen Aufwendungen, insbesondere Transport-, Wege-, Arbeits- und Materialkosten zu tragen.
(3) Der Unternehmer kann die Nacherfüllung unbeschadet des § 275 Abs. 2 und 3 verweigern, wenn sie nur mit unverhältnismäßigen Kosten möglich ist.
(4) Stellt der Unternehmer ein neues Werk her, so kann er vom Besteller Rückgewähr des mangelhaften Werks nach Maßgabe der §§ 346 bis 348 verlangen.

§ 636 Besondere Bestimmungen für Rücktritt und Schadensersatz

Außer in den Fällen des § 281 Abs. 2 und des § 323 Abs. 2 bedarf es der Fristsetzung auch dann nicht, wenn der Unternehmer die Nacherfüllung gemäß § 635 Abs. 3 verweigert oder wenn die Nacherfüllung fehlgeschlagen oder dem Besteller unzumutbar ist.

§ 637 Selbstvornahme

(1) Der Besteller kann wegen eines Mangels des Werks nach erfolglosem Ablauf einer von ihm zur Nacherfüllung bestimmten angemessenen Frist den Mangel selbst beseitigen und Ersatz der erforderlichen Aufwendungen verlangen, wenn nicht der Unternehmer die Nacherfüllung zu Recht verweigert.
(2) § 323 Abs. 2 findet entsprechende Anwendung. Der Bestimmung einer Frist bedarf es auch dann nicht, wenn die Nacherfüllung fehlgeschlagen oder dem Besteller unzumutbar ist.
(3) Der Besteller kann von dem Unternehmer für die zur Beseitigung des Mangels erforderlichen Aufwendungen Vorschuss verlangen.

§ 638 Minderung

(1) Statt zurückzutreten, kann der Besteller die Vergütung durch Erklärung gegenüber dem Unternehmer mindern. Der Ausschlussgrund des § 323 Abs. 5 Satz 2 findet keine Anwendung.
(2) Sind auf der Seite des Bestellers oder auf der Seite des Unternehmers mehrere beteiligt, so kann die Minderung nur von allen oder gegen alle erklärt werden.

(3) Bei der Minderung ist die Vergütung in dem Verhältnis herabzusetzen, in welchem zur Zeit des Vertragsschlusses der Wert des Werks in mangelfreiem Zustand zu dem wirklichen Wert gestanden haben würde. Die Minderung ist, soweit erforderlich, durch Schätzung zu ermitteln.
(4) Hat der Besteller mehr als die geminderte Vergütung gezahlt, so ist der Mehrbetrag vom Unternehmer zu erstatten. § 346 Abs. 1 und § 347 Abs. 1 finden entsprechende Anwendung.“

Mit der Abnahme wird die Vergütung fällig. Das BGB geht dabei auch von möglichen Teilabnahmen aus:

Bürgerliches Gesetzbuch (BGB) i. d. F. 2002:

„§ 641 Fälligkeit der Vergütung

(1) Die Vergütung ist bei der Abnahme des Werkes zu entrichten. Ist das Werk in Teilen abzunehmen und die Vergütung für die einzelnen Teile bestimmt, so ist die Vergütung für jeden Teil bei dessen Abnahme zu entrichten.“

Ebenso wie die VOB hat auch das BGB eine Verwirkung der Vertragsstrafe vorgesehen, wenn bei der Abnahme kein entsprechender ausdrücklicher Vorbehalt formuliert wird.

Bürgerliches Gesetzbuch (BGB) i. d. F. 2002:

„§ 341 Strafversprechen für nicht gehörige Erfüllung

(1) Hat der Schuldner die Strafe für den Fall versprochen, dass er seine Verbindlichkeit nicht in gehöriger Weise, insbesondere nicht zu der bestimmten Zeit, erfüllt, so kann der Gläubiger die verwirkte Strafe neben der Erfüllung verlangen.
(2) Steht dem Gläubiger ein Anspruch auf Schadensersatz wegen der nicht gehörigen Erfüllung zu, so finden die Vorschriften des § 340 Abs. 2 Anwendung.
(3) Nimmt der Gläubiger die Erfüllung an, so kann er die Strafe nur verlangen, wenn er sich das Recht dazu bei der Annahme vorbehält.“

Konkludente Abnahme

Eine Abnahme durch schlüssiges Handeln wird als „konkludente Abnahme“ bezeichnet. Ähnlich wie die VOB/B, die diese fiktive Abnahmeform noch näher beschreibt, sieht auch die Rechtsprechung zu § 640 BGB eine stillschweigende Abnahme vor. Verhält sich nämlich ein Besteller so, dass der Unternehmer davon ausgehen kann, er billige das Vertragswerk als im Wesentlichen vertragsgemäß, kann eine konkludente Abnahme vorliegen, wie der Bundesgerichtshof entschieden hat:

BGH, Urteil vom 22.12.2000 – VII ZR 311/99:

„(…) Eine konkludente Abnahme ist nur möglich, wenn die Vertragsparteien die Vereinbarung über die förmliche Abnahme einvernehmlich aufgehoben haben. Die Vereinbarung einer förmlichen Abnahme kann ihrerseits konkludent wieder aufgehoben werden. (…)

Eine konkludente Abnahme setzt voraus, dass nach den Umständen des Einzelfalles das Verhalten des Erwerbers den Schluss rechtfertigt, er billige das Werk als im Wesentlichen vertragsgemäß. Der Einzug in die Wohnung ist jedenfalls dann keine hinreichende Grundlage für eine konkludente Abnahme, wenn der Erwerber vor dem Einzug Mängel gerügt hat, die ihn zur Abnahmeverweigerung berechtigen. (…)“

16.1.1.2 Abnahme nach der VOB/B

Damit die VOB/B wirksam wird, bedarf es der schriftlichen Vereinbarung im Vertrag. Bei dem privaten Auftraggeber ist es außerdem erforderlich, dass er Kenntnis vom Wortlaut der VOB/B erlangt. Dies kann dann vorausgesetzt werden, wenn der Auftragnehmer dem Auftraggeber die VOB/B vor Vertragsabschluss aushändigt und sich den Erhalt möglichst quittieren lässt.

Anders ist es, wenn sich der private Auftraggeber schon bei Vertragsabschluss durch einen sachkundigen Architekten vertreten lässt, wie das Brandenburgische Oberlandesgericht entschieden hat:

Brandenburgisches OLG, Urteil vom 20.3.2003 – 12 U 14/02:

„(…) Hinweise auf die Einbeziehung der VOB/B ergeben sich aus Ziff. 1.5 der zusätzlichen Angebots- und Vertragsbedingungen, abgedruckt auf der Rückseite des Bauvertrages, aus Ziff. 3 der ‚sonstigen Vereinbarungen' auf Seite 2 der ‚Auftragserteilung' oberhalb der Unterschriften sowie aus Seite 7 der genannten Auftragserteilung unter ‚Bestandteile des Angebotes'. Dass der Text der VOB/B dem Vertrag nicht beigefügt war, schadet nicht, da sich die Beklagte jedenfalls so behandeln lassen muss, als ob ihr die VOB/B bekannt sei. Da die Beklagte als Bauherrin bei dem Vertragsschluss durch einen Architekten sachkundig beraten war, muss sie sich das Wissen ihres Architekten, der mit der VOB/B grundsätzlich vertraut ist, zurechnen lassen. (…)"

In der VOB ist die Abnahme in § 12 VOB/B wesentlich eingehender geregelt als im BGB, insbesondere die eigentliche Durchführung der Abnahme. Es werden dort aber auch Abnahmearten aufgeführt, die dem BGB fremd sind:

VOB/B DIN 1961: 2002-12:

„§ 12 Abnahme

1. *Verlangt der Auftragnehmer nach der Fertigstellung – gegebenenfalls auch vor Ablauf der vereinbarten Ausführungsfrist – die Abnahme der Leistung, so hat sie der Auftraggeber binnen 12 Werktagen durchzuführen; eine andere Frist kann vereinbart werden.*
2. *Auf Verlangen sind in sich abgeschlossene Teile der Leistung besonders abzunehmen.*
3. *Wegen wesentlicher Mängel kann die Abnahme bis zur Beseitigung verweigert werden.*
4. *(1) Eine förmliche Abnahme hat stattzufinden, wenn eine Vertragspartei es verlangt. Jede Partei kann auf ihre Kosten einen Sachverständigen zuziehen. Der Befund ist in gemeinsamer Verhandlung schriftlich niederzulegen. In die Niederschrift sind etwaige Vorbehalte wegen bekannter Mängel und wegen Vertragsstrafen aufzunehmen, ebenso etwaige Einwendungen des Auftragnehmers. Jede Partei erhält eine Ausfertigung.*
   (2) Die förmliche Abnahme kann in Abwesenheit des Auftragnehmers stattfinden, wenn der Termin vereinbart war oder der Auftraggeber mit genügender Frist dazu eingeladen hatte. Das Ergebnis der Abnahme ist dem Auftragnehmer alsbald mitzuteilen.
5. *(1) Wird keine Abnahme verlangt, so gilt die Leistung als abgenommen mit Ablauf von 12 Werktagen nach schriftlicher Mitteilung über die Fertigstellung der Leistung.*
   (2) Wird keine Abnahme verlangt und hat der Auftraggeber die Leistung oder einen Teil der Leistung in Benutzug genommen, so gilt die Abnahme nach Ablauf von

6 Werktagen nach Beginn der Benutzung als erfolgt, wenn nichts anderes vereinbart ist. Die Benutzung von Teilen einer baulichen Anlage zur Weiterführung der Arbeiten gilt nicht als Abnahme.

(3) Vorbehalte wegen bekannter Mängel oder wegen Vertragsstrafen hat der Auftraggeber spätestens zu den in den Absätzen 1 und 2 bezeichneten Zeitpunkten geltend zu machen.

6. Mit der Abnahme geht die Gefahr auf den Auftraggeber über, soweit er sie nicht schon nach § 7 trägt."

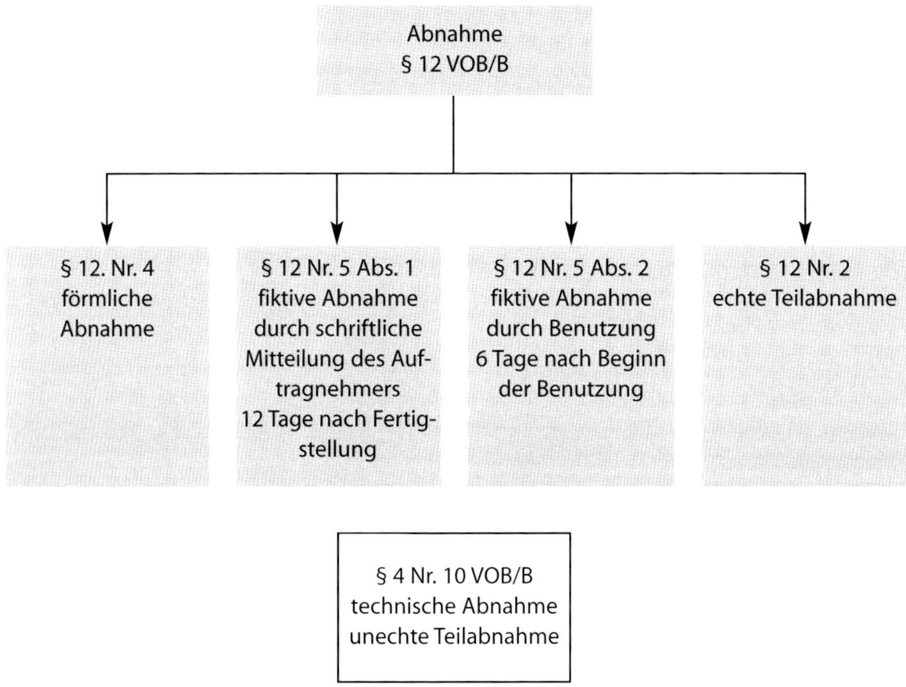

Abb. 16.2 Abnahme nach der VOB/B (Quelle: Hankammer, 2004)

Fiktive Abnahme nach § 12 Nr. 5 VOB/B

Die schriftliche Mitteilung über die Fertigstellung nach § 12 Nr. 5 VOB/B ist nicht an eine Form gebunden. Auch die Vorlage der Schlussrechnung genügt als Information für den Auftraggeber, dass der Auftragnehmer seine Leistungen als abgeschlossen betrachtet. Selbst die Vorlage einer Rechnung, aus der sich dies durch die verwendete Formulierung schlüssig ergibt, reicht aus.

Echte Teilabnahme nach § 12 Nr. 2 VOB/B

Selbstständige Leistungsabschnitte oder Gewerkebereiche können damit als Teilleistung abgenommen werden. Die Folgen der Teilabnahme entsprechen denen der Gesamtabnahme mit allen Konsequenzen, wie Fälligkeit der Vergütung, Beweislastumkehr, Beginn der Verjährungsfrist, Gefahrenübergang usw.

Unechte Teilabnahme nach § 4 Nr. 10 VOB/B

Neben dem finalen Abnahmeparagraphen der Teilabnahme nach § 12 Nr. 2 VOB/B gibt es auch eine **vorläufige Regelung** für Zwischenbauzustände, die durch Fortführung der Arbeiten verdeckt zu werden drohen:

VOB/B DIN 1961: 2002-12:

„§ 4 Ausführung

(...)

10. Der Zustand von Teilen der Leistung ist auf Verlangen gemeinsam von Auftraggeber und Auftragnehmer festzustellen, wenn diese Teile der Leistung durch die weitere Ausführung der Prüfung und Feststellung entzogen werden. Das Ergebnis ist schriftlich niederzulegen."

Die **gemeinsame Zustandsfeststellung von Teilen der Leistung** ist nicht auf in sich abgeschlossene Teile einer Leistung beschränkt. Sie dient der Feststellung eines Zustandes, bevor weitere Leistungen diesen Zustand verdecken. Erforderlich ist die schriftliche Niederlegung des Ergebnisses des Tatsachenbefundes. Dabei müssen Meinungsverschiedenheiten zwischen den Parteien nicht entschieden werden, sondern diese Entscheidung wird auf die tatsächliche Abnahme verlagert. Die Teilabnahme nach § 4 Nr. 10 VOB/B hat die Besonderheit, dass sie keine Folgen einer Abnahme auslöst, wie Fälligkeit der Schlussrechnung, Beginn der Verjährungsfrist usw.

16.1.2 Messtechnische Erfolgskontrolle

Im Nachgang zu einer Schimmelpilzsanierung kann eine Erfolgskontrolle anhand von Luftkeimmessungen, Staub- oder Materialprobenuntersuchungen oder Abklatschproben durchgeführt werden. Oft bietet sich die Kombination aus mehreren Verfahren an. Hilfreich ist es, wenn Referenzwerte aus der Zeit vor der Sanierung vorliegen, um Veränderungen erkennen zu können.

Eine Sanierung wird niemals dazu führen, dass anschließend eine vollständige Schimmelpilzfreiheit innerhalb der Räume besteht. Sie kann lediglich dazu dienen, die allgemein üblichen Hintergrundwerte, die in unbelasteten Räumen grundsätzlich vorherrschen, wieder zu erlangen. Unter diesem Aspekt wird auch aus einer auf Laboranalysen gestützten Erfolgskontrolle niemals eine „Nullmessung" hervorgehen. Zur Beurteilung des Sanierungserfolgs müssen daher die Referenzwerte herangezogen werden, die auch für die Beurteilung eines Schimmelpilzbefalls verwendet werden.

Zunächst kann man unterscheiden zwischen Methoden mit Anzüchtung der Mikroorganismen und der Mikroskopie ohne Anzüchtung (Details siehe Kap. 4). Ein insbesondere bei der Abnahme von Sanierungsmaßnahmen wichtiger Unterschied ist, dass die Untersuchung über eine Anzüchtung mindestens 10, oft mehr als 14 Tage dauert, während die mikroskopische Untersuchung nur wenige Tage in Anspruch nimmt.

16.1.2.1 Staubprobenanalysen

Bei der Staubprobenanalyse werden die anzüchtbaren Pilz- und/oder Bakterienkeime erfasst. Nach einer fachmännischen und gründlichen Feinreinigung mit einem HEPA-Filter-Staubsauger dürfen nur sehr geringe Konzentrationen an anzüchtbaren Partikeln vorhanden sein. Wurde der Sanierungsbereich jedoch desinfiziert, ist davon auszugehen, dass die mikrobiellen Keime weitgehend abgestorben sind. Dies führt dazu, dass auch bei Gegenwart großer Mengen abgestorbener mikrobieller Partikel mit der Staubprobenanalyse eine erfolgreiche Sanierung bescheinigt wird. Da aber auch die abgestorbenen Partikeln zu gesundheitlichen Beschwerden führen können, ist dieser Sachverhalt bei der Bewertung der Messergebnisse zu beachten.

16.1.1.2 Luftkeimmessungen

Nach erfolgreicher Sanierung darf keine erhöhte Konzentration von Indikatorpilzen innerhalb der Raumluft messbar sein. Die Anwesenheit von außenlufttypischen Spezies in Innenräumen sollte mengenmäßig üblichen Außenluftwerten entsprechen. Auch die Luftkeimmessung erfasst nur die anzüchtbaren Keime, weshalb auch bei dieser Messung daran gedacht werden muss, dass durch Desinfektionsmaßnahmen das Ergebnis massiv beeinflusst sein kann. So können nach umfangreichen Desinfektionsmaßnahmen große Mengen abgestorbener Partikel vorhanden sein, die ebenfalls gesundheitliche Beschwerden auslösen können, ohne dass dies mit der Luftkeimmessung erkannt wird.

16.1.2.3 Luftpartikelmessungen

Da die Ergebnisse der Messung von Gesamtpartikeln nicht davon abhängig ist, ob die mikrobiellen Partikel abgestorben sind oder nicht, sollte diese Methode ergänzend zu der Luftkeimmessung eingesetzt werden, insbesondere wenn Desinfektionsmaßnahmen durchgeführt wurden.

16.1.2.4 MVOC-Messungen

Die MVOC-Konzentrationen nehmen in Innenräumen nur sehr langsam ab. Die mikrobiell produzierten flüchtigen, organischen Verbindungen (MVOC) werden von organischen Stoffen, wie Tapeten, Textilien usw., in hohem Maße adsorbiert. Die entsprechend kontaminierten Sekundärquellen emittieren die MVOC dann über viele Wochen, evtl. sogar Monate. Aus diesem Grund sind MVOC-Messungen zur Abnahme von Sanierungsarbeiten nicht geeignet.

Nach der Untersuchung „Analysis of Microbial Volatile Organic Compounds“ (Wessen, 2001) findet eine weitgehende Reduktion einer MVOC-Konzentration erst innerhalb einer Jahresfrist statt. Tendenzielle Veränderungen sind hier frühestens nach Ablauf von ca. 3 Monaten nach durchgeführter physischer Beseitigung des Schimmelpilzvorkommens zu erwarten. Andere Untersuchungen (Lorenz, 2001) ergaben deutlich längere Zeiträume. Vermutlich ist die Reduktion von der Menge und Art sekundärer Quellen abhängig.

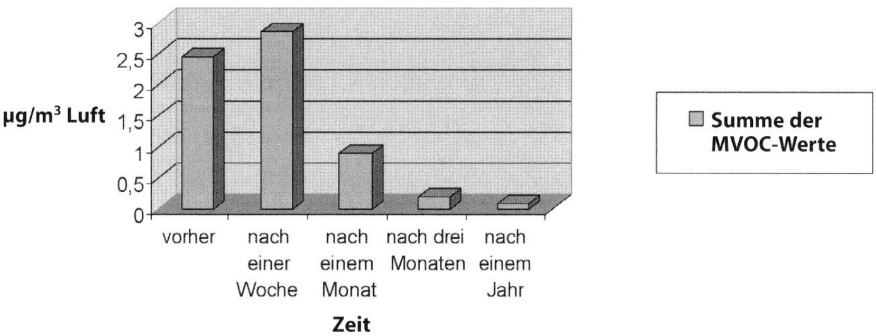

Abb. 16.3 Abbau vorhandener MVOC-Werte in der Raumluft nach Beseitigung des Schimmelpilzbefalls (Quelle: Wessen, 2001)

16.1.2.5 Materialprobenanalysen

Materialproben sind bei der Sanierungskontrolle in den meisten Fällen nicht sinnvoll. Es sollte vor der Sanierung festgelegt werden, welche Materialien zu entfernen sind. Ob die entsprechenden Vorgaben befolgt wurden, kann in der Regel durch eine Sichtkontrolle festgestellt werden. Gibt es jedoch Zweifel, ob alle Materialien nach den Vorgaben entfernt wurden, kann dies nur mittels Materialprobenanalysen geklärt werden.

Materialproben aus Tapeten oder aus Putz und Mörtel sollten nach der Sanierung keine nennenswerten Mengen mikrobieller Keime aufweisen. Da auch bei der Untersuchung von Materialproben in der Regel die Analyse mittels Kultivierung von Keimen erfolgt, gilt hier ebenfalls, dass durch Desinfektion abgetötete Mikroorganismen nicht mehr nachweisbar sind.

Um auch die abgestorbenen Mikroorganismen zu erfassen, müssen die Materialproben mikroskopiert werden. Werden hierbei in nennenswerter Menge neben Sporen auch Myzel oder Bakterienfragmente detektiert, war die Sanierung nicht erfolgreich.

16.1.2.6 Analyse von Abklatschproben

Nach einer erfolgreichen Desinfektion und Feinreinigung von nicht porösen Oberflächen sollten die Abklatschproben nur sehr geringe Mengen von anzüchtbaren Keimen aufweisen, so wie sie in bewohnten Räumen üblich sind. Da die Abklatschproben mit Kultivierung anzüchtbarer Keime analysiert werden, gilt auch hier, dass sich abgestorbene Partikel der Analyse entziehen.

16.1.2.7 Analyse von Folienkontaktproben

Um auch abgestorbene mikrobielle Partikel auf Oberflächen zu erfassen, können Folienkontaktproben mikroskopisch untersucht werden (siehe Kap. 4.2.1.3). Diese Methode eignet sich besonders gut zur relativ schnellen Kontrolle der Feinreinigung.

16.1.3 Vorgehensweise bei der Abnahme der Sanierungsmaßnahmen

Die folgende Abbildung zeigt schematisch die Schritte auf, die bis zur und bei der Abnahme von Sanierungsmaßnahmen gegangen werden.

1. Ziel der Sanierung definieren

↓

2. Durchführung der Schimmelpilzsanierung bis zum kompletten Rückbau (Ursachenbeseitigung, mikrobiell besiedeltes Material beseitigen, Feinreinigung)

↓

3. Inspektion nach Rückbau:
   - Material nach Vorgabe entfernt?
   - Bauteile trocken?
   - Ursache beseitigt?

↓

4. Kontrolle der Dekontamination/Desinfektion stichprobenartig mit Laboranalysen

↓

5. ggf. Nachbesserung

↓

6. erneute Kontrolle der Maßnahmen

Abb. 16.4 Ablaufschema Sanierungsmaßnahmen und deren Abnahme

Alle weiteren Arbeiten sind normale Baumaßnahmen und haben mit dem Schimmelpilzschaden nichts zu tun, ausgenommen Maßnahmen zur Ursachenbeseitigung, z. B. Anbringen einer Wärmedämmung, Einbau von Lüftern, die dann auch abgenommen werden sollten.

16.2 Gewährleistung bei den Sanierungsmaßnahmen

Mit der Abnahme endet das Erfüllungsstadium eines Vertrages. Gleichzeitig beginnt das Gewährleistungsstadium.

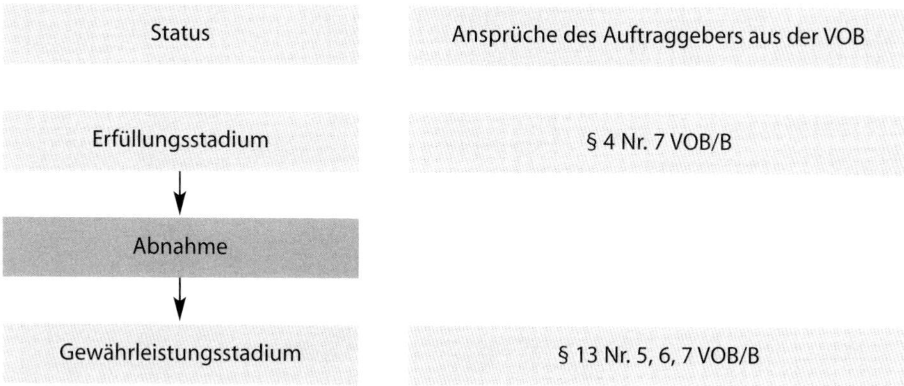

Abb. 16.5 Ansprüche des Auftraggebers (Quelle: Hankammer 2004)

Die Abnahme zieht eine Reihe von rechtlichen Konsequenzen nach sich:

- Die Schlussvergütung ist fällig (§ 641 BGB).
- Die Gewährleistungsfrist beginnt (§ 638 BGB und § 13 Nr. 4 VOB/B).
- Die Gefahr geht auf den Auftraggeber über (§ 644 BGB, § 7 VOB/B, § 12 Nr. 6 VOB/B).
- Die Beweislast verschiebt sich.
- Der Unternehmer muss seine Leistung nicht mehr vor Beschädigung schützen (§ 4 Nr. 5 VOB/B).

Am Tag der Abnahme beginnt die Verjährungsfrist für die Gewährleistung. Je früher also die Abnahme stattfindet, desto früher endet auch die Pflicht der Gewährleistung des Unternehmers (siehe Kap. 16.1).

16.2.1 Gewährleistung nach dem BGB

Handelt es sich bei der Sanierung eines Schimmelpilzbefalls um einen Werkvertrag, wird ein fertiges Werk geschuldet.

Bürgerliches Gesetzbuch (BGB) i. d. F. 2002:

„§ 631 Vertragstypische Pflichten beim Werkvertrag

(1) Durch den Werkvertrag wird der Unternehmer zur Herstellung des versprochenen Werkes, der Besteller zur Entrichtung der vereinbarten Vergütung verpflichtet.
(2) Gegenstand des Werkvertrages kann sowohl die Herstellung oder Veränderung einer Sache als ein anderer durch Arbeit oder Dienstleistung herbeizuführender Erfolg sein.“

Für die Abnahme von werkvertraglichen Leistungen gelten die Regelungen des § 640 BGB.

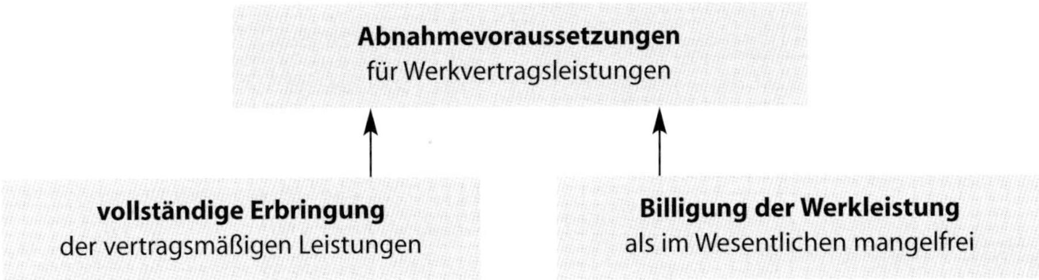

Abb. 16.6 Abnahmevoraussetzungen (Quelle: Hankammer 2004)

Bürgerliches Gesetzbuch (BGB) i. d. F. 2002:

„§ 634a Verjährung der Mängelansprüche

(1) Die in § 634 Nr. 1, 2 und 4 bezeichneten Ansprüche verjähren
1. vorbehaltlich der Nummer 2 in zwei Jahren bei einem Werk, dessen Erfolg in der Herstellung, Wartung oder Veränderung einer Sache oder in der Erbringung von Planungs- oder Überwachungsleistungen hierfür besteht,
2. in fünf Jahren bei einem Bauwerk und einem Werk, dessen Erfolg in der Erbringung von Planungs- oder Überwachungsleistungen hierfür besteht, und
3. im Übrigen in der regelmäßigen Verjährungsfrist.
(2) Die Verjährung beginnt in den Fällen des Absatzes 1 Nr. 1 und 2 mit der Abnahme.
(3) Abweichend von Absatz 1 Nr. 1 und 2 und Absatz 2 verjähren die Ansprüche in der regelmäßigen Verjährungsfrist, wenn der Unternehmer den Mangel arglistig verschwiegen hat. Im Fall des Absatzes 1 Nr. 2 tritt die Verjährung jedoch nicht vor Ablauf der dort bestimmten Frist ein.
(4) Für das in § 634 bezeichnete Rücktrittsrecht gilt § 218. Der Besteller kann trotz einer Unwirksamkeit des Rücktritts nach § 218 Abs. 1 die Zahlung der Vergütung insoweit verweigern, als er auf Grund des Rücktritts dazu berechtigt sein würde. Macht er von diesem Recht Gebrauch, kann der Unternehmer vom Vertrag zurücktreten.
(5) Auf das in § 634 bezeichnete Minderungsrecht finden § 218 und Absatz 4 Satz 2 entsprechende Anwendung."

Die Schimmelpilzsanierung, die in der Regel an einem Bauwerk durchgeführt wird, unterliegt damit einer Gewährleistungsfrist von 5 Jahren, sofern im Vertrag nichts anderes wirksam vereinbart ist.

16.2.2 Gewährleistung nach der VOB

Ob eine Gewährleistung nach den Regelungen der VOB/B bei einer Schimmelpilzsanierung in Betracht kommt, richtet sich nach den Einzelumständen. Sofern die Sanierungsmaßnahmen innerhalb eines VOB/B-Werkvertragsverhältnisses in einem anderen Gewerk durchgeführt werden, z. B. als integrativer Bestandteil der Durchführung von Tapezierarbeiten nach der ATV DIN 18366, richtet sich auch die Gewährleistung für die Maßnahmen der Schimmelpilzsanierung nach den Bedingungen der VOB/B.

VOB/B DIN 1961: 2002-12:

„§ 13 Mängelansprüche

1. Der Auftragnehmer hat dem Auftraggeber seine Leistung zum Zeitpunkt der Abnahme frei von Sachmängeln zu verschaffen. Die Leistung ist zur Zeit der Abnahme frei von Sachmängeln, wenn sie die vereinbarte Beschaffenheit hat und den anerkannten Regeln der Technik entspricht. Ist die Beschaffenheit nicht vereinbart, so ist die Leistung zur Zeit der Abnahme frei von Sachmängeln,

a) wenn sie sich für die nach dem Vertrag vorausgesetzte, sonst

b) für die gewöhnliche Verwendung eignet und eine Beschaffenheit aufweist, die bei Werken der gleichen Art üblich ist und die der Auftraggeber nach der Art der Leistung erwarten kann. (…)“

Es kommt also hinsichtlich der späteren Gewährleistungsansprüche im Wesentlichen darauf an, welche Beschaffenheit vertraglich vereinbart worden ist oder nach dem Vertrag vorausgesetzt werden kann. Gehen beide Voraussetzungen fehl, zählt die „übliche Beschaffenheit gleichartiger Werke“. Für die Schimmelpilzsanierung würde die vertragliche Vereinbarung einer vollständigen Beseitigung eines Schimmelpilzbefalls bedeuten, dass nach der Sanierung keine Schimmelpilze oder deren Fragmente von ursprünglich nachgewiesenen Spezies mehr in den betroffenen Räumen vorhanden sind. Da eine derartig nachhaltige Garantie auch bei sorgfältiger Arbeitsweise in normalen Gebäuden nicht gegeben werden kann, sollte eine geeignetere vertragliche Regelung gewählt werden, die als Ziel der Werkleistung auf eine übliche Hintergrundbelastung für Innenräume abstellt.

Die Gewährleistungsfrist nach der VOB/B beträgt für Bauwerke 4 Jahre und für Arbeiten an einem Grundstück 2 Jahre. Sanierungsarbeiten an einem Gebäude unterliegen in einem VOB/B-Vertrag also immer der vierjährigen Gewährleistungsfrist, wenn im Vertrag nichts anderes vereinbart ist.

VOB/B DIN 1961: 2002-12:

„§ 13 Mängelansprüche

(1) Ist für Mängelansprüche keine Verjährungsfrist im Vertrag vereinbart, so beträgt sie für Bauwerke 4 Jahre, für Arbeiten an einem Grundstück und für die vom Feuer berührten Teile von Feuerungsanlagen 2 Jahre. (…)
(3) Die Frist beginnt mit der Abnahme der gesamten Leistung; nur für in sich abgeschlossene Teile der Leistung beginnt sie mit der Teilabnahme (§ 12 Nr. 2).“

16.3 Aufmaß und Abrechnung bei den Sanierungsmaßnahmen

Die Schimmelpilzsanierung kann entweder isoliert beauftragt werden oder integrativer Bestandteil eines anderweitigen Auftragsverhältnisses sein (Instandsetzung, Instandhaltung oder Modernisierung von Gebäuden, Bautrocknung, Wasserschadenbeseitigung).

Ohne besondere Vereinbarungen gilt das Werkvertragsrecht des Bürgerlichen Gesetzbuchs (BGB). Wenn die Schimmelpilzsanierung im Zusammenhang mit Bauleistungen durchgeführt wird, kann die Vergabe- und Vertragsordnung für Bauleistungen, Teil B (VOB/B), vereinbart werden. Voraussetzung hierfür ist bei privaten Bauherren jedoch, dass die VOB/B bei Vertragsabschluss in schriftlicher Form ausgehändigt wird.

Der Bundesgerichtshof hat entschieden, dass die Abrechnungsregeln der Allgemeinen Technischen Vertragsbedingungen (ATV), die in Teil C der VOB enthalten sind, zu den allgemeinen Geschäftsbedingungen zählen:

BGH, Urteil vom 17.6.2004 – VII ZR 75/03:

„(...)

a) Die Abrechnungsregelungen der VOB/C: Allgemeine Technische Vertragsbedingungen für Bauleistungen sind Allgemeine Geschäftsbedingungen (hier DIN 18299 Abschnitt 5 und DIN 18332 Abschnitt 5).

b) Bei der Auslegung der Allgemeinen Technischen Vertragsbedingungen kommt der Verkehrssitte maßgebliche Bedeutung zu, wenn Wortlaut und Sinn der Regelung nicht zu einem eindeutigen Ergebnis führen. Kommentierungen der VOB/C sind grundsätzlich keine geeignete Hilfe zu deren Auslegung.

(...)

a) Auf welcher vertraglichen Grundlage das Aufmaß zu nehmen ist, ist eine Rechtsfrage und daher einer Begutachtung durch einen Bausachverständigen nicht zugänglich.

b) Die Ermittlung, ob eine Verkehrssitte besteht, kann dem Gutachter übertragen werden.

(...)

2. Die ATV sind im Teil C der Vergabe- und Vertragsordnung für Bauleistungen zusammengefasst. Sie bestehen aus Allgemeinen Regelungen für Bauarbeiten jeder Art und aus Regelungen für spezifische Gewerke. Außerdem führen sie eine DIN-Bezeichnung mit der Benennung des jeweiligen Gewerkes. DIN 18299 enthält die Regelungen für Bauarbeiten jeder Art. Die DIN 18300 ff. enthalten die gewerkespezifischen Regelungen. Sowohl die DIN 18299 als auch die DIN 18300 ff. enthalten in ihrem fünften Abschnitt Regelungen zur Abrechnung.

(...)

4. Nach § 2 Nr. 2 VOB/B wird die Vergütung nach den vertraglichen Einheitspreisen und den tatsächlich ausgeführten Leistungen berechnet. Nach der allgemeinen Regelung der DIN 18299 Abschnitt 5 ist die tatsächlich ausgeführte Leistung aus Zeichnungen zu ermitteln, soweit die ausgeführte Leistung diesen Zeichnungen entspricht. Sind solche Zeichnungen nicht vorhanden, ist die Leistung aufzumessen. Diese Abrechnungsregel ist anwendbar, wenn die nachfolgenden gewerkespezifischen ATV keine besondere Regelung für die Abrechnung der Wärmedämmarbeiten vorsehen.

(...)

b) Allgemeine Geschäftsbedingungen sind nach objektiven Maßstäben so auszulegen, wie an den geregelten Geschäften typischerweise beteiligte Verkehrskreise sie verstehen können und müssen (...). Dabei kann eine Differenzierung nach unterschiedlichen Verkehrskreisen geboten sein (...). Werden die ATV in Verträgen zwischen Bauunternehmern vereinbart, so ist das den Wortlaut sowie den Sinn und Zweck der Regelung berücksichtigende, redliche Verständnis der Vertragspartner des Baugewerbes maßgebend. (...)“

Für Schimmelpilzsanierungsarbeiten gibt es gegenwärtig noch keine ATV. Insofern sind auch bisher keine allgemein gültigen Aufmaßkriterien festgelegt worden. Wenn nichts anderes vereinbart wird, zählt bei einem Aufmaß nach Fläche die tatsächlich zu ermittelnde Oberfläche, wobei sämtliche Öffnungen unabhängig von Lage und Größe in Abzug gebracht werden.

Wird eine Schimmelpilzsanierung im Zuge von Tapezierarbeiten durchgeführt, wird in der Regel die ATV DIN 18366 VOB/C vereinbart sein. Die dort definierten Abrechnungsregeln werden dann auch für die Schimmelpilzsanierung Gültigkeit erlangen.

VOB/C ATV DIN 18366: 2002-12 „Tapezierarbeiten“:

„(...)
5 *Abrechnung (...)*
5.2 *Es werden abgezogen:*
5.2.1 *Bei Abrechnung nach Flächenmaß (m^2):*
Öffnungen, Aussparungen und Nischen über 2,5 m^2 Einzelgröße.
5.2.2 *Bei Abrechnung nach Längenmaß (m):*
Unterbrechungen über 1 m Einzellänge.“

Wird eine Schimmelpilzsanierung im Zuge von Maler- und Lackierarbeiten durchgeführt, wird in der Regel die ATV DIN 18363 VOB/C vereinbart sein. Die dort definierten Abrechnungsregeln erlangen dann auch für die Schimmelpilzsanierung Gültigkeit und sind hinsichtlich des Abzuges identisch mit denen in der ATV DIN 18366.

Wird eine Schimmelpilzsanierung hingegen im Zuge von Abbrucharbeiten durchgeführt, werden in der Regel die Technischen Vorschriften für Abbrucharbeiten (TV Abbruch) vereinbart sein. Die dort definierten Abrechnungsregeln erlangen dann auch für die Schimmelpilzsanierung Gültigkeit.

TV Abbruch: 1999-12:

„(...)
5 *Abrechnung (...)*
5.2 *Abbruchleistungen*
5.2.1 *Wand-, Boden- und Deckenbeläge und -verkleidungen*
Bei der Ermittlung der Leistung sind zugrunde zu legen:
(...)
Es werden abgezogen:
– bei Abrechnung nach Flächenmaß (m^2) Aussparungen und Öffnungen über 0,1 m^2 Einzelgröße,
– bei Abrechnung nach Längenmaß (m) Unterbrechungen über 1 m Einzellänge.
(...)“

17 Rechtsgrundlagen der Schimmelpilzsanierung

17.1 Unterschiedliche Rechtsverhältnisse bei vorhandenem Schimmelpilzbefall

Ein entstandener Schimmelpilzbefall in Gebäuden wirkt sich auf unterschiedliche Rechtsverhältnisse aus, die zwischen einzelnen Parteien bestehen oder sich aus dem Bereich der öffentlichen Verordnungen für den Einzelnen ergeben können.

Grundsätzlich ist zu unterscheiden zwischen den Regelungen, die das BGB zum Vertragsrecht zwischen 2 Parteien enthält (Kaufvertragsrecht, Werkvertragsrecht, Mietvertragsrecht), den Anforderungen, die sich aus dem Arbeitsschutzrecht ergeben und den Regelungen, die dem Gesundheitsschutz der Bevölkerung dienen sollen. Dabei lassen sich die Regelungen aus den unterschiedlichen Rechtsbereichen nicht beliebig untereinander austauschen. Für arbeitsmedizinisch beobachtete Personen, die ständig beruflich mit mikrobiellen Organismen konfrontiert werden, gelten andere Toleranzschwellen als für die Nutzer von schimmelpilzbefallenen Gebäuden. Ein Schimmelpilzbefall in einer Mietwohnung tangiert immer nur das mietrechtliche Vertragsverhältnis und muss deshalb auf dieser Vertragsgrundlage rechtlich geklärt werden. Mieter können daher einen Schimmelpilzbefall nicht bei den Gesundheitsbehörden reklamieren und erwarten, dass von dort aus Schritte zur Beseitigung des Befalls oder zur Evakuierung befallener Gebäude initiiert werden. Die Gesundheitsämter werden auf Anforderung allenfalls eine Inspektion der Wohnung vornehmen und ggf. den Tatsachenbefund zum Befall feststellen. Die Frage, wer für die Beseitigung verantwortlich ist, muss zwischen Mieter und Vermieter geklärt werden.

Für die Ermittlung einer Gefährdungssituation ist bei geplanten baulichen Maßnahmen der Grundeigentümer verantwortlich. Bei der Sanierung eines mikrobiellen Befalls sind die Anforderungen an den Arbeitsschutz durch den Arbeitgeber gegenüber den Arbeitnehmern sicherzustellen. Architekten und Ingenieure, die die Errichtung, den Umbau oder den Abbruch von Gebäuden betreuen, sind ihrem Auftraggeber, dem Bauherrn, gegenüber dafür verantwortlich, dass die hierbei stattfindenden Werkleistungen frei von Mängeln sind. Die Planung und die Bauüberwachung dieser Leistungen setzt u. a. die Kenntnisse der Bauphysik, der Baukonstruktionslehre und im Falle von Schimmelpilzsanierungsmaßnahmen darüber hinaus auch das Wissen über die spezifischen Anforderungen des Arbeits- und Gesundheitsschutzes sowie die Kenntnis der Sanierungsverfahren voraus. In der nachfolgenden Tabelle sind zunächst die möglichen Beziehungen der verschiedenen Beteiligten untereinander dargestellt, die von einem Schimmelpilzbefall tangiert sein können.

Tabelle 17.1: **Rechtsbeziehungen der Beteiligten bei Schimmelpilzbefall in Gebäuden**

Nr.	Anspruchsteller	Anspruchgegner	Anspruch	Regelung
1	Mieter	Vermieter	mangelfreier Mietgegenstand	BGB, Mietvertrag
2	Vermieter	Mieter	Obhutspflicht für Mietgegenstand	BGB, Mietvertrag
3	Auftraggeber von Sanierungsarbeiten	Auftragnehmer von Sanierungsarbeiten	mangelfreie Werkleistung	BGB, Werkvertrag
4	Auftraggeber von Planungsleistungen bei Gebäuden	Architekten und Ingenieure	mangelfreies Entstehen des Gebäudes	BGB, Werkvertrag
5	Auftraggeber von Bauleistungen	Auftragnehmer von Bauleistungen	mangelfreie Bauleistung	BGB, Werkvertrag
6	Käufer von Immobilien	Verkäufer von Immobilien	mangelfreie Übergabe des Objekts	BGB, Kaufvertrag
7	alle Arbeitnehmer	alle Arbeitgeber	gesunde Atemluft	ArbStättV
8	Auftraggeber von Planungsleistungen bei Sanierungen	Architekten, Ingenieure, Sachverständige	mangelfreier Ablauf der Sanierung	BGB, Werkvertrag
9	Auftraggeber von Sanierungsarbeiten	Auftragnehmer von Sanierungsarbeiten	mangelfreie Beseitigung der Belastung	BGB, Werkvertrag
10	Auftragnehmer von Sanierungsarbeiten	Auftraggeber von Sanierungsarbeiten	Erkundung der Gefährdung	BioStoffV, BGR 128, BaustellV
11	Arbeitnehmer in der Sanierung	Arbeitgeber in der Sanierung	gefahrenfreie Arbeitsbedingungen	BioStoffV, GefStoffV
12	Bevölkerung	Grundeigentümer	Vermeidung von Gesundheitsgefahren	MBO
13	Bevölkerung	Gesundheitsbehörden	Aufklärung, ggf. Gebäudeinspektion	GDG, ÖGDG
14	Gesundheitsbehörden	Grundeigentümer	Zutritt zum Gebäude	GDG, ÖGDG

ArbStättV: Arbeitsstättenverordnung

BioStoffV: Biostoffverordnung

BGR: Berufsgenossenschaftliche Regel für Sicherheit und Gesundheit bei der Arbeit

BaustellV: Baustellenverordnung

GefStoffV: Gefahrstoffverordnung

MBO: Musterbauordnung

GDG/ÖGDG: Gesundheitsdienst-Gesetz

17.2 Relevante gesetzliche Regelungen, Verordnungen und Regelwerke

Wegen der unterschiedlichen Rechtsbereiche, die im Zusammenhang mit einem Schimmelpilzbefall und dessen Sanierung berührt werden, sollte zu der Beurteilung der Rechtslage und etwaiger gegenseitiger Ansprüche immer ein im jeweiligen Fachbereich spezialisierter Jurist hinzugezogen werden. Schäden im Zusammenhang mit Gebäuden sind im Kaufvertrags-, Mietvertrags- und Werkvertragsrecht des BGB geregelt. Nähere Hinweise zu Gebäudeschäden und deren Erkennung finden sich im Fachbuch „Schäden an Gebäuden" (Hankammer, 2004). Die Folgen der mikrobiellen Belastung sind für allgemeine Arbeitsplätze in der Arbeitsstättenverordnung und für das Fachgebiet der Schimmelpilzsanierung in den speziellen Gesetzen und Verordnungen des Arbeitsschutzes geregelt, die sich auf die biologischen Arbeitsstoffe beziehen. Darüber hinaus gelten einzelne Gesetze für den allgemeinen Gesundheitsschutz. Abb. 17.1 auf der folgenden Seite gibt eine Übersicht über die 3 unterschiedlichen Rechtsbereiche und die zugehörigen Regelungen.

17.2.1 Allgemeine Regelungen

17.2.1.1 Regelungen zu Schadstoffbelastungen von Gebäuden

Das grundsätzliche Erfordernis der Schadstofffreiheit von Immobilien ergibt sich aus der Musterbauordnung, der die einzelnen Bauordnungen der Länder weitgehend angepasst worden sind: Für den Grundeigentümer gilt der Grundsatz, dass bei der Errichtung, der laufenden Unterhaltung und dem späteren Abbruch keine Gefahren oder Belästigungen vom Grundstück ausgehen dürfen.

Musterbauordnung (MBO) i. d. F. 2002:

„§ 3 Allgemeine Anforderungen

(1) Anlagen sind so anzuordnen, zu errichten, zu ändern und instand zu halten, dass die öffentliche Sicherheit und Ordnung, insbesondere Leben, Gesundheit und die natürlichen Lebensgrundlagen, nicht gefährdet werden.
(...)

§ 13 Schutz gegen schädliche Einflüsse

Bauliche Anlagen müssen so angeordnet, beschaffen und gebrauchstauglich sein, dass durch Wasser, Feuchte, pflanzliche und tierische Schädlinge sowie andere chemische, physikalische oder biologische Einflüsse Gefahren oder unzumutbare Belästigungen nicht entstehen. Baugrundstücke müssen für bauliche Anlagen geeignet sein. (...)"

Das Gesetz zum Schutz vor schädlichen Umwelteinwirkungen durch Luftverunreinigungen, Geräusche, Erschütterungen und ähnliche Vorgänge (BImSchG) regelt u. a. mögliche Emissionen, die von einer Anlage ausgehen:

Bundes-Immissionsschutzgesetz (BImSchG) i. d. F. 2004:

„§ 3 Begriffsbestimmungen

(1) Schädliche Umwelteinwirkungen im Sinne dieses Gesetzes sind Immissionen, die nach Art, Ausmaß oder Dauer geeignet sind, Gefahren, erhebliche Nachteile oder erhebliche Belästigungen für die Allgemeinheit oder die Nachbarschaft herbeizuführen.

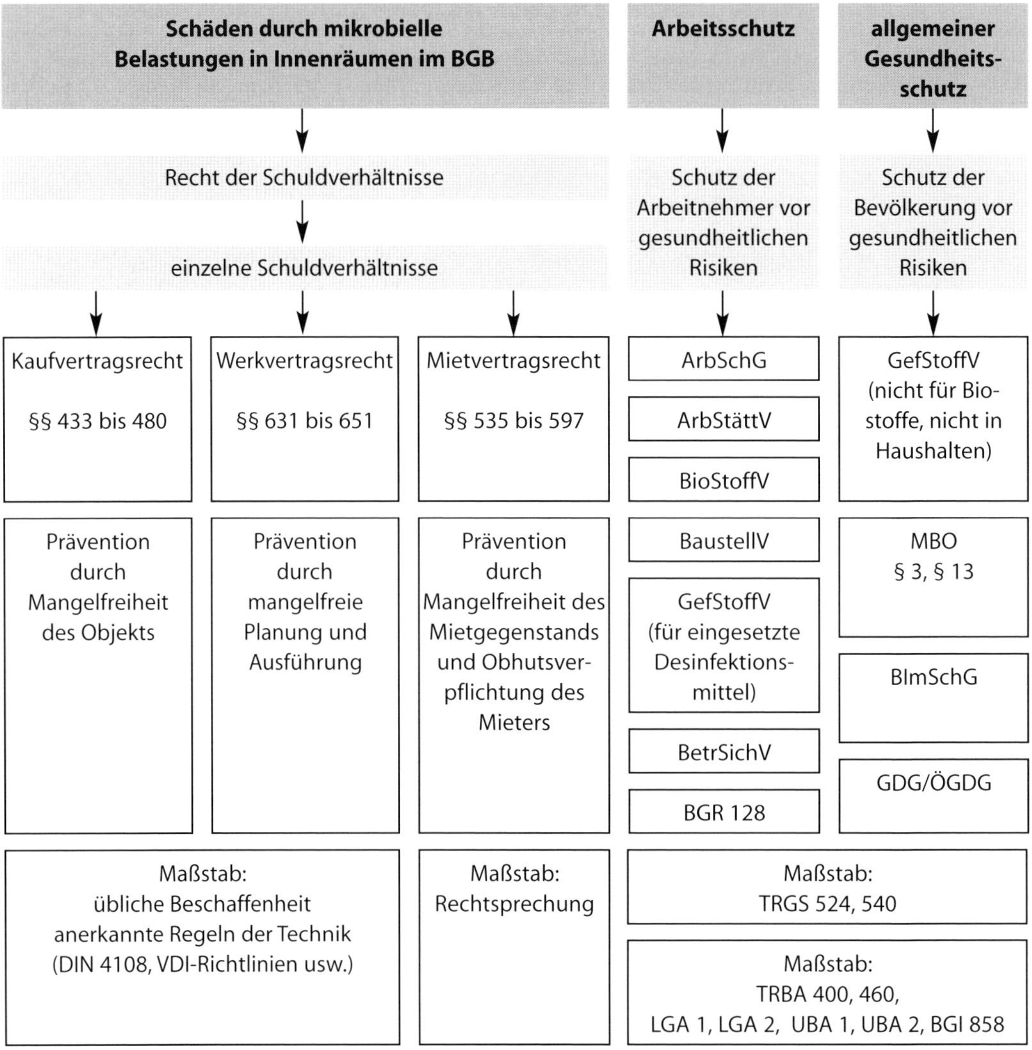

VDI: Verein Deutscher Ingenieure e. V.
ArbSchG: Arbeitsschutzgesetz
BetrSichV: Betriebssicherheitsverordnung
BImSchG: Bundes-Immissionsschutzgesetz
TRGS: Technische Regeln für Gefahrstoffe
TRBA: Technische Regeln für biologische Arbeitsstoffe

Abb. 17.1 Schäden durch mikrobielle Belastungen in den Gesetzen und Regelwerken (Hankammer, Gunter: Vermeidung sowie fachgerechte Beseitigung von Schimmelpilzbefall, DIN-Mitteilungen 6/2005, Beuth-Verlag, verändert)

(2) Immissionen im Sinne dieses Gesetzes sind auf Menschen, Tiere und Pflanzen, den Boden, das Wasser, die Atmosphäre sowie Kultur- und sonstige Sachgüter einwirkende Luftverunreinigungen, Geräusche, Erschütterungen, Licht, Wärme, Strahlen und ähnliche Umwelteinwirkungen.
(3) Emissionen im Sinne dieses Gesetzes sind die von einer Anlage ausgehenden Luftverunreinigungen, Geräusche, Erschütterungen, Licht, Wärme, Strahlen und ähnlichen Erscheinungen.
(4) Luftverunreinigungen im Sinne dieses Gesetzes sind Veränderungen der natürlichen Zusammensetzung der Luft, insbesondere durch Rauch, Ruß, Staub, Gase, Aerosole, Dämpfe oder Geruchsstoffe.
(5) Anlagen im Sinne dieses Gesetzes sind
1. Betriebsstätten und sonstige ortsfeste Einrichtungen,
2. Maschinen, Geräte und sonstige ortsveränderliche technische Einrichtungen sowie Fahrzeuge, soweit sie nicht der Vorschrift des § 38 unterliegen, und
3. Grundstücke, auf denen Stoffe gelagert oder abgelagert oder Arbeiten durchgeführt werden, die Emissionen verursachen können, ausgenommen öffentliche Verkehrswege."

17.2.1.2 Regelungen zum Zweck des Gesundheitsschutzes

Neben den arbeitsschutzrechtlichen Belangen wird auch der allgemeine Schutz der Bevölkerung vor gesundheitlichen Risiken prinzipiell in der Gefahrstoffverordnung (GefStoffV) geregelt:

Gefahrstoffverordnung (GefStoffV) i. d. F. 2004:

„§ 1 Anwendungsbereich

(1) Diese Verordnung gilt für das Inverkehrbringen von Stoffen, Zubereitungen und Erzeugnissen, zum Schutz der Beschäftigten und anderer Personen vor Gefährdungen ihrer Gesundheit und Sicherheit durch Gefahrstoffe und zum Schutz der Umwelt vor stoffbedingten Schädigungen. (…)"

Allerdings sind biologische Stoffe, die von der Biostoffverordnung (BioStoffV) erfasst werden, grundsätzlich aus der Gefahrstoffverordnung herausgenommen worden. Auch gilt die GefStoffV nicht in Haushalten:

Gefahrstoffverordnung (GefStoffV) i. d. F. 2004:

„§ 1 Anwendungsbereich (…)

(5) Sofern nicht ausdrücklich etwas anderes bestimmt ist, gilt diese Verordnung nicht
1. für Stoffe, die biologische Arbeitsstoffe im Sinne des § 2 Abs. 1 der Biostoffverordnung (…) sind und
2. in Haushalten. (…)"

Allerdings besteht hier ein Widerspruch zu der Anwendung der Technischen Regeln für Gefahrstoffe (TRGS). Die TRGS 907 „Verzeichnis sensibilisierender Stoffe" gelten z. B. auch für schimmelpilzhaltigen Staub und für strahlenpilzhaltigen Staub (siehe auch Kap. 11.2.2).

Der Schutz der Bevölkerung ist darüber hinaus in den jeweiligen Gesetzen über den öffentlichen Gesundheitsdienst der Länder geregelt. Der öffentliche Gesundheitsdienst ist u. a. befugt, Grundstücke und Räume zu betreten und Proben zu nehmen.

Gesundheitsdienst-Gesetz (GDG) Schleswig-Holstein i. d. F. 2001:

„§ 1 Ziel des Öffentlichen Gesundheitsdienstes

Ziel des Öffentlichen Gesundheitsdienstes ist es, im Rahmen seiner Aufgaben (§§ 5 bis 13) insbesondere

auf gesunde und gesundheitsförderliche Lebensverhältnisse hinzuwirken und gleiche Gesundheitschancen für alle anzustreben,

die gesundheitliche Eigenverantwortung und Urteilsfähigkeit der Bürgerinnen und Bürger zu stärken,

auf die Vermeidung von Gesundheitsrisiken und auf den Schutz der oder des Einzelnen und der Allgemeinheit vor gesundheitlichen Beeinträchtigungen hinzuwirken,

eine neutrale Sachverständigenfunktion für andere Stellen vorzuhalten.

(…)

§ 15 Überwachungsbefugnisse

(1) Im Rahmen ihrer Aufgaben nach diesem Gesetz treffen die Kreise und kreisfreien Städte die nach pflichtgemäßem Ermessen notwendigen Maßnahmen zur Abwehr von Zuwiderhandlungen gegen Rechtsvorschriften.
(2) Zur Durchführung von Überwachungsmaßnahmen der Kreise und kreisfreien Städte sind die mit der Überwachung beauftragten Personen befugt,
1. *die für die Einrichtung oder die Tätigkeit genutzten Grundstücke, Arbeits-, Betriebs- und Geschäftsräume sowie Fahrzeuge und Anlagen während der üblichen Betriebs- und Geschäftszeiten zu betreten und zu untersuchen,*
2. *zur Verhütung und Abwehr dringender Gesundheitsgefahren für die Bevölkerung die in Nummer 1 genannten Grundstücke, Räume sowie Fahrzeuge und Anlagen auch außerhalb der dort genannten Zeiten zu betreten und zu untersuchen,*
3. *Proben zu fordern und zu entnehmen."*

Weitere Befugnisse hat der Gesundheitsdienst nicht. Er ist insbesondere nicht für die Umsetzung einer Schimmelpilzsanierung verantwortlich oder für die Evakuierung eines mit Schimmelpilz befallenen Gebäudes zuständig. Hier greifen nur die mietvertraglichen Regelungen.

17.2.2 Spezielle Regelungen

17.2.2.1 Regelungen für Planer und Ausführende zur Prävention

Die Planenden und Bauausführenden müssen für eine Prävention von Feuchteschäden nach dem Werkvertragsrecht des BGB durch die mangelfreie Errichtung von Gebäuden sorgen. Der Maßstab sind Verordnungen, wie die Energieeinsparverordnung (EnEV), oder anerkannte Regeln der Technik, wie DIN-Normen oder VDI-Richtlinien. Beispielartig werden genannt:

- DIN 4108-2: 2003-07 „Wärmeschutz und Energie-Einsparung in Gebäuden – Teil 2: Mindestanforderungen an den Wärmeschutz". Die Norm zählt prinzipiell zu den eingeführten technischen Bestimmungen (ETB).
- DIN 4108-3: 2001-07 „Wärmeschutz und Energieeinsparung in Gebäuden – Teil 3: Klimabedingter Feuchteschutz; Anforderungen, Berechnungsverfahren und Hinweise

für Planung und Ausführung". Die Norm zählt prinzipiell zu den eingeführten technischen Bestimmungen (ETB).

- DIN 4108-7: 2001-08 „Wärmeschutz und Energie-Einsparung in Gebäuden – Teil 7: Luftdichtheit von Gebäuden; Anforderungen, Planungs- und Ausführungsempfehlungen sowie -beispiele"
- DIN 1946-2: 1994-01 „Raumlufttechnik; Gesundheitstechnische Anforderungen (VDI-Lüftungsregeln)", wenn eine raumlufttechnische Anlage (RLT) vertraglich vereinbart war
- DIN 1946-6: 1998-10 „Raumlufttechnik – Teil 6: Lüftung von Wohnungen; Anforderungen, Ausführung, Abnahme (VDI-Lüftungsregeln)", wenn Außenwand-Luftdurchlässe (ALD) oder maschinelle Lüftungsanlagen vertraglich vereinbart waren oder wegen unzureichender Fensterlüftungsmöglichkeiten erforderlich sind

17.2.2.2 Regelungen für Mieter und Vermieter zur Prävention

Im Mietvertragsrecht des BGB ist der Schutz des Mieters vor gesundheitlichen Risiken verankert. Der Mieter hat einen Anspruch auf einen mangelfreien Mietgegenstand (§§ 536ff. BGB). Ferner hat der Mieter nach § 569 BGB das Recht zur außerordentlichen fristlosen Kündigung, wenn die Benutzung der Wohnung mit einer erheblichen Gefährdung der Gesundheit verbunden ist. Für die erhebliche Gesundheitsgefährdung trifft ihn allerdings die Beweislast, wie das Kammergericht Berlin entschieden hat (KG Berlin, Urteil vom 26.2.2004 – 12 U 1493/00).

Auf der anderen Seite trifft den Mieter die Verpflichtung zur Obhut des ihm überlassenen Mietgegenstands. Er muss durch ausreichende Beheizung und Belüftung dafür Sorge tragen, dass der Mietgegenstand keinen Schaden nimmt.

17.2.2.3 Regelungen für Verkäufer zur Prävention

Der Verkäufer schuldet die Prävention von Feuchteschäden nach dem Kaufvertragsrecht des BGB durch einen mangelfreien Zustand des Kaufobjekts zum Zeitpunkt der Übergabe.

17.2.2.4 Regelungen für alle Arbeitgeber zum Zweck des Arbeitsschutzes

Im Arbeitsschutzrecht trifft den Arbeitgeber die Verpflichtung zum Schutz der Arbeitnehmer vor gesundheitlichen Risiken.

Grundsätzliche Regelungen für die Atemluft an Arbeitsplätzen gelten für alle Arbeitsplätze entsprechend der Arbeitsstättenverordnung:

Arbeitsstättenverordnung (ArbStättV) i. d. F. 2004:

„Anhang (...)

Anforderungen an Arbeitsstätten nach § 3 Abs. 1 (...)

3.6 Lüftung

(1) In umschlossenen Arbeitsräumen muss unter Berücksichtigung der Arbeitsverfahren, der körperlichen Beanspruchung und der Anzahl der Beschäftigten sowie der sonstigen anwesenden Personen ausreichend gesundheitlich zuträgliche Atemluft vorhanden sein. (...)

(4) Ablagerungen und Verunreinigungen in raumlufttechnischen Anlagen, die zu einer unmittelbaren Gesundheitsgefährdung durch die Raumluft führen können, müssen umgehend beseitigt werden. (…)“

Das Arbeitsschutzgesetz definiert, wann es sich um eine Beschäftigung handelt, die dem Arbeitsschutz unterliegt:

Arbeitsschutzgesetz (ArbSchG) i. d. F. 1996:

„§ 1 Zielsetzung und Anwendungsbereich

(1) Dieses Gesetz dient dazu, Sicherheit und Gesundheitsschutz der Beschäftigten bei der Arbeit durch Maßnahmen des Arbeitsschutzes zu sichern und zu verbessern. Es gilt in allen Tätigkeitsbereichen.
(2) Dieses Gesetz gilt nicht für den Arbeitsschutz von Hausangestellten in privaten Haushalten. Es gilt nicht für den Arbeitsschutz von Beschäftigten auf Seeschiffen und in Betrieben, die dem Bundesberggesetz unterliegen, soweit dafür entsprechende Rechtsvorschriften bestehen.
(…)

§ 2 Begriffsbestimmungen

(1) Maßnahmen des Arbeitsschutzes im Sinne dieses Gesetzes sind Maßnahmen zur Verhütung von Unfällen bei der Arbeit und arbeitsbedingten Gesundheitsgefahren einschließlich Maßnahmen der menschengerechten Gestaltung der Arbeit.
(2) eschäftigte im Sinne dieses Gesetzes sind:
1. Arbeitnehmerinnen und Arbeitnehmer,
2. die zu ihrer Berufsbildung Beschäftigten,
3. arbeitnehmerähnliche Personen im Sinne des § 5 Abs. 1 des Arbeitsgerichtsgesetzes, ausgenommen die in Heimarbeit Beschäftigten und die ihnen Gleichgestellten,
4. Beamtinnen und Beamte,
5. Richterinnen und Richter,
6. Soldatinnen und Soldaten,
7. die in Werkstätten für Behinderte Beschäftigten.
(3) Arbeitgeber im Sinne dieses Gesetzes sind natürliche und juristische Personen und rechtsfähige Personengesellschaften, die Personen nach Absatz 2 beschäftigen.

§ 4 Allgemeine Grundsätze

Der Arbeitgeber hat bei Maßnahmen des Arbeitsschutzes von folgenden allgemeinen Grundsätzen auszugehen:

1. Die Arbeit ist so zu gestalten, daß eine Gefährdung für Leben und Gesundheit möglichst vermieden und die verbleibende Gefährdung möglichst gering gehalten wird;
2. Gefahren sind an ihrer Quelle zu bekämpfen;
3. bei den Maßnahmen sind der Stand von Technik, Arbeitsmedizin und Hygiene sowie sonstige gesicherte arbeitswissenschaftliche Erkenntnisse zu berücksichtigen;
(…)

§ 5 Beurteilung der Arbeitsbedingungen

(1) Der Arbeitgeber hat durch eine Beurteilung der für die Beschäftigten mit ihrer Arbeit verbundenen Gefährdung zu ermitteln, welche Maßnahmen des Arbeitsschutzes erforderlich sind.
(2) Der Arbeitgeber hat die Beurteilung je nach Art der Tätigkeiten vorzunehmen. Bei

gleichartigen Arbeitsbedingungen ist die Beurteilung eines Arbeitsplatzes oder einer Tätigkeit ausreichend.
(3) Eine Gefährdung kann sich insbesondere ergeben durch
1. die Gestaltung und die Einrichtung der Arbeitsstätte und des Arbeitsplatzes,
2. physikalische, chemische und biologische Einwirkungen,
3. die Gestaltung, die Auswahl und den Einsatz von Arbeitsmitteln, insbesondere von Arbeitsstoffen, Maschinen, Geräten und Anlagen sowie den Umgang damit,
4. die Gestaltung von Arbeits- und Fertigungsverfahren, Arbeitsabläufen und Arbeitszeit und deren Zusammenwirken,
5. unzureichende Qualifikation und Unterweisung der Beschäftigten."

17.2.2.5 Regelungen für Arbeitgeber bei der Schimmelpilzsanierung

Den Auftraggeber, also den Grundeigentümer, trifft die grundsätzliche Verpflichtung, Erkundungen über Gefährdungen durch jegliche Kontaminationen einzuleiten, bevor mit Umbau-, Sanierungs- oder Abbrucharbeiten in belasteten Bereichen begonnen wird. Der Auftragnehmer darf mit seinen Arbeiten nicht beginnen, bevor die Ermittlung der objektspezifischen Gefährdungspotentiale durch den Auftraggeber abgeschlossen ist und die Dokumentation hierüber vorliegt. Erkennt er bei der Prüfung der Dokumentation, dass diese unvollständig oder fehlerhaft ist, muss er den Auftraggeber im Rahmen seiner Bedenken- und Hinweispflicht hierüber aufklären und umfassend (schriftlich) auf die drohenden Konsequenzen hinweisen. Erteilt der Auftraggeber in Kenntnis eines drohenden Schadens dennoch die schriftliche Anweisung zur Ausführung der Arbeiten, entlastet dies den Auftragnehmer allenfalls im Hinblick auf Schäden, die sich aus dem Vertragsverhältnis zum Auftraggeber ergeben. Für alle übrigen Ansprüche, die aus einer Gesundheitsschädigung der von ihm eingesetzten Arbeitnehmer oder Dritter erwachsen, bleibt er haftbar.

Die Berufsgenossenschaftliche Regel für Sicherheit und Gesundheit bei der Arbeit für kontaminierte Bereiche (BGR 128) definiert die Begrifflichkeiten und bestimmt den Bauherrn, also den Grundstückseigentümer, als Verantwortlichen für die Erkundung und den Unternehmer als den Verantwortlichen für die Umsetzung des Arbeitsschutzes.

BG-Regel „Kontaminierte Bereiche" (BGR 128) i. d. F. 2002:

„*1 Anwendungsbereich*
1.1 Diese BG-Regel findet Anwendung auf Arbeiten in kontaminierten Bereichen. (...)

2 Begriffsbestimmungen
Im Sinne dieser BG-Regel werden folgende Begriffe bestimmt:

1. *Arbeiten umfasst das Herstellen, Instandhalten, Ändern und Beseitigen von baulichen Anlagen einschließlich der hierfür vorbereitenden und abschließenden Arbeiten in kontaminierten Bereichen sowie das Betreiben von Anlagen und Einrichtungen zur Behandlung bzw. Sanierung kontaminierter Gegenstände, Materialien und Stoffe.*
2. *Bauliche Anlagen sind mit dem Erdboden verbunden, aus Baustoffen und Bauteilen hergestellte Anlagen. Eine Verbindung mit dem Boden besteht auch dann, wenn die Anlage durch eigene Schwere auf dem Boden ruht oder auf ortsfesten Bahnen begrenzt beweglich ist oder wenn die Anlage nach ihrem Verwendungszweck dazu bestimmt ist, überwiegend ortsfest benutzt zu werden. Aufschüttungen und Abgra-*

bungen sowie künstliche Hohlräume unterhalb der Erdoberfläche gelten als bauliche Anlagen.

3. *Kontaminierte Bereiche sind Standorte, bauliche Anlagen, Gegenstände, Boden, Wasser, Luft und dergleichen, die mit Gefahrstoffen verunreinigt sind. Zu den kontaminierten Bereichen gehören auch Anlagen und Einrichtungen zur Behandlung (Sanierung) kontaminierter Gegenstände, Materialien und Stoffe sowie Bereiche, bei denen eine über die gesundheitlich unbedenkliche Grundbelastung hinausgehende Belastung durch biologische Arbeitsstoffe zu vermuten oder vorhanden ist.*

(…)

5. *Biologische Arbeitsstoffe sind Mikroorganismen, einschließlich gentechnisch veränderter Mikroorganismen, Zellkulturen und humanpathogener Endoparasiten, die beim Menschen Infektionen, sensibilisierende oder toxische Wirkungen hervorrufen können.*
6. *Bauherr, im folgenden Auftraggeber genannt, ist jede natürliche oder juristische Person, die*
   - *als Eigentümer oder Besitzer eines kontaminierten Bereiches*
     oder
   - *als sonstiger zur Sanierung eines kontaminierten Bereiches Verpflichteter die zur Sanierung erforderlichen Arbeiten durchführen lässt und diese finanziert.*
7. *Unternehmer, im folgenden Auftragnehmer genannt, ist diejenige natürliche oder juristische Person, die im Auftrag*
   - *des Eigentümers oder Besitzers eines kontaminierten Bereiches*
     oder
   - *eines sonstigen zur Sanierung eines kontaminierten Bereiches Verpflichteten in diesen Bereichen Arbeiten durchführt.*

3 Allgemeine Anforderungen

3.1 Arbeiten in kontaminierten Bereichen müssen nach dieser BG-Regel und im Übrigen den allgemein anerkannten Regeln der Technik entsprechend durchgeführt werden. Abweichungen sind zulässig, wenn die gleiche Sicherheit auf andere Weise gewährleistet wird. (…)

8 Erkundung, Ermittlung und Dokumentation von Gefahrstoffen

8.1 Bereiche mit unbekannten Gefahrstoffbelastungen
Vor dem Beginn der Arbeiten in Bereichen, in denen eine Kontaminierung durch Gefahrstoffe nicht ausgeschlossen werden kann, hat der Auftraggeber eine Erkundung der vermuteten Gefahrstoffe und eine Abschätzung der möglicherweise ausgehenden Gefährdung vorzunehmen oder durchführen zu lassen. Er hat die Ergebnisse dieser Erkundungen zu dokumentieren und allen Auftragnehmern nach Abschnitt 2 Nr. 7 zur Verfügung zu stellen. (…)

8.2 Bereiche mit bekannten Gefahrstoffbelastungen
Bei Arbeiten in Bereichen mit bekannten Gefahrstoffbelastungen hat der Auftraggeber Ermittlungen über Art, Menge und Zustand der erwarteten Gefahrstoffe sowie deren Gefährdungspotential im Sinne des Arbeits- und Gesundheitsschutzes vorzunehmen oder durchführen zu lassen. Er hat die Ergebnisse dieser Ermittlungen in einer Auflistung zu dokumentieren und allen Auftragnehmern zur Verfügung zu stellen.

(…)

8.4 Verpflichtung des Auftragnehmers

Vor Aufnahme der Arbeiten ist der Auftragnehmer verpflichtet, die ihm vom Auftraggeber zur Verfügung gestellten und dokumentierten Ergebnisse hinsichtlich der von kontaminierten Bereichen ausgehenden Gefährdungen auf offensichtliche Unstimmigkeiten zu prüfen und den Auftraggeber auf entdeckte oder vermutete Mängel hinzuweisen. Gegebenenfalls hat der Auftragnehmer den Auftraggeber darauf hinzuweisen, dass weitere Untersuchungen notwendig und zu veranlassen sind.

(...)

11 Durchführung von Bauarbeiten

11.1 Allgemeines

Der Auftragnehmer darf – auch als Subunternehmer – Bauarbeiten in kontaminierten Bereichen nur durchführen, nachdem der Auftraggeber die Untersuchungen mit Ermittlung, Dokumentation und Bewertung der vorhandenen Gefahrstoffe nach Abschnitt 8 vorgenommen hat. (...)"

Die Umsetzung der speziellen Arbeitsschutzmaßnahmen im Zusammenhang mit mikrobiellen Schäden an Gebäuden ist in der BioStoffV geregelt. Die BioStoffV ist – anders als die GefStoffV – auf den Schutz der Arbeitnehmer, nicht auf den Schutz der Bevölkerung ausgerichtet. Arbeiten, die der Beseitigung eines mikrobiellen Befalls dienen, stellen „nicht gezielte Tätigkeiten" mit biologischen Arbeitsstoffen im Sinne der BioStoffV dar. Grundprinzip ist die Festlegung von Schutzstufen entsprechend der jeweiligen Risikogruppe, der die tatsächlich ermittelten biologischen Stoffe nach TRBA 460 angehören. Je nach Schutzstufe sind im Anhang der BioStoffV spezielle Arbeitsschutzmaßnahmen festgelegt.

Biostoffverordnung (BioStoffV) i. d. F. 1999:

„§ 1 Anwendungsbereich und Zielsetzung

Diese Verordnung gilt für Tätigkeiten mit biologischen Arbeitsstoffen einschließlich Tätigkeiten in deren Gefahrenbereich. Zweck der Verordnung ist der Schutz der Beschäftigten vor der Gefährdung ihrer Sicherheit und Gesundheit bei diesen Tätigkeiten. Diese Verordnung gilt nicht für Tätigkeiten, die dem Gentechnikrecht unterliegen, soweit dort gleichwertige oder strengere Regelungen bestehen.

§ 2 Begriffsbestimmungen

(1) Biologische Arbeitsstoffe sind Mikroorganismen, einschließlich gentechnisch veränderter Mikroorganismen, Zellkulturen und humanpathogener Endoparasiten, die beim Menschen Infektionen, sensibilisierende oder toxische Wirkungen hervorrufen können. Ein biologischer Arbeitsstoff im Sinne von Satz 1 ist auch ein mit transmissibler, spongiformer Enzephalopatie assoziiertes Agens, das beim Menschen eine Infektion oder eine übertragbare Krankheit verursachen kann.
(2) Mikroorganismen sind alle zellulären oder nichtzellulären mikrobiologischen Einheiten, die zur Vermehrung oder zur Weitergabe von genetischem Material fähig sind.
(3) Zellkulturen sind In-vitro-Vermehrungen von aus vielzelligen Organismen isolierten Zellen.
(4) Tätigkeiten im Sinne dieser Verordnung sind das Herstellen und Verwenden von biologischen Arbeitsstoffen, insbesondere das Isolieren, Erzeugen und Vermehren, das Aufschließen, das Ge- und Verbrauchen, das Be- und Verarbeiten, Ab- und Umfüllen, Mischen und Abtrennen sowie das innerbetriebliche Befördern, das Lagern einschließlich Aufbewahren, das Inaktivieren und das Entsorgen. Zu den Tätigkeiten zählt auch der berufliche Umgang mit Menschen, Tieren, Pflanzen, biologischen Produkten, Gegenstän-

den und Materialien, wenn bei diesen Tätigkeiten biologische Arbeitsstoffe freigesetzt werden können und dabei Beschäftigte mit den biologischen Arbeitsstoffen direkt in Kontakt kommen können.
(5) ezielte Tätigkeiten liegen vor, wenn
1. biologische Arbeitsstoffe mindestens der Spezies nach bekannt sind,
2. die Tätigkeiten auf einen oder mehrere biologische Arbeitsstoffe unmittelbar ausgerichtet sind und
3. die Exposition der Beschäftigten im Normalbetrieb hinreichend bekannt oder abschätzbar ist.
Nicht gezielte Tätigkeiten liegen vor, wenn mindestens eine der Voraussetzungen nach Satz 1 Nr. 1, 2 oder 3 nicht gegeben ist.
(6) Als Kontamination ist die über die gesundheitlich unbedenkliche Grundbelastung hinausgehende Belastung des Arbeitsplatzes mit biologischen Arbeitsstoffen anzusehen. (…)"

Bei der Schimmelpilzsanierung ist grundsätzlich von „nicht gezielten Tätigkeiten" auszugehen. Die Einstufung, ob gezielte oder nicht gezielte Tätigkeiten vorliegen, kann nach der BioStoffV wie folgt vorgenommen werden:

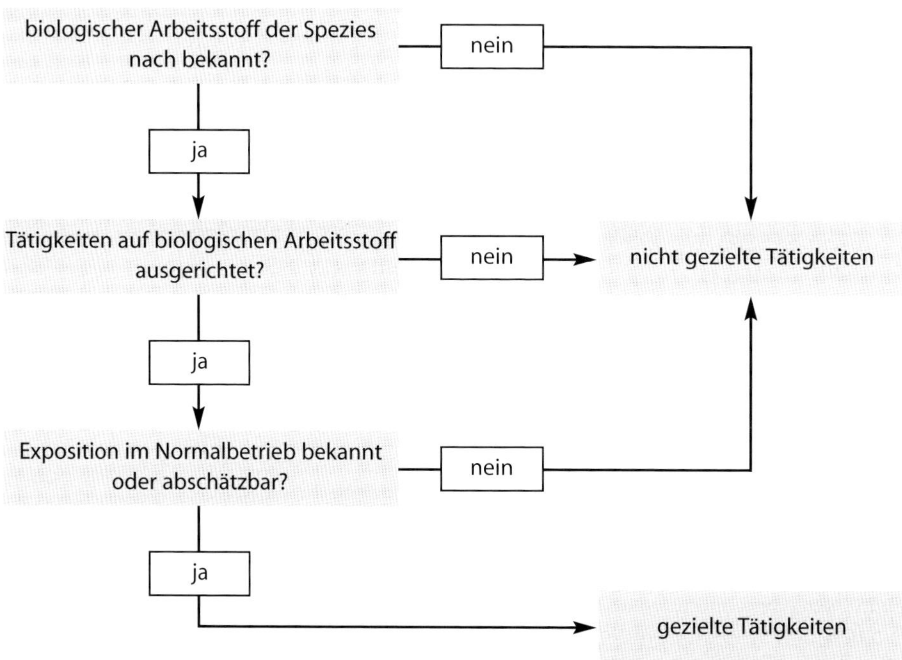

Abb. 17.2 Ablauf des Entscheidungsprozesses „gezielte Tätigkeiten – nicht gezielte Tätigkeiten" (Quelle: TRBA 400)

In der BioStoffV sind ferner die Beurteilungskriterien genannt, nach denen Schutzmaßnahmen einzuleiten sind. Hierbei kommt es bei der Festlegung von Schutzstufen im Wesentlichen darauf an, welche Schimmelpilzspezies angetroffen werden, da diese nach Risikogruppen unterschieden werden.

Biostoffverordnung (BioStoffV) i. d. F. 1999:

„§ 2 Begriffsbestimmungen

(…)

(7) Eine Schutzstufe umfasst die technischen, organisatorischen und persönlichen Sicherheitsmaßnahmen, die für Tätigkeiten mit biologischen Arbeitsstoffen entsprechend ihrer Gefährdung zum Schutz der Beschäftigten festgelegt oder empfohlen sind. Sicherheitsmaßnahmen sind besondere Schutzmaßnahmen, die in den Anhängen II und III genannt und der jeweiligen Schutzstufe zugeordnet sind.

§ 3 Risikogruppen für biologische Arbeitsstoffe

Biologische Arbeitsstoffe werden entsprechend dem von ihnen ausgehenden Infektionsrisiko in vier Risikogruppen eingeteilt:

1. *Risikogruppe 1: Biologische Arbeitsstoffe, bei denen es unwahrscheinlich ist, dass sie beim Menschen eine Krankheit verursachen.*
2. *Risikogruppe 2: Biologische Arbeitsstoffe, die eine Krankheit beim Menschen hervorrufen können und eine Gefahr für Beschäftigte darstellen können; eine Verbreitung des Stoffes in der Bevölkerung ist unwahrscheinlich; eine wirksame Vorbeugung oder Behandlung ist normalerweise möglich.*
3. *Risikogruppe 3: Biologische Arbeitsstoffe, die eine schwere Krankheit beim Menschen hervorrufen können und eine ernste Gefahr für Beschäftigte darstellen können; die Gefahr einer Verbreitung in der Bevölkerung kann bestehen, doch ist normalerweise eine wirksame Vorbeugung oder Behandlung möglich.*
4. *Risikogruppe 4: Biologische Arbeitsstoffe, die eine schwere Krankheit beim Menschen hervorrufen und eine ernste Gefahr für Beschäftigte darstellen; die Gefahr einer Verbreitung in der Bevölkerung ist unter Umständen groß; normalerweise ist eine wirksame Vorbeugung oder Behandlung nicht möglich.“*

Die meisten der in Gebäuden vorkommenden Schimmelpilze und Bakterien sind in die Risikogruppe 1 eingeordnet. Nur vereinzelte Spezies gehören der Risikogruppe 2 an. In den Risikogruppen 3 und 4 finden sich keine gebäuderelevanten Schimmelpilze und Bakterien mehr. In § 7 BioStoffV wird die Gefährdungsbeurteilung bei nicht gezielten Tätigkeiten beschrieben:

Biostoffverordnung (BioStoffV) i. d. F. 1999:

„§ 7 Gefährdungsbeurteilung bei nicht gezielten Tätigkeiten

(1) Der Arbeitgeber hat die Gefährdungsbeurteilung bei nicht gezielten Tätigkeiten gemäß Satz 2 bis 4 und Absatz 2 oder 3 durchzuführen. Dabei ist zu prüfen, ob die nach § 5 beschafften Informationen eine abschließende Gefährdungsbeurteilung und die Zuordnung der Tätigkeit zu einer Schutzstufe nach Anhang II oder III ermöglichen. Treten bei einer Tätigkeit mehrere biologische Arbeitsstoffe gleichzeitig auf, sind die einzelnen biologischen Arbeitsstoffe, soweit dies möglich ist, jeweils für sich zu bewerten. Auf der Grundlage der Einzelbeurteilungen ist eine Gesamtbeurteilung der Infektionsgefährdung vorzunehmen.
(2) Kann die Tätigkeit einer Schutzstufe zugeordnet werden, sind im Rahmen der Gefährdungsbeurteilung für Tätigkeiten, die hinsichtlich der Gefährdung den Tätigkeiten nach § 6 Abs. 2 Satz 3 Nr. 1 bis 3 vergleichbar sind, die in Betracht kommenden Schutzmaßnahmen zu ermitteln und die erforderlichen Sicherheitsmaßnahmen aus der entsprechenden Schutzstufe so auszuwählen und festzulegen, dass die Gefährdung der

Beschäftigten dadurch soweit wie möglich verringert wird. Mindestens sind die allgemeinen Hygienemaßnahmen der Schutzstufe 1 nach Anhang II oder III festzulegen. Sensibilisierende und toxische Wirkungen sind zusätzlich zu berücksichtigen und geeignete Schutzmaßnahmen festzulegen.
(3) Kann die Tätigkeit einer Schutzstufe nicht zugeordnet werden, sind nach dem Stand der Technik Art, Ausmaß und Dauer der Exposition der Beschäftigten gegenüber biologischen Arbeitsstoffen zu ermitteln und die Gefährdung zu beurteilen. Die erforderlichen Schutzmaßnahmen sind nach dem Stand der Technik festzulegen. Absatz 2 Satz 2 und 3 gelten entsprechend.“

Eine Zuordnung der Risikogruppen zu Schutzstufen wird in § 6 BioStoffV für gezielte Tätigkeiten vorgenommen, die entsprechend § 7 BioStoffV auch als Kriterium für die nicht gezielten Tätigkeiten herangezogen werden kann.

Biostoffverordnung (BioStoffV) i. d. F. 1999:

„§ 6 Gefährdungsbeurteilung bei gezielten Tätigkeiten

(1) Der Arbeitgeber hat die Gefährdungsbeurteilung bei gezielten Tätigkeiten gemäß Satz 2 und 3 und Absatz 2 auf der Grundlage der Einstufung nach § 4 und der nach § 5 beschafften Informationen durchzuführen. In Gemischen von biologischen Arbeitsstoffen sind die einzelnen biologischen Arbeitsstoffe für sich zu bewerten. Umfasst eine Tätigkeit mehrere biologische Arbeitsstoffe verschiedener Risikogruppen, ist für die Festlegung nach Absatz 2 die Risikogruppe des biologischen Arbeitsstoffes mit dem höchsten Gefährdungsgrad maßgebend.
(2) Im Rahmen der Gefährdungsbeurteilung sind für alle gezielten Tätigkeiten mit biologischen Arbeitsstoffen die in Betracht kommenden Schutzmaßnahmen zu ermitteln. Es sind immer mindestens die allgemeinen Hygienemaßnahmen der Schutzstufe 1 nach Anhang II oder III festzulegen. Zusätzlich sind für biologische Arbeitsstoffe
1. der Risikogruppe 2 die Sicherheitsmaßnahmen der Schutzstufe 2,
2. der Risikogruppe 3 die Sicherheitsmaßnahmen der Schutzstufe 3,
3. der Risikogruppe 4 die Sicherheitsmaßnahmen der Schutzstufe 4
nach Anhang II oder III festzulegen. Die dort als empfohlen bezeichneten Sicherheitsmaßnahmen sind festzulegen, wenn dadurch die Gefährdung der Beschäftigten verringert werden kann. Bei der Gefährdungsbeurteilung sind sensibilisierende und toxische Wirkungen zusätzlich zu berücksichtigen und geeignete Schutzmaßnahmen festzulegen.“

Die Risikogruppen für Schimmelpilze und Bakterien sind in den TRBA 460 festgelegt.

Zu den Anforderungen an die Arbeitsmittel nach der Betriebssicherheitsverordnung siehe Kap. 11.4.1.1.

Die Betriebssicherheitsverordnung (BetrSichV) regelt die Anforderungen an die Arbeitsmittel eines Betriebes.

17.2.2.6 Regelungen für Planer und Aufsichtführende bei der Schimmelpilzsanierung

Sofern Planer die Betreuung von Schimmelpilzsanierungsmaßnahmen übernehmen, indem sie die erforderlichen Arbeiten planen und die Ausführung der Maßnahmen überwachen, kommt es im Wesentlichen darauf an, ob sie ein Werkvertragsverhältnis mit geschuldetem Werkerfolg eingehen und ob sie ferner dabei möglicherweise verantwortliche Aufgaben des Grundeigentümers vertraglich übernehmen oder ob es sich um ein Dienstvertragsverhältnis handelt, bei dem nur Dienste übernommen werden, die in der Regel nach Zeit abgerechnet werden.

17.2.2.7 Regelungen für Auftraggeber und Auftragnehmer

Darüber hinaus ist der Bauherr als Auftraggeber von Arbeiten, welche die Errichtung, Änderung oder den Abbruch von Baulichkeiten zum Ziel haben, auch für die Sicherheit und die Gesundheit der vor Ort eingesetzten Handwerker verantwortlich, wenn mehrere Firmen eingesetzt werden, was die Arbeitgeber der eingesetzten Handwerker aber nicht von deren Verpflichtungen zur Einhaltung des Arbeitsschutzes befreit.

Baustellenverordnung (BaustellV) i. d. F. 1998:

„§ 1 Ziele, Begriffe

Auf Grund des § 19 des Arbeitsschutzgesetzes vom 7. August 1996 (BGBl. I S. 1246) verordnet die Bundesregierung:

(1) Diese Verordnung dient der wesentlichen Verbesserung von Sicherheit und Gesundheitsschutz der Beschäftigten auf Baustellen.
(2) Die Verordnung gilt nicht für Tätigkeiten und Einrichtungen im Sinne des § 2 des Bundesberggesetzes.
(3) Baustelle im Sinne dieser Verordnung ist der Ort, an dem ein Bauvorhaben ausgeführt wird. Ein Bauvorhaben ist das Vorhaben, eine oder mehrere bauliche Anlagen zu errichten, zu ändern oder abzubrechen.

§ 2 Planung der Ausführung des Bauvorhabens

(1) Bei der Planung der Ausführung eines Bauvorhabens, insbesondere bei der Einteilung der Arbeiten, die gleichzeitig oder nacheinander durchgeführt werden, und bei der Bemessung der Ausführungszeiten für diese Arbeiten, sind die allgemeinen Grundsätze nach § 4 des Arbeitsschutzgesetzes zu berücksichtigen.
(2) für jede Baustelle, bei der
1. die voraussichtliche Dauer der Arbeiten mehr als 30 Arbeitstage beträgt und auf der mehr als 20 Beschäftigte gleichzeitig tätig werden, oder
2. der Umfang der Arbeiten voraussichtlich 500 Personentage überschreitet,
ist der zuständigen Behörde spätestens zwei Wochen vor Einrichtung der Baustelle eine Vorankündigung zu übermitteln, die mindestens die Angaben nach Anhang I enthält. Die Vorankündigung ist sichtbar auf der Baustelle auszuhängen und bei erheblichen Änderungen anzupassen.
(…)

§ 4 Beauftragung

Die Maßnahmen nach § 2 und § 3 Abs. 1 Satz 1 hat der Bauherr zu treffen, es sei denn, er beauftragt einen Dritten, diese Maßnahmen in eigener Verantwortung zu treffen."

Literaturverzeichnis

A

Alsen-Hinrichs/Bauer/Wassermann et al., Fortsetzung der Dokumentation umweltmedizinischer Daten in Schleswig-Holstein, Schriftenreihe des Instituts für Toxikologie, Heft 41, Universitätsklinikum Kiel, 1998

Andersson, Bacterial diversity and toxicity in air, indoor environment and foods, Dissertation Universität Helsinki, 1999

Arbeitsgemeinschaft Mauerziegel im Bundesverband der Deutschen Ziegelindustrie e. V./Bundesverband Kalksandsteinindustrie e. V./Bundesverband Porenbetonindustrie e. V./Deutsche Bauchemie e. V./Deutscher Holz- und Bautenschutzverband (Hrsg.), Richtlinie für die Planung und Ausführung von Abdichtungen erdberührter Bauteile mit flexiblen Dichtungsschlämmen, 1999

B

Berufsgenossenschaft der Bauwirtschaft (Hrsg.), Berufsgenossenschaftliche Information für Sicherheit und Gesundheit bei der Arbeit (BGI), Handlungsanleitung zur Gefährdungsbeurteilung bei Tätigkeiten mit biologischen Arbeitsstoffen bei der Gebäudesanierung (BGI 858), München 2005

Bode/Mehrer/Lorenz, Mould Damages and Culturable Airborne Particle Measurements, Proceedings of Indoor Air Conference, Bejing, China 2005

D

Deutsche Bauchemie e. V./Deutscher Holz- und Bautenschutzverband e. V. (Hrsg.), Richtlinie für die Planung und Ausführung von Abdichtungen von Bauteilen mit mineralischen Dichtungsschlämmen, Frankfurt/Köln 2002

Deutscher Ausschuss für Stahlbeton (DAfStb) (Hrsg.), Wasserundurchlässige Bauwerke aus Beton (WU-Richtlinie), Berlin 2003

F

Fischer, Comparison of microbiological and chemical methods for assessing the exposure to air-borne fungi in composting plants, Dissertation RWTH Aachen, 2000, Akademische Edition Umweltforschung, Bd. 2000, S. 10

H

Hankammer, Abnahme von Bauleistungen, Verlagsgesellschaft Rudolf Müller, 2. Aufl., Köln 2004

Hankammer, Schäden an Gebäuden, Verlagsgesellschaft Rudolf Müller, Köln 2004

Hankammer, Tauwasserausfall unvermeidbar, Baugewerbe 2004, S. 19

Hankammer/Lorenz, Schimmelpilze und Bakterien in Gebäuden, Verlagsgesellschaft Rudolf Müller, Köln 2003

Hauptverband der gewerblichen Berufsgenossenschaften (Hrsg.), Berufsgenossenschaftliche Regel für Sicherheit und Gesundheit bei der Arbeit (BGR), Kontaminierte Bereiche (BGR 128), St. Augustin 2002

Horak/Dutkiewicz/Solarz, Microflora and acarofauna of bed dust from homes in Upper Silesia, Poland, Annals of Allergy, Asthma & Immunology, Vol. 76, S. 41–50, 1996

I

Institut für Holztechnologie Dresden GmbH (IHD) (Hrsg.), Merkblatt Schimmelpilzbefall an Holz und Holzwerkstoffen, Dresden 2003

K

Keller, Nachweis von Schimmelpilzen und Hausschwamm durch die Detektion der microbial volatile organic compounds (MVOC), Schriftenreihe des Instituts für Medizinische Mikrobiologie und Hygiene, Heft 3, Universität zu Lübeck, 2000

Künzel, Außenputz, Fraunhofer IRB Verlag, Stuttgart 2003

L

Landesgesundheitsamt (LGA) Baden-Württemberg (Hrsg.), Handlungsempfehlung für die Sanierung von mit Schimmelpilzen befallenen Innenräumen, Stuttgart 2004

Landesgesundheitsamt (LGA) Baden-Württemberg (Hrsg.), Schimmelpilze in Innenräumen – Nachweis, Bewertung, Qualitätsmanagement, Stuttgart 2001

Lorenz, MVOC-Bestimmungen zur Erkennung mikrobieller Schäden in Gebäuden, Handbuch für Bioklima und Raumlufthygiene, Moriske/Turowski (Hrsg.), Kap. III-4.4.5, S. 1–18, bereits angenommener Beitrag zur nächsten Ergänzungslieferung, 5. Ergänzungslieferung, ecomed Verlag, Landsberg am Lech 2001

Lorenz/Sigrist/Otto, Feuchtigkeitsreduzierte Emissionen aus weichmacherhaltigen Werkstoffen und deren Wirkungen, Zeitschrift für Umweltmedizin 1999, Ausgabe 1

Lorenz/Sigrist/Shakibaei/Schulze-Tanzil, Mobasheri/Trautmann, Moist Buildings And Rheumatoid Diseases, Proceedings of Indoor Air Conference, Bejing, China 2005

Lorenz/Trautmann/Dill, Nachweis und Bedeutung von Actinomyceten und sonstigen Bakterien in Innenräumen, Handbuch für Bioklima, Moriske/Turowski (Hrsg.), Kap. III-4.4.14, 10. Ergänzungslieferung, ecomed Verlag, Landsberg am Lech 2003

Lorenz/Trautmann/Dill/Gareis, Detection of an Aflatoxin-like substance in an office building, Proceedings of Healthy Buildings Conference, Singapore 2003

M

Maraun, Chloranisole als Verursacher schimmelähnlicher Gerüche in älteren Fertighäusern, 7. AGÖF-Fachkongress, München 2004

Mehlhorn/Mehlhorn, Zecken, Milben, Fliegen, Schaben, Springer Verlag, Berlin/Heidelberg 1996

Mehrer/Lorenz/Gareis/Trautmann/Kroppenstedt/Stackebrandt, Cytotoxicity of different actinomycetes isolated from building materials, 5th International Conference on Bioaerosols, Fungi, Bacteria, Mycotoxins and Human Health, Saratoga Spring, N.Y. USA 2003

Mohr/Singer, Die Rheumatiker-Fibel, Verlag Volksmedizin GmbH, München 1925

Morey/Horner/Gareis/Johanning/Worthan/Lstiburck/Krell, Microbial evaluation in a Partially remediated residence, Proceedings of Healthy Buildings, Vol. 3, S. 385–390, Helsinki, Finnland 2000

P

Philipp/Fack/Haumacher/Köhler, Repräsentative Keimgehalte an Arbeitsplätzen in Abfallbehandlungsanlagen, Stegmann (Hrsg.), Dokumentation des 2-BMBF-Statusseminars „Neue Techniken zur Kompostierung“, S. 167–184, Hamburg 1996

Plattig, Physiologische und psychologische Auswirkungen von Geruchsbelastungen, Tagungsband zum VDI-Seminar Gerüche in der Außenluft, 1999, zitiert in: Bayerisches Landesamt für Umweltschutz (Hrsg.), Gerüche in der Umwelt, Beitrag von Schlachta, Gerüche, S. 4, Fachtagung Augsburg 2000

Pschyrembel® Klinisches Wörterbuch, Walter de Gruyter Verlag, Berlin/New York 2004

R

Robert Koch Institut (Hrsg.), Desinfektionsmittelliste, Berlin 2002

S

Schaal, Medical and microbiological problems arising from airborne infection in hospitals, Journal of Hospital infection 1991, 18 (Supplement A), S. 451–459

Schulte, Schaum gegen Schwamm, Bauen im Bestand (B+B) 2002, S. 28

Sedlbauer, Vorhersage von Schimmelpilzbildung auf und in Bauteilen, Dissertation Universität Stuttgart, 2001

Sennekamp, Exogen-allergische Alveolitis und toxische Alveolitis (Fallbeispiele), VII. Lübecker Fachtagung für Umwelthygiene, Universität zu Lübeck, 2004

Stelljes (Hrsg.), Worpsweder Almanach 1930, Carl Schünemann Verlag, Bremen 1989

T

Trautmann, Aussagekraft von Schimmelpilzuntersuchungen, 9. Pilztagung des VDB, Hamburg 2005

Trautmann/Gabrio/Dill/Weidner, Hintergrundkonzentrationen von Schimmelpilzen in Hausstaub, Bundesgesundheitsblatt Band 48, Heft 1, S. 29–35, Springer Medizin Verlag, Heidelberg 2005

Trautmann/Gabrio/Dill/Weidner/Baudisch, Hintergrundkonzentrationen von Schimmelpilzen in Luft, Bundesgesundheitsblatt Band 48, Heft 1, S. 12–20, Springer Medizin Verlag, Heidelberg 2005

U

Umweltbundesamt (UBA) (Hrsg.), Leitfaden zur Ursachensuche und Sanierung bei Schimmelpilzwachstum in Innenräumen („Schimmelpilz-Sanierungsleitfaden"), Dessau 2005

Umweltbundesamt (UBA) (Hrsg.), Leitfaden zur Vorbeugung, Untersuchung, Bewertung und Sanierung von Schimmelpilzwachstum in Innenräumen, Dessau 2002

W

Wessen, Analysis of Microbial Volatile Organic Compounds, in: Microorganisms in Home and Indoor Work Environments – Diversity, Health Impacts, Investigation and Control, Flannigan/Samson/Miller, CRC Press – Boca Ration, London/New York/Washington D.C. 2001

Wissenschaftlich-technische Arbeitsgemeinschaft für Bauwerkserhaltung und Denkmalpflege e. V. (WTA) (Hrsg.), Merkblatt 4-4-04/D, Mauerwerksinjektion gegen kapillare Feuchtigkeit, überarbeitete Fassung, München 2004

Wissenschaftlich-technische Arbeitsgemeinschaft für Bauwerkserhaltung und Denkmalpflege e. V. (WTA) (Hrsg.), Merkblatt 4-6-98/D, Nachträgliches Abdichten erdberührter Bauteile, München 1998

Wissenschaftlich-technische Arbeitsgemeinschaft für Bauwerkserhaltung und Denkmalpflege e. V. (WTA) (Hrsg.), Merkblatt E-4-6-03/D, Nachträgliches Abdichten erdberührter Bauteile, überarbeitete Fassung, München 2002

Wissenschaftlich-technische Arbeitsgemeinschaft für Bauwerkserhaltung und Denkmalpflege e. V. (WTA) (Hrsg.), Merkblatt 4-7-02/D, Nachträgliche mechanische Horizontalsperren, München 2002

Stichwortverzeichnis

Die Autoren

Wolfgang Lorenz

Dr.-Ing. Ingenieurwesen, Jahrgang 1957

1977	Abitur in Coburg
1977 bis 1978	Wehrdienst
1978 bis 1984	Studium an der TU München
1984 bis 1987	Wissenschaftlicher Mitarbeiter am Max-Planck-Institut, Düsseldorf
1987 bis 1989	Technologieberater beim Verein Deutscher Ingenieure (VDI)
1989 bis 1992	Technischer Leiter Fa. Jean Wirtz, Düsseldorf
Seit 1992	Inhaber und Leiter des Institutes für Innenraumdiagnostik, Düsseldorf
Seit 2002	Geschäftsführender Gesellschafter des Institutes für Innenraumdiagnostik, Toxikologie und Bauphysik, Berlin
2003	Fachbuchveröffentlichung „Schimmelpilze und Bakterien in Gebäuden“, Verlagsgesellschaft Rudolf Müller
Seit 2005	Öffentlich bestellter und vereidigter Sachverständiger für Schadstoffe in Innenräumen und an Gebäuden (Baukammer Berlin)

Gunter Hankammer

Dipl.-Ing. Bauingenieurwesen, Jahrgang 1958

1973 bis 1976	Maurerlehre, Abschluss mit Gesellenbrief
1976 bis 1978	Zweiter Bildungsweg
1978 bis 1980	Wehrdienst
1980 bis 1984	Studium Bauingenieurwesen
1984 bis 1986	Bauleiter in Rohbauunternehmen
1986 bis 2001	Architekturbüro Schild Architekten, Hamburg, Leitung Baudurchführung
Seit 1995	Geschäftsführer und Gründungsgesellschafter der Fa. PSP Projektsteuerung GmbH, Schwerin und Hamburg
Seit 1995	Bauvorlageberechtigter Ingenieur
Seit 1997	Beratender Ingenieur
Seit 1997	Öffentlich bestellter und vereidigter Sachverständiger für Schäden an Gebäuden (IHK zu Schwerin)
Seit 2002	Öffentlich bestellter und vereidigter Sachverständiger für Honorare von Architektenleistungen (IHK zu Schwerin)

Seit 2000	Dozententätigkeit
Seit 2001	Lehrbeauftragter an der Hochschule für angewandte Wissenschaften Hamburg (WINQ)
Seit 2002	Mitglied im VBD Verband der Bausachverständigen Deutschlands
2002	Fachbuchveröffentlichung „Abnahme von Bauleistungen", 1. Auflage, Verlagsgesellschaft Rudolf Müller
2003	Fachbuchveröffentlichung „Schimmelpilze und Bakterien in Gebäuden", Verlagsgesellschaft Rudolf Müller
2004	Fachbuchveröffentlichung „Abnahme von Bauleistungen", 2. Auflage, Verlagsgesellschaft Rudolf Müller
2004	Fachbuchveröffentlichung „Schäden an Gebäuden", Verlagsgesellschaft Rudolf Müller
Seit 2004	Umbenennung der PSP GmbH in: Hankammer Schild Projektsteuerung GmbH
Seit 2004	Gründungsmitglied im Bundesverband Schimmelpilzsanierung e.V. (BSS), Vorsitzender des Vorstands
Seit 2005	Öffentlich bestellter und vereidigter Sachverständiger für Schimmelpilze und andere Innenraumschadstoffe (IHK Schwerin)
Seit 2005	Mitglied im Fachgremium der IHK zu Schwerin im Sachgebiet „Schäden an Gebäuden inkl. Mängeln"
Seit 2005	Mitglied im Gutachterausschuss für Grundstückswerte der Landeshauptstadt Schwerin
Seit 2005	Mitglied im Deutschen Fachjournalistenverband DFJW
Seit 2005	Alleininhaber der Fa. Hankammer Schild Projektsteuerung GmbH

Karl Lassl

Bau-Ing., Jahrgang 1953

1973	Abschluss Abitur und Bau-Ingenieur-Studium an der HTBLVA in Villach (Österreich)
1973 bis 1976	Architekt in Düsseldorf bei Hentrich-Petschnigg & Partner
1976 bis 1981	Projektleiter beim Architekturbüro Planungsgruppe B in Düsseldorf
Seit 1982	selbstständig im Architekturbüro Lassl & Hufnagel in Düsseldorf
1992	Zusatzstudium der Baubiologie beim Institut für Baubiologie in Rosenheim IBR
Seit 1994	selbstständig als freier Sachverständiger für Feuchte- und Schimmelpilzschäden

Internet: www.schimmelpilze-1.de
mail: bbi@lassl.de

Danksagung

Für die fachliche Unterstützung bei der Entwicklung und Umsetzung des Werkes gilt unser besonderer Dank:

Christl Bauer
Silke Glüsing
Susanne Hankammer
Prof. Dr. Heinz Mehlhorn
Else Marie Müller-Lorenz
Michael Resch
Ulrike Stärker
Dr. Christoph Trautmann

und natürlich

Petra Sander
Christiane Hackethal
Brigitte van Eymeren